PARA EXPLICAR O MUNDO

STEVEN WEINBERG

Para explicar o mundo
A descoberta da ciência moderna

Tradução
Denise Bottmann

1ª reimpressão

Copyright © 2015 by Steven Weinberg
Copyright das imagens © 2015 by Ron Carboni
Todos os direitos reservados, inclusive o direito de reprodução total ou parcial em qualquer meio.

Grafia atualizada segundo o Acordo Ortográfico da Língua Portuguesa de 1990, que entrou em vigor no Brasil em 2009.

Título original
To Explain the World: The Discovery of Modern Science

Capa
Claudia Espínola de Carvalho

Preparação
Silvia Massimini Felix

Índice remissivo
Luciano Marchiori

Revisão
Huendel Viana
Carmen T. S. Costa

Tradução das notas técnicas
Luís Augusto Sbardellini

Dados Internacionais de Catalogação na Publicação (CIP)
(Câmara Brasileira do Livro, SP, Brasil)

Weinberg, Steven, 1933-
 Para explicar o mundo : a descoberta da ciência moderna /
Steven Weinberg ; tradução Denise Bottmann — 1ª ed. — São Paulo :
Companhia das Letras, 2015.

 Título original: To Explain the World: The Discovery of
Modern Science.

 Bibliografia
 ISBN 978-85-359-2625-5

 1. Ciência antiga 2. Ciência — Grécia — História 3. Ciência —
História 4. Ciência medieval I. Título.

15-05810	CDD-509

Índice para catálogo sistemático:
1. Ciência : História   509

1ª reimpressão

[2020]
Todos os direitos desta edição reservados à
EDITORA SCHWARCZ S.A.
Rua Bandeira Paulista, 702, cj. 32
04532-002 — São Paulo — SP
Telefone: (11) 3707-3500
www.companhiadasletras.com.br
www.blogdacompanhia.com.br
facebook.com/companhiadasletras
instagram.com/companhiadasletras
twitter.com/cialetras

A Louise, Elizabeth e Gabrielle

Nessas três horas que aqui estivemos
A passear, de duas sombras dispusemos
Como companhia, por nós mesmos produzidas;
Mas agora, que com o sol a pino estamos,
Essas sombras pisamos;
E a bela clareza todas as coisas são reduzidas.

John Donne, "Uma preleção sobre a sombra"

Sumário

Prefácio 11

PARTE I: A FÍSICA GREGA

1. Matéria e poesia 23
2. Música e matemática 37
3. Movimento e filosofia 45
4. A física e a tecnologia helenísticas 55
5. A ciência e a religião antigas 70

PARTE II: A ASTRONOMIA GREGA

6. Os usos da astronomia 85
7. Medindo o Sol, a Lua e a Terra 94
8. O problema dos planetas 110

PARTE III: A IDADE MÉDIA

9. Os árabes 141
10. A Europa medieval 165

PARTE IV: A REVOLUÇÃO CIENTÍFICA

11. O sistema solar solucionado 193
12. Começam os experimentos. 241
13. A reconsideração do método 255
14. A síntese newtoniana. 271
15. Epílogo: A grande redução 319

Agradecimentos 335
Notas técnicas. 336
Notas. 445
Referências bibliográficas. 461
Índice remissivo 471

Prefácio

Sou físico, não historiador, mas ao longo dos anos passei a sentir um fascínio sempre maior pela história da ciência. É uma narrativa extraordinária, uma das mais interessantes na história humana. E é também uma narrativa pela qual cientistas como eu têm um interesse pessoal. A pesquisa atual é auxiliada e iluminada pelo conhecimento de seu passado, e para alguns cientistas o conhecimento da história da ciência ajuda a motivar o trabalho no presente. Temos esperança de que nossa pesquisa possa vir a integrar, um mínimo que seja, a grandiosa tradição histórica da ciência natural.

Mesmo já tendo abordado a história em alguns de meus textos anteriores, tratava-se sobretudo da história moderna da física e da astronomia, por volta do final do século XIX até o presente. Aprendemos muitas coisas novas nesse período, mas os padrões e objetivos da ciência física não sofreram mudanças materiais. Se, de alguma maneira, os físicos de 1900 viessem a conhecer o modelo-padrão atual da cosmologia ou da física das partículas elementares, iriam se surpreender com muitas coisas, mas a ideia de buscar princípios impessoais formulados em termos matemáticos e validados por vias experimentais, para explicar uma ampla variedade de fenômenos, iria lhes parecer muito familiar.

Algum tempo atrás, decidi que precisava me aprofundar, aprender mais sobre uma época anterior na história da ciência, quando os objetivos e critérios da física e da astronomia ainda não haviam adquirido sua forma atual. Como é natural para um acadêmico, quando quero aprender alguma coisa, ofereço-me para dar um curso sobre o tema. Na última década, dei alguns cursos sobre a história da física e da astronomia para a graduação na Universidade do Texas, para estudantes sem nenhuma base especial em ciência, matemática ou história. Este livro nasceu das notas de aulas para tais cursos.

Mas, tal como ele se desenvolveu, talvez eu tenha conseguido apresentar algo que ultrapassa uma narrativa simples, algo que pode até interessar a alguns historiadores: é a perspectiva de um cientista moderno sobre a ciência do passado. Aproveitei a oportunidade para expor minhas concepções sobre a natureza da ciência física e sua constante trama de relações com a religião, a tecnologia, a filosofia, a matemática e a estética.

Antes da história houve a ciência, em certo sentido. A todo momento, a natureza nos apresenta uma série de fenômenos intrigantes: fogos, temporais, pragas, o movimento planetário, a luz, marés etc. A observação do mundo levou a generalizações muito úteis: o fogo é quente, o trovão anuncia chuva, as marés atingem sua maior altura durante a lua cheia ou a lua nova, e assim por diante. Essas generalizações se tornaram parte do senso comum da humanidade. Mas, aqui e ali, algumas pessoas não se contentaram com uma mera coleção de dados e queriam mais. Queriam explicar o mundo.

Não é apenas que nossos predecessores não conheciam o que conhecemos — o mais importante é que não tinham nada que se pareça com nossas ideias sobre a natureza: o que conhecer e como aprender a respeito dela. Várias vezes, enquanto preparava as aulas para o curso, fiquei impressionado com a diferença entre o trabalho da ciência nos séculos passados e a ciência em nossa época. Como diz uma frase muito citada de um romance de L. P. Hartley, "o passado é um país estrangeiro; lá, fazem as coisas de outra maneira". Espero que, neste livro, eu tenha conseguido transmitir ao leitor não apenas uma ideia do que aconteceu na história das ciências exatas, mas também uma noção da dificuldade do processo.

Assim, este livro não se limita a expor como viemos a conhecer várias coisas sobre o mundo. Este, sem dúvida, é um objetivo de qualquer história da ciência. Meu enfoque aqui é um pouco diferente: consiste em mostrar como aprendemos a aprender a respeito do mundo.

Não ignoro que a palavra "explicar" no título do livro levanta problemas para os filósofos da ciência. Eles têm apontado a dificuldade de traçar uma distinção nítida entre explicação e descrição. (Terei algo a dizer a respeito no capítulo 8.) Mas esta é uma obra de história da ciência, e não tanto de filosofia da ciência. Por *explicação*, entendo algo reconhecidamente impreciso, tal como se entende no cotidiano, quando tentamos explicar por que um cavalo ganhou uma corrida ou por que um avião caiu.

A palavra "descoberta", no subtítulo, também é problemática. Eu tinha pensado em usar o subtítulo *A invenção da ciência moderna*. Afinal, a ciência dificilmente poderia existir sem seres humanos que a pratiquem. Mas escolhi "descoberta" em vez de "invenção", para sugerir que a ciência é desse jeito nem tanto por causa de várias criações históricas adventícias, mas sim pela maneira como a natureza é. Com todas as suas imperfeições, a ciência moderna é uma técnica que guarda com a natureza uma concordância suficiente para funcionar — é uma prática que nos permite aprender coisas confiáveis sobre o mundo. Nesse sentido, é uma técnica que estava à espera de ser descoberta.

Assim, pode-se falar da descoberta da ciência tal como um historiador fala sobre a descoberta da agricultura. Com todas as suas variedades e imperfeições, a agricultura é como é porque suas práticas guardam uma concordância com as realidades da biologia que é suficiente para funcionar — ela nos permite o cultivo de alimentos.

Com esse subtítulo, também quis me distanciar dos poucos construtivistas sociais remanescentes: aqueles sociólogos, filósofos e historiadores que tentam explicar não só o processo, mas inclusive os resultados da ciência como produto de um determinado meio cultural.

Entre os ramos da ciência, este livro se concentrará na física e na astronomia. Foi na física, sobretudo aplicada à astronomia, que a ciência assumiu pela primeira vez uma forma moderna. Claro que há limites ao grau em que ciências como a biologia, cujos princípios tanto dependem de acidentes históricos, podem ou devem adotar o modelo da física. Apesar disso, o desenvolvimento da biologia científica e da química nos séculos XIX e XX seguiu, em certa medida, o modelo da revolução da física no século XVII.

A ciência agora é internacional, talvez a faceta mais internacional de nossa civilização, mas a descoberta da ciência moderna se concentrou naquilo que pode ser, em termos vagos, chamado de Ocidente. A ciência moderna aprendeu seus métodos com a pesquisa feita na Europa durante a revolução científica, a qual, por sua vez, derivou do trabalho feito na Europa e em países árabes durante a Idade Média e, em última instância, da ciência inicial dos gregos. O Ocidente absorveu um grande volume de conhecimento científico de outros lugares — a geometria do Egito, os dados astronômicos da Babilônia, as técnicas aritméticas da Babilônia e da Índia, a bússola magnética da China etc. —, mas, até onde sei, não importou os *métodos* da ciência moderna. Assim, este livro dará ênfase ao Ocidente (incluído o islã medieval) daquela mesma maneira que Oswald Spengler e Arnold Toynbee tanto deploraram: não terei muito a dizer sobre a ciência fora do Ocidente e não terei nada a dizer sobre o progresso sem dúvida interessante, mas totalmente isolado, na América pré-colombiana.

Ao narrar esta crônica, vou me acercar daquela área perigosa que os historiadores contemporâneos têm o máximo cuidado em evitar, qual seja, a de julgar o passado pelos critérios do presente. Esta é uma história irreverente: não me nego a criticar os métodos e realizações do passado a partir de um ponto de vista moderno. Tive até algum prazer em expor alguns erros de grandes heróis científicos que não vejo mencionados pelos historiadores.

Um historiador que dedica anos de estudo às obras de alguns grandes homens do passado pode exagerar os feitos de seus heróis. Tenho percebido isso sobretudo em obras sobre Platão, Aristóteles, Avicena, Grosseteste e Descartes. Mas aqui não tenho intenção de acusar nenhum filósofo natural do passado de burrice. Pelo contrário, mostrando como esses indivíduos de grande inteligência estavam longe de nossa atual concepção científica, quero mostrar como a descoberta da ciência moderna foi difícil, como suas práticas e critérios nada têm de óbvios. Isso também serve para alertar que talvez a ciência ainda não esteja em sua forma final. Em vários pontos neste livro, sugiro que, por maior que tenha sido o progresso realizado nos métodos científicos, podemos estar repetindo hoje alguns erros do passado.

Alguns historiadores da ciência, ao estudar a ciência do passado, tomam como regra não se referir ao conhecimento científico presente. Eu, pelo contrário, farei questão de usar o conhecimento presente para esclarecer a ciência do passado. Por exemplo, poderia ser um exercício intelectual interessante tentar entender como os astrônomos helenísticos Apolônio e Hiparco desenvolveram a teoria de que os planetas giram em volta da Terra em órbitas epicíclicas fechadas usando apenas os dados de que dispunham, mas, como grande parte desses dados se perdeu, seria algo impossível. Todavia, sabemos que a Terra e os planetas já giravam em torno do Sol em órbitas elípticas, tal como fazem hoje, e sabendo disso poderemos entender como os dados disponíveis aos astrônomos antigos podem ter sugerido a eles a teoria dos epiciclos. De toda maneira, como hoje alguém, lendo sobre a astronomia da Antiguidade, pode esquecer nosso conhecimento atual do que realmente acontece no sistema solar?

Para os leitores que quiserem entender em mais detalhes como o trabalho dos cientistas do passado se encaixa com o que realmente existe na natureza, encontra-se um conjunto de "notas técnicas" ao final do volume. Não é necessário lê-las para acompanhar o texto principal do livro, mas alguns leitores talvez aprendam uma coisinha ou outra de física e astronomia, tal como eu mesmo aprendi ao prepará-las.

A ciência de agora não é como era em seus primórdios. Seus resultados são impessoais. A inspiração e o juízo estético são importantes no desenvolvimento das teorias científicas, mas a verificação dessas teorias se baseia em testes experimentais imparciais de suas previsões. Embora se utilize a matemática na formulação de teorias físicas e na representação de suas consequências, a ciência não é um ramo da matemática e as teorias científicas não podem ser deduzidas por um raciocínio exclusivamente matemático. A ciência e a tecnologia se beneficiam uma da outra, mas, em seu nível mais fundamental, não se faz ciência por razões de ordem prática. Embora a ciência não tenha nada a dizer sobre a existência de Deus ou da vida após a morte, seu objetivo é encontrar explicações de fenômenos naturais que são puramente naturalistas. A ciência é cumulativa; cada nova teoria incorpora teorias anteriores bem-sucedidas a título de aproximações e até explica por que tais aproximações funcionam, quando funcionam.

Nada disso era óbvio para os cientistas da Antiguidade ou da Idade Média, e só veio a ser aprendido com grande dificuldade na revolução científica dos séculos XVI e XVII. A ciência moderna não foi de maneira nenhuma um objetivo de partida. Então, como chegamos à revolução científica e, depois dela, ao ponto em que estamos agora? É isso que devemos tentar entender ao examinarmos a descoberta da ciência moderna.

PARTE I
A FÍSICA GREGA

Antes ou durante o florescimento da ciência grega, os babilônios, chineses, egípcios, indianos e outros povos deram contribuições importantes à tecnologia, à matemática e à astronomia. Mesmo assim, foi da Grécia que a Europa extraiu seu modelo e inspiração, e foi na Europa que a ciência moderna começou, de modo que os gregos tiveram um papel especial na descoberta da ciência.

Pode-se discutir horas a fio por que foram os gregos que realizaram tantas coisas. Pode ser significativo que a ciência grega tenha começado quando os gregos viviam em pequenas cidades-estados independentes, muitas delas de regime democrático. Mas, como veremos, as realizações científicas mais impressionantes dos gregos aconteceram depois que esses pequenos Estados foram absorvidos por grandes potências: o reino helenístico do Egito e, depois, o Império Romano. Os gregos, nos tempos helenísticos e romanos, deram contribuições à ciência e à matemática que só vieram a ser efetivamente superadas com a revolução científica dos séculos XVI e XVII na Europa.

Esta parte de minha exposição da ciência grega aborda a física, deixando a astronomia grega para ser tratada na parte II. Dividi esta primeira parte em cinco capítulos, que tratam em ordem mais ou menos cronológica dos cinco modos de pensamento com os quais a ciência teve de se compatibilizar. O tema das relações entre a ciência e esses cinco vizinhos intelectuais ressurgirá ao longo de todo o livro.

1. Matéria e poesia

Em primeiro lugar, o cenário. No século VI a.C., já fazia algum tempo que a costa ocidental da atual Turquia estava povoada por gregos, falando, em sua maioria, o dialeto jônico. A cidade jônica mais rica e poderosa era Mileto, fundada num porto natural onde o rio Meandro deságua no mar Egeu. Lá, em Mileto, mais de um século antes da época de Sócrates, os gregos começaram a especular sobre a substância fundamental que forma o mundo.

A primeira vez que ouvi falar dos milésios foi na época da graduação em Cornell, quando eu cursava as matérias de história e filosofia da ciência. Nas aulas, os milésios eram chamados de "físicos". Ao mesmo tempo, eu também estava frequentando cursos de física, inclusive a teoria atômica moderna da matéria. Parecia-me haver pouquíssima coisa em comum entre a física milésia e a física moderna. Não tanto porque os milésios estivessem errados sobre a natureza da matéria, mas porque eu não conseguia entender como eles haviam chegado a suas conclusões. Os registros históricos sobre o pensamento grego antes de Platão são fragmentários, mas para mim estava muito claro que os milésios e todos os demais estudiosos gregos da natureza dos períodos arcaico e clássico (por volta de 600 a.C. a 300 a.C.) raciocinavam de uma maneira que não tinha nada a ver com o raciocínio dos cientistas atuais.

O primeiro milésio de que se tem alguma notícia é Tales, que viveu cerca de dois séculos antes da época de Platão. Ele teria previsto um eclipse solar, o qual sabemos que de fato ocorreu em 585 a.C. e foi visível em Mileto. Mesmo com o benefício dos registros babilônios dos eclipses, é improvável que Tales pudesse ter feito essa previsão, porque qualquer eclipse solar é visível apenas numa região geográfica limitada, mas o fato de lhe terem atribuído essa previsão mostra que Tales talvez tenha vivido no começo do século VI a.C. Não sabemos se ele chegou a pôr no papel alguma de suas ideias, mas nenhum texto escrito por Tales sobreviveu, nem mesmo como citação de autores posteriores. Ele é uma figura lendária, convencionalmente arrolado na época de Platão entre os "sete sábios" da Grécia (tal como seu contemporâneo Sólon, que teria criado a constituição ateniense). Por exemplo, considerava-se que Tales teria demonstrado ou trazido do Egito um famoso teorema de geometria. (Veja nota técnica 1.) O que importa aqui é que Tales teria sustentado a noção de que toda matéria é composta de uma única substância fundamental. Segundo a *Metafísica* de Aristóteles, "entre os primeiros filósofos, a maioria pensava que os princípios que eram da natureza da matéria eram os princípios únicos de todas as coisas. [...] Tales, o fundador dessa escola filosófica, diz que o princípio é a água".[1] Muito mais tarde, Diógenes Laércio (*fl.* 230 a.C.), biógrafo dos filósofos gregos, escreveu que "sua doutrina era que a água é a substância primária universal, e que o mundo é animado e repleto de divindades".[2]

O que Tales entendia por "substância primária universal"? Que toda matéria é composta de água? Se for isso, não temos como saber de que maneira Tales chegou a essa conclusão; mas, se a pessoa está convencida de que toda matéria é composta de uma única substância comum, a água não é um mau candidato. A água ocorre não só em estado líquido, mas se converte com facilidade em sólido quando se congela ou em vapor quando ferve. A água, é claro, também é essencial à vida. Mas não sabemos se Tales pensava que as rochas, por exemplo, de fato se formam a partir da água comum ou, apenas, se há algo profundo que a rocha e outros sólidos compartilham com a água congelada.

Tales tinha um discípulo ou associado, Anaximandro, que chegou a outra conclusão. Ele também pensava que existe uma única substância fundamental, mas não a associou a nenhum material comum. Anaximandro a identificou como uma substância misteriosa a que chamou de ilimitado ou infinito. Temos uma descrição de suas ideias a esse respeito, apresentada por Simplício, um neoplatônico que viveu cerca de mil anos depois. Simplício inclui algo que parece ser uma citação direta de Anaximandro, indicada abaixo em itálico:

> Entre os que dizem que [o princípio] é uno e em movimento e ilimitado, Anaximandro, filho de Praxíades, um milésio que se tornou discípulo e sucessor de Tales, dizia que o ilimitado é ao mesmo tempo princípio e elemento das coisas existentes. Ele diz que não é a água, nem qualquer outro dos chamados elementos, mas alguma natureza ilimitada, da qual nascem os céus e os mundos neles existentes; e as coisas das quais surgem outras coisas que existem são também aquelas em que resulta sua destruição, de acordo com o que deve ser. *Pois elas se oferecem mútua justiça e reparação por sua ofensa de acordo com a ordenação do tempo* — assim falando delas em termos mais propriamente poéticos. E é claro que, tendo observado a transformação dos quatro elementos uns nos outros, Anaximandro não considerou adequado tomar algum deles como material fundamental, mas sim outra coisa à parte deles.[3]

Um pouco mais tarde, outro milésio, Anaxímenes, voltou à ideia de que tudo é feito de uma só substância comum, mas, para Anaxímenes, essa substância não era a água e sim o ar. Ele escreveu um livro, do qual apenas uma frase inteira sobreviveu: "A alma, sendo nosso ar, nos controla, e a respiração e o ar abrangem o mundo inteiro".[4]

Com Anaxímenes, encerram-se as contribuições dos milésios. Mileto e as outras cidades jônicas da Ásia Menor foram submetidas ao crescente Império Persa por volta de 550 a.C. Mileto iniciou uma revolta em 499 a.C. e foi devastada pelos persas. Reviveu mais tarde como importante cidade grega, mas nunca voltou a ser um centro da ciência grega.

O interesse pela natureza da matéria prosseguiu fora de Mileto entre os gregos jônicos. Existe uma indicação de que Xenófanes, nascido por volta de 570 a.C. em Cólofon, na Jônia, e migrado para o sul da Itália, designou a terra como a substância fundamental. Num de seus poemas encontra-se o verso: "Pois todas as coisas vêm da terra, e em terra todas as coisas terminam".[5] Mas talvez essa fosse apenas sua versão daquele sentimento fúnebre bastante conhecido: "cinzas às cinzas, pó ao pó". Reencontraremos Xenófanes em outro contexto, quando chegarmos à religião no capítulo 5.

Em Éfeso, não distante de Mileto, por volta de 500 a.C., Heráclito ensinou que a substância fundamental é o fogo. Ele escreveu um livro, do qual sobreviveram apenas alguns fragmentos. Um desses fragmentos nos diz que "este *kosmos** ordenado, que é o

---

* Como assinala Gregory Vlastos, em *O universo de Platão* (Seattle: University of Washington Press, 1975), Homero usava uma forma adverbial da palavra "kosmos" no sentido de "socialmente decoroso" e "moralmente respeitável". Esse uso sobrevive no inglês na palavra "cosmético". Seu uso em Heráclito reflete a concepção helênica de que o mundo é em grande medida o que deveria ser. A palavra também aparece em inglês nos cognatos "cosmos" e "cosmologia". (N. A.)

mesmo para todos, não foi criado por nenhum dos deuses nem pela humanidade, mas sempre foi, é e será o Fogo eterno, que se acende com medida e se apaga com medida".[6] Em outra passagem, Heráclito ressaltou as transformações incessantes na natureza, pois, para ele, era mais natural tomar como elemento fundamental o fogo sempre variável, um agente de transformação, em vez da terra, do ar ou da água, elementos mais estáveis.

A noção clássica de que toda matéria é composta não de um, mas de quatro elementos — água, ar, terra e fogo — provavelmente se deve a Empédocles. Ele viveu em Acragas, na Sicília, a atual Agrigento, no começo do século V a.C., e é o primeiro e praticamente o único grego nessa fase inicial da história a ser de linhagem dórica e não jônica. Ele escreveu dois poemas em hexâmetros, dos quais restaram muitos fragmentos. Em *Sobre a natureza*, temos: "como da mistura de Água, Terra, Éter e Sol [Fogo] nasceram as formas e cores das coisas mortais…",[7] e também "fogo, água, terra e a altura interminável do ar, e a amaldiçoada Discórdia distante deles, equilibrados de todas as maneiras, e o Amor entre eles, iguais em altura e amplitude".[8]

É possível que Empédocles e Anaximandro usassem termos como "amor" e "discórdia", ou "justiça" e "injustiça", apenas como metáforas para a ordem e a desordem, mais ou menos como Einstein às vezes usava "Deus" como metáfora das leis fundamentais desconhecidas da natureza. Mas não devemos impor uma interpretação moderna às palavras dos pré-socráticos. A meu ver, a intrusão de emoções humanas como o amor e a discórdia de Empédocles, ou de valores como a justiça e a reparação de Anaximandro, em especulações sobre a natureza da matéria é, sobretudo, um indicador da grande distância entre o pensamento dos pré-socráticos e o espírito da física moderna.

Esses pré-socráticos, de Tales a Empédocles, pareciam pensar os elementos como substâncias homogêneas, uniformes e indiferenciadas. Uma visão diferente, mais próxima do entendimento moderno, foi apresentada um pouco mais tarde em Abdera, uma cidade na costa da Trácia fundada por refugiados da revolta das cidades jônicas contra a Pérsia, iniciada em 499 a.C. O primeiro filósofo abderense conhecido é Leucipo, do qual sobreviveu apenas uma frase, sugerindo uma concepção de mundo determinista: "Nada acontece em vão, mas tudo por uma razão e por necessidade".[9] Sobre Demócrito, sucessor de Leucipo, conhece-se muito mais. Ele nasceu em Mileto e viajou pela Babilônia, pelo Egito e por Atenas antes de se estabelecer em Abdera, no final do século v a.C. Demócrito escreveu livros sobre ética, ciência natural, matemática e música, dos quais restam muitos fragmentos. Um desses fragmentos expõe a noção de que toda matéria consiste de minúsculas partículas indivisíveis chamadas átomos (da palavra grega para "incortáveis"), movendo-se no espaço vazio: "O doce existe por convenção, o amargo por convenção; os átomos e o Vácuo [sozinho] existem na realidade".[10]

Como os cientistas modernos, esses primeiros gregos queriam olhar sob a superfície aparente do mundo, procurando conhecer um nível mais profundo da realidade. A matéria do mundo não se mostra à primeira vista como sendo feita de água, de ar, de terra ou de fogo, ou dos quatro elementos juntos, ou mesmo de átomos.

A aceitação do esoterismo foi levada ao extremo no sul da Itália por Parmênides de Eleia (a Vélia romana), muito admirado por Platão. No começo do século v a.C., Parmênides pensou, contra Heráclito, que a aparente mudança e variedade na natureza é uma ilusão. Suas ideias foram defendidas por seu discípulo Zenão de Eleia, que não deve ser confundido com outros, como Zenão, o Estoico. Em seu livro *Ataques*, Zenão apresentava uma série de paradoxos para mostrar a impossibilidade do movimento. Por exemplo, para percorrer uma pista de corrida completa, é necessário cobrir primeiro metade da distância, depois metade da distância restante e assim por diante, de modo que é impossível percorrer todo o caminho. Pelo mesmo raciocínio, até onde podemos deduzir dos fragmentos remanescentes, para Zenão era impossível percorrer *qualquer* distância, e assim qualquer movimento é impossível.

O raciocínio de Zenão, claro, estava errado. Como Aristóteles[11] apontou mais tarde, não existe nenhuma razão para não podermos dar um número infinito de passos num tempo finito, visto que o tempo necessário para cada passo sucessivo decresce com rapidez suficiente. É verdade que uma série infinita como $\frac{1}{2} + \frac{1}{3} + \frac{1}{4} + \ldots$ tem uma soma infinita, mas a série infinita $\frac{1}{2} + \frac{1}{4} + \frac{1}{8} + \ldots$ tem uma soma perfeitamente finita, nesse caso igual a 1.

O mais surpreendente não é que Parmênides e Zenão estivessem errados, mas que nem se incomodassem em explicar por qual razão, se o movimento é impossível, as coisas aparentam se mover. De fato, nenhum dos primeiros gregos, de Tales a Platão, nem em Mileto, Abdera, Eleia ou Atenas, jamais se deu ao trabalho de explicar em detalhe como suas teorias sobre a realidade última explicavam as aparências das coisas.

Não era apenas preguiça intelectual. Havia uma tendência de esnobismo intelectual entre os primeiros gregos que os levava a considerar o entendimento das aparências como algo sem valor. Esse é apenas um exemplo de uma atitude que prejudicou grande parte da história da ciência. Em várias épocas, considerou-se que órbitas circulares são mais perfeitas que órbitas elípticas, que o ouro é mais nobre que o chumbo e que o homem é superior a seus colegas símios.

Estaremos agora cometendo erros semelhantes, deixando passar oportunidades de um avanço científico por ignorarmos fenômenos que não parecem dignos de nossa atenção? Não é possível saber com certeza, mas creio que não. Claro que não podemos explorar tudo, mas escolhemos problemas que a nosso juízo, correto ou incorreto, oferecem a melhor perspectiva para o entendimento científico. Biólogos interessados em cromossomos ou células nervosas estudam animais como moscas-das-frutas e lulas, e não nobres águias e leões. Às vezes, os físicos de partículas elementares são acusados de um interesse esnobe por fenômenos nos níveis mais altos de energia, mas é apenas em altas energias que podemos criar e estudar partículas hipotéticas de grande massa, como as partículas de matéria escura que os astrônomos nos dizem compor cinco sextos da matéria do universo. Em todo caso, damos grande atenção a fenômenos de baixas energias, como as intrigantes massas de neutrinos, cerca de um milionésimo da massa do elétron.

Ao comentar os preconceitos dos pré-socráticos, não estou dizendo que o raciocínio a priori não tem lugar na ciência. Hoje, por exemplo, esperamos descobrir que nossas leis físicas mais profundas satisfazem aos princípios da simetria, os quais formulam que as leis físicas não mudam quando alteramos nosso ponto de vista de certas maneiras determinadas. Assim como o princípio da imutabilidade de Parmênides, alguns desses princípios de simetria não são logo evidentes nos fenômenos físicos — diz-se que foram espontaneamente rompidos. Isto é, as equações de nossas teorias têm certas simplicidades — por exemplo, tratar certas espécies de partículas da mesma maneira —, mas essas simplicidades não estão presentes nas soluções das equações, que regem os fenômenos efetivos. Mesmo assim, ao contrário do compromisso de Parmênides com a imutabilidade, a presunção a priori em favor dos princípios de simetria nasceu de muitos anos de experimentação buscando princípios físicos que descrevem o mundo real, e tanto as simetrias rompidas quanto as não rompidas são validadas por experimentos que confirmam suas consequências. Elas não envolvem juízos de valor como os que aplicamos aos assuntos humanos.

Com Sócrates, no final do século V a.C., e Platão, cerca de quarenta anos depois, o centro do palco da vida intelectual grega se transferiu para Atenas, uma das poucas cidades de gregos jônicos no território grego. Quase tudo o que sabemos de Sócrates provém de suas aparições nos diálogos de Platão, bem como de uma aparição na peça *As nuvens*, de Aristófanes, como personagem cômico. Sócrates, ao que parece, não deixou nenhuma de suas ideias por escrito, mas, até onde sabemos, ele não se interessava muito por ciência natural. No diálogo *Fédon*, de Platão, Sócrates comenta como ficou decepcionado ao ler um livro de Anaxágoras (há mais sobre Anaxágoras no capítulo 7), pois ele descrevia a Terra, o Sol, a Lua e as estrelas em termos puramente físicos, sem consideração pelo bem.[12]

Platão, ao contrário de seu herói Sócrates, era um aristocrata ateniense. Foi o primeiro filósofo grego do qual restaram muitos textos quase ilesos. Platão, como Sócrates, estava mais interessado nos assuntos humanos do que na natureza da matéria. Tinha esperança de seguir uma carreira política que lhe permitisse pôr em prática suas ideias utópicas e antidemocráticas. Em 367 a.C., Platão aceitou um convite de Dionísio II para ir a Siracusa e ajudar a reformar seu governo, mas, felizmente para Siracusa, isso não resultou em nada.

Num de seus diálogos, o *Timeu*, Platão juntou a ideia dos quatro elementos e a noção abderense dos átomos. Os quatro elementos de Empédocles consistiam, para Platão, em partículas no formato de quatro dos cinco corpos sólidos que a matemática conhecia como poliedros regulares, corpos com faces que são polígonos iguais, com todos os lados iguais, juntando-se em vértices iguais. (Veja nota técnica 2.) Por exemplo, um dos poliedros regulares é o cubo, cujas faces são quadrados iguais, três quadrados se juntando em cada vértice. Platão considerou que os átomos da terra teriam a forma de cubos. Os outros poliedros regulares são o tetraedro (uma pirâmide com quatro faces triangulares), o octaedro de oito lados, o icosaedro de vinte lados e o dodecaedro de doze lados. Platão supôs que os átomos do fogo, do ar e da água teriam, respectivamente, as formas do tetraedro, do octaedro e do icosaedro. Com isso, o dodecaedro ficava de fora. Platão o tomou como representando o *kosmos*. Mais tarde, Aristóteles introduziu um quinto elemento, o éter ou *quintessência*, que preencheria o espaço acima da órbita lunar.

Tem sido comum apresentar essas especulações iniciais sobre a natureza da matéria para indicar que elas prefiguram certos traços da ciência moderna. Demócrito é objeto de especial admiração; uma das principais universidades na Grécia moderna se chama Universidade Demócrito. De fato, o esforço de identificar os constituintes fundamentais da matéria prosseguiu durante milênios, embora com mudanças, de tempos em tempos, na lista dos elementos. No começo da era moderna, os alquimistas haviam identificado três supostos elementos: mercúrio, sal e enxofre. A ideia moderna dos elementos químicos data da revolução química instigada por Priestley, Lavoisier, Dalton e outros no final do século XVIII, e hoje incorpora 92 elementos que ocorrem na natureza, do hidrogênio ao urânio (incluindo o mercúrio e o enxofre, mas não o sal), além de uma lista crescente de elementos criados de maneira artificial, mais pesados que o urânio. Em condições normais, um elemento químico puro consiste em átomos do mesmo tipo, e os elementos se diferenciam uns dos outros pelo tipo de átomo de que são compostos. Hoje, olhamos além dos elementos químicos para as partículas elementares que compõem os átomos, mas, de uma maneira ou outra, continuamos a busca dos constituintes fundamentais da natureza que foi iniciada em Mileto.

Apesar disso, penso que não se deve exagerar a ênfase nos aspectos modernos da ciência grega arcaica ou clássica. Há um elemento importante da ciência moderna que está praticamente ausente de todos os pensadores que mencionei, de Tales a Platão: nenhum deles tentou verificar, nem sequer justificar (à exceção, talvez, de Zenão), suas especulações. Ao lermos seus escritos, sentimos uma vontade constante de perguntar: "Como você sabe?". Isso também se aplica a Demócrito, tal como aos demais. Não vemos em nenhum dos fragmentos dos livros de Demócrito qualquer esforço em mostrar que a matéria é de fato composta de átomos.

As ideias de Platão sobre os cinco elementos dão um bom exemplo de sua displicência quanto à justificação. No *Timeu*, ele começa não pelos poliedros regulares, mas pelos triângulos, que propõe juntar para formar as faces dos poliedros. Que tipo de triângulos? Platão propõe que deve ser o triângulo retângulo isósceles, com ângulos de 45º, 45º e 90º, e o triângulo retângulo com ângulos de 30º, 60º e 90º. As faces quadradas dos átomos cúbicos da terra podem ser formadas com dois triângulos retângulos isósceles e as faces triangulares dos átomos tetraédricos, octaédricos e icosaédricos do fogo, do ar e da água podem ser formadas, cada uma delas, com dois dos outros triângulos retângulos. (O dodecaedro, que misteriosamente representa o cosmo, não pode ser construído dessa maneira.) Para explicar essa escolha, Platão diz no *Timeu*:

> Se alguém puder nos mostrar uma melhor escolha de triângulos para a construção dos quatro corpos, sua crítica será bem-vinda; mas, de nossa parte, propomos passar sobre todo o resto [...]. Seria longo demais expor a razão, mas, se alguém puder produzir uma prova de que não é assim, receberemos bem seu resultado.[13]

Posso imaginar qual seria a reação hoje em dia, se eu defendesse uma nova conjectura sobre a matéria num artigo de física, dizendo que seria demorado demais expor meu raciocínio e desafiando meus colegas a provarem que ele não é verdadeiro.

Aristóteles chamou os filósofos gregos anteriores de *fisiólogos*, às vezes traduzido como "físicos",[14] mas o termo é enganador. A palavra "fisiólogos" significa apenas estudiosos da natureza (*physis*), mas os primeiros gregos não tinham quase nada em comum com os físicos de hoje. Suas teorias não tinham nada a que se agarrar. Empédocles podia especular sobre os elementos e Demócrito sobre os átomos, mas suas especulações não levaram a nenhuma informação nova sobre a natureza, e com certeza a nada que permitisse testar suas teorias.

Parece-me que, para entender esses primeiros gregos, é melhor vê-los não como físicos ou cientistas, ou nem sequer como filósofos, mas sim como poetas.

Cabe esclarecer o que quero dizer com isso. Existe uma acepção estrita da poesia como linguagem que utiliza recursos verbais como métrica, rima ou aliteração. Mesmo nessa acepção estrita, Xenófanes, Parmênides e Empédocles escreviam em poesia. Depois das invasões dóricas e o surgimento da civilização micênica no século XII a.C., na Idade do Bronze, passou a predominar entre os gregos um maciço analfabetismo. Sem a escrita, a poesia é quase a única forma de comunicar e transmitir algo às gerações posteriores, pois é possível lembrá-la de uma maneira que não ocorre com a prosa. A alfabetização reviveu entre os gregos por volta de 700 a.C., mas o novo alfabeto tomado de empréstimo aos fenícios foi usado inicialmente por Homero e Hesíodo para escrever poesia, parte dela consistindo na poesia da idade das trevas grega transmitida pela memória ao longo das gerações. A prosa veio depois.

Mesmo os primeiros filósofos gregos que escreveram em prosa — como Anaximandro, Heráclito e Demócrito — adotavam um estilo poético. Cícero comentou que Demócrito era mais poético do que muitos poetas. Platão, quando jovem, queria ser poeta e, embora escrevesse em prosa e fosse hostil à poesia em *A República*, seu estilo literário sempre foi muito admirado.

Aqui penso em poesia numa acepção mais ampla: a linguagem escolhida sobretudo pelos efeitos estéticos, e não para tentar enunciar com clareza o que se acredita ser verdade. Quando Dylan Thomas escreve que "a força que pelo verde fundir impele a flor impele meus anos de verdor", não tomamos a frase como uma declaração séria sobre a unificação das forças da botânica e da zoologia, e não procuramos uma justificação; tomamos (pelo menos eu) como uma manifestação de tristeza pela velhice e pela morte.

Às vezes, parece claro que Platão não pretendia ser tomado ao pé da letra. Um exemplo citado acima é o argumento bastante frágil para sua escolha dos dois triângulos como base de toda matéria. Como exemplo ainda mais claro, Platão introduziu no *Timeu* a história de Atlântida, que teria florescido milênios antes de sua época. Platão não pode ter pretendido realmente conhecer alguma coisa sobre o que acontecera milhares de anos antes.

Não estou dizendo, de forma alguma, que os primeiros gregos decidiram escrever de forma poética para se furtar à necessidade de validar suas teorias. Não sentiam essa necessidade. Hoje testamos nossas especulações sobre a natureza utilizando teorias propostas para extrair conclusões mais ou menos precisas, que podem ser testadas pela observação. Isso não acontecia entre os primeiros gregos, nem entre muitos sucessores seus, por uma razão muito simples: *eles nunca tinham visto alguém fazer isso.*

Aqui e ali existem alguns sinais de que, mesmo quando queriam de fato ser levados a sério, os primeiros gregos tinham dúvidas sobre suas próprias teorias e sentiam que um conhecimento confiável era inalcançável. Apresentei um exemplo em meu tratado de 1972 sobre a relatividade geral. Na epígrafe de um capítulo sobre especulação cosmológica, citei algumas linhas de Xenófanes: "E quanto à verdade certa, nenhum homem a viu, nem nunca existirá um homem que conheça os deuses e as coisas que menciono. Pois, se ele consegue dizer por completo o que é inteiramente verdade, ele próprio, porém, não está ciente disso, e a opinião está fixada pelo destino em todas as coisas".[15] Na mesma linha, Demócrito observou em *Sobre as formas*: "Na realidade, não conhecemos nada solidamente" e "Tem-se mostrado de muitas maneiras que, na verdade, não sabemos como cada coisa é ou não é".[16]

Permanece um elemento poético na física moderna. Não escrevemos em poesia; grande parte dos textos dos físicos mal chega ao nível da prosa. Mas buscamos beleza em nossas teorias e utilizamos juízos estéticos como guia em nossa pesquisa. Alguns de nós cremos que isso funciona porque fomos treinados por séculos de êxitos e fracassos na pesquisa física para antecipar certos aspectos das leis da natureza, e por meio dessa experiência viemos a sentir que essas características das leis da natureza são belas.[17] Mas não tomamos a beleza de uma teoria como prova convincente de sua verdade.

Por exemplo, a teoria das cordas, que descreve as diversas espécies de partículas elementares como vários modos de vibração de cordas minúsculas, tem grande beleza. Parece ter um mínimo de consistência matemática, de modo que sua estrutura não é arbitrária, mas estabelecida em larga medida pela exigência de consistência matemática. Assim, ela tem a beleza de uma forma de arte rígida, um soneto ou uma sonata. Infelizmente, a teoria das cordas ainda não levou a nenhuma previsão que possa ser testada de modo experimental e, em decorrência disso, os teóricos (pelo menos em nossa maioria) ainda estão em dúvida se a teoria das cordas se aplica de fato ao mundo real. É dessa insistência na verificação que mais sentimos falta em todos os estudiosos poéticos da natureza, de Tales a Platão.

2. Música e matemática

Mesmo que Tales e seus sucessores tivessem entendido que precisavam derivar consequências de suas teorias da matéria que pudessem ser comparadas à observação, eles encontrariam dificuldades proibitivas nessa tarefa, em parte devido ao caráter limitado da matemática grega. Os babilônios haviam alcançado grande competência em aritmética, utilizando um sistema numérico baseado em sessenta, e não em dez. Também desenvolveram algumas técnicas simples de álgebra, como regras (embora não expressas em símbolos) para resolver várias equações ao quadrado. Mas, para os primeiros gregos, a matemática era, em larga medida, geométrica. Como vimos, na época de Platão os matemáticos já tinham descoberto teoremas sobre triângulos e poliedros. Grande parte da geometria que se encontra nos *Elementos* de Euclides já era conhecida antes de sua época, por volta de 300 a.C. Mas, mesmo naquela altura, os gregos tinham uma compreensão apenas limitada da aritmética, sem falar da álgebra, da trigonometria ou do cálculo.

O primeiro fenômeno a ser estudado com métodos aritméticos pode ter sido a música. Foi obra dos seguidores de Pitágoras.

Nascido na ilha jônica de Samos, Pitágoras emigrou para o sul da Itália por volta de 530 a.C. Lá, na cidade grega de Cróton, ele fundou um culto que durou até o século IV a.C.

A palavra "culto" parece adequada. Os primeiros pitagóricos não deixaram nenhum texto próprio, mas, segundo as histórias narradas por outros escritores,[1] os pitagóricos acreditavam na transmigração da alma. Consta que usavam vestes brancas e eram proibidos de comer feijão, devido à semelhança do grão com o feto humano. Organizaram uma espécie de teocracia e o povo de Cróton, sob seu governo, destruiu a cidade vizinha de Síbaris em 510 a.C.

O que guarda relação com a história da ciência é que os pitagóricos também desenvolveram uma paixão pela matemática. Segundo a *Metafísica* de Aristóteles,[2] "os pitagóricos, como eram chamados, dedicavam-se à matemática: foram os primeiros a fazer progredir esse estudo, e, tendo sido criados nele, pensavam que seus princípios eram os princípios de todas as coisas".

A ênfase pitagórica sobre a matemática pode ter nascido da observação da música. Eles notaram que, num instrumento de cordas, se duas cordas de mesma espessura, composição e tensão são vibradas ao mesmo tempo, o som será agradável se os comprimentos das cordas estiverem numa proporção de números inteiros pequenos. O caso mais simples é quando uma corda tem a metade do comprimento da outra. Em termos modernos, dizemos que o som dessas duas cordas tem uma oitava de distância, e nomeamos os sons que produzem com a mesma letra do alfabeto. Se uma corda tem dois terços do comprimento da outra, diz-se que as duas notas produzidas formam uma *quinta*, um acorde especialmente agradável. Se uma corda tem três quartos do comprimento da outra, as notas produzem um acorde aprazível chamado *quarta*. Por outro lado, se os comprimentos das duas cordas não estiverem numa razão de números inteiros pequenos (como, por exemplo, se o comprimento de uma corda fosse, digamos, de 100000/314159 vezes o comprimento da outra) ou em nenhuma razão entre números inteiros, o som será dissonante e desagradável. Agora sabemos que existem duas razões para isso, tendo a ver com a periodicidade do som produzido pelas duas cordas vibradas juntas e a concordância dos sons secundários produzidos por cada corda. (Veja nota técnica 3.) Nada disso era do conhecimento dos pitagóricos e, na verdade, de ninguém até o surgimento da obra do padre francês Marin Mersenne, no século XVII. Em vez disso, os pitagóricos, segundo Aristóteles, julgavam "ser o firmamento inteiro uma escala musical".[3] Essa ideia teve longa permanência. Por exemplo, Cícero, em *Da República*, narra um episódio em que o fantasma do grande general romano Cipião Africano apresenta seu neto à música das esferas.

Foi na matemática pura, mais que na física, que os pitagóricos fizeram os maiores avanços. Todo mundo conhece *o* teorema de Pitágoras, o qual diz que a área de um quadrado cujo lado é a hipotenusa de um triângulo retângulo é igual à soma das áreas dos dois quadrados cujos lados são os outros dois lados do triângulo. Ninguém sabe se algum, e qual, pitagórico demonstrou o teorema, e de que maneira. É possível apresentar uma prova simples baseada numa teoria das proporções, teoria esta que se deve ao pitagórico Arquitas de Tarento, contemporâneo de Platão. (Veja nota técnica 4. A prova apresentada como Proposição 46 do Livro I dos *Elementos* de Euclides é mais complicada.) Arquitas também solucionou um famoso problema importante: dado um cubo, que sejam usados métodos exclusivamente geométricos para construir outro cubo com o dobro exato do volume.

O teorema de Pitágoras deu origem a uma outra grande descoberta, a saber, que as construções geométricas podem levar a comprimentos cujas razões não podem ser expressas como razões de números inteiros. Se os dois lados de um triângulo retângulo adjacentes ao ângulo reto têm um comprimento (em algumas unidades de medida) igual a um, então a área total dos dois quadrados com esses lados é $1^2 + 1^2 = 2$, e assim, de acordo com o teorema de Pitágoras, o comprimento da hipotenusa deve ser um número cujo quadrado é 2. Mas é fácil mostrar que um número cujo quadrado é 2 não pode ser expresso como razão de números inteiros. (Veja nota técnica 5.) A prova é dada no Livro x dos *Elementos* de Euclides, e mencionada antes disso por Aristóteles em seus *Analíticos primeiros*[4] como exemplo de uma *reductio ad impossibile*, mas sem fornecer a fonte original. Existe a lenda de que essa descoberta se deve ao pitagórico Hipaso — provavelmente de Metaponto, no sul da Itália —, que foi exilado ou executado pelos pitagóricos por ter revelado esse fato.

Hoje, isso poderia ser descrito como a descoberta de que números como a raiz quadrada de 2 são irracionais — não podem ser expressos como razões de números inteiros. Segundo Platão,[5] Teodoro de Cirene mostrou que as raízes quadradas de 3, 5, 6, ..., 15, 17 etc. (isto é, embora Platão não o diga, as raízes quadradas de todos os números inteiros exceto 1, 4, 9, 16 etc., que são os quadrados de números inteiros) são irracionais nesse mesmo sentido. Mas os primeiros gregos não iriam expressar tal fato dessa maneira. Como apresenta a tradução de Platão, os lados de quadrados cujas áreas têm 2, 3, 5 etc. pés quadrados são *incomensuráveis* com um pé simples. Os primeiros gregos não tinham outra concepção de números a não ser os racionais, e assim, para eles, quantidades como a raiz quadrada de 2 só podiam receber uma significação geométrica, tolhendo ainda mais o desenvolvimento da aritmética.

A tradição do interesse pela matemática pura teve prosseguimento na Academia de Platão. Consta que haveria um aviso na entrada da Academia, dizendo que não se aceitavam ignorantes em geometria. Platão, pessoalmente, não era matemático, mas tinha grande entusiasmo pela matemática, talvez em parte por ter conhecido o pitagórico Arquita durante sua ida à Sicília para ser o tutor do jovem Dionísio II de Siracusa.

Um dos matemáticos na Academia que teve grande influência sobre Platão foi Teeteto de Atenas, discípulo de Arquita e personagem-título de um dos diálogos de Platão. Credita-se a Teeteto a descoberta dos cinco sólidos regulares que, como vimos, forneceram uma base para a teoria dos elementos de Platão. A prova* oferecida pelos *Elementos* de Euclides de que estes são os únicos sólidos regulares convexos possíveis provavelmente se deve a Teeteto, e este também contribuiu para a teoria do que hoje chamamos de números irracionais.

O maior matemático helênico do século IV a.C. foi Eudoxo de Cnido, outro discípulo de Arquita e contemporâneo de Platão. Embora tenha morado durante grande parte da vida na cidade de Cnido, na costa da Ásia Menor, Eudoxo foi aluno da Academia de Platão e, mais tarde, voltou para dar aulas lá. Nenhum escrito de Eudoxo sobreviveu, mas credita-se a ele a solução de um grande número de difíceis problemas matemáticos, como a demonstração de que o volume de um cone é um terço do volume do cilindro com a mesma base e altura. (Não faço ideia de como Eudoxo conseguiu fazer isso sem o cálculo.) Mas sua maior contribuição à matemática foi a introdução de um estilo austero, em que os teoremas são deduzidos de modo mais ou menos rigoroso de axiomas bem formulados. É esse estilo que encontramos mais

---

* Na verdade, como exposto na nota técnica 2, seja lá o que Teeteto possa ter provado, os *Elementos* não provam o que dizem provar, a saber, que existem apenas cinco sólidos regulares convexos possíveis. O que os *Elementos* de fato provam é que, para poliedros regulares, existem apenas cinco combinações dos números de lados de cada face de um poliedro e do número de faces que se encontram em cada vértice, mas isso não prova que exista apenas um poliedro regular convexo possível para cada combinação desses números. (N. A.)

tarde nos escritos de Euclides. Com efeito, muitos dos detalhes nos *Elementos* de Euclides têm sido atribuídos a Eudoxo.

Mesmo sendo uma grande realização intelectual em si, o desenvolvimento da matemática realizado por Eudoxo e pelos pitagóricos deu uma contribuição ambígua para a ciência natural. Por exemplo, o estilo dedutivo da escrita matemática, presente nos *Elementos* de Euclides, foi infindavelmente imitado por estudiosos de ciência natural, onde não é tão apropriado. Como veremos, os escritos de Aristóteles sobre ciência natural envolvem pouca matemática, mas às vezes parecem uma paródia do raciocínio matemático, como em sua apresentação do movimento na *Física*: "A, então, atravessará B num tempo C, e atravessará D, que é mais fino, num tempo E (se o comprimento de B for igual a D), em proporção com a densidade do corpo obstrutor. Suponhamos que B seja água e D seja ar…".[6] Talvez a maior obra da física grega seja *Sobre os corpos flutuantes*, livro de Arquimedes que será tratado no capítulo 4. É redigido como um texto matemático, com postulados não questionados seguidos pelas proposições deduzidas. Arquimedes tinha inteligência suficiente para escolher os postulados corretos, mas a pesquisa científica pode ser descrita com mais honestidade como um emaranhado de deduções, induções e conjecturas.

Mais importante do que a questão de estilo, embora relacionado com ela, é o falso objetivo inspirado pela matemática de alcançar a verdade certa pelo intelecto sem outros recursos. Em sua discussão da educação dos reis filósofos na *República*, Platão apresenta Sócrates argumentando que a astronomia devia ser tratada como a geometria. De acordo com Sócrates, a contemplação do firmamento pode ser útil para estimular o intelecto, assim como a contemplação de um diagrama geométrico pode ser útil na matemática, mas em ambos os casos o verdadeiro conhecimento vem exclusivamente através do pensamento. Sócrates explica na *República* que "devemos usar os corpos celestes apenas como meras ilustrações para nos ajudar a estudar o outro reino, como faríamos se estivéssemos diante de figuras geométricas excepcionais".[7]

A matemática é o meio pelo qual deduzimos as consequências de princípios físicos. Mais que isso, ela é a linguagem indispensável na qual são expressos os princípios da ciência física. Muitas vezes ela inspira novas ideias sobre as ciências naturais, e as necessidades da ciência, por sua vez, muitas vezes incentivam desenvolvimentos na matemática. A obra de um físico teórico, Edward Witten, sugeriu tantas percepções novas à matemática que, em 1990, ele foi agraciado com um dos maiores prêmios em matemática, a Medalha Fields. Mas a matemática não é uma ciência natural. Ela em si, sem observação, não pode nos dizer nada sobre o mundo. E os teoremas matemáticos não podem ser verificados nem refutados pela observação do mundo.

Isso não era claro no mundo antigo e, na verdade, nem mesmo no início dos tempos modernos. Vimos que Platão e os pitagóricos consideravam objetos matemáticos, como números ou triângulos, como os constituintes fundamentais da natureza, e veremos que alguns filósofos consideravam a astronomia matemática como um ramo da matemática, e não da ciência natural.

A diferença entre matemática e ciência está bem estabelecida. O que continua a ser um mistério para nós é que a matemática, inventada por razões que não têm nada a ver com a natureza, muitas vezes se revela de grande utilidade nas teorias físicas. Num artigo famoso,[8] o físico Eugene Paul Wigner escreveu sobre "a insana eficácia da matemática". Mas em geral não temos problemas em distinguir as ideias matemáticas dos princípios científicos, princípios que, em última instância, são justificados pela observação do mundo.

Quando hoje surgem alguns conflitos entre matemáticos e cientistas, em geral se trata da questão do rigor matemático. Desde o começo do século XIX, os pesquisadores de matemática pura consideram o rigor essencial; as definições e assunções devem ser exatas, as deduções devem se seguir com certeza absoluta. Os físicos são mais oportunistas, exigindo apenas um grau de precisão e certeza suficiente para lhes poupar o risco de cometerem erros graves. No prefácio de meu tratado sobre a teoria quântica dos campos, admito que "há partes neste livro que trarão lágrimas aos olhos do leitor com pendores matemáticos".

Isso leva a problemas na comunicação. Os matemáticos me dizem que muitas vezes os livros de física lhes parecem de uma vagueza francamente irritante. Físicos como eu, que precisam de ferramentas matemáticas avançadas, muitas vezes consideram que a busca de rigor dos matemáticos complica seus textos de uma maneira que não é de grande interesse físico.

Tem-se registrado um nobre esforço de físicos com tendências matemáticas de dispor o formalismo da física moderna das partículas elementares — a teoria quântica dos campos — numa base dotada de rigor matemático, e têm ocorrido alguns progressos interessantes. Mas não houve nada no desenvolvimento dos últimos cinquenta anos no modelo-padrão das partículas elementares que dependesse de se alcançar um nível maior de rigor matemático.

A matemática grega continuou a se desenvolver depois de Euclides. No capítulo 4, passaremos às grandes realizações dos matemáticos pós-helenistas Arquimedes e Apolônio.

3. Movimento e filosofia

Depois de Platão, as especulações gregas sobre a natureza passaram para um estilo menos poético e mais argumentativo. Essa mudança aparece sobretudo na obra de Aristóteles. Ele não era ateniense nem jônico de nascimento: nasceu em Estagira, na Macedônia, em 384 a.C. Mudou-se para Atenas em 367 a.C., para estudar na escola fundada por Platão, a Academia. Depois da morte de Platão em 347 a.C., Aristóteles deixou Atenas e morou por algum tempo na ilha egeia de Lesbos, na cidade costeira de Assos. Em 343 a.C., ele foi chamado de volta à Macedônia por Filipe II, para ser o tutor de seu filho, o futuro Alexandre, o Grande.

A Macedônia passou a dominar o mundo grego depois que os exércitos de Filipe derrotaram Atenas e Tebas na batalha de Queroneia em 338 a.C. Depois da morte de Filipe em 336 a.C., Aristóteles voltou a Atenas, onde fundou sua própria escola, o Liceu. Ao lado da Academia de Platão, o Jardim de Epicuro e a Colunata (ou *Stoa*) dos estoicos, o Liceu foi uma das quatro grandes escolas de Atenas. Ele se manteve por séculos, provavelmente até ser fechado quando Atenas foi saqueada pelos soldados romanos sob o comando de Sula, em 86 a.C. Mas a Academia de Platão se manteve por mais tempo: continuou sob uma ou outra forma até o ano de 529 d.C., e durou mais que qualquer universidade europeia até nossos dias.

As obras remanescentes de Aristóteles parecem ser sobretudo anotações para suas aulas no Liceu. Tratam de uma variedade surpreendente de assuntos: astronomia, zoologia, sonhos, metafísica, lógica, ética, retórica, política, estética e o que em geral é traduzido como "física". Segundo um tradutor moderno,[1] o grego de Aristóteles é "enxuto, compacto, abrupto, seus argumentos condensados, seu pensamento denso", muito diferente do estilo poético de Platão. Confesso que frequentemente Aristóteles me parece tedioso, ao contrário de Platão, mas, embora quase sempre Aristóteles esteja errado, ele não é tolo, ao contrário do que Platão se mostra algumas vezes.

Platão e Aristóteles eram ambos realistas, mas em sentidos muito diferentes. Platão era realista na acepção medieval do termo: ele acreditava na realidade das ideias abstratas, em particular das formas ideais das coisas. É a forma ideal de um pinheiro que é real, e não os pinheiros individuais, que realizam essa forma apenas de modo imperfeito. As formas é que são imutáveis, como exigiam Parmênides e Zenão. Aristóteles era realista num sentido moderno usual: para ele, embora as categorias fossem profundamente interessantes, eram as coisas individuais, como pinheiros individuais, que eram reais, e não as formas de Platão.

Aristóteles era cuidadoso em empregar a razão, e não a inspiração, para justificar suas conclusões. Podemos concordar com o classicista R. J. Hankinson: "Não devemos perder de vista o fato de que Aristóteles era um homem de seu tempo — e para aquele tempo ele era extraordinariamente perspicaz, agudo e avançado".[2] Mesmo assim, havia princípios percorrendo todo o pensamento de Aristóteles que tiveram de ser desaprendidos na descoberta da ciência moderna.

Por exemplo, a obra de Aristóteles era permeada de teleologia: as coisas são o que são por causa da finalidade a que servem. Na *Física*,[3] lemos: "Mas a natureza é o fim ou aquilo a que se destina. Pois se uma coisa passa por uma mudança contínua em direção a algum fim, aquele último estágio é efetivamente aquilo a que se destina".

Essa ênfase na teleologia era natural para alguém como Aristóteles, que estava muito envolvido com a biologia. Em Assos e Lesbos, Aristóteles estudara biologia marinha, e seu pai Nicômaco tinha sido médico na corte da Macedônia. Amigos que conhecem biologia mais que eu afirmam que os textos de Aristóteles sobre os animais são admiráveis. A teleologia é natural para todos os que, como Aristóteles em *Partes dos animais*, estudam o coração ou o estômago de um animal — é difícil não perguntar a que finalidade servem.

Com efeito, foi apenas com as obras de Darwin e Wallace no século XIX que os naturalistas vieram a entender que, embora os órgãos do corpo sirvam a várias finalidades, não existe um objetivo por trás da evolução deles. São o que são porque foram naturalmente selecionados ao longo de milhões de anos de variações a esmo transmissíveis pela hereditariedade. E claro, muito antes de Darwin, os físicos tinham aprendido a estudar a matéria e a força sem indagar sobre a finalidade a que atendem.

O precoce interesse de Aristóteles pela zoologia também pode ter inspirado sua grande ênfase na taxonomia, a classificação das coisas em categorias. Ainda usamos uma parte dela, por exemplo a classificação aristotélica dos governos em monarquias, aristocracias e tiranias. Mas em grande medida isso parece sem sentido. Consigo imaginar como Aristóteles poderia ter classificado as frutas: *Todas as frutas recaem em três variedades — existem maçãs, laranjas e frutas que não são nem maçãs nem laranjas.*

Uma das classificações de Aristóteles atravessava toda a sua obra e se tornou um obstáculo para o futuro da ciência. Ele insistia na distinção entre o natural e o artificial. Inicia o Livro II da *Física*[4] com: "Das coisas que existem, algumas existem por natureza, algumas por outras causas". Apenas o natural merecia sua atenção. Talvez tenha sido essa distinção entre natural e artificial que levou ao desinteresse de Aristóteles e seus seguidores pela experimentação. Para que criar uma situação artificial quando o que realmente interessa são fenômenos naturais?

Não que Aristóteles tenha negligenciado a observação de fenômenos naturais. Do intervalo entre enxergar o relâmpago e ouvir o trovão, ou entre ver os remos de uma trirreme distante golpeando a água e ouvir o som que fazem, ele concluiu que o som viaja a uma velocidade finita.[5] Veremos que ele também fez um bom uso da observação para chegar a conclusões sobre o formato da Terra e a causa dos arco-íris. Mas tudo isso consistia na observação casual de fenômenos naturais, não na criação de circunstâncias artificiais com objetivos experimentais.

A distinção entre natural e artificial desempenhou um grande papel na reflexão de Aristóteles sobre um problema de muita importância na história da ciência: o movimento de queda dos corpos. Aristóteles ensinava que os corpos sólidos caem porque o lugar natural do elemento terra é embaixo, em direção ao centro do cosmo, e as fagulhas sobem porque o lugar natural do elemento fogo é o céu. A Terra é quase uma esfera com seu centro no centro do cosmo, pois isso permite que a maior proporção de terra se aproxime daquele centro. Ademais, podendo cair naturalmente, a velocidade de um corpo em queda é proporcional a seu peso. Como lemos em *Do céu*,[6] segundo Aristóteles:

> Um determinado peso percorre uma determinada distância num determinado tempo; um peso que é maior percorre a mesma dis-

tância em menos tempo, estando os tempos em proporção inversa aos pesos. Por exemplo, se um peso é o dobro de outro, ele levará metade do tempo num determinado movimento.

Aristóteles não pode ser acusado de ignorar totalmente a observação da queda dos corpos. Embora ele não soubesse a razão, a resistência do ar ou de qualquer outro meio cercando um corpo em queda tem como efeito que a velocidade acabe se aproximando de um valor constante, a velocidade terminal, que de fato aumenta com o peso do corpo em queda. (Veja nota técnica 6.) Provavelmente mais importante para Aristóteles, a observação de que a velocidade da queda de um corpo aumenta com seu peso se encaixa bem com sua noção de que o corpo cai porque o lugar natural de seu material está na direção do centro do mundo.

Para Aristóteles, a presença do ar ou de algum outro meio era um elemento essencial para entender o movimento. Ele pensava que, sem nenhuma resistência, os corpos se moveriam a uma velocidade infinita, absurdo que o levou a negar a possibilidade do espaço vazio. Na *Física*, ele argumenta: "Expliquemos que não existe um vazio com existência separada, como sustentam alguns".[7] Mas, de fato, é apenas a velocidade terminal de um corpo em queda que é inversamente proporcional à resistência. A velocidade terminal seria infinita se não houvesse nenhuma resistência, mas, nesse caso, um corpo em queda nunca atingiria a velocidade terminal.

No mesmo capítulo, Aristóteles apresenta um argumento mais sofisticado, qual seja, que no vazio não haveria nada a que o movimento pudesse ser relativo: "no vazio, as coisas devem estar em repouso; pois não há lugar para o qual as coisas possam se mover mais ou menos que para outro, visto que o vazio, na medida em que é vazio, não admite nenhuma diferença".[8] Mas esse é apenas um argumento contra um vazio infinito; afora isso, o movimento num vazio pode ser relativo ao que estiver fora do vazio.

Como Aristóteles estava familiarizado com o movimento apenas em presença da resistência, ele acreditava que todo movimento tem uma causa.* (Ele distinguia quatro espécies de causas: a material, a formal, a eficiente e a final, sendo que a causa final é teleológica: é a finalidade da mudança.) Aquela causa deve ter sido ela mesma causada por outra coisa, e assim por diante, mas a sequência de causas não pode prosseguir para sempre. Lemos na *Física*:[9]

> Visto que tudo o que está em movimento deve ter sido movido por alguma coisa, tomemos o caso em que uma coisa está em locomoção e é movida por alguma coisa que está, ela mesma, em movimento e que por sua vez é movida por alguma outra coisa que está em movimento, e esta por outra coisa mais e assim continuamente; então, a série não pode prosseguir ao infinito, mas deve haver algum primeiro motor.

Mais tarde, a doutrina de um primeiro motor forneceu ao cristianismo e ao islamismo um argumento em favor da existência de Deus. Mas, como veremos, na Idade Média, a conclusão de que Deus não poderia criar um vazio levantou problemas para os seguidores de Aristóteles nos dois campos, o islamismo e o cristianismo.

Aristóteles não se incomodava com o fato de que os corpos nem sempre se movem para seu lugar natural. Uma pedra que se segura na mão não cai, mas, para Aristóteles, isso apenas mostrava o efeito de uma interferência artificial na ordem natural. Porém, ele se preocupava seriamente com o fato de que uma pedra atirada

---

* A palavra grega "kineson", geralmente traduzida como "movimento", na verdade tem um significado mais geral, referindo-se a qualquer espécie de mudança. Assim, a classificação aristotélica dos tipos de causas se aplicava não só à mudança de posição, mas a qualquer mudança. A palavra grega "fora" se refere especificamente à mudança de localização, e em geral é traduzida como "locomoção". (N. A.)

para cima continua a subir por algum tempo, afastando-se da Terra, mesmo depois de deixar a mão. Sua explicação, que não é realmente uma explicação, era que a pedra continua a subir por algum tempo por causa do movimento que o ar lhe imprime. No Livro III de *Do céu*, ele explica que "a força transmite o movimento ao corpo primeiramente, por assim dizer, prendendo-o no ar. É por isso que um corpo movido por coerção continua a se mover mesmo quando o que lhe deu o impulso deixa de acompanhá-lo".[10] Como veremos, essa noção foi muitas vezes debatida e rejeitada nos tempos antigos e medievais.

O texto de Aristóteles sobre a queda dos corpos é típico pelo menos de sua física: um raciocínio elaborado, fundado em primeiros princípios, que se baseiam apenas na mais casual observação da natureza, sem nenhum esforço em testar os princípios postulados.

Não estou dizendo que a filosofia de Aristóteles era tida por seus seguidores e sucessores como uma alternativa à ciência. No mundo antigo ou medieval, não havia nenhuma concepção da ciência como algo distinto da filosofia. Pensar sobre o mundo natural *era* filosofia. Ainda no século XIX, quando as universidades alemãs instituíram um doutorado para os estudantes de artes e ciências, para lhes conferir um estatuto igual ao dos doutores em teologia, direito e medicina, elas inventaram o título "doutor em Filosofia". Anteriormente, quando se comparava a filosofia a alguma outra maneira de pensar sobre a natureza, era em contraste não com a ciência, e sim com a matemática.

Na história da filosofia, ninguém teve tanta influência quanto Aristóteles. Como veremos no capítulo 9, ele era muito admirado por alguns filósofos árabes e até servilmente por Averróis. O capítulo 10 mostra como Aristóteles ganhou influência na Europa cristã no século XIII, quando Tomás de Aquino reconciliou seu pensamento com o cristianismo. Na Alta Idade Média, Aristóteles era conhecido simplesmente como "O Filósofo" e Averróis como "O Comentador". Depois de Tomás de Aquino, o estudo de Aristóteles se tornou o núcleo central do ensino universitário. No prólogo aos *Contos da Cantuária* de Chaucer, somos apresentados a um estudioso de Oxford:

> *Um clérigo de Oxford havia também...*
> *Pois à cabeceira da cama preferia ter*
> *Vinte livros, em capa preta ou vermelha,*
> *De Aristóteles e sua filosofia*
> *A ricas roupas, rabecas ou alegres saltérios.*

As coisas agora são diferentes, claro. Na descoberta da ciência, foi essencial separar a ciência daquilo que agora se chama filosofia. Há um trabalho ativo e interessante sobre filosofia *da* ciência, mas exerce pouquíssimo efeito sobre a pesquisa científica.

A incipiente revolução científica que começou no século XIV, descrita no capítulo 10, foi em larga medida uma revolta contra o aristotelismo. Em anos recentes, estudiosos de Aristóteles criaram uma espécie de contrarrevolução. Thomas Kuhn, historiador de grande influência, descreveu como passou do menosprezo à admiração por Aristóteles:[11]

> Sobre o movimento, em particular, seus escritos me pareciam cheios de enormes erros de lógica e de observação. Eu achava suas conclusões improváveis. Aristóteles, afinal, fora o admiradíssimo codificador da lógica antiga. Por quase 2 mil anos desde sua morte, sua obra desempenhou o mesmo papel na lógica que a obra de Euclides exerceu na geometria [...]. Como seu talento característico podia tê-lo abandonado de maneira tão sistemática quando ele passou para o estudo do movimento e da mecânica? Da mesma forma, por que seus escritos de física haviam sido levados tão a sé-

rio por tantos séculos depois de sua morte? [...] De repente, os fragmentos em minha cabeça se ordenaram de outra maneira e se encaixaram. Fiquei boquiaberto de surpresa, pois de imediato Aristóteles se mostrou realmente um físico muito bom, mas de um tipo que eu jamais sonhara ser possível [...]. De súbito descobri a forma de ler os textos aristotélicos.

Ouvi Kuhn fazendo essas observações quando nós dois recebemos títulos honorários da Universidade de Pádua, e mais tarde lhe pedi que as explicasse. Ele respondeu: "O que foi alterado por essa minha primeira leitura [dos escritos de física de Aristóteles] foi meu entendimento, não minha avaliação, do que eles realizavam". Não entendi muito bem, pois "realmente um físico muito bom" me parecia uma avaliação.

Quanto à falta de interesse de Aristóteles pela experimentação, o historiador David Lindberg[12] observou que

a prática científica de Aristóteles, portanto, não deve ser entendida como resultado de obtusidade ou deficiência de sua parte — incapacidade de perceber um evidente aprimoramento nos procedimentos —, mas como um método compatível com o mundo tal como ele o percebia e adequado às questões que o interessavam.

Quanto à questão mais geral de como julgar o êxito de Aristóteles, ele então acrescentou: "Seria injusto e sem sentido julgar o êxito de Aristóteles pelo grau em que ele antecipou a ciência moderna (como se seu objetivo fosse responder a nossas questões e não às dele...)". E numa segunda edição do mesmo livro:[13] "A medida adequada de um sistema filosófico ou de uma teoria científica não é o grau em que ele ou ela antecipou o pensamento moderno, mas seu grau de êxito em tratar os problemas filosóficos e científicos de sua própria época".

Não me convence. O que é importante na ciência (deixo a filosofia a outros) não é solucionar certos problemas científicos correntes em sua própria época, mas entender o mundo. Ao longo deste livro, veremos que tipo de entendimento é possível e que tipo de problemas pode levar a esse entendimento. O progresso da ciência consiste em larga medida em descobrir quais as perguntas que devem ser feitas.

Sem dúvida, é preciso tentar entender o contexto histórico das descobertas científicas. Além disso, a tarefa do historiador depende do que ele está tentando alcançar. Se o objetivo do historiador é apenas recriar o passado, entender "como realmente era", então talvez não seja profícuo julgar o êxito de um cientista do passado por critérios modernos. Mas esse tipo de juízo é indispensável se o objetivo for entender como a ciência progrediu de seu passado até o presente.

Esse progresso tem sido algo objetivo, não uma mera evolução da moda. Alguém duvidaria que Newton entendia mais de movimento que Aristóteles ou que nós entendemos mais que Newton? Nunca foi fecundo perguntar quais movimentos são naturais nem qual é a finalidade deste ou daquele fenômeno físico.

Concordo com Lindberg que seria injusto concluir que Aristóteles era obtuso. Aqui, minha intenção em julgar o passado pelos critérios do presente é vir a entender como foi difícil, até mesmo para pessoas de grande inteligência como Aristóteles, aprender a aprender sobre a natureza. Não há nada na prática da ciência moderna que seja óbvio para quem nunca a viu ser praticada.

Aristóteles deixou Atenas por ocasião da morte de Alexandre em 323 a.C. e morreu logo depois, em 322 a.C. Segundo Michael Matthews,[14] foi "uma morte que marcou o crepúsculo de um dos períodos intelectuais mais brilhantes da história humana". Foi, de fato, o fim da idade clássica, mas, como veremos, foi também o alvorecer de uma era muito mais brilhante na ciência: a era do helenismo.

4. A física e a tecnologia helenísticas

Depois da morte de Alexandre, seu império se dividiu em vários Estados sucessores. Entre eles, o mais importante para a história da ciência foi o Egito. O Egito foi governado por uma sucessão de reis gregos, começando por Ptolomeu I, que fora um dos generais de Alexandre, e terminando com Ptolomeu XV, filho de Cleópatra e (talvez) Júlio César. Este último Ptolomeu foi assassinado logo depois da derrota de Antônio e Cleópatra em Actium, em 31 a.C., quando o Egito foi absorvido no Império Romano.

Essa era, de Alexandre a Actium,[1] é usualmente conhecida como período helenístico, termo (em alemão, *Hellenismus*) cunhado por Johann Gustav Droysen nos anos 1830. Não sei se era intenção de Droysen, mas a meus ouvidos há algo de pejorativo no sufixo "ístico". Assim como "arcaísta", por exemplo, que é usado para designar uma imitação do arcaico, como se a cultura helenística não fosse plenamente helênica, como se fosse mera imitação das realizações da idade clássica dos séculos V e IV a.C. Essas realizações foram enormes, sobretudo em geometria, dramaturgia, historiografia, arquitetura e escultura, e talvez em outras artes cujas produções clássicas não sobreviveram, como a música e a pintura. Mas a ciência no período helenístico foi alçada a alturas que não só apequenavam as realizações científicas da idade clássica, como também só vieram a ser igualadas na revolução científica dos séculos XVI e XVII.

O centro vital da ciência helenística era Alexandria, a capital dos Ptolomeus, estabelecida por Alexandre num dos desaguadouros do Nilo. Alexandria se tornou a maior cidade do mundo grego, e mais tarde, no Império Romano, ficava atrás apenas de Roma em tamanho e riqueza.

Por volta de 300 a.C., Ptolomeu I fundou o Museu de Alexandria, como parte de seu palácio real. Originalmente, destinava-se a ser um centro de estudos literários e filológicos, dedicado às nove musas. Mas, depois da subida de Ptolomeu II ao trono em 285 a.C., o museu passou a ser também um centro de pesquisas científicas. Os estudos literários prosseguiram no Museu e Biblioteca de Alexandria, mas agora, no museu, as oito musas poéticas tiveram seu brilho superado pelo de sua irmã científica: Urânia, a musa da astronomia. O museu e a ciência grega sobreviveram ao reinado dos Ptolomeus e, como veremos, algumas das maiores conquistas da ciência antiga se deram na parte grega do Império Romano e, em larga medida, em Alexandria.

As relações intelectuais entre o Egito e a terra natal grega nos tempos helenísticos guardam alguma semelhança com as ligações entre os Estados Unidos e a Europa no século XX.[2] As riquezas do Egito e o generoso apoio dos três primeiros Ptolomeus, pelo menos, atraíram a Alexandria estudiosos que haviam conquistado renome em Atenas, tal como estudiosos europeus passaram a ir para os Estados Unidos a partir dos anos 1930. Por volta de 300 a.C., um ex-membro do Liceu, Demétrio de Falero, tornou-se o primeiro diretor do museu, levando consigo sua biblioteca de Atenas para Alexandria. Por volta da mesma época, Estratão de

Lâmpsaco, outro membro do Liceu, foi chamado a Alexandria para ser o tutor do filho de Ptolomeu I, e pode ter sido ele o responsável pela guinada do museu para a ciência quando seu pupilo sucedeu ao pai no trono egípcio.

O tempo de travessia entre Atenas e Alexandria no período helenístico e no período romano era próximo ao tempo que levava um vapor de Liverpool a Nova York no século XX, e havia um grande fluxo entre o Egito e a Grécia. Por exemplo, Estratão não ficou no Egito; voltou a Atenas para ser o terceiro diretor do Liceu.

Estratão era um cientista perspicaz. Por exemplo, conseguiu mostrar que os corpos em queda se aceleram ao cair observando como as gotas de água que caem de um telhado se afastam durante a queda e um fluxo contínuo de água se divide em gotas separadas. Isso porque as gotas que caem mais afastadas também são as que caem por mais tempo e, como estão acelerando, isso significa que viajam mais rápido do que as gotas que vêm a seguir, que estão caindo há menos tempo. (Veja nota técnica 7.) Estratão também notou que, quando um corpo cai de uma distância pequena, o impacto no solo é ínfimo, mas, quando cai de grande altura, ele provoca um impacto forte, mostrando que sua velocidade aumenta à medida que cai.[3]

Provavelmente não era coincidência que centros de filosofia natural grega como Alexandria, Mileto e Atenas fossem também centros comerciais. Um mercado movimentado reúne indivíduos de diversas culturas e alivia a monotonia da agricultura. O comércio de Alexandria era de grande alcance: cargas por via marítima vindas da Índia ao mundo mediterrâneo atravessavam o mar Arábico, subiam o mar Vermelho, seguiam por terra até o Nilo e desciam o Nilo até Alexandria.

Mas havia grandes diferenças nos ambientes intelectuais de Alexandria e Atenas. Entre outras coisas, os estudiosos do museu não costumavam adotar as teorias de tipo abrangente que haviam ocupado os gregos, de Tales a Aristóteles. Como observou Floris Cohen,[4] "o pensamento ateniense era abrangente, o alexandrino segmentado". Os alexandrinos se concentravam em entender fenômenos específicos, onde era possível fazer um efetivo progresso. Esses assuntos incluíam a óptica, a hidrostática e, acima de tudo, a astronomia, tema da parte II deste livro.

Não era uma falha que os gregos helenísticos abandonassem o esforço de formular uma teoria geral de tudo. Um elemento essencial constante no progresso científico é entender quais problemas estão e quais problemas não estão maduros para estudos. Por exemplo, físicos importantes da virada do século XX, entre eles Hendrik Lorentz e Max Abraham, se dedicaram a entender a estrutura do elétron, recém-descoberto. Foi inútil; ninguém conseguiria avançar no entendimento da natureza do elétron antes do advento da mecânica quântica, cerca de vinte anos depois. O desenvolvimento da Teoria Especial da Relatividade, de Albert Einstein, foi possível porque Einstein não se preocupou em querer saber o que são os elétrons. Em vez disso, quis saber como as observações de qualquer coisa (inclusive elétrons) dependem do movimento do observador. Depois, em anos mais avançados, o próprio Einstein levantou o problema da unificação das forças da natureza, e não obteve nenhum progresso porque ninguém na época sabia o suficiente sobre essas forças.

Outra diferença importante entre os cientistas helenísticos e seus predecessores clássicos é que o período helenístico era menos afetado por uma distinção esnobe entre o conhecimento por si só e o conhecimento para uso prático — em grego, *episteme* versus *techné* (ou, em latim, *scientia* versus *ars*). Ao longo da história, muitos filósofos trataram os inventores do mesmo modo como Filóstrato, o camareiro da corte em *Sonho de uma noite de verão*, descrevia Peter Quince e seus atores: "Homens de mãos calejadas, que agora trabalham em Atenas e, no entanto, nunca trabalharam com a mente". Como físico cuja pesquisa se concentra em temas que não têm nenhuma aplicação prática imediata, como cosmologia e partículas elementares, certamente não vou dizer nada contra o conhecimento por si só, mas a realização de pesquisas científicas que atendam a necessidades humanas é uma maneira maravilhosa de obrigar o cientista a parar de versejar e a enfrentar a realidade.[5]

É claro que as pessoas se interessam em melhorias tecnológicas desde que os primeiríssimos humanos aprenderam a usar o fogo para cozinhar e a fazer ferramentas simples batendo uma pedra na outra. Mas o persistente esnobismo intelectual da intelectualidade clássica impedia que filósofos como Platão e Aristóteles direcionassem suas teorias para aplicações tecnológicas.

Esse preconceito não desapareceu nos tempos helenísticos, mas sua influência diminuiu. De fato, era possível ganhar fama como inventor, mesmo o indivíduo de berço modesto. Um bom exemplo é Ctesíbio de Alexandria, filho de barbeiro, que por volta de 250 a.C. inventou bombas de força e de sucção e uma clepsidra que marcava o tempo com mais precisão, mantendo um nível constante de água no recipiente de onde escorria a água. Ctesíbio ganhou fama suficiente para ser relembrado dois séculos depois pelo romano Vitrúvio, em seu tratado *Sobre a arquitetura*.

É importante que, na era helenística, tenha se desenvolvido alguma tecnologia graças a estudiosos que também se dedicavam a investigações científicas sistemáticas, investigações estas que às vezes eram usadas em favor da tecnologia. Por exemplo, Filo de Bizâncio, que passou algum tempo em Alexandria por volta de 250 a.C., era um engenheiro militar que, em *Sintaxe mecânica*, escreveu sobre portos, fortificações, cercos e catapultas (obra parcialmente baseada na de Ctesíbio). Mas, na *Pneumática*, Filo também expôs argumentos experimentais sustentando a concepção de Anaxímenes, Aristóteles e Estratão, sobre a existência real do ar. Por exemplo, caso se submerja uma garrafa vazia destampada, mas de boca para baixo, não entrará água dentro da garrafa porque o ar dentro dela não tem nenhum lugar para onde ir; mas, caso se deixe que o ar saia da garrafa abrindo-se um orifício, a água entrará e encherá a garrafa.[6]

Havia um objeto científico de importância prática ao qual os cientistas gregos voltavam sem cessar, mesmo no período romano: o comportamento da luz. Essa preocupação data do começo da era helenística, com o trabalho de Euclides.

Pouco se sabe sobre a vida de Euclides. Acredita-se que viveu no tempo de Ptolomeu I e pode ter fundado o estudo da matemática no Museu de Alexandria. Sua obra mais conhecida é *Elementos*,[7] que começa com uma série de postulados, axiomas e definições geométricas e passa para demonstrações mais ou menos rigorosas de teoremas de complexidade crescente. Mas Euclides também escreveu *Óptica*, que trata da perspectiva, e seu nome está associado à *Catóptrica*, que estuda a reflexão da luz pelos espelhos, embora os historiadores modernos não creiam que o texto seja de sua autoria.

Se pensarmos bem, há algo de peculiar na reflexão. Quando se olha o reflexo de algum objeto pequeno num espelho plano, vê-se a imagem num ponto definido, sem se espalhar pelo espelho. Apesar disso, podem-se traçar muitos caminhos do objeto a vários pontos no espelho e então ao olho.* É claro que se toma efetivamente apenas um caminho, e assim a imagem aparece no único ponto em que esse caminho atinge o espelho. Mas o que determina a localização desse ponto no espelho? Na *Catóptrica*, surge um princípio fundamental respondendo à pergunta: os ângulos que

---

* No mundo antigo, geralmente se supunha que, quando vemos algo, a luz viaja do olho ao objeto, como se a visão fosse uma espécie de tato que nos exige ir ao que é visto. Na exposição a seguir, tomarei como tácito o entendimento moderno de que, na visão, a luz viaja do objeto ao olho. Felizmente, ao analisar reflexão e refração, não faz nenhuma diferença o lado para o qual a luz está indo. (N. A.)

um raio de luz forma com um espelho plano, ao chegar ao espelho e ser refletido, são iguais. Apenas um caminho da luz pode satisfazer a essa condição.

Não sabemos quem efetivamente descobriu esse princípio na era helenística. Mas sabemos que, por volta de 60 d.C., Heron de Alexandria apresentou, em sua própria *Catóptrica*, uma prova matemática da regra dos ângulos iguais, baseada no pressuposto de que o caminho tomado por um raio de luz, ao ir do objeto ao espelho e então ao olho do observador, é o caminho de menor extensão. (Veja nota técnica 8.) Para justificar esse princípio, Heron se contentou em dizer apenas: "Concorda-se que a Natureza não faz nada em vão nem se esforça desnecessariamente".[8] Talvez fosse motivado pela teleologia de Aristóteles — tudo acontece com alguma finalidade. Mas Heron estava certo; como veremos no capítulo 14, no século XVII Huygens pôde deduzir da natureza ondulatória da luz o princípio da menor distância (na verdade, do menor tempo). O mesmo Heron que investigou os fundamentos da óptica utilizou esse conhecimento para inventar um instrumento topográfico (o teodolito), explicou a ação dos sifões e também projetou catapultas militares, bem como um motor primitivo a vapor.

O estudo da óptica teve novos avanços por volta de 150 d.C. em Alexandria, com o grande astrônomo Cláudio Ptolomeu (sem parentesco com os reis). Seu livro *Óptica* sobreviveu numa tradução latina de uma versão árabe perdida do original grego, também perdido (ou talvez de um intermediário sírio perdido). Nesse livro, Ptolomeu descreveu medidas que verificavam a regra dos ângulos iguais de Euclides e Heron. Também aplicou essa regra à reflexão dos espelhos curvos, como aqueles que se encontram hoje em parques de diversões. Entendeu corretamente que as reflexões num espelho curvo são exatamente as mesmas se o espelho fosse plano, tangentes ao espelho real no ponto de reflexão.

No último livro da *Óptica*, Ptolomeu também estudou a refração, a curvatura dos raios de luz quando passam de um meio transparente, como o ar, para outro meio transparente, como a água. Suspendeu um disco, marcado com medidas dos ângulos em sua margem, no meio de um recipiente de água. Visualizando o objeto submerso por intermédio de um tubo montado no disco, ele pôde medir os ângulos que os raios incidentes e refratados formam com a normal, isto é, a linha perpendicular à superfície, com uma acurácia variando de uma fração de grau a alguns poucos graus.[9] Como veremos no capítulo 13, a lei correta referente a esses ângulos foi elaborada por Fermat no século XVII, com uma simples extensão do princípio que Heron aplicara à reflexão: na refração, o caminho tomado por um raio de luz que vai do objeto ao olho não é o mais curto, e sim o que leva menos tempo. A distinção entre distância mais curta e menor tempo não faz diferença para a reflexão, em que os raios refletidos e incidentes estão passando pelo mesmo meio, e a distância é simplesmente proporcional ao tempo, mas faz diferença na refração, onde a velocidade da luz muda quando o raio passa de um meio para outro. Isso não foi entendido por Ptolomeu; a lei correta de refração, conhecida como Lei de Snell (ou, na França, Lei de Descartes), só veio a ser descoberta experimentalmente no começo do século XVII.

O cientista-tecnólogo mais importante dos tempos helenísticos (ou talvez de todos os tempos) foi Arquimedes. Arquimedes viveu nos anos 200 a.C. na cidade grega de Siracusa, na Sicília, mas acredita-se que fez pelo menos uma visita a Alexandria. É tido como inventor de uma variedade de roscas e roldanas e de diversos instrumentos de guerra, como a "garra", baseada em seu entendimento da alavanca, com a qual era possível capturar e emborcar navios ancorados perto da costa. Uma invenção utilizada durante séculos na agricultura foi uma grande rosca, que permitia erguer a água dos rios para irrigar os campos. O episódio que diz que Arquimedes, na defesa de Siracusa, usou espelhos curvos para concentrar a luz do sol e atear fogo aos barcos romanos é quase certamente uma fábula, mas ilustra sua fama de prestidigitador tecnológico.

Em *Sobre o equilíbrio dos corpos*, Arquimedes apresentou a regra que rege os equilíbrios: uma barra com pesos nas duas extremidades está em equilíbrio quando as distâncias do fulcro em que repousa a barra até cada extremidade são inversamente proporcionais aos pesos. Por exemplo, uma barra com cinco quilos numa ponta e um quilo na outra ponta está em equilíbrio se a distância do fulcro até o peso de um quilo for cinco vezes maior que a distância do fulcro até o peso de cinco quilos.

A maior realização de Arquimedes em física se encontra em seu livro *Sobre os corpos flutuantes*.[10] Arquimedes raciocinou que, se alguma parte de um líquido fosse mais pressionada do que outra parte pelo peso do líquido ou por corpos flutuantes ou submersos sobre ele, o líquido se moveria até que todas as partes ficassem pressionadas sob o mesmo peso. Como diz ele:

> Suponha-se que um líquido seja de tal característica que, se as partes se estenderem regularmente e serem contínuas, aquela parte que for menos impulsionada é deslocada por aquela que é mais impulsionada; e que cada uma de suas partes é impulsionada pelo líquido que está por cima dela numa direção perpendicular se o líquido estiver submerso em algo e comprimido por alguma outra coisa.

A partir disso, Arquimedes deduziu que um corpo flutuante submergiria a um nível em que o peso da água deslocada igualaria seu próprio peso. (É por isso que o peso de um navio se chama "deslocamento".) E também, um corpo sólido que seja pesado demais para flutuar e está submerso no líquido, suspenso por um cabo do braço de uma balança, "será mais leve que seu verdadeiro peso devido ao peso do líquido deslocado". (Veja nota técnica 9.)

A razão entre o verdadeiro peso de um corpo e o decréscimo de seu peso quando suspenso na água fornece, pois, a *gravidade específica* do corpo, a razão entre seu peso e o peso do mesmo volume de água. Cada material tem uma gravidade específica própria: para o ouro, é de 19,32; para o chumbo, 11,34, e assim por diante. Esse método, deduzido de um estudo teórico sistemático da estática dos fluidos, permitia a Arquimedes dizer se uma coroa era feita de ouro puro ou de ouro em liga com metais vis. Não se sabe se Arquimedes chegou a pôr o método em prática, mas ele foi usado por séculos para avaliar a composição dos corpos.

Ainda mais impressionantes foram as realizações de Arquimedes na matemática. Com uma técnica que antecipava o cálculo integral, ele pôde calcular as áreas e volumes de várias figuras planas e corpos sólidos. Por exemplo, a área de um círculo é metade da circunferência vezes o raio. (Veja nota técnica 10.) Usando métodos geométricos, Arquimedes pôde mostrar que o que nós (mas não ele) chamamos de pi, a razão entre a circunferência de um círculo e seu diâmetro, está entre $3^1/_7$ e $3^{10}/_{71}$. Cícero disse ter visto na lápide de Arquimedes um cilindro circunscrevendo uma esfera, a superfície da esfera tocando os lados e as duas bases do cilindro, como uma bola de tênis perfeitamente encaixada numa lata de alumínio. Pelo visto, Arquimedes se sentia muito orgulhoso por ter provado que, nesse caso, o volume da esfera tem dois terços do volume do cilindro.

Há um episódio sobre a morte de Arquimedes que foi narrado pelo historiador romano Lívio. Arquimedes morreu em 212 a.C. durante o saque de Siracusa pelos soldados romanos sob Marco Cláudio Marcelo. (Siracusa tinha sido tomada por uma facção pró-cartaginesa durante a Segunda Guerra Púnica.) Quando os soldados romanos invadiram Siracusa, Arquimedes foi morto por um dos soldados que o teria encontrado profundamente absorto num problema de geometria.

Além do inigualável Arquimedes, o maior matemático helenístico foi Apolônio, um contemporâneo seu mais jovem. Apolônio nasceu por volta de 262 a.c. em Perga, cidade na costa sudeste da Ásia Menor, então controlada pelo nascente reino de Pérgamo, mas visitou Alexandria tanto no reinado de Ptolomeu III quanto no de Ptolomeu IV, os quais reinaram de 247 a 203 a.c. Seu grande trabalho se concentrou nas seções cônicas, na elipse, na parábola e na hipérbole. São curvas que podem ser formadas por um plano atravessando um cone em diferentes ângulos. Muito mais tarde, a teoria das seções cônicas foi de importância fundamental para Kepler e Newton, mas, no mundo antigo, não encontrou nenhuma aplicação física.

A matemática grega foi brilhante, mas, com sua ênfase na geometria, faltavam elementos que são essenciais na ciência física moderna. Os gregos nunca aprenderam a escrever e lidar com fórmulas algébricas. Fórmulas como $E = mc^2$ e $F = ma$ ocupam o centro da física moderna. (Diofanto, que viveu em Alexandria por volta de 250 d.C., utilizou fórmulas em trabalhos puramente matemáticos, mas os símbolos em suas equações se limitavam a representar números inteiros ou racionais, totalmente diferentes dos símbolos das fórmulas físicas.) Mesmo quando a geometria é importante, o físico moderno tende a derivar o que for necessário expressando fatos geométricos de forma algébrica, usando as técnicas de geometria analítica inventadas no século XVII por René Descartes e outros, descritas no capítulo 13 deste livro. Talvez devido ao merecido prestígio da matemática grega, o estilo geométrico persistiu por bastante tempo na revolução científica do século XVII. Quando Galileu, em seu livro *O ensaiador* (1623), quis erguer louvores à matemática, ele falou em geometria:*

---

* *O ensaiador* é uma polêmica de Galileu contra seus adversários jesuítas, sob a forma de uma carta ao camerlengo papal Virginio Cesarini. Como veremos no

A filosofia está escrita neste livro completo constantemente aberto a nossos olhos, que é o universo; mas ele não pode ser entendido enquanto não se aprender primeiramente a língua e se conhecerem as letras em que está escrito. Ele está escrito em língua matemática e suas letras são triângulos, círculos e outras figuras geométricas; sem elas, é humanamente impossível entender uma única palavra e vagueia-se num labirinto escuro.

Galileu estava um pouco defasado de sua própria época ao enfatizar a geometria acima da álgebra. Seus textos usam um pouco de álgebra, mas são mais geométricos que os de alguns contemporâneos seus e muito mais geométricos do que encontramos hoje nas publicações de física.

Nos tempos modernos, abriu-se um espaço para a ciência pura, a ciência como fim em si mesma, sem preocupação com suas aplicações práticas. No mundo antigo, antes que os cientistas aprendessem a necessidade de verificar suas teorias, as aplicações tecnológicas da ciência tinham especial importância, pois, quando alguém vai usar uma teoria científica, e não apenas falar sobre ela, há muito em jogo para quem acertar. Se Arquimedes, com suas medições da gravidade específica, identificasse uma coroa de liga de chumbo e ouro como se fosse de ouro puro, ficaria malvisto em Siracusa.

Não quero exagerar a importância da tecnologia de base científica nos tempos helenísticos ou romanos. Muitos inventos de Ctesíbio e Heron parecem ter sido meros brinquedos ou acessórios teatrais. Alguns historiadores especulam que, numa econo-

---

capítulo 11, Galileu, em *O ensaiador*, estava atacando a concepção correta de Tycho Brahe e dos jesuítas de que os cometas estão mais longe da Terra que a Lua. A citação acima foi extraída da tradução de Maurice A. Finocchiaro, em *The Essential Galileo* (Indianápolis: Hackett, 2008), p. 183. (N. A.)

mia baseada na escravidão, não havia demanda para invenções capazes de economizar trabalho, tal como resultariam do desenvolvimento dos engenhos a vapor de Heron. A engenharia militar e a engenharia civil *eram* importantes no mundo antigo, e os reis em Alexandria apoiavam o estudo de catapultas e outras peças de artilharia, talvez no museu, mas esse trabalho não parece ter se valido muito da ciência da época.

A única área da ciência grega que realmente teve grande valor prático foi também a que mais se desenvolveu. Era a astronomia, da qual trataremos na parte II.

Existe uma grande exceção ao comentário acima, de que a existência de aplicações práticas da ciência constitui um grande incentivo para os acertos da ciência. É a prática da medicina. Até a época moderna, os médicos mais altamente respeitados conservaram práticas, como a sangria, cujo valor nunca fora estabelecido experimentalmente e que, na verdade, eram mais prejudiciais que benéficas. No século XIX, quando se introduziu a técnica realmente útil da antissepsia, para a qual *existia* uma base científica, de início ela enfrentou a resistência ativa da maioria dos médicos. Foi somente em anos bem adiantados do século XX que se passou a exigir testes clínicos para a aprovação do uso dos medicamentos. Os médicos aprenderam cedo a reconhecer várias doenças e, para algumas delas, tinham remédios eficientes, como a cinchona, contendo quinino para a malária. Sabiam preparar analgésicos, opiáceos, eméticos, laxativos, soporíferos e venenos. Mas se notou muitas vezes que, até alguma data no começo do século XX, a maioria dos doentes faria melhor se evitasse o atendimento dos médicos.

Não que inexistisse alguma teoria por trás do exercício da medicina. Havia a teoria dos quatro humores, o sangue, a fleuma, a bílis negra e a bílis amarela, que nos tornam sanguíneos, fleumáticos, melancólicos ou coléricos. A teoria dos humores foi introduzida na Grécia clássica por Hipócrates ou por colegas seus cujos textos foram atribuídos a ele. Como John Donne, muito tempo depois, comentou sucintamente em "The Good Morrow" [A manhã seguinte], a teoria sustentava que "tudo o que morre não estava composto em partes iguais". A teoria dos humores foi adotada na época romana por Galeno de Pérgamo, cujos textos exerceram enorme influência entre os árabes e, depois, na Europa por volta de 1000 d.C. Não tenho notícia de nenhuma tentativa de testar experimentalmente a validade efetiva da teoria dos humores, na época de sua aceitação geral.

Além da teoria dos humores, os médicos da Europa até os tempos modernos precisavam conhecer outra teoria com supostas aplicações terapêuticas: a astrologia. Ironicamente, a oportunidade de estudar essas teorias na universidade deu aos doutores em medicina um grau de prestígio muito maior que o dos cirurgiões, os quais realmente sabiam fazer coisas úteis, como tratar fraturas ósseas, mas que em geral, até os tempos modernos, não eram formados na universidade.

Então, por que as doutrinas e práticas médicas continuaram por tanto tempo sem as retificações da ciência empírica? O progresso na biologia é mais difícil que na astronomia, claro. Como veremos no capítulo 8, os movimentos aparentes do Sol, da Lua e dos planetas são tão regulares que não era difícil perceber que uma teoria inicial não funcionava muito bem, levando, depois de alguns séculos, a uma teoria melhor. Mas se um paciente morre a despeito dos melhores esforços de um médico experiente, quem pode dizer qual foi a causa? Talvez o paciente tenha demorado demais para consultar o médico. Talvez não tenha seguido as recomendações médicas com o devido cuidado.

A teoria dos humores e a astrologia pelo menos tinham um

ar de cientificidade. Qual era a alternativa? Voltar a sacrificar animais a Esculápio?

Outro fator pode ter sido a extrema importância que a recuperação tinha para o paciente. Isso conferia aos médicos uma autoridade sobre seus doentes, autoridade esta que os médicos precisavam manter a fim de impor seus supostos remédios. Não é apenas na medicina que pessoas em posição de autoridade resistem a qualquer investigação que lhes possa diminuir a autoridade.

5. A ciência e a religião antigas

Os gregos pré-socráticos avançaram um grande passo rumo à ciência moderna quando começaram a procurar explicações dos fenômenos naturais sem recorrer à religião. Essa ruptura com o passado foi, na melhor das hipóteses, precária e incompleta. Como vimos no capítulo 1, Diógenes Laércio descreveu a doutrina de Tales não apenas como "a água é a substância primária universal", mas também que "o mundo é animado e repleto de divindades". Apesar disso, mesmo que apenas nos ensinamentos de Leucipo e Demócrito, um primeiro passo fora dado. Em seus escritos remanescentes sobre a natureza da matéria, não se encontra em nenhum lugar qualquer menção às divindades.

Para a descoberta da ciência, foi fundamental que as ideias religiosas se dissociassem do estudo da natureza. Essa dissociação levou muitos séculos, vindo em larga medida a se completar na física apenas no século XVIII, e na biologia nem mesmo então.

Não que o cientista moderno tenha decidido que não existem seres sobrenaturais. Essa até vem a ser minha posição, mas existem bons cientistas que são muito religiosos. Trata-se antes da ideia de ver até que ponto podemos ir sem supor uma intervenção sobrenatural. Apenas assim podemos fazer ciência, porque, na hora em que se invoca uma intervenção sobrenatural, pode-se explicar qualquer coisa e não se pode calcular nada. É por isso que a ideologia do "design inteligente" atualmente promovida não é ciência — é antes uma renúncia à ciência.

As especulações de Platão vinham infundidas de religião. No *Timeu*, ele descreveu como uma divindade havia colocado os planetas em suas órbitas e talvez pensasse que os próprios planetas eram divindades. Mesmo quando os filósofos helenísticos renunciaram aos deuses, alguns descreveram a natureza em termos de emoções e valores humanos, o que em geral lhes interessava mais do que o mundo inanimado. Como vimos, ao tratar das mudanças na matéria, Anaximandro falava em justiça e Empédocles em discórdia. Platão considerava que os elementos e outros aspectos da natureza mereciam ser estudados não por si mesmos, mas porque, para ele, exemplificavam uma espécie de bem, presente no mundo natural e nos assuntos humanos. Esse sentido dava forma à sua religião, como mostra uma passagem do *Timeu*:

> Pois o deus quis que, até onde possível, todas as coisas fossem boas e não existisse nada mau; por isso, quando tomou tudo o que era visível, vendo que não se encontrava num estado de repouso, mas num estado de movimento discordante e desordenado, ele da desordem trouxe a ordem, considerando esta última melhor em todos os aspectos que aquela.[1]

Hoje, continuamos a procurar ordem na natureza, mas não pensamos que seja uma ordem radicada em valores humanos. Nem todos ficam contentes com isso. Erwin Schrödinger, grande físico do século xx, defendeu um regresso ao exemplo da Antiguidade,[2] com seu amálgama de ciência e valores humanos. No mesmo espírito, o historiador Alexandre Koyré qualificou de "desastroso" o atual divórcio entre ciência e o que agora chamamos de filosofia.[3] Minha posição pessoal é que esse anseio por uma abordagem holística da natureza é exatamente o que os cientistas precisam superar. Não encontramos nada nas leis da natureza que corresponda, de qualquer maneira que seja, às ideias de bem, justiça, amor ou discórdia, e não podemos nos basear na filosofia como guia confiável para o entendimento científico.

Não é fácil entender em que sentido os pagãos realmente acreditavam em sua religião. Aqueles gregos que haviam viajado ou lido muito sabiam que existia uma grande variedade de divindades diferentes cultuadas nos diversos países da Europa, Ásia e África. Alguns gregos tentavam vê-las como as mesmas divindades com nomes diferentes. Por exemplo, o devoto historiador Heródoto registrou não que os egípcios nativos adoravam uma deusa chamada Bubastus, que se assemelhava à deusa grega Ártemis, mas sim que adoravam Ártemis, chamando-a de Bubastus. Outros imaginavam que todas essas divindades eram diferentes e todas eram reais, e chegaram a incluir deuses estrangeiros em seus cultos. Alguns deuses do Olimpo, como Dioniso e Afrodite, foram importados da Ásia.

Entre outros gregos, porém, a multiplicidade de deuses e deusas alimentou a descrença. O pré-socrático Xenófanes fez seu famoso comentário de que "os etíopes têm deuses com nariz arrebitado e cabelos negros, os trácios deuses com olhos cinzentos e cabelos ruivos", e observou:

> Mas, se os bois (e cavalos) e leões tivessem mãos ou pudessem desenhar com as mãos e criar obras de arte como as feitas pelos homens, os cavalos desenhariam imagens de deuses como cavalos, e os bois de deuses como bois, e fariam os corpos [de seus deuses] de acordo com a forma que cada espécie possui.[4]

Em contraste com Heródoto, o historiador Tucídides não apresentou nenhum sinal de fé religiosa. Ele criticou o general ateniense Nícias pela decisão catastrófica de suspender uma evacuação de suas tropas da campanha contra Siracusa por causa de um eclipse lunar. Tucídides explicou que Nícias era "demasiado propenso à adivinhação e coisas assim".[5]

O ceticismo ganhou especial espaço entre os gregos que se interessavam em entender a natureza. Como vimos, as especulações de Demócrito sobre os átomos eram inteiramente naturalistas. As ideias de Demócrito foram adotadas como antídoto à religião, primeiro por Epicuro de Samos (341-271 a.C.), que se estabeleceu em Atenas e, no começo da era helenística, fundou a escola ateniense conhecida como o Jardim. Epicuro, por sua vez, inspirou o poeta romano Lucrécio. O poema *Sobre a natureza das coisas*, de Lucrécio, criou mofo nas bibliotecas monásticas até ser redescoberto em 1417, e depois disso teve grande influência na Europa renascentista. Stephen Greenblatt[6] rastreou o impacto de Lucrécio em Maquiavel, More, Shakespeare, Montaigne, Gassendi,* Newton e Jefferson. Mesmo onde não se abandonou o paganismo, cresceu a tendência entre os gregos de tomá-lo de forma alegórica, como pista para verdades ocultas. Como disse Gibbon:

> A extravagância da mitologia grega proclamava, em alto e bom som, que o pesquisador devoto, em vez de se escandalizar ou se satisfazer com o sentido literal, deveria explorar com diligência a sabedoria oculta, que fora disfarçada, pela prudência da Antiguidade, sob a máscara da tolice e da fábula.[7]

---

* Pierre Gassendi foi um padre e filósofo francês que tentou reconciliar o atomismo de Epicuro e Lucrécio com o cristianismo. (N. A.)

A busca da sabedoria oculta levou, nos tempos romanos, ao surgimento da escola conhecida pelos modernos como neoplatonismo, fundada no século III d.C. por Plotino e seu discípulo Porfírio. Embora não fossem cientificamente criativos, os neoplatônicos mantiveram o respeito de Platão pela matemática. Porfírio, por exemplo, escreveu uma biografia de Pitágoras e um comentário sobre os *Elementos* de Euclides. A busca de significados ocultos sob as aparências de superfície constitui uma grande parcela da tarefa da ciência, e assim não surpreende que os neoplatônicos conservassem pelo menos algum interesse em matérias científicas.

Os pagãos não se preocupavam muito em policiar mutuamente suas crenças pessoais. Não existia nenhuma fonte escrita de autoridade da doutrina religiosa pagã, como a Bíblia ou o Alcorão. A *Ilíada* e a *Odisseia* de Homero e a *Cosmogonia* de Hesíodo eram entendidas como literatura, não como teologia. O paganismo tinha inúmeros poetas e sacerdotes, mas nenhum teólogo. Apesar disso, as manifestações explícitas de ateísmo eram perigosas. Pelo menos em Atenas, às vezes se levantavam acusações de ateísmo como armas no debate político, e os filósofos que manifestavam descrença no panteão pagão podiam sentir a cólera do Estado. O filósofo pré-socrático Anaxágoras foi obrigado a fugir de Atenas por ensinar que o Sol não é uma divindade, mas uma pedra quente, maior que o Peloponeso.

Platão, em especial, empenhou-se em preservar o papel da religião no estudo da natureza. Ficou tão horrorizado com o ensinamento não teísta de Demócrito que decretou, no Livro X de suas *Leis*, que, em sua sociedade ideal, qualquer indivíduo que negasse a realidade dos deuses e sua intervenção nos assuntos humanos seria condenado a cinco anos de prisão numa solitária e o prisioneiro seria executado se não se retratasse.

Nisso, como em muitas outras coisas, o espírito de Alexandria era diferente do de Atenas. Não conheço nenhum cientista helenístico cujos textos manifestassem qualquer interesse por religião, e não sei de nenhum que tenha sido punido por descrença.

A perseguição religiosa não era desconhecida no Império Romano. Não que houvesse objeções aos deuses estrangeiros. O panteão do Império Romano tardio se ampliou para incluir a frígia Cibele, a egípcia Ísis e o persa Mitras. Mas, em qualquer coisa que se acreditasse, a pessoa precisava prestar um juramento de lealdade ao Estado, declarando que também honraria publicamente a religião romana oficial. Segundo Gibbon, as religiões do Império Romano "eram todas elas consideradas pelo povo como igualmente verdadeiras, pelo filósofo como igualmente falsas e pelo magistrado como igualmente úteis".[8] Os cristãos eram perseguidos não porque acreditavam em Jeová ou Jesus, mas porque negavam publicamente a religião romana; em geral, eram absolvidos depondo uma pitada de incenso no altar dos deuses romanos. Os únicos praticantes de um culto que foram perseguidos por suas práticas religiosas parecem ter sido os druidas.

Nada disso resultou em interferência no trabalho dos cientistas gregos sob o Império. Hiparco e Ptolomeu nunca foram perseguidos por suas teorias não teístas dos planetas. O imperador Juliano, pagão devoto, criticava os seguidores de Epicuro, mas não empreendeu nenhuma perseguição a eles.

Embora ilegal por rejeitar a religião do Estado, o cristianismo se difundiu largamente por todo o império nos séculos II e III. Foi legalizado no ano 313 por Constantino I e se tornou a única religião legal do Império em 380, com Teodósio. Naqueles anos, as grandes realizações da ciência grega estavam chegando ao fim. Isso levou naturalmente os historiadores a indagarem se o crescimento do cristianismo teve algo a ver com o declínio de obras originais na ciência.

No passado, deu-se grande atenção aos possíveis conflitos

entre os ensinamentos religiosos e as descobertas científicas. Por exemplo, Copérnico dedicou sua obra-prima *Das revoluções dos corpos celestes* ao papa Paulo III, advertindo na dedicatória contra o uso de passagens das Escrituras para contradizer o trabalho da ciência. Ele deu como terrível exemplo a posição de Lactâncio, o tutor cristão do filho primogênito de Constantino:

> Se porventura existem certos "falastrões" que tomam a si emitir juízos, embora totalmente ignorantes de matemática, e se, distorcendo despudoradamente o sentido de alguma passagem nas Sagradas Escrituras para adequá-la a seus propósitos, ousam repreender e atacar meu trabalho, eles me incomodam tão pouco que desdenharei seus juízos como estouvamentos. Pois não se ignora que Lactâncio, autor ilustre, mas não propriamente um matemático, fala de modo pueril sobre o feitio da Terra, ao rir daqueles que dizem que a Terra tem a forma de um globo.[9]

Isso não era totalmente justo. O que Lactâncio realmente disse foi que era impossível que o céu ficasse por baixo da Terra.[10] Argumentou que, se o mundo fosse uma esfera, teriam de existir pessoas e animais vivendo nos antípodas. Isso é absurdo; não há razão nenhuma para que pessoas e animais tenham de viver em todas as partes de uma Terra esférica. E o que haveria de errado se existissem pessoas e animais nos antípodas? Lactâncio sugere que cairiam na "parte de baixo do céu". Então ele invoca Aristóteles (sem citá-lo pelo nome) e sua ideia de que "é da natureza das coisas que o peso seja atraído para o centro", apenas para acusar os adeptos dessa concepção de "defenderem absurdos com absurdos". Claro que era Lactâncio quem sustentava um absurdo, mas, ao contrário do que Copérnico sugeriu, ele não estava se baseando nas Escrituras, e sim apenas num raciocínio bastante superficial sobre os fenômenos naturais. No fundo, não creio que o conflito direto entre Escrituras e conhecimento científico tenha sido uma fonte importante de tensões entre o cristianismo e a ciência.

Muito mais importante, a meu ver, era a noção generalizada entre os primeiros cristãos de que a ciência pagã constituía uma distração das coisas do espírito que deveriam nos preocupar. Essa noção remonta aos primórdios do cristianismo, a são Paulo, que advertia: "Cuidai para que ninguém vos engane com a filosofia e vã ilusão baseadas na tradição dos homens, nos rudimentos do mundo, e não em Cristo".[11] A frase mais famosa nessa linha é a de Tertuliano, um dos pais da Igreja, que por volta de 200 d.C. perguntou: "O que Atenas tem a ver com Jerusalém, ou a Academia com a Igreja?". (Tertuliano escolheu Atenas e a Academia para simbolizar a filosofia helênica, que provavelmente conhecia melhor que a ciência de Alexandria.) Encontramos um sentimento de desilusão com o saber pagão no mais importante pai da Igreja, Agostinho de Hipona. Agostinho estudou filosofia grega na juventude (mas apenas em traduções latinas) e se gabava de seu entendimento de Aristóteles, porém mais tarde indagou: "E de que me valia saber ler e entender todos os livros de que podia dispor nas chamadas 'artes liberais', quando na verdade eu era escravo do cruel desejo?".[12] Agostinho também se preocupou com os conflitos entre o cristianismo e a filosofia pagã. Perto do final da vida, em 426, reavaliando seus escritos anteriores, ele comentou: "E também desagradei-me com razão do louvor com que eu enaltecia Platão, os platônicos ou os filósofos da Academia, além do que seria apropriado para esses homens irreligiosos, em especial aqueles de cujos grandes erros é preciso defender a doutrina cristã".[13]

Outro fator: o cristianismo oferecia a jovens inteligentes uma oportunidade de avanço na Igreja, alguns dos quais, não fosse por isso, teriam se encaminhado para a matemática ou para a ciência. Bispos e presbíteros estavam, de modo geral, isentos de tributação e da alçada dos tribunais civis comuns. Um bispo como Cirilo de

Alexandria ou Ambrósio de Milão podia exercer considerável poder político, muito mais que um estudioso do museu ou da Academia. Era algo inédito. Sob o paganismo, os cargos religiosos eram entregues a homens de posses ou de poder político, em vez de serem as posses ou o poder político entregues a religiosos. Por exemplo, Júlio César e seus sucessores receberam o cargo de sumo pontífice, não como reconhecimento de sua devoção ou erudição, mas como consequência de seu poder político.

A ciência grega sobreviveu por algum tempo depois da adoção do cristianismo, embora basicamente em forma de comentários a obras anteriores. O filósofo Proclo, trabalhando no século V na instituição neoplatônica sucessora da Academia de Platão em Atenas, escreveu um comentário sobre os *Elementos* de Euclides, com algumas contribuições originais. No capítulo 8, terei ocasião de citar outro membro posterior da Academia, Simplício, por suas observações sobre as ideias de Platão a respeito das órbitas planetárias, que apareceram num comentário seu sobre Aristóteles. Em Alexandria, no final do século IV, encontrava-se Teão de Alexandria, que escreveu um comentário sobre o *Almagesto*, a grande obra astronômica de Ptolomeu, e preparou uma edição melhorada de Euclides. Sua famosa filha Hipácia se tornou chefe da escola neoplatônica da cidade. Um século depois, em Alexandria, o cristão João Filopono escreveu comentários sobre Aristóteles, discutindo suas doutrinas sobre o movimento. João argumentou que os corpos lançados ao alto não caem imediatamente não porque sejam carregados pelo ar, como pensara Aristóteles, mas porque os corpos, ao serem lançados, recebem uma determinada qualidade que os mantém em movimento, numa antecipação de ideias posteriores como ímpeto ou momentum. Mas não existiam mais matemáticos ou cientistas criativos do porte de Eudoxo, Aristarco, Hiparco, Euclides, Eratóstenes, Arquimedes, Apolônio, Heron ou Ptolomeu.

Fosse ou não por causa da ascensão do cristianismo, mesmo os comentadores logo desapareceram. Hipácia foi assassinada em 415 d.C. por uma multidão instigada pelo bispo Cirilo de Alexandria, embora não se saiba se por razões políticas ou religiosas. Em 529, o imperador Justiniano (que comandou a reconquista da Itália e da África, a codificação do direito romano e a construção da grande basílica de santa Sofia em Constantinopla) determinou o fechamento da Academia neoplatônica de Atenas. A esse respeito, apesar de sua predisposição contra o cristianismo, Gibbon é demasiado eloquente para não ser citado:

> As armas godas foram menos fatais para as escolas de Atenas que o estabelecimento de uma nova religião, cujos sacerdotes renunciavam ao exercício da razão, resolviam todas as questões por um artigo de fé e condenavam o infiel ou cético ao fogo eterno. Em muitos volumes de laboriosas controvérsias, esposaram a fraqueza do entendimento e a corrupção do coração, insultaram a natureza humana nos sábios da Antiguidade e proscreveram o espírito de investigação filosófica, tão repugnante à doutrina ou, pelo menos, ao ânimo de um humilde fiel.[14]

A parte grega do Império Romano sobreviveu até 1453, mas, como veremos no capítulo 9, muito antes disso o centro vital da pesquisa científica se deslocara para o leste, para Bagdá.

PARTE II
A ASTRONOMIA GREGA

A ciência que teve maior avanço no mundo antigo foi a astronomia. Uma das razões é porque os fenômenos astronômicos são mais simples que os da superfície terrestre. Embora os antigos não soubessem, já naquela época, como agora, a Terra e os outros planetas se moviam em torno do Sol em órbitas quase circulares, a velocidades quase constantes, sob a influência de uma única força, a gravidade, e giravam sobre seus eixos em velocidades basicamente constantes. O mesmo se aplicava à Lua em seu movimento ao redor da Terra. Em decorrência disso, o Sol, a Lua e os planetas, vistos da Terra, aparentavam se mover de uma maneira regular e previsível que podia ser, e foi, estudada com precisão considerável.

A outra especificidade da antiga astronomia era sua utilidade, que a física antiga, de modo geral, não tinha. Os usos da astronomia vêm expostos no primeiro capítulo desta segunda parte.

O capítulo subsequente apresenta aquele que, por falho que fosse, pode ser considerado um dos grandes triunfos da ciência helenística, a mensuração do tamanho do Sol, da Lua e da Terra, bem como das distâncias até o Sol e a Lua. O capítulo final desta parte aborda o problema sugerido pelo movimento dos planetas, problema este que continuou a ocupar os astrônomos ao longo da Idade Média e acabou levando ao nascimento da ciência moderna.

6. Os usos da astronomia[1]

Mesmo antes do início da história, o céu devia ser habitualmente usado como bússola, relógio e calendário. Não seria difícil notar que o sol se levanta toda manhã mais ou menos na mesma direção, que ao longo do dia é possível saber pela altura do sol no céu quanto tempo falta para anoitecer e que faz calor na época do ano que tem os dias mais longos.

Temos conhecimento de que, desde cedo na história, as estrelas foram usadas para fins semelhantes. Por volta de 3000 a.C., os egípcios sabiam que a principal ocorrência em sua agricultura, a enchente do Nilo em junho, coincidia com o surgimento helíaco da estrela Sirius. (É o dia do ano em que Sirius se torna visível logo antes do amanhecer; antes desse dia, ela não é visível à noite, e depois é visível muito antes do amanhecer.) Homero, escrevendo por volta de 700 a.C., compara Aquiles a Sirius, que fica alta no céu no final do verão:

> Aquela estrela, que aparece no outono e cujo intenso brilho ultrapassa em muito as estrelas que se contam ao anoitecer, a estrela a

que dão o nome de cão de Órion, que é a mais brilhante de todas as estrelas, e, no entanto, é lavrada como um signo do mal e traz a grande febre para os desventurados mortais.[2]

Algum tempo depois, o poeta Hesíodo, em *Os trabalhos e os dias*, dizia aos agricultores que a melhor época para a colheita das uvas era no aparecimento helíaco de Arcturus e que a terra devia ser arada no ocaso cósmico da constelação das Plêiades. (É o dia do ano em que essas estrelas se põem logo antes do amanhecer; antes desse dia, elas só se põem depois de nascer o sol, e depois se põem bem antes do amanhecer.) Seguindo Hesíodo, os *paramegmata*, calendários que indicavam o nascimento e o ocaso das estrelas mais visíveis em cada dia do ano, passaram a ser amplamente usados pelos gregos, cujas cidades-estados não tinham outro meio em comum de identificar as datas.

Observando as estrelas à noite, não ofuscadas pela luz das cidades modernas, os observadores de muitas das primeiras civilizações podiam ver claramente que as estrelas sempre mantêm as mesmas posições relativas, salvo raras exceções de que trataremos mais tarde. Isso porque as constelações não mudam de uma noite para outra ou de um ano para outro. Mas o firmamento inteiro dessas estrelas "fixas" parece se mover do leste para o oeste, todas as noites, em torno de um ponto no céu que fica sempre ao norte e por isso é conhecido como Polo Norte celeste. Em termos modernos, é para onde aponta o eixo da Terra, caso se prolongue do Polo Norte terrestre até o céu.

Essa observação permitiu que as estrelas fossem desde muito cedo usadas pelos marinheiros para encontrar as direções durante a noite. Homero conta como Ulisses, voltando para casa em Ítaca, fica preso pela ninfa Calipso em sua ilha no Mediterrâneo ocidental, até que Zeus ordena que ela deixe o herói partir. A ninfa diz a Ulisses que mantenha a "Ursa Maior, que alguns chamam de Carro [...] à sua esquerda durante a travessia do alto-mar".[3] A Ursa Maior fica perto do Polo Norte celeste. Assim, na latitude do Mediterrâneo, a Ursa Maior nunca se põe ("nunca se banha nas águas do Oceano", como diz Homero) e fica sempre mais ou menos no norte. Mantendo a Ursa à sua esquerda, Ulisses navegaria sempre a leste, em direção a Ítaca.

Alguns gregos aprenderam a se sair melhor com outras constelações. Segundo a biografia de Alexandre, o Grande, escrita por Arriano, embora a maioria dos marinheiros em sua época usasse a Ursa Maior para indicar o norte, os fenícios, os melhores navegadores do mundo antigo, usavam a Ursa Menor, constelação menos visível que a Ursa Maior, mas mais próxima do Polo Norte celeste. O poeta Calímaco, conforme citação de Diógenes Laércio,[4] dizia que o uso da Ursa Menor remonta a Tales.

O Sol também parece girar durante o dia do leste para o oeste em torno do Polo Norte celeste. Normalmente, não vemos as estrelas durante o dia, claro, mas, ao que parece, Heráclito[5] e talvez outros antes dele já tinham percebido que as estrelas estão sempre ali, mesmo durante o dia, apenas ofuscadas pela luz do Sol. Algumas estrelas podem ser vistas logo antes do amanhecer ou logo depois do ocaso, quando se conhece a posição do Sol no céu, o que evidenciava que o Sol não mantém sempre uma posição fixa em relação às estrelas. Pelo contrário, como já se sabia muito bem na Babilônia e na Índia desde muito cedo, o Sol, além de parecer andar diariamente do leste para o oeste junto com as estrelas, também se move anualmente no céu, do oeste para o leste, seguindo um percurso conhecido como "zodíaco", marcado em ordem pelas tradicionais constelações de Áries, Touro, Gêmeos, Câncer, Leão, Virgem, Libra, Escorpião, Sagitário, Capricórnio, Aquário e Peixes. Como veremos, a Lua e os planetas também percorrem o zodíaco, embora não seguindo exatamente os mesmos caminhos. O percurso específico que o Sol segue por essas constelações é conhecido como "eclíptica".

Entendido o zodíaco, ficava fácil situar o Sol no plano de fundo das estrelas. Basta ver qual é a constelação zodiacal mais alta no céu à meia-noite; o Sol está na constelação zodiacal diretamente oposta. Considera-se que foi Tales a dar 365 dias como o tempo que o Sol leva para completar sua passagem pelo zodíaco.

Pode-se pensar que o firmamento das estrelas é uma esfera rodeando a Terra e girando, com o Polo Norte celeste acima do Polo Norte terrestre. Mas o zodíaco não é o equador dessa esfera. Como teria descoberto Anaximandro, o zodíaco tem uma inclinação de 23,5 graus em relação ao equador celeste, com Câncer e Gêmeos mais próximos e Capricórnio e Sagitário mais distantes do Polo Norte celeste. Em termos modernos, essa inclinação, que é responsável pelas estações do ano, resulta do fato de que o eixo de rotação da Terra não é perpendicular ao plano da órbita terrestre, o qual é bastante próximo do plano em que se movem quase todos os objetos no sistema solar, mas está inclinado em relação a ele num ângulo de 23,5 graus; no verão ou no inverno do hemisfério norte, o Sol está na direção, respectivamente, para a qual se inclina ou da qual se afasta o Polo Norte terrestre.

A astronomia começou a ser uma ciência exata com a introdução de um instrumento conhecido como "gnômon", que permitia medições acuradas dos movimentos aparentes do Sol. O gnômon, que o bispo Eusébio atribuiu a Anaximandro, mas que Heródoto atribuiu aos babilônios, é uma simples haste vertical, disposta num terreno plano exposto aos raios solares. Com o gnômon, é possível saber acuradamente quando é meio-dia; é o momento do dia em que o Sol está em seu ponto mais alto, de modo que a sombra do gnômon é a mais curta. Ao meio-dia, em qualquer lugar a norte do trópico, o Sol está na direção sul, e a sombra do gnômon, portanto, aponta para o norte, e assim é possível marcar no solo os pontos permanentes da bússola. O gnômon também oferece um calendário. Na primavera e no verão, o Sol se levanta um pouco mais a nordeste, enquanto no outono e no inverno ele nasce um pouco mais a sudeste. Quando a sombra do gnômon ao amanhecer aponta para o oeste, o Sol está nascendo no leste, e a data será o equinócio vernal, quando o inverno cede lugar à primavera, ou o equinócio de outono, quando termina o verão e começa o outono. Os solstícios do verão e do inverno são os dias do ano em que a sombra do gnômon ao meio-dia é respectivamente mais curta ou mais longa. (O relógio de sol é diferente do gnômon; sua haste não é vertical e sim paralela ao eixo da Terra, de modo que sua sombra em determinada hora fica na mesma direção, todos os dias. Com isso, o relógio de sol é útil como relógio, mas inútil como calendário.)

O gnômon oferece um bom exemplo de uma ligação importante entre a ciência e a tecnologia: um item tecnológico inventado para fins práticos pode abrir caminho a descobertas científicas. Com o gnômon, foi possível fazer uma contagem precisa dos dias de cada estação, como o período de um equinócio até o próximo solstício, ou do solstício ao próximo equinócio. Dessa maneira, Euctêmon, ateniense contemporâneo de Sócrates, descobriu que as estações não têm exatamente a mesma duração. Não era o que se esperaria se o Sol girasse em torno da Terra (ou a Terra em torno do Sol) num círculo em velocidade constante, com a Terra (ou o Sol) no centro, caso em que as estações teriam a mesma duração. Os astrônomos passaram séculos procurando entender a diferença de duração das estações, mas a explicação correta desta e de outras anomalias só foi descoberta no século XVII, quando Johannes Kepler entendeu que a Terra gira em torno do Sol numa órbita não circular e sim elíptica, com o Sol não no centro da órbita, mas situado mais para um dos lados, num ponto chamado foco, e se move a uma velocidade que aumenta e diminui conforme se aproxima e se afasta do Sol.

A Lua também parece andar como as estrelas, todas as noites, do leste para o oeste em torno do Polo Norte celeste, e em períodos mais longos ela percorre o zodíaco do oeste para o leste, como o Sol, mas levando um pouco mais de 27 dias em vez de um ano para completar o círculo completo no plano de fundo das estrelas. Como o Sol parece percorrer o zodíaco na mesma direção, embora mais devagar, a Lua leva cerca de 29,5 dias para voltar à mesma posição relativa ao Sol. (Mais precisamente, 29 dias, 12 horas, 44 minutos e 3 segundos.) Visto que as fases da Lua dependem da posição relativa entre ela e o Sol, esse intervalo de cerca de 29,5 dias corresponde ao mês lunar,* o tempo entre uma lua nova e outra. Desde cedo, notou-se que os eclipses lunares ocorrem na lua cheia a cada dezoito anos, aproximadamente, quando o percurso da Lua contra o fundo das estrelas se cruza com o do Sol.**

Em alguns aspectos, a Lua oferece um calendário mais prático que o Sol. Observando a fase da Lua numa noite qualquer, é fácil dizer mais ou menos quantos dias se passaram desde a última lua nova, o que é muito mais fácil que saber o período do ano apenas olhando o Sol. Assim, os calendários lunares eram usuais no mundo antigo e ainda continuam a existir, por exemplo, para finalidades religiosas no islamismo. Mas, evidentemente, para fins agrícolas, náuticos ou bélicos, é preciso prever as mudanças das

---

* Para sermos mais exatos, esse é o mês lunar *sinódico*. O período de 27 dias para a Lua voltar à mesma posição relativa às estrelas fixas é conhecido como mês lunar *sideral.* (N. A.)

** Isso não acontece mensalmente, porque o plano da órbita lunar em volta da Terra é ligeiramente inclinado em relação ao plano da órbita terrestre em volta do Sol. A Lua cruza o plano da órbita terrestre duas vezes por mês sideral, mas isso só acontece na lua cheia, quando a Terra está entre o Sol e a Lua, a cada dezoito anos, aproximadamente. (N. A.)

estações, e estas são regidas pelo Sol. Infelizmente, os meses lunares do ano não formam um número inteiro — o ano tem cerca de onze dias a mais que doze meses lunares —, e assim nenhuma data de solstício ou equinócio seria fixa num calendário baseado nas fases da Lua.

Outra complicação bastante conhecida é que nem o ano em si tem um número inteiro de dias. Isso levou à inserção de um ano bissexto a cada quatro anos, nos tempos de Júlio César. Mas gerou outros problemas, pois o ano não tem $365^{1}/_{4}$ dias exatos, e sim onze minutos a mais.

Ao longo da história, são inúmeras as tentativas — numerosas demais para expô-las aqui — de criar calendários que levassem em conta essas dificuldades. Uma contribuição fundamental foi a de Meton de Atenas, provável companheiro de Euctêmon, por volta de 432 a.C. Talvez utilizando registros babilônicos, Meton percebeu que dezenove anos correspondem quase exatamente a 235 meses lunares, com diferença de apenas duas horas. Assim, é possível fazer um calendário cobrindo dezenove anos, em vez de um ano só, que identifique corretamente, a cada dia, a época do ano e a fase da Lua. O calendário então se repete para os períodos sucessivos de dezenove anos. Mas, embora dezenove anos sejam quase 235 meses lunares exatos, fica faltando quase um terço de dia para completar 6940 dias. E assim Meton teve de recomendar que se eliminasse um dia do calendário a cada três ou quatro ciclos de dezenove anos.

Uma boa ilustração do empenho dos astrônomos em reconciliar os calendários baseados no Sol e na Lua é a definição da Páscoa. O Concílio de Niceia, em 325 d.C., decretou que a Páscoa seria celebrada no primeiro domingo após a primeira lua cheia depois do equinócio de primavera. No reinado de Teodósio I, determinou-se que a celebração da Páscoa num dia errado constituía crime capital. Infelizmente, a data exata em que é possível observar efetivamente o equinócio vernal varia de um lugar para outro na superfície da Terra.* Para evitar o horror que seria ter a Páscoa celebrada em diferentes dias em lugares diversos, foi preciso estabelecer uma data definida para o equinócio de primavera e também para a primeira lua cheia subsequente. A Igreja romana no período final da Antiguidade adotou o ciclo metônico para essa finalidade, mas as comunidades monásticas da Irlanda adotaram um ciclo judaico mais antigo, de 84 anos. A luta no século VII entre os missionários romanos e os monges irlandeses pelo controle da Igreja inglesa foi, em larga medida, um conflito sobre a data da Páscoa.

Até os tempos modernos, a elaboração de calendários foi uma atividade importante dos astrônomos, levando à adoção de nosso calendário moderno em 1582, sob os auspícios do papa Gregório XIII. Com o objetivo de calcular a data da Páscoa, agora a data do equinócio vernal é o dia 21 de março, mas o 21 de março tal como foi fixado pelo calendário gregoriano no Ocidente e pelo calendário juliano nas Igrejas ortodoxas do Oriente. Assim, ainda hoje a Páscoa é celebrada em dias diferentes em locais diferentes do mundo.

Ainda que a astronomia científica fosse de útil aplicação na era helênica, Platão não se deixou impressionar por ela. Na *República*, há um diálogo revelador entre Sócrates e seu interlocutor Glauco.[6] Sócrates sugere que a astronomia deveria ser incluída na educação dos reis filósofos e Glauco concorda prontamente: "Não

---

* O equinócio é o momento em que o Sol, em seu movimento sobre o plano de fundo das estrelas, cruza o equador celeste. (Em termos modernos, é o momento em que a linha entre a Terra e o Sol se torna perpendicular ao eixo da Terra.) Em diferentes longitudes da Terra, esse momento ocorre em horas diferentes do dia, e assim pode chegar a haver a diferença de um dia na data em que os diferentes observadores registram o equinócio. Observações semelhantes se aplicam às fases da Lua. (N. A.)

são apenas os agricultores e os marinheiros que precisam ser sensíveis às estações, meses e fases do ano; é importante também para fins militares". Sócrates diz que isso é ingenuidade. Para ele, a importância da astronomia é que "estudar esse tipo de assunto purifica e reacende um órgão mental específico [...] e esse órgão é mil vezes mais importante de preservar que qualquer olho, pois é o único órgão capaz de enxergar a verdade". Esse esnobismo intelectual era menos corrente em Alexandria que em Atenas, mas aparece, por exemplo, nos escritos do filósofo Fílon de Alexandria no século I d.C., o qual observa que "aquilo que é apreciável pelo intelecto é sempre superior ao que é visível aos sentidos externos".[7] Felizmente, talvez sob a pressão das necessidades práticas, os astrônomos aprenderam a não se basear apenas no intelecto.

7. Medindo o Sol, a Lua e a Terra

Uma das realizações mais admiráveis da astronomia grega foi a mensuração do tamanho da Terra, do Sol e da Lua e das distâncias da Terra até o Sol e a Lua. Não que os resultados obtidos fossem numericamente acurados. As observações em que se basearam esses cálculos eram grosseiras demais para chegar a dimensões e distâncias exatas. Mas era a primeira vez que se usava corretamente a matemática para chegar a conclusões quantitativas sobre a natureza do mundo.

Para isso, foi fundamental entender em primeiro lugar a natureza dos eclipses solares e lunares e descobrir que a Terra é redonda. Tanto o mártir cristão Hipólito quanto Aécio, um filósofo muito citado proveniente de um período incerto, atribuem o primeiro conhecimento dos eclipses a Anaxágoras, um grego jônico nascido por volta de 500 a.C. em Clazômenas (perto de Esmirna), que dava aulas em Atenas.[1] Talvez se baseando na observação de Parmênides de que o lado luminoso da Lua está sempre de frente para o Sol, Anaxágoras concluiu: "É o Sol que dá brilho à Lua".[2] A partir daí, foi natural inferir que os eclipses lunares ocorrem quando a Lua passa pela sombra da Terra. Credita-se a ele também o entendimento de que os eclipses solares ocorrem quando a Lua projeta sua sombra sobre a Terra.

Quanto ao formato da Terra, a combinação entre razão e observação serviu muito bem a Aristóteles. Diógenes Laércio e o geógrafo grego Estrabão atribuem a Parmênides o conhecimento de que a Terra é esférica, muito antes de Aristóteles, mas não fazemos ideia de como Parmênides chegou (se é que chegou) a essa conclusão. Em *Do céu*, Aristóteles apresentou argumentos teóricos e empíricos defendendo o formato esférico da Terra. Como vimos no capítulo 3, segundo a teoria apriorística da matéria de Aristóteles, os elementos pesados terra e água (esta menos) procuram se aproximar do centro do cosmo, enquanto o ar e o fogo (este mais) tendem a se afastar dele. A Terra é uma esfera cujo centro coincide com o centro do cosmo, pois isso permite que a maior quantidade do elemento terra se aproxime desse centro. Aristóteles não se limitou a esse argumento teórico e acrescentou provas empíricas do formato esférico da Terra. A sombra da Terra sobre a Lua, durante um eclipse lunar, é curva,* e a posição das estrelas no céu parece mudar conforme viajamos para o norte ou para o sul:

> Nos eclipses, o contorno é sempre curvo e, visto que é a interposição da Terra que gera o eclipse, a forma da linha será causada pela forma da superfície da Terra, a qual, portanto, é esférica. Aqui também nossa observação das estrelas evidencia não só que a Terra é circular, mas também que é um círculo de tamanho não muito

---

* O. Neugebauer, em *A History of Ancient Mathematical Astronomy* (Nova York: Springer-Verlag, 1975), pp. 1093-4, argumentou que o raciocínio de Aristóteles a respeito da forma da sombra da Terra sobre a Lua é inconclusivo, visto que há uma variedade infinita de formatos terrestres e lunares que dariam a mesma sombra curva. (N. A.)

grande. Pois uma minúscula mudança de posição de nossa parte para o sul ou o norte causa uma alteração evidente do horizonte. Isto é, há grande mudança nas estrelas que estão acima e as estrelas vistas são diferentes conforme nos movemos para o norte ou para o sul. De fato, há algumas estrelas vistas no Egito e nas cercanias de Chipre que não são vistas nas regiões do norte; e estrelas que, no norte, nunca ficam além do campo de observação, naquelas regiões se erguem e se põem.[3]

É típico da atitude de Aristóteles em relação à matemática que ele não tenha tentado usar essas observações das estrelas para chegar a uma estimativa quantitativa do tamanho da Terra. Afora isso, considero intrigante que Aristóteles também não citasse um fenômeno que devia ser familiar a qualquer marinheiro. Quando se vê um navio a grande distância no mar, num dia claro, "o casco se afunda no horizonte" — a curvatura da Terra oculta tudo, exceto o topo dos mastros —, mas, à medida que ele se aproxima, o restante do navio se torna visível.*

Esse entendimento de Aristóteles de que a Terra é redonda não foi pouca coisa. Anaximandro pensara que a Terra fosse cilíndrica e que vivíamos em sua face plana. Segundo Anaxímenes, a Terra era plana, enquanto o Sol, a Lua e as estrelas flutuavam no ar, ocultando-se a nós quando iam para trás das partes altas da Terra.

---

* Samuel Eliot Morison citou esse argumento em sua biografia de Cristóvão Colombo, *Admiral of the Ocean Sea* (Boston: Little Brown, 1942), para mostrar que, ao contrário da suposição generalizada, já se sabia, antes que Colombo se lançasse ao mar, que a Terra é redonda. O debate na corte de Castela, para decidir se financiariam ou não a expedição proposta por Colombo, não se referia ao formato da Terra, e sim a seu *tamanho*. Colombo achava que a Terra era pequena a ponto de poder ir da Espanha até a costa oriental da Ásia sem lhe faltar água nem comida. Ele estava errado quanto ao tamanho da Terra, mas, claro, foi salvo pelo surgimento inesperado da América entre a Europa e a Ásia. (N. A.)

Xenófanes escrevera: "O que vemos a nossos pés é o limite superior da Terra; mas a parte de baixo desce ao infinito".[4] Mais tarde, Demócrito e Anaxágoras, tal como Anaxímenes, pensaram que a Terra era plana.

Desconfio que essa crença persistente na superfície plana da Terra pode ter resultado de um problema óbvio na ideia de uma Terra esférica: se ela é redonda, por que os viajantes não caem? Aristóteles deu uma boa resposta a isso com sua teoria da matéria. Ele entendia que não existe nenhuma direção universal "para baixo", para a qual os objetos situados em qualquer lugar tenderiam a cair. Em vez disso, em todas as partes da Terra, as coisas formadas pelos elementos pesados terra e água tendem a cair para o centro do mundo, em conformidade com a observação.

Nesse aspecto, a teoria aristotélica de que o lugar natural dos elementos mais pesados é o centro do cosmo funcionava de maneira muito similar à teoria moderna da gravitação, com a importante diferença de que, para Aristóteles, havia apenas um centro do cosmo, enquanto hoje entendemos que qualquer grande massa tenderá a se contrair numa esfera sob a influência de sua própria gravidade e então atrairá outros corpos para seu próprio centro. A teoria de Aristóteles não explicava por que qualquer outro corpo além da Terra deveria ser esférico, mas, mesmo assim, ele sabia que pelo menos a Lua é uma esfera, raciocinando a partir da mudança gradual de suas fases, de cheia a nova, e depois repetindo o ciclo.[5]

Depois de Aristóteles, o consenso maciço entre astrônomos e filósofos (exceto alguns poucos como Lactâncio) foi o de que a Terra é redonda. Arquimedes chegou a ver mentalmente a forma esférica da Terra num copo de água; na Proposição 2 de *Sobre os corpos flutuantes*, ele demonstra que "a superfície de qualquer líquido em repouso é a superfície de uma esfera cujo centro é a Terra".[6] (Isso seria verdadeiro apenas na ausência da tensão superficial, que Arquimedes não levou em conta.)

Agora passo àquilo que, em alguns aspectos, é o exemplo mais impressionante da aplicação da matemática à ciência natural no mundo antigo: a obra de Aristarco. Aristarco nasceu por volta de 310 a.C. na ilha jônica de Samos, foi discípulo de Estratão de Lampasco, o terceiro diretor do Liceu em Atenas, e depois trabalhou em Alexandria, até sua morte por volta de 230 a.C. Felizmente, sua obra-prima *Sobre os tamanhos e distâncias do Sol e da Lua* sobreviveu.[7] Nela, Aristarco toma como postulados quatro observações astronômicas:

1. "Na época da Meia Lua, a distância da Lua ao Sol é de menos de um quadrante por $^1/_{13}$ de um quadrante." (Ou seja, quando a Lua está apenas meio cheia, o ângulo entre as linhas de visada até a Lua e até o Sol é 90° menos 3°, isto é, 87°.)

2. A Lua apenas cobre o disco visível do Sol durante um eclipse solar.

3. "A largura da sombra da Terra é a de duas Luas." (A interpretação mais simples é que, na posição da Lua, uma esfera com o dobro do diâmetro da Lua preencheria a sombra da Terra durante um eclipse lunar. É provável que se chegou a isso medindo o tempo entre o momento em que uma borda da Lua começava a ser obscurecida pela sombra da Terra até o momento em que a Lua ficava totalmente obscurecida, o tempo que permanecia inteiramente obscurecida e, então, o tempo até terminar o eclipse.)

4. "A Lua subtende $^1/_{15}$ do zodíaco." (O zodíaco completo forma um círculo de 360°, mas aqui é evidente que Aristarco se refere apenas a um signo do zodíaco; o zodíaco consiste em doze constelações; portanto, um signo ocupa um ângulo de $^{360°}/_{12} = 30°$, e $^1/_{15}$ é 2°.)

Dessas asserções, Aristarco deduziu que:

1. A distância da Terra ao Sol é de dezenove a vinte vezes maior que a distância da Terra à Lua.
2. O diâmetro do Sol é de dezenove a vinte vezes maior que o diâmetro da Lua.
3. O diâmetro da Terra é de $^{108}/_{43}$ a $^{60}/_{19}$ vezes maior que o diâmetro da Lua.
4. A distância da Terra à Lua é de trinta a $^{45}/_{2}$ vezes maior que o diâmetro da Lua.

Na época de sua obra, não se conhecia a trigonometria, de modo que Aristarco teve de proceder por complexas construções geométricas para chegar a esses limites mínimos e máximos. Hoje, usando a trigonometria, chegaríamos a resultados mais precisos; por exemplo, concluiríamos do ponto 1 que a distância da Terra ao sul é maior que a distância da Terra à Lua pela secante (a recíproca do cosseno) de 87°, ou 19,1, que de fato está entre dezenove e vinte. (Essa e as outras conclusões de Aristarco são rededuzidas em termos modernos na nota técnica 11.)

A partir dessas conclusões, Aristarco pôde calcular os tamanhos do Sol e da Lua e suas distâncias da Terra, tudo em termos do diâmetro terrestre. Combinando os pontos 2 e 3, Aristarco poderia concluir, em particular, que o diâmetro do Sol é de $^{361}/_{60}$ a $^{215}/_{27}$ vezes maior que o diâmetro da Terra.

O raciocínio de Aristarco, em termos matemáticos, era impecável, mas seus resultados foram bastante sofríveis em termos quantitativos, porque os pontos 1 e 4, nos dados que ele usou como ponto de partida, estavam muito errados. Quando a Lua está cheia pela metade, o ângulo entre as linhas de visada até o Sol e a Lua não é de 87°, e sim de 89,853°, o que mostra o Sol 390 vezes mais longe da Terra que a Lua, e portanto muito maior do que

Aristarco pensava. Essa medição não poderia ser feita pela astronomia a olho nu, embora Aristarco tenha afirmado corretamente que, quando a Lua está meio cheia, o ângulo entre as linhas de visada até o Sol e a Lua é não inferior a 87º. Além disso, o disco visível da Lua subtende um ângulo de 0,519º, e não de 2º, o que torna a distância da Terra à Lua cerca de 111 vezes o diâmetro da Lua. Aristarco decerto poderia ter calculado melhor, e há uma indicação em *O contador de areia*, de Arquimedes, de que o fez em trabalhos posteriores.*

Não são os erros em suas observações que marcam a distância entre a ciência de Aristarco e nossa ciência. Graves erros ainda continuam a afetar de vez em quando a astronomia observacional e a física experimental. Por exemplo, nos anos 1930 considerava-se que a velocidade com que o universo está se expandindo era

---

* Há uma observação fascinante de Arquimedes em *O contador de areia*, dizendo que Aristarco descobrira que o "Sol aparentava ser $^1/_{720}$ do zodíaco" (Arquimedes, Trad. de Heath, p. 223). Ou seja, o ângulo subtendido pelo disco solar na Terra é $^1/_{720}$ vezes 360º, ou 0,5º, o que não está distante do valor correto de 0,519º. Arquimedes chegou a afirmar que havia verificado isso com suas próprias observações. Mas, como vimos, Aristarco, na obra que chegou até nós, dera ao ângulo subtendido pelo disco da Lua o valor de 2º, e notara que os discos do Sol e da Lua têm o mesmo tamanho aparente. Arquimedes estaria citando uma medida posterior de Aristarco, cujos registros não sobreviveram? Estaria citando sua própria medição e atribuindo-a a Aristarco? Sei de alguns estudiosos que sugerem que a fonte dessa discrepância foi um erro de transcrição ou interpretação errônea do texto, mas isso me parece muito improvável. Como já notamos, Aristarco concluíra de sua medição do tamanho angular da Lua que sua distância da Terra devia ser de trinta a $^{45}/_2$ vezes maior que o diâmetro da Lua, resultado totalmente incompatível com um tamanho aparente de cerca de 0,5º. A trigonometria moderna nos diz, por outro lado, que, se o tamanho aparente da Lua fosse 2º, então sua distância da Terra seria de 28,6 vezes seu diâmetro, número de fato entre trinta e $^{45}/_2$. (*O contador de areia* não é uma obra séria de astronomia, mas uma demonstração de Arquimedes para mostrar que sabia calcular números muito grandes, como o de grãos de areia necessários para preencher a esfera das estrelas fixas.) (N. A.)

sete vezes maior do que agora sabemos ser. A verdadeira diferença entre Aristarco e os físicos e astrônomos atuais não é que seus dados estivessem errados, mas que ele nunca tentou avaliar a incerteza de seus dados observacionais e nem sequer admitia que podiam ser imperfeitos.

Os físicos e astrônomos atuais aprendem a levar a incerteza experimental muito a sério. Na graduação, mesmo sabendo que eu queria ser físico teórico e nunca realizaria experimentos, tive de fazer um curso de laboratório com outros estudantes de física em Cornell. Passamos a maior parte do tempo calculando a incerteza nas medições que fazíamos. Mas essa atenção à incerteza demorou para surgir. Até onde sei, ninguém na época antiga ou medieval jamais tentou estimar a sério a incerteza numa medição, e, como veremos no capítulo 14, mesmo Newton foi um tanto arrogante em relação às incertezas experimentais.

Vemos em Aristarco um efeito pernicioso do prestígio da matemática. Seu livro parece os *Elementos* de Euclides: os dados apresentados nos pontos 1 a 4 são tomados como postulados, dos quais os resultados são deduzidos com rigor matemático. O erro de observação em seus resultados foi muito maior que os limites estreitos que ele demonstrou rigorosamente para os vários tamanhos e distâncias. Talvez Aristarco não pretendesse dizer que o ângulo entre as linhas de visada até o Sol e a Lua semicheia fosse realmente de 87°, e tomasse isso apenas como exemplo para ilustrar o que se poderia deduzir. Não à toa, Aristarco era conhecido entre seus contemporâneos como "o Matemático", em contraste com seu mestre Estratão, conhecido como "o Físico".

Mas Aristarco de fato apontou um aspecto qualitativamente correto: o Sol é muito maior que a Terra. Para frisar esse ponto, Aristarco indicou que o volume do Sol é pelo menos $(^{361}/_{60})^3$ (cerca de 218) vezes maior que o volume da Terra. Claro que agora sabemos que ele é muito maior.

Tanto Arquimedes quanto Plutarco afirmam algo intrigante: pelas grandes dimensões do Sol, Aristarco teria concluído que não é ele que gira em torno da Terra, mas a Terra que gira em torno do Sol. Segundo Arquimedes, em *O contador de areia*,[8] Aristarco concluíra não só que a Terra gira em torno do Sol, mas também que a órbita da Terra é pequena em comparação à distância das estrelas fixas. É provável que Aristarco estivesse tratando de um problema levantado por qualquer teoria sobre o movimento da Terra. Assim como os objetos no solo parecem andar para a frente e para trás quando vistos de um carrossel, as estrelas também deveriam parecer se mover para a frente e para trás durante o ano, quando vistas da Terra em movimento. Aristóteles parecia ter entendido isso, ao comentar[9] que, se a Terra se movesse, "as estrelas fixas teriam de girar e passar. Mas não se observa tal coisa. As mesmas estrelas sempre se erguem e se põem nas mesmas partes da Terra". Para sermos mais precisos, se a Terra gira em torno do Sol, cada estrela deveria parecer traçar uma curva fechada no céu, cujo tamanho depende da razão entre o diâmetro da órbita terrestre em torno do Sol e a distância até a estrela.

Assim, se a Terra gira em torno do Sol, por que os astrônomos da Antiguidade não viram esse movimento aparente anual das estrelas, conhecido como paralaxe anual? Para que a paralaxe ficasse pequena a ponto de ter escapado à observação, era preciso supor que as estrelas estão pelo menos a certa distância. Infelizmente, em *O contador de areia*, Arquimedes não fez nenhuma menção explícita à paralaxe, e não sabemos se alguém do mundo antigo chegou a usar esse argumento para estabelecer um limite mínimo para a distância até as estrelas.

Aristóteles havia apresentado outros argumentos contra o movimento terrestre. Alguns deles se baseavam em sua teoria do movimento natural para o centro do universo, mencionada no capítulo 3, mas havia outro que se baseava na observação. Aristóteles raciocinou que, se a Terra se movesse, os corpos lançados para cima ficariam para trás devido ao movimento da Terra e, assim, cairiam num local diferente de onde foram lançados. Em vez disso, observa ele,[10] "os corpos pesados lançados em linha reta para cima voltam ao ponto de onde saíram, mesmo que sejam lançados a uma distância ilimitada". Esse argumento foi repetido várias vezes, por exemplo por Cláudio Ptolomeu (sobre o qual comentamos no capítulo 4), por volta de 150 d.C., e por Jean Buridan na Idade Média, até que Nicole Oresme (como veremos no capítulo 10) deu uma resposta a esse assunto.

Seria possível julgar até que ponto a ideia de uma Terra em movimento se difundiu no mundo antigo se tivéssemos uma boa descrição de um planetário, isto é, um modelo mecânico do sistema solar, da Antiguidade.* Cícero, em *Da República*, fala de uma conversa sobre um modelo planetário ocorrida em 129 a.C., 25 anos antes de seu nascimento. Nessa conversa, um certo Lúcio Fúrio Filo teria falado de um modelo planetário construído por Arquimedes, o qual fora levado pelo conquistador de Siracusa, Marcelo, depois da queda da cidade, e mais tarde fora visto na casa do neto de Marcelo. Não é fácil saber, por esse relato de terceira mão, como funcionava esse planetário (e faltam algumas páginas nessa parte de *Da República*), mas a certa altura do relato Cícero

---

* Existe um instrumento antigo famoso, conhecido como Mecanismo de Anticítera, descoberto em 1901 por mergulhadores perto da ilha de Anticítera, no Mediterrâneo, entre Creta e o continente grego. Acredita-se que foi perdido durante um naufrágio entre 150 e 100 a.C. Embora o Mecanismo de Anticítera seja agora uma peça disforme de bronze corroído, tornou-se possível deduzir suas operações graças a estudos de raio X de seu interior. Não é um modelo planetário, mas um instrumento de calendário, que mostra a posição aparente do Sol e dos planetas no zodíaco em qualquer data. A questão mais importante no Mecanismo de Anticítera é que seu complexo apetrecho de engrenagens atesta a grande competência da tecnologia helenística. (N. A.)

cita Filo, que teria dito que no planetário "estava traçado o movimento do Sol e da Lua e daquelas cinco estrelas que são chamadas errantes", o que sem dúvida sugere que era o Sol, e não a Terra, que se movia nesse modelo.[11]

Como veremos no capítulo 8, muito antes de Aristarco, os pitagóricos já tinham a ideia de que a Terra e o Sol giram em volta de um fogo central. Não tinham nenhuma prova disso, mas por alguma razão suas especulações ficaram na memória, ao passo que as de Aristarco foram praticamente esquecidas. Sabe-se de apenas um astrônomo antigo que adotou as ideias heliocêntricas de Aristarco: o obscuro Seleuco da Selêucia, que viveu por volta de 150 a.C. Na época de Copérnico e Galileu, quando astrônomos e religiosos queriam mencionar a ideia de que a Terra se move, referiam-se a ela como pitagórica, não como aristarquiana. Quando estive na ilha de Samos em 2005, vi inúmeros bares e restaurantes chamados Pitágoras, mas nenhum Aristarco de Samos.

É fácil entender por que a ideia do movimento terrestre não ganhou raízes no mundo antigo. Não sentimos esse movimento e, antes do século XIV, ninguém percebeu que não há nenhuma razão para *termos* de senti-lo. Além disso, nem Arquimedes nem qualquer outro deu indicações de que Aristarco havia mostrado como o movimento dos planetas apareceria visto de uma Terra em movimento.

A medição da distância entre a Terra e a Lua teve um grande aperfeiçoamento com Hiparco, em geral tido como o maior observador astronômico do mundo antigo.[12] Hiparco fez observações astronômicas em Alexandria de 161 a 146 a.C., e depois prosseguiu até 127 a.C., talvez na ilha de Rodes. Quase todos os seus escritos se perderam; sabemos de seu trabalho astronômico basicamente a partir do testemunho de Cláudio Ptolomeu, três séculos mais tarde. Um de seus cálculos se baseava na observação de um eclipse do Sol, que agora sabemos que ocorreu em 14 de março de 189 a.C. Nesse eclipse, o disco solar ficou totalmente encoberto em Alexandria, mas apenas quatro quintos encoberto no Helesponto (os Dardanelos modernos, entre a Ásia e a Europa). Como os diâmetros aparentes da Lua e do Sol são praticamente iguais, com 33 minutos de arco ou 0,55° segundo as medições de Hiparco, ele pôde concluir que a direção até a Lua vista do Helesponto e de Alexandria tinha uma diferença de um quinto de 0,55°, ou seja, 0,11°. Pelas observações do Sol, Hiparco conhecia as latitudes do Helesponto e de Alexandria e sabia a localização da Lua no céu no momento do eclipse, e assim pôde calcular a distância até a Lua como um múltiplo do raio da Terra. Considerando as mudanças do tamanho aparente da Lua durante um mês lunar, Hiparco concluiu que a distância da Terra até a Lua varia de 71 a 83 raios terrestres. A distância média, na verdade, é de cerca de sessenta raios terrestres.

Aqui cabe uma interrupção para comentar outra grande realização de Hiparco, embora não diretamente relacionada com a mensuração dos tamanhos e distâncias. Hiparco montou um catálogo de estrelas, uma lista com cerca de oitocentas, com a posição celeste de cada uma delas. Nada mais adequado que nosso melhor catálogo moderno de estrelas, que dá as posições de 118 mil delas, tenha sido montado com as observações de um satélite artificial cujo nome é uma homenagem a Hiparco.

As medidas das posições estelares feitas por Hiparco o levaram a descobrir um fenômeno notável, que só veio a ser entendido com a obra de Newton. Para explicar essa descoberta, comentarei rapidamente como são descritas as posições celestes. O catálogo de Hiparco não sobreviveu, e não sabemos como ele as descreveu. Há duas possibilidades, normalmente empregadas a partir da época romana. Um método, usado mais tarde no catálogo estelar de Ptolomeu,[13] apresenta as estrelas fixas como pontos numa esfera, cujo equador é a eclíptica, o caminho que o Sol aparentemente percorre pelas estrelas durante um ano. A latitude e a longitude celestes localizam as estrelas nessa esfera da mesma forma como a latitude e a longitude comuns dão a localização dos pontos na superfície terrestre.* Em outro método, que pode ter sido usado por Hiparco,[14] as estrelas também são tomadas como pontos numa esfera, mas ela está orientada não pela eclíptica e sim pelo eixo da Terra; o polo norte dessa esfera é o Polo Norte celeste, em torno do qual os astros parecem girar todas as noites. Em vez de latitude e longitude, as coordenadas nessa esfera são conhecidas como declinação e ascensão reta.

De acordo com Ptolomeu,[15] as medições de Hiparco tinham acurácia suficiente para que ele notasse que a longitude celeste (ou ascensão reta) da estrela Espiga havia mudado em dois graus em relação ao que o astrônomo Timocáris observara muito tempo antes em Alexandria. Não que Espiga tivesse mudado sua posição relativa às outras estrelas; era a localização do Sol na esfera celeste no equinócio de outono, ponto a partir do qual então se media a longitude celeste, que havia mudado.

É difícil saber exatamente quanto tempo essa mudança levou. Timocáris nasceu por volta de 320 a.C., cerca de 130 anos antes do nascimento de Hiparco, mas crê-se que ele morreu jovem, por volta de 280 a.C., cerca de 160 anos antes da morte de Hiparco. Se supusermos que são 150 anos de distância entre suas respectivas observações da estrela Espiga, elas então indicariam que a posição do Sol no equinócio de outono muda cerca de um grau a cada 75 anos.** A essa velocidade, a precessão desse ponto equinocial reali-

---

* A latitude celeste corresponde ao afastamento angular da estrela em relação à eclíptica. Enquanto na Terra medimos a longitude a partir do meridiano de Greenwich, a longitude celeste corresponde ao afastamento angular, num círculo de latitude celeste fixa, entre a estrela e o meridiano celeste no qual incide a posição do Sol no equinócio de primavera. (N. A.)

** Com base em suas observações da estrela Régulo, Ptolomeu apresentou em seu *Almagesto* um grau a cada cem anos, aproximadamente. (N. A.)

zaria o círculo completo de 360° do zodíaco 360 vezes em 75 anos, ou seja, 27 mil anos.

Hoje entendemos que a precessão dos equinócios é causada por uma oscilação do eixo da Terra (como a oscilação do eixo de um topo girando) em torno de uma direção perpendicular ao plano da órbita terrestre, com o ângulo entre essa direção e o eixo da Terra permanecendo praticamente fixo em 23,5°. Os equinócios são as datas em que a linha separando a Terra e o Sol fica perpendicular ao eixo da Terra, de forma que é uma oscilação do eixo da Terra que causa a precessão dos equinócios. Veremos no capítulo 14 que essa oscilação foi inicialmente explicada por Isaac Newton como efeito da atração gravitacional do Sol e da Lua no bojo equatorial da Terra. Na verdade, leva 25727 anos para que a oscilação do eixo da Terra complete 360°. É admirável o grau de acurácia com que Hiparco previu esse grande período de tempo. (Aliás, é a precessão dos equinócios que explica por que os navegadores da Antiguidade, para situar a direção norte, tinham de se basear na posição celeste das constelações perto do Polo Norte celeste e não na posição da Estrela Polar. A Estrela Polar não se move em relação às outras estrelas, mas nos tempos antigos o eixo da Terra não apontava para a Polar como aponta agora, e no futuro a Polar voltará a não estar no Polo Norte celeste.)

Voltando à medição celeste, todas as estimativas de Aristarco e Hiparco expressavam o tamanho e as distâncias da Lua e do Sol como múltiplos do tamanho da Terra. O tamanho da Terra foi medido por Eratóstenes algumas décadas depois da obra de Aristarco. Eratóstenes nasceu em 273 a.C. em Cirene, uma cidade grega na costa mediterrânea da atual Líbia, fundada por volta de 630 a.C., que se tornara parte do reino dos Ptolomeus. Foi educado em Atenas, e uma parte de sua educação se deu no Liceu, e depois foi chamado a Alexandria por Ptolomeu III, por volta de 245 a.C., onde se tornou membro do museu e tutor do futuro Ptolomeu IV. Foi nomeado quinto diretor da biblioteca por volta de 234 a.C. Infelizmente, todas as suas principais obras, *Sobre a medição da Terra*, *Memórias geográficas* e *Hermes*, desapareceram, mas eram muito citadas na Antiguidade.

A medição do tamanho da Terra feita por Eratóstenes foi descrita pelo filósofo estoico Cleomedes em *Sobre os céus*,[16] em alguma data posterior a 50 a.C. Eratóstenes começou com as observações de que o Sol, no meio-dia do solstício de verão, incide diretamente em Syene, uma cidade egípcia que Eratóstenes supunha ficar ao sul de Alexandria, enquanto as medições com um gnômon em Alexandria mostravam que o Sol do meio-dia no solstício tinha uma inclinação de $^1/_{50}$ de um círculo completo, ou 7,2°. Disso ele pôde concluir que a circunferência da Terra é cinquenta vezes a distância de Alexandria a Syene. (Veja nota técnica 12.) A distância de Alexandria a Syene (medida provavelmente a pé, por caminhantes treinados para dar passos iguais) era de 5 mil estádios, e assim a circunferência da Terra devia ser de 250 mil estádios.

Qual era o grau de acurácia dessa estimativa? Não sabemos o comprimento do estádio usado por Eratóstenes, e Cleomedes provavelmente também não sabia, visto que o estádio nunca recebeu uma definição padronizada como nossa milha ou quilômetro. Mas, mesmo sem saber o comprimento do estádio, *podemos* julgar a acurácia de Eratóstenes no uso astronômico. A circunferência da Terra é de fato 47,9 vezes a distância de Alexandria a Syene (atual Assuã), de modo que a conclusão de Aristóteles de que a circunferência da Terra é de cinquenta vezes a distância entre Alexandria e Syene é, de fato, bastante acurada, independentemente do comprimento do estádio.*

---

* Eratóstenes teve sorte. Syene não fica exatamente ao sul de Alexandria (sua longitude é de 32,9° E, ao passo que a de Alexandria é de 29,9° E) e o Sol do meio-dia no solstício de verão não incide exatamente a pino em Syene, e sim

com uma inclinação de cerca de 0,4°. Os dois erros em parte se anulam. O que Eratóstenes efetivamente medira foi a razão entre a circunferência da Terra e a distância de Alexandria ao Trópico de Câncer (a que Cleomedes chamava de círculo tropical de verão), o círculo na superfície da Terra onde o Sol do meio--dia no solstício de verão realmente bate a pino. Alexandria fica na latitude de 31,2°, enquanto a latitude do Trópico de Câncer é de 23,5°, ou seja, 7,7° a menos que a latitude de Alexandria, de forma que a circunferência da Terra é, na verdade, $^{360°}/_{7,7°} = 46,75$ vezes maior que a distância entre Alexandria e o Trópico de Câncer, pouco menos que a razão de cinquenta dada por Eratóstenes. (N. A.)

8. O problema dos planetas

Não são apenas o Sol e a Lua que se movem do oeste para o leste percorrendo o zodíaco, enquanto participam da revolução diária mais rápida dos astros de leste para oeste em torno do Polo Norte celeste. Em várias civilizações antigas, notou-se que, em muitos dias, cinco "estrelas" seguem do oeste para o leste num percurso pelas estrelas fixas que é muito semelhante ao do Sol e da Lua. Os gregos as chamavam de "estrelas errantes" ou *planetas*, e lhes deram nomes de deuses, Hermes, Afrodite, Ares, Zeus e Cronos, que os romanos traduziram para Mercúrio, Vênus, Marte, Júpiter e Saturno. Seguindo o exemplo dos babilônios, também incluíram o Sol e a Lua entre os planetas,* num total de sete, e nisso basearam a semana de sete dias.**

---

* Por questões de clareza, quando eu me referir a planetas neste capítulo, estarei falando apenas dos cinco: Mercúrio, Vênus, Marte, Júpiter e Saturno. (N. A.)
** Podemos ver a correspondência dos dias da semana com os planetas e os deuses associados a eles nos nomes dos dias da semana em inglês. *Saturday, Sunday* e *Monday* estão visivelmente associados a Saturno, ao Sol e à Lua, enquanto *Tuesday, Wednesday, Thursday* e *Friday* estão baseados numa associação de deu-

Os planetas percorrem o céu em diferentes velocidades: Mercúrio e Vênus levam um ano para completar um circuito do zodíaco, enquanto Marte leva um ano e 322 dias, Júpiter leva onze anos e 315 dias e Saturno leva 29 anos e 166 dias. Todos esses são períodos médios, pois os planetas não percorrem o zodíaco numa velocidade constante — às vezes chegam a inverter a direção do movimento por algum tempo, retomando depois seu movimento em sentido leste. Boa parte da história do surgimento da ciência moderna está relacionada com mais de 2 mil anos de tentativas de entender os movimentos peculiares dos planetas.

Uma das primeiras tentativas de elaborar uma teoria dos planetas, do Sol e da Lua foi a dos pitagóricos. Imaginaram que os cinco planetas, mais o Sol, a Lua e a Terra, giram em torno de um fogo central. Para explicar por que não vemos aqui na Terra esse fogo central, os pitagóricos supuseram que vivemos no lado da Terra que olha para o outro lado, oposto ao do fogo. (Como quase todos os pré-socráticos, os pitagóricos acreditavam que a Terra era plana; segundo eles, era um disco que apresentava sempre o mesmo lado para o fogo central, enquanto ficávamos no outro lado. O movimento diário da Terra em torno do fogo central pretendia explicar o movimento diário aparente do Sol, da Lua, dos planetas e das estrelas em volta da Terra, que se moviam mais devagar.)[1] Segundo Aristóteles e Aécio, o pitagórico Filolau, do século v a.C., inventou uma contraTerra, orbitando onde nós, em nosso lado da Terra, não conseguimos ver, quer seja entre a Terra e o fogo central, quer seja do outro lado do fogo central, em frente à Terra. Aristóteles explicou essa introdução da contraTerra como resultado da obsessão numérica dos pitagóricos. A Terra, o Sol, a Lua e os cinco planetas, junto com a esfera das estrelas fixas, somavam

---

ses germânicos e supostos equivalentes latinos: Tyr e Marte, Wotan e Mercúrio, Thor e Júpiter, Frigga e Vênus. (N. A.)

nove objetos em torno do fogo central, mas os pitagóricos achavam que o número desses objetos devia ser dez, um número perfeito no sentido de que 10 = 1 + 2 + 3 + 4. Como Aristóteles comentou com certo desdém,[2] os pitagóricos

> supunham que os elementos dos números são os elementos de todas as coisas, e que todo o céu é um número e uma escala musical. E todas as propriedades dos números e escalas que conseguiram mostrar que concordavam com os atributos e partes e toda a disposição dos céus, eles pegaram e puseram dentro de seu esquema, e se houvesse alguma lacuna em algum lugar, logo faziam algum acréscimo para dar coerência a toda a sua teoria. Por exemplo, como consideram que o número 10 é perfeito e compreende a natureza completa dos números, eles dizem que os corpos que se movem nos céus são dez, mas, como os corpos visíveis são apenas nove, para atender a isso eles inventam um décimo — a "contraTerra".

Ao que parece, os pitagóricos nunca tentaram mostrar que suas teorias explicavam detalhadamente os movimentos celestes aparentes do Sol, da Lua e dos planetas sobre o plano de fundo das estrelas fixas. A explicação desses movimentos aparentes ficou como tarefa para os séculos seguintes, a qual só foi concluída na época de Kepler.

Esse trabalho foi facilitado pela criação de instrumentos como o gnômon, para estudar os movimentos do Sol e de outros que permitiam medir os ângulos entre as linhas de visadas para várias estrelas e planetas ou entre esses objetos astronômicos e o horizonte. Tudo isso, claro, era astronomia a olho nu. É uma ironia que Cláudio Ptolomeu, que estudou a fundo os fenômenos da refração e da reflexão (inclusive os efeitos da refração na atmosfera sobre as posições aparentes das estrelas) e que, como veremos, desempenhou um papel fundamental na história da astronomia, nunca tenha se dado conta de que as lentes e os espelhos curvos poderiam ser usados para ampliar as imagens dos corpos astronômicos, como no telescópio refrator de Galileu Galilei e o telescópio refletor inventado por Isaac Newton.

Não foram apenas os instrumentos físicos que contribuíram para os grandes avanços da astronomia científica entre os gregos. Tais avanços foram possíveis também graças a aperfeiçoamentos na disciplina da matemática. No desenrolar da história, o grande debate na astronomia antiga e medieval não se dava entre quem defendia o movimento da Terra e quem defendia que era o Sol que se movia, mas sim entre duas concepções diferentes da revolução do Sol, da Lua e dos planetas em torno de uma Terra estacionária. Como veremos, grande parte desse debate se referia a diferentes concepções do papel da matemática nas ciências naturais.

Essa questão começa com o que gosto de chamar de "tarefa de casa" de Platão. Segundo o neoplatônico Simplício, escrevendo por volta de 530 d.C. em seu comentário a *Do céu*, de Aristóteles:

> Platão estabelece o princípio de que o movimento dos corpos celestes é circular, uniforme e constantemente regular. Portanto, ele lança o seguinte problema aos matemáticos: quais são os movimentos circulares, uniformes e perfeitamente regulares que devem ser admitidos como hipóteses capazes de preservar as aparências apresentadas pelos planetas?[3]

"Preservar (ou salvar) as aparências" é a tradução tradicional; Platão está perguntando quais são as combinações de movimento dos planetas (aqui incluindo o Sol e Lua) em círculos em velocidade constante, sempre na mesma direção, que teriam uma aparência igual à que observamos de fato.

O primeiro a responder à pergunta foi o matemático Eudoxo de Cnido, contemporâneo de Platão.[4] Ele construiu um modelo matemático, descrito em *Sobre as velocidades*, livro perdido cujo conteúdo conhecemos pelas descrições de Aristóteles[5] e Simplício.[6] Segundo esse modelo, as estrelas são transportadas em redor da Terra numa esfera que gira uma vez por dia do leste para o oeste, enquanto o Sol, a Lua e os planetas são transportados em redor da Terra em esferas que, por sua vez, são transportadas por outras esferas. O modelo mais simples seriam duas esferas para o Sol. A esfera externa gira em torno da Terra uma vez por dia, do leste para o oeste, no mesmo eixo e velocidade de rotação da esfera das estrelas, mas o Sol está no equador de uma esfera interna, que acompanha a rotação da esfera externa como se estivesse ligada a ela, mas que também gira em torno de seu próprio eixo, do oeste para o leste, concluindo a rotação num ano. O eixo da esfera interna tem uma inclinação de 23,5° em relação ao eixo da esfera externa. Isso explicaria o movimento aparente diário do Sol e também seu movimento aparente anual pelo zodíaco. Da mesma forma, a Lua seria transportada ao redor da Terra por outras duas esferas em rotação contrária, com a diferença de que a esfera interna em que está a Lua faz uma rotação completa do oeste para o leste num mês, e não num ano. Por razões que não estão claras, Eudoxo teria acrescentado uma terceira esfera à do Sol e à da Lua. Tais teorias são ditas *homocêntricas*, porque as esferas associadas aos planetas, bem como o Sol e a Lua, têm o mesmo centro, qual seja, o centro da Terra.

Os movimentos irregulares dos planetas traziam um problema mais difícil. Eudoxo atribuiu quatro esferas a cada planeta: a esfera externa girando uma vez por dia ao redor da Terra do leste para o oeste, com o mesmo eixo de rotação da esfera das estrelas fixas e das esferas externas do Sol e da Lua; a esfera seguinte, como as esferas internas do Sol e da Lua, girando mais devagar, a velocidades variadas, do oeste para o leste, em torno de um eixo com cerca de 23,5° de inclinação em relação ao eixo da esfera externa; e as duas esferas mais internas girando, exatamente nas mesmas velocidades, em direções opostas em torno de dois eixos praticamente paralelos, inclinados num grande ângulo em relação aos eixos das duas esferas externas. O planeta está ligado à esfera mais interna. As duas esferas externas dão a cada planeta sua revolução diária em torno da Terra, seguindo as estrelas, e seu movimento *médio* por períodos mais longos percorre o zodíaco. Os efeitos das duas esferas internas de rotações contrárias se anulariam caso seus eixos fossem exatamente paralelos, mas, como se supõe que tais eixos não são inteiramente paralelos, eles sobrepõem um movimento em oito no movimento médio de cada planeta percorrendo o zodíaco, explicando as ocasionais inversões de direção do planeta. Os gregos deram a essa figura o nome de *hipópede*, pois se parecia com as cordas usadas para amarrar os cavalos.

O modelo de Eudoxo não condizia com as observações do Sol, da Lua e dos planetas. Por exemplo, sua representação do movimento solar não explicava as diferenças na duração das estações que, como vimos no capítulo 6, tinham sido descobertas por Euctêmon com o uso do gnômon. Falhava totalmente em relação a Mercúrio e não funcionava bem com Vênus e Marte. Para melhorar as coisas, Calipo de Cízico propôs um novo modelo. Acrescentou duas esferas ao Sol e à Lua e mais uma a Mercúrio, Vênus e Marte. O modelo de Calipo, de modo geral, funcionava melhor que o de Eudoxo, embora tenha acrescentado algumas novas peculiaridades fictícias aos movimentos aparentes dos planetas.

Nos modelos homocêntricos de Eudoxo e Calipo, o Sol, a Lua e os planetas receberam, cada um deles, um conjunto separado de esferas, com esferas externas girando em plena conformidade com uma esfera separada com as estrelas fixas. É um exemplo inicial daquilo que os físicos modernos chamam de "ajuste fino". Criticamos alguma teoria dizendo que é de ajuste fino quando ela adapta seus elementos para deixar algumas coisas iguais, sem explicar por que elas devem ser iguais. Esse ar de ajuste fino numa teoria cien tífica é como um grito aflito da natureza, avisando que alguma coisa precisa de uma explicação melhor.

A aversão a ajustes finos levou os físicos modernos a uma descoberta de importância fundamental. No final dos anos 1950, foram identificados dois tipos de partículas instáveis, chamados tau e theta, que decaem de modos diferentes — o theta em duas partículas mais leves, chamadas píons, e o tau em três píons. Não só as partículas tau e theta tinham a mesma massa, como tinham também o mesmo tempo médio de vida, embora decaíssem de modos totalmente diferentes! Os físicos supuseram que o tau e o theta não podiam ser a mesma partícula porque, devido a razões complicadas, a simetria da natureza entre direita e esquerda (que estabelece que as leis da natureza devem parecer iguais vistas diretamente e vistas num espelho) proibiria que a mesma partícula decaísse às vezes em dois, às vezes em três píons. Com o que sabíamos na época, teria sido possível ajustar as constantes em nossas teorias para igualar as massas e o tempo de vida do tau e do theta, mas dificilmente alguém engoliria tal teoria — parecia muito bem ajustadinha demais. No fim, descobriu-se que não havia necessidade de nenhum ajuste fino, porque as duas são de fato a mesma partícula. A simetria entre direita e esquerda, embora obedecida pelas forças que mantêm os átomos e seus núcleos unidos, simplesmente não é obedecida em vários processos de decaimento, incluído aí o decaimento do tau e do theta.[7] Os físicos que entenderam isso estavam certos em desconfiar da ideia de que era por mero acaso que as partículas tau e theta tinham a mesma massa e tempo de vida — isso exigiria um ajuste fino demais.

Hoje enfrentamos um tipo de ajuste fino ainda mais desgastante. Em 1998, os astrônomos descobriram que a expansão do universo não vem desacelerando, como se esperaria da atração gravitacional entre as galáxias, mas sim acelerando. Essa aceleração é atribuída a uma energia associada ao próprio espaço, conhecida como energia escura. A teoria indica que existem várias contribuições diferentes para a energia escura. Algumas podemos calcular, outras não. As contribuições à energia escura que podemos calcular são maiores que o valor da energia escura observada pelos astrônomos, numa faixa de 56 ordens de magnitude — isto é, um 1 seguido por 56 zeros. Não é um paradoxo, pois podemos supor que essas contribuições calculáveis à energia escura são anuladas pelas contribuições que não podemos calcular, mas a anulação teria de ter uma precisão de 56 casas decimais. Esse nível de ajuste fino é inaceitável, e os teóricos vêm trabalhando muito para encontrar uma resposta que explique melhor por que a energia escura é tão menor do que sugerem nossos cálculos. No capítulo 11, mencionamos uma explicação possível.

Ao mesmo tempo, deve-se reconhecer que alguns exemplos aparentes de ajuste fino são apenas fortuitos. Por exemplo, as distâncias do Sol e da Lua até a Terra têm mais ou menos a mesma razão de seus diâmetros, de modo que o Sol e a Lua aparentam o mesmo tamanho vistos da Terra, como mostra o fato de que a Lua encobre precisamente o Sol durante um eclipse solar total. Não há razão em supor que se trate de algo além de uma coincidência.

Aristóteles deu um passo para reduzir o ajuste fino dos modelos de Eudoxo e Calipo. Na *Metafísica*,[8] ele propôs unir todas as esferas num só sistema interligado. Em vez de atribuir quatro esferas ao planeta mais externo, Saturno, como fizeram Eudoxo e Calipo, ele lhe atribuiu apenas suas três esferas internas; o movimento diário de Saturno do leste para o oeste era explicado unindo essas três esferas à esfera das estrelas fixas. Aristóteles também acrescentou três esferas adicionais dentro das três de Saturno, que giravam em direções contrárias, anulando o efeito do movimento das três esferas de Saturno sobre as esferas do planeta seguinte, Júpiter, cuja esfera externa estava ligada à esfera mais interna das três adicionais entre Júpiter e Saturno.

Ao custo de acrescentar essas três esferas adicionais de rotação contrária, ligando a esfera externa de Saturno à esfera das estrelas fixas, Aristóteles realizou algo bem interessante. Deixou de ser necessário indagar por que o movimento diário de Saturno haveria de seguir exatamente o movimento das estrelas — Saturno estava fisicamente ligado à esfera estelar. Mas aí Aristóteles veio e estragou tudo: deu a Júpiter todas as *quatro* esferas que Eudoxo e Calipo lhe haviam dado. O problema disso foi que Júpiter então ficou com um movimento diário da esfera de Saturno e também de sua esfera mais externa, de modo que agora *ele giraria duas vezes por dia ao redor da Terra*. Teria Aristóteles esquecido que as três esferas com rotação contrária dentro das esferas de Saturno apenas anulariam os movimentos especiais de Saturno e não sua rotação diária em volta da Terra?

Pior ainda, Aristóteles acrescentou apenas três esferas de rotação contrária dentro das quatro esferas de Júpiter, para anular seus movimentos especiais próprios, mas não seu movimento diário, e então deu ao planeta seguinte, Marte, todas as cinco esferas que Calipo lhe dera, de modo que Marte daria três voltas por dia ao redor da Terra. Continuando assim, Vênus, Mercúrio, o Sol e a Lua, no esquema de Aristóteles, dariam respectivamente quatro, cinco, seis e sete voltas por dia ao redor da Terra.

Essa falha evidente me chamou a atenção quando li a *Metafísica* de Aristóteles e depois vim a saber que ela já fora percebida por vários autores, entre eles J. L. E. Dreyer, Thomas Heath e W. D. Ross.[9] Alguns a atribuíram a corruptelas do texto. Mas, se Aristóteles realmente apresentou o esquema descrito na versão-padrão da *Metafísica*, não haveria como explicar essa falha alegando que Aristóteles pensava em termos diferentes dos nossos ou que estava interessado em problemas diferentes dos nossos. Teríamos de concluir que, em seus próprios termos, trabalhando num problema que interessava a ele, tinha sido desleixo ou tolice de sua parte.

Mesmo que Aristóteles tivesse colocado o número certo de esferas em rotação contrária, de modo que cada planeta seguiria as estrelas em volta da Terra apenas uma vez por dia, seu esquema ainda dependia de uma grande proporção de ajustes finos. As esferas de rotação contrárias introduzidas dentro das esferas de Saturno, para anularem o efeito dos movimentos especiais de Saturno sobre os movimentos de Júpiter, teriam de girar exatamente na mesma velocidade das três esferas de Saturno para que a anulação desse certo, e o mesmo em relação aos planetas mais próximos da Terra. E, assim como ocorrera com Eudoxo e Calipo, as segundas esferas de Mercúrio e Vênus, no esquema de Aristóteles, teriam de girar exatamente na mesma velocidade da segunda esfera do Sol, para explicar o fato de que Mercúrio, Vênus e o Sol percorrem juntos o zodíaco, de modo que os planetas internos nunca são vistos no céu a partir do Sol. Vênus, por exemplo, é sempre a estrela matutina ou a estrela vespertina, nunca vista no céu à meia-noite.

Pelo menos um astrônomo antigo parece ter levado muito a sério o problema do ajuste fino. Foi Heráclides de Ponto. Heráclides estudou na Academia de Platão no século IV a.C. e talvez tenha ficado encarregado da Academia quando Platão foi para a Sicília. Simplício[10] e Aécio dizem que Heráclides ensinava que a Terra gira em torno de seu eixo,* eliminando de uma só vez a suposta revolução diária simultânea das estrelas, planetas, Sol e Lua ao redor da Terra. Essa proposta de Heráclides foi mencionada algumas vezes por autores do final da Antiguidade e da Idade Média, mas

---

* Num ano de 365,25 dias, a Terra realmente gira 366,25 vezes em torno de seu eixo. O Sol parece girar ao redor da Terra apenas 365,25 vezes nesse período, porque a Terra, ao mesmo tempo que gira 366,25 vezes em torno de seu eixo, está girando uma vez em torno do Sol, na mesma direção, o que dá 365,25 revoluções aparentes do Sol ao redor da Terra. Como a Terra leva 365,25 dias de 24 horas para girar 366,25 vezes em relação às estrelas, o tempo que a Terra leva para girar uma vez é $\frac{(365,25 \times 24 \text{ horas})}{366,25}$, ou seja, 23h56min4s. É o que se chama dia sideral. (N. A.)

só ganhou popularidade na época de Copérnico, aqui também, provavelmente, porque não sentimos a rotação da Terra. Não existem indicações de que Aristarco, escrevendo cem anos depois de Heráclides, suspeitasse que a Terra gira não só em torno do Sol, mas também em torno de seu próprio eixo.

Segundo Calcídio, um cristão que traduziu o *Timeu* do grego para o latim no século IV, Heráclides também propôs que Mercúrio e Vênus, como nunca são vistos no céu longe do Sol, giram em torno dele e não em torno da Terra, eliminando assim outro ajuste fino dos esquemas de Eudoxo, Calipo e Aristóteles: a coordenação artificial das revoluções das segundas esferas do Sol e dos planetas internos. Mas continuou-se a supor que o Sol, a Lua e três planetas externos giravam em volta de uma Terra estacionária, porém girando. Essa teoria funciona muito bem para os planetas internos, porque lhes dá exatamente os mesmos movimentos aparentes da versão mais simples da teoria coperniciana, em que Mercúrio, Vênus e a Terra executam um círculo em velocidade constante em torno do Sol. No que concerne aos planetas internos, a única diferença entre Heráclides e Copérnico é de ponto de vista — baseado na Terra ou baseado no Sol.

Além dos ajustes finos inerentes aos esquemas de Eudoxo, Calipo e Aristóteles, havia outro problema: esses esquemas homocêntricos não eram muito compatíveis com a observação. Acreditava-se na época que os planetas brilham com luz própria; como nesses esquemas as esferas que carregam os planetas sempre se mantêm à mesma distância da superfície terrestre, o brilho deles deveria ser sempre invariável. Mas era óbvio que o brilho variava, e muito. Por volta do ano 200 d.C., o filósofo Sosígenes, o Peripatético, comentara, segundo citação de Simplício:[11]

No entanto, as [hipóteses] dos associados de Eudoxo não preservam os fenômenos, apenas aqueles que eram previamente conhecidos e foram aceitos por eles. E que necessidade há em falar de outras coisas, algumas das quais Calipo de Cízico também tentou preservar quando Eudoxo não conseguira, quer Calipo os preservasse ou não? [...] O que quero dizer é que em muitas vezes os planetas parecem perto e há outras vezes em que parecem ter se afastado de nós. E no caso de alguns [planetas] isso fica evidente à vista. Pois a estrela que é chamada de Vênus e também aquela que é chamada de Marte parecem muitas vezes maiores quando estão no meio de suas retrogressões, de modo que, nas noites sem lua, Vênus faz com que os corpos lancem sombras.

Onde Simplício ou Sosígenes se refere ao tamanho dos planetas, provavelmente devemos entender sua luminosidade; a olho nu, não conseguimos ver o disco de nenhum planeta, mas, quanto mais brilhante é um ponto luminoso, maior ele *parece* ser.

Na verdade, esse argumento não é tão conclusivo quanto Simplício pensava. Os planetas como a Lua brilham por refletir a luz do Sol, e assim o brilho deles mudaria mesmo nos esquemas de Eudoxo et al., conforme passam por diferentes fases, como as fases da Lua. Isso só veio a ser entendido com Galileu. Mas, mesmo que as fases dos planetas tivessem sido levadas em conta, as variações no brilho que seriam de esperar em teorias homocêntricas não concordariam com o que se vê de fato.

Para os astrônomos profissionais (se não para os filósofos), a teoria homocêntrica de Eudoxo, Calipo e Aristóteles foi suplantada nos tempos helenísticos e romanos por uma teoria que explicava muito melhor os movimentos aparentes do Sol e dos planetas. Essa teoria se baseia em três conceitos matemáticos, o epiciclo, o excêntrico e o equante, que serão descritos mais à frente. Não sabemos quem inventou o epiciclo e o excêntrico, mas eram inquestionavelmente conhecidos pelo matemático helenístico Apolônio de Perga e pelo astrônomo Hiparco de Niceia, que vimos nos capítulos 6 e 7.[12] Sabemos a respeito da teoria dos epiciclos e dos excêntricos por meio dos textos de Cláudio Ptolomeu, que inventou o equante e cujo nome vem desde então associado a essa teoria.

Ptolomeu viveu por volta de 150 d.C., na época dos imperadores Antoninos, no auge do Império Romano. Ele trabalhou no Museu de Alexandria e morreu depois do ano de 161 d.C. Já abordamos seu estudo da reflexão e refração no capítulo 4. Sua obra astronômica vem descrita em *Megale Syntaxis*, título que os árabes transformaram em *Almagesto*, nome com que veio a ser geralmente conhecida na Europa. O *Almagesto* teve tanto sucesso que os escribas deixaram de copiar as obras de astrônomos anteriores como Hiparco, de modo que agora é difícil distinguir entre elas e a obra de Ptolomeu.

O *Almagesto* aperfeiçoou o catálogo de estrelas de Hiparco, arrolando centenas de outras e chegando a 1028 estrelas, além de fornecer indicações sobre o brilho e a posição delas no céu.* A teoria ptolomaica do Sol, da Lua e dos planetas foi muito mais importante para o futuro da ciência. Num aspecto, o trabalho baseado nessa teoria e descrito no *Almagesto* é, em termos de método, surpreendentemente moderno. São propostos modelos matemáticos para os movimentos planetários contendo vários parâmetros numéricos livres, que então são encontrados com a exigência de que

---

* A luminosidade aparente das estrelas nos catálogos desde a época de Ptolomeu até o presente é descrita em termos da *magnitude* delas. As magnitudes aumentam com o *decréscimo* da luminosidade. A estrela mais brilhante, Sirius, tem magnitude −1,4, a estrela brilhante Veja tem magnitude zero e as estrelas que mal são visíveis a olho nu são de sexta magnitude. Em 1856, o astrônomo Norman Pogson comparou a luminosidade aparente medida de várias estrelas com as magnitudes historicamente atribuídas a elas, e a partir disso estabeleceu que uma estrela com magnitude cinco unidades maior que a de outra é cem vezes menos brilhante. (N. A.)

as previsões dos modelos concordem com a observação. Veremos um exemplo a seguir, ligado ao excêntrico e ao equante.

Em sua versão mais simples, a teoria ptolomaica estabelece que cada planeta gira num círculo chamado *epiciclo*, não em volta da Terra, mas em volta de um ponto móvel que gira em torno da Terra num outro círculo conhecido como "deferente". Para os planetas internos, Mercúrio e Vênus, o planeta realiza o epiciclo em 88 e 225 dias respectivamente, enquanto o modelo tem um ajuste fino para que o centro do epiciclo gire em torno da Terra no deferente num ano exato, sempre se mantendo na linha entre a Terra e o Sol.

Podemos ver por que essa teoria funciona. Nada no movimento aparente dos planetas nos revela a distância deles. Portanto, na teoria de Ptolomeu, o movimento aparente de qualquer planeta no céu depende não dos tamanhos absolutos do epiciclo e do deferente, mas apenas da *razão* entre seus tamanhos. Se Ptolomeu quisesse, poderia ter ajustado os tamanhos do epiciclo e do deferente de Vênus, mantendo fixa a razão entre eles, e também de Mercúrio, de modo que os dois planetas tivessem o mesmo deferente, qual seja, a órbita do Sol. O Sol então seria o ponto no deferente por onde passariam os planetas internos em seus epiciclos. Essa não é a teoria proposta por Hiparco ou Ptolomeu, mas dá a mesma aparência ao movimento dos planetas internos, pois ele se diferencia apenas na escala geral das órbitas, que não afeta os movimentos aparentes. Esse caso específico da teoria dos epiciclos é análogo à teoria atribuída a Heráclides, comentada antes, na qual Mercúrio e Vênus giram em torno do Sol enquanto o Sol gira em torno da Terra. Como já vimos, a teoria de Heráclides funciona porque é equivalente à teoria de que a Terra e os planetas internos giram em torno do Sol, a única diferença entre elas sendo o ponto de vista do astrônomo. Assim, não é por acaso que a teoria dos epiciclos de Ptolomeu, que dá a Mercúrio e a Vênus os mesmos movimentos aparentes que têm na teoria de Heráclides, também funciona bem diante da observação.

Ptolomeu podia ter aplicado a mesma teoria dos epiciclos e dos deferentes aos planetas externos, Marte, Júpiter e Saturno, mas, para que a teoria funcionasse, seria necessário que o movimento dos planetas em torno dos epiciclos fosse muito mais lento que o movimento dos centros dos epiciclos em torno dos deferentes. Não sei o que haveria de errado nisso, mas, por uma ou outra razão, Ptolomeu escolheu outro caminho. Na versão mais simples de seu esquema, cada planeta externo segue seu epiciclo em torno de um ponto no deferente uma vez por ano, e esse ponto no deferente gira em torno da terra num tempo maior: 1,88 ano para Marte, 11,9 anos para Júpiter e 29,5 anos para Saturno. Aqui temos outra espécie de ajuste fino — a linha do centro do epiciclo até o planeta é sempre paralela à linha da Terra ao Sol. Esse esquema condiz muito bem com os movimentos aparentes observados dos planetas externos porque aqui, como ocorre com os planetas internos, os diversos casos específicos da teoria que se diferenciam apenas na escala do epiciclo e do deferente (mantendo fixa a razão entre eles) mostram, todos eles, os mesmos movimentos aparentes, e há apenas um valor específico nessa escala que a torna igual à teoria mais simples de Copérnico, diferindo apenas no ponto de vista: a Terra ou o Sol. Para os planetas externos, essa escolha específica de escala é aquela em que o raio do epiciclo é igual à distância do Sol à Terra. (Veja nota técnica 13.)

A teoria de Ptolomeu explicava bem a inversão aparente na direção dos movimentos planetários. Por exemplo, Marte parece andar para trás no zodíaco quando, em seu epiciclo, está no ponto mais próximo da Terra, pois então seu suposto movimento em torno do epiciclo segue a direção contrária ao suposto movimento do epiciclo em torno do deferente, e é mais rápido. Aqui apenas se transpõe para um quadro de referências baseadas na Terra a asserção moderna de que Marte parece andar para trás no zodíaco quando a Terra passa por ele, enquanto ambos giram em torno do Sol. É também o momento em que Marte está mais brilhante (como observado na citação de Simplício, acima), porque é quando ele está mais próximo da Terra e o lado que vemos é o que está de frente para o Sol.

A teoria desenvolvida por Hiparco, Apolônio e Ptolomeu não era uma mera fantasia que, por sorte, vinha a calhar bem com a observação, mas sem ter nenhuma relação com a realidade. No que se refere aos movimentos aparentes do Sol e dos planetas, em sua versão mais simples, com apenas um epiciclo para cada planeta e nenhum complicador adicional, essa teoria fornece *exatamente* as mesmas previsões da versão mais simples da teoria coperniciana — isto é, uma teoria em que a Terra e os outros planetas giram em círculos em velocidade constante, tendo o Sol no centro. Como já explicamos em relação a Mercúrio e Vênus (e aprofundamos na nota técnica 13), isso ocorre porque a teoria ptolomaica é integrante de uma classe de teorias que dão os mesmos movimentos aparentes do Sol e dos planetas, e uma integrante dessa classe (embora não a adotada por Ptolomeu) fornece *exatamente* os mesmos movimentos reais do Sol e dos planetas, como temos na versão mais simples da teoria de Copérnico.

Seria simpático terminar por aqui a história da astronomia grega. Infelizmente, como o próprio Copérnico bem entendeu, as previsões da versão mais simples da teoria coperniciana para os movimentos aparentes dos planetas não concordam com a observação, como tampouco as previsões da versão mais simples da teoria ptolomaica, que são iguais. Sabemos desde a época de Kepler e Newton que as órbitas da Terra e dos outros planetas não são exatamente circulares, que o Sol não está no centro exato dessas órbitas e que a Terra e os planetas não giram em suas órbitas a uma velocidade constante exata. Claro que os astrônomos gregos não entendiam nenhuma dessas questões em termos modernos.

Grande parte da história da astronomia até Kepler consistiu em tentar ajeitar as pequenas imprecisões nas versões mais simples das duas teorias, a ptolomaica e a coperniciana.

Platão havia defendido os círculos e o movimento uniforme, e, até onde se sabe, ninguém na Antiguidade concebera que os corpos astronômicos pudessem ter qualquer outro movimento que não fosse composto por movimentos circulares, embora Ptolomeu estivesse disposto a transigir na questão do movimento *uniforme*. Trabalhando sob a limitação das órbitas compostas por círculos, Ptolomeu e seus precursores inventaram várias complicações para conseguir que suas teorias concordassem melhor com a observação, tanto para o Sol e a Lua quanto para os planetas.*

Um desses complicadores consistiu simplesmente em acrescentar mais epiciclos. O único planeta para o qual Ptolomeu julgou necessário esse acréscimo foi Mercúrio, que é o planeta cuja órbita mais se diferencia de um círculo. Outra complicação foi o "excêntrico"; a Terra foi tomada não no centro do deferente para cada planeta, mas a alguma distância dele. Por exemplo, o centro do deferente de Vênus, na teoria ptolomaica, ficou deslocado da Terra em 2% do raio do deferente.**

O excêntrico podia ser combinado com outro conceito matemático introduzido por Ptolomeu, o *equante*. É uma prescrição para dar a um planeta uma velocidade variável em sua órbita, in-

---

* Numa das poucas indicações sobre a origem do uso dos epiciclos, Ptolomeu, no começo do Livro XII do *Almagesto*, cita Apolônio de Perga, que teria demonstrado uma teoria relacionando o uso de epiciclos e excêntricos ao explicar o movimento aparente do Sol. (N. A.)

** O uso de um excêntrico na teoria do movimento do Sol pode ser visto como uma espécie de epiciclo, em que a linha a partir do centro do epiciclo para o Sol é sempre paralela à linha entre a Terra e o centro do deferente do Sol, afastando assim da Terra o centro da órbita solar. Aplicam-se observações similares à Lua e aos planetas. (N. A.)

dependentemente da variação devida ao epiciclo do planeta. Seria de imaginar que, estando na Terra, veríamos cada planeta ou, mais exatamente, o centro do epiciclo de cada planeta girando em torno de nós a uma velocidade constante (digamos, em graus de arco por dia), mas Ptolomeu sabia que isso não concordava com a observação efetiva. Introduzido um excêntrico, seria possível imaginar que veríamos os centros dos epiciclos dos planetas indo a uma velocidade constante não ao redor da Terra, e sim ao redor dos centros dos deferentes dos planetas. Infelizmente, também não funcionou. Em vez disso, Ptolomeu introduziu para cada planeta o que veio a se chamar equante,* um ponto no lado *oposto* do centro do deferente a partir da Terra, mas a uma distância igual desse centro, e supôs que os centros dos epiciclos dos planetas seguissem numa velocidade constante em torno do equante. Chegou-se a essa ideia de que a Terra e o equante estão a uma mesma distância do centro do deferente não a partir de preconcepções filosóficas, mas sim deixando essas distâncias como parâmetros livres e descobrindo os valores das distâncias conforme as previsões da teoria concordassem com a observação.

Ainda persistiam discrepâncias consideráveis entre a observação e o modelo de Ptolomeu. Como veremos no capítulo 11 ao chegarmos a Kepler, se usada de maneira coerente e sistemática, a combinação de um só epiciclo para cada planeta e um excêntrico e um equante para o Sol e para cada planeta dá bons resultados para imitar o movimento real dos planetas, inclusive a Terra, em órbitas elípticas, bons o suficiente para concordar com praticamente todas as observações que podiam ser feitas sem o uso de telescópios. Mas Ptolomeu não era coerente e sistemático. Não

---

* Ptolomeu não usava o termo "equante". Falava num "excêntrico bissectado", referindo-se ao fato de que o centro do deferente estaria no meio da linha conectando o equante e a Terra. (N. A.)

usou o equante para descrever o suposto movimento do Sol ao redor da Terra, o que também atrapalhou as previsões dos movimentos planetários, visto que as localizações dos planetas têm como referência a posição do Sol. Como ressaltou George Smith,[13] um indicador da distância entre a astronomia antiga ou medieval e a ciência moderna é que, depois de Ptolomeu, ninguém parece ter levado essas discrepâncias a sério como guia para uma teoria melhor.

A Lua apresentava dificuldades especiais: o tipo de teoria que funcionava bem para o movimento dos planetas não dava certo com a Lua. Somente com o trabalho de Isaac Newton é que veio a se entender a razão: o movimento da Lua é significativamente afetado pela gravidade de dois corpos, a do Sol e a da Terra, enquanto o movimento dos planetas é quase inteiramente regido pela gravidade de um corpo só, o Sol. Hiparco havia apresentado uma teoria do movimento da Lua com um epiciclo só, que sofreu ajustes para explicar a duração do tempo entre os eclipses, mas, como Ptolomeu reconheceu, esse modelo não funcionava para prever a localização da Lua no zodíaco entre os eclipses. Ptolomeu conseguiu ajeitar isso com um modelo mais complicado, mas sua teoria tinha os próprios problemas: a distância entre a Lua e a Terra variava muito, levando a uma mudança no tamanho aparente da Lua muito maior que o observado.

Como já dissemos, no sistema de Ptolomeu e de seus predecessores, é totalmente impossível que a observação dos planetas pudesse indicar os tamanhos de seus deferentes e epiciclos; a observação só poderia estabelecer a razão desses tamanhos para cada planeta.* Ptolomeu preencheu essa lacuna em *Hipóteses planetá-*

---

* O mesmo é válido quando se acrescentam excêntricos e equantes; a observação só poderia fixar as *razões* das distâncias da Terra e do equante a partir do centro do deferente e os raios do deferente e do epiciclo, em separado, para cada planeta. (N. A.)

rias, continuação do *Almagesto*. Nessa obra, ele invocou o princípio a priori, tomado talvez a Aristóteles, de que não existem lacunas no sistema do mundo. Cada planeta, assim como o Sol e a Lua, ocupava uma casca esférica, estendendo-se da distância mínima à distância máxima do planeta, do Sol ou da Lua até a Terra, e essas cascas pretensamente se encaixavam sem deixar nenhuma fresta. Nesse esquema, os tamanhos *relativos* das órbitas dos planetas, do Sol e da Lua eram fixos, seguindo em ordem a partir da Terra. Ademais, a Lua está perto da Terra o suficiente para que sua distância absoluta (em unidades do raio da Terra) pudesse ser estimada de várias maneiras, inclusive pelo método de Hiparco comentado no capítulo 7. Ptolomeu, de sua parte, desenvolveu o método da paralaxe: pode-se calcular a razão entre a distância à Lua e o raio da Terra pelo ângulo observado entre o zênite e a direção à Lua, e o valor calculado que esse ângulo teria caso se observasse a Lua do centro da Terra.[14] (Veja nota técnica 14.) Assim, segundo os enunciados de Ptolomeu, para encontrar as distâncias do Sol e dos planetas, bastava saber a ordem de suas órbitas em torno da Terra.

Sempre se considerou que a órbita mais interna é a da Lua, porque de vez em quando ela eclipsa o Sol e todos os planetas. Além disso, era natural supor que os planetas mais distantes são os que parecem levar mais tempo para concluir a volta em torno da Terra, e assim geralmente Marte, Júpiter e Saturno seguiam em ordem de distância crescente em relação à Terra. Mas o Sol, Vênus e Mercúrio parecem levar em média um ano para dar a volta na Terra, e assim a ordem deles se manteve como uma questão controversa. Ptolomeu considerava que eles estavam na seguinte ordem a partir da Terra: Lua, Mercúrio, Vênus, Sol e então Marte, Júpiter e Saturno. Os resultados de Ptolomeu para as distâncias do Sol, da Lua e dos planetas como múltiplos do diâmetro da Terra eram muito menores que seus valores reais; para o Sol e para a Lua, eram similares (talvez não por mera coincidência) aos resultados obtidos por Aristarco, que comentamos no capítulo anterior.

Os complicadores dos epiciclos, equantes e excêntricos trouxeram renome negativo à astronomia ptolomaica. Mas não devemos pensar que ele estava apenas teimando em acrescentar complicações para corrigir o erro de tomar a Terra como centro imóvel do sistema solar. Essas complicações, além de um só epiciclo para cada planeta (e nenhum para o Sol), não tinham nada a ver com o fato de a Terra girar em torno do Sol ou vice-versa. Fizeram-se necessárias porque as órbitas não são círculos, o Sol não está no centro das órbitas e as velocidades não são constantes, fatos que só vieram a ser entendidos na época de Kepler. As mesmas complicações também afetavam a teoria original de Copérnico, na suposição de que as órbitas dos planetas e da Terra tinham de ser circulares e as velocidades constantes. Felizmente, é uma aproximação bastante boa e a versão mais simples da teoria dos epiciclos, com apenas um epiciclo por planeta e nenhum para o Sol, funcionava muito melhor que as esferas homocêntricas de Eudoxo, Calipo e Aristóteles. Se Ptolomeu tivesse incluído um equante junto com um excêntrico para o Sol e para cada um dos planetas, as discrepâncias entre a teoria e a observação teriam sido pequenas demais para serem detectadas pelos métodos então disponíveis.

Mas isso não resolvia a discordância entre a teoria ptolomaica e a teoria aristotélica dos movimentos planetários. A teoria ptolomaica condizia melhor com a observação, mas ia contra o postulado da física aristotélica de que todos os movimentos celestes são compostos de círculos cujo centro é o centro da Terra. De fato, o estranho movimento em laço dos planetas se movendo em epiciclos seria difícil de engolir mesmo para quem não tivesse nenhum interesse investido em qualquer outra teoria.

O debate entre os defensores de Aristóteles, em geral chamados de físicos ou filósofos, e os defensores de Ptolomeu, comumente ditos astrônomos ou matemáticos, prosseguiu por 1500 anos. Os aristotélicos até reconheciam que o modelo de Ptolomeu correspondia melhor aos dados, mas consideravam que era o tipo de coisa que podia interessar aos matemáticos, mas que não influía no entendimento na natureza real das coisas. Essa posição foi expressa por Geminus de Rodes, que viveu por volta de 70 a.C., num comentário citado cerca de três séculos depois por Alexandre de Afrodísias, o qual por sua vez foi citado por Simplício[15] num comentário sobre a *Física* de Aristóteles. A declaração expõe o grande debate entre os cientistas naturais (às vezes traduzidos por "físicos") e os astrônomos:

O objeto da investigação física é examinar a substância dos céus e dos corpos celestes, seus poderes e a natureza de seu surgimento e desaparecimento; por Zeus, ela pode revelar a verdade sobre o tamanho, a forma e a posição deles. A astronomia não procura se pronunciar sobre essas questões, mas revela a natureza ordenada dos fenômenos nos céus, mostrando que os céus são realmente um cosmo ordenado, e ela também aborda as formas, dimensões e distâncias relativas da Terra, do Sol e da Lua, bem como os eclipses, as conjunções dos corpos celestes e as qualidades e quantidades inerentes em seus percursos. Como a astronomia trata do estudo da quantidade, magnitude e qualidade de suas formas, é compreensível que, nesse aspecto, ela recorra à aritmética e à geometria. E sobre essas questões, que são as únicas que se propôs a explicar, ela tem o poder de alcançar resultados com o uso da aritmética e da geometria. O astrônomo e o cientista natural irão concordemente, em muitas ocasiões, procurar alcançar o mesmo objetivo — por exemplo, que o Sol é um corpo de tamanho considerável, que a Terra é esférica —, mas não empregam a mesma metodologia. Pois o cientista natural provará cada um de seus pontos a partir da substância dos corpos celestes, seja a partir de seus poderes ou do fato de que são melhores assim como são ou de seu devir e mudança, ao passo que o astrônomo argumenta a partir das propriedades de suas formas e tamanhos ou da quantidade de movimento e do tempo que corresponde a ela [...]. Em geral, não é interesse do astrônomo saber o que está por natureza em repouso e o que está por natureza em movimento; em lugar disso, ele deve fazer suposições sobre o que está em repouso e o que se move e considerar com quais suposições as aparições nos céus são coerentes. Ele precisa tomar ao cientista natural seus primeiros princípios básicos, a saber, que a dança dos corpos celestes é simples, regular e ordenada; a partir desses princípios, ele poderá mostrar que o movimento de todos os corpos celestes é circular, sejam os que giram em cursos paralelos e os que giram em círculos oblíquos.

Os "cientistas naturais" de Geminus têm algumas características em comum com os físicos teóricos atuais, mas as diferenças são enormes. Seguindo Aristóteles, Geminus considera que os cientistas naturais se baseiam em primeiros princípios, inclusive princípios de natureza teleológica: o cientista natural supõe que os corpos celestes "são melhores assim como são". Para Geminus, apenas o astrônomo usa a matemática, como auxiliar para suas observações. O que Geminus não leva em conta é o intercâmbio mútuo que se dá entre teoria e observação. O físico teórico moderno realmente faz deduções a partir de princípios básicos, mas utiliza a matemática nesse trabalho, e os próprios princípios vêm expressos matematicamente e são aprendidos a partir da observação, mas certamente não considerando o que é "melhor".

Na referência de Geminus aos movimentos dos planetas "que giram em cursos paralelos e os que giram em círculos oblíquos", é possível reconhecer as esferas homocêntricas girando em eixos inclinados dos esquemas de Eudoxo, Calipo e Aristóteles, pelos quais Geminus, como bom aristotélico, alimentava uma lealdade natural. Por outro lado, Adrasto de Afrodísias, que escreveu por volta de 100 d.C. um comentário sobre o *Timeu*, e o matemático Teão de Esmirna, uma geração mais tarde, sentiram-se suficientemente convencidos pela teoria de Apolônio e Hiparco para lhe tentarem conferir respeitabilidade, interpretando os epiciclos e os deferentes como esferas sólidas transparentes, como as esferas homocêntricas de Aristóteles, mas agora não mais homocêntricas.

Alguns escritores, diante do conflito entre as teorias rivais dos planetas, desistiram e declararam que não cabia aos seres humanos entender os fenômenos celestes. Assim é que, nos meados do século v, o pagão neoplatônico Proclo declarou em seu comentário ao *Timeu*:[16]

> Quando estamos tratando de coisas sublunares, contentamo-nos, devido à instabilidade do material que entra em sua constituição, em captar o que acontece na maioria dos casos. Mas, quando queremos conhecer coisas celestes, usamos a sensibilidade e recorremos a todas as espécies de recursos inteiramente apartados da verossimilhança [...]. Que esse é o estado das coisas, mostram-nos claramente as descobertas feitas sobre essas coisas celestes — extraímos de diferentes hipóteses as mesmas conclusões referentes aos mesmos objetos. Entre essas hipóteses estão algumas que preservam os fenômenos por meio de epiciclos, outras por meio de excêntricos, outras ainda que preservam os fenômenos por meio de esferas com rotação contrária desprovidas de planetas. Seguramente o juízo da divindade é mais certo. Mas, quanto a nós, devemos nos satisfazer em "chegar perto" dessas coisas, pois somos homens, que falam de acordo com o que é provável e cujas preleções se assemelham a fábulas.

Proclo estava errado em três aspectos. Deixou de apontar que as teorias ptolomaicas que utilizavam epiciclos e excêntricos se prestavam muito melhor a "preservar os fenômenos" que a teoria aristotélica usando a hipótese de esferas homocêntricas com rotação contrária. Há também um aspecto técnico secundário: ao se referir a hipóteses "que preservam os fenômenos por meio de epiciclos, outras por meio de excêntricos", Proclo parece não perceber que, no caso em que um epiciclo pode desempenhar o papel de um excêntrico (tratado na nota de rodapé da p. 127), não são hipóteses diferentes, mas sim modos diversos de descrever o que, matematicamente, é a mesma hipótese. E, acima de tudo, Proclo errava em supor que é mais difícil entender os movimentos celestes que os movimentos aqui na Terra, sob a órbita da Lua. O contrário é que é verdadeiro. Sabemos calcular os movimentos dos corpos no sistema solar com refinada precisão, mas ainda não sabemos prever terremotos e furacões. Mas Proclo não era o único. Veremos que esse seu infundado pessimismo em relação à possibilidade de entender o movimento dos planetas se repete séculos mais tarde, com Moisés Maimônides.

Escrevendo na primeira década do século XX, Pierre Duhem,[17] físico que se tornou filósofo, tomou o lado dos ptolomaicos porque o modelo deles se encaixava melhor nos dados, mas criticou Téon e Adrasto por tentarem conferir realidade ao modelo. Talvez por ser profundamente religioso, Duhem procurou restringir o papel da ciência apenas à construção de teorias matemáticas que condizem com a observação, sem o esforço de tentar explicar coisa alguma. Não sou favorável a essa concepção, porque o trabalho dos físicos de minha geração certamente está mais para a explicação, na acepção usual do termo, que para a mera descrição.[18] O grande sucesso de Newton consistiu em *explicar* os movimentos dos planetas de uma maneira que concordava com a observação.

Devido a seus movimentos estranhos, os planetas eram inúteis para ser usados como relógios, calendários ou bússolas. Foram empregados em outro tipo de uso a partir dos tempos helenísticos: a astrologia, uma falsa ciência vinda dos babilônios.* A nítida distinção moderna entre astronomia e astrologia não era tão clara no mundo antigo e medieval, pois ainda não haviam aprendido que as preocupações humanas não guardam nenhuma relação com as leis que regem as estrelas e os planetas. Desde a época dos Ptolomeus, os governos patrocinavam o estudo da astronomia devido, em larga medida, à esperança de que a astrologia revelasse o futuro, e assim, é claro, os astrônomos dedicavam muito tempo à astrologia. Com efeito, Cláudio Ptolomeu foi o autor não só da maior obra astronômica da Antiguidade, o *Almagesto*, mas também de um manual de astrologia, o *Tetrabiblos*.

Mas não posso deixar a astronomia grega em tom de amargura. Para terminar mais alegremente a parte II deste livro, cito Ptolomeu e seu deleite na astronomia:[19] "Sei que sou mortal e criatura de um dia; porém, quando exploro a massa dos círculos em roda das estrelas, meus pés não tocam mais a Terra, mas, ao lado do próprio Zeus, tenho minha parte de ambrosia, o alimento dos deuses".

---

* A associação da astrologia aos babilônios é ilustrada na Ode XI do Livro I de Horácio: "Não indagues (não nos é dado saber) os fins que os deuses designaram a ti e a mim, Leucônoe, e não te envolvas com horóscopos babilônicos. Muito melhor aceitar o que vier". Horácio, *Odes and Epodes* (Org. e trad. de Niall Rudd. Cambridge, MA: Loeb Classical Library, Harvard University Press, 2004), pp. 44-5. Em latim soa melhor: "*Tu ne quaesieris — scire nefas — quem mihi, quem tibi, finem di dederint, Leuconoë, nec Babylonios temptaris numerous, ut melius, quidquid erit, pati*". (N. A.)

PARTE III
A IDADE MÉDIA

A ciência atingiu píncaros na área grega do mundo antigo que só vieram a ser alcançados novamente na revolução científica dos séculos XVI e XVII. Os gregos fizeram a grande descoberta de que alguns aspectos da natureza, sobretudo na óptica e na astronomia, podiam ser descritos com teorias naturalistas matemáticas precisas que concordam com a observação. Por maior que seja a importância do que se aprendeu sobre a luz e os céus, mais importante ainda foi o que se aprendeu sobre o tipo de coisa que *pode* ser aprendida, e como aprendê-la.

Não há nada na Idade Média, seja no mundo islâmico ou na Europa cristã, que se compare a isso. Mas o milênio que transcorreu entre a queda de Roma e a revolução científica não foi um deserto intelectual. As realizações da ciência grega foram preservadas e, em alguns casos, aperfeiçoadas nas instituições islâmicas e depois nas universidades europeias. Dessa forma, preparou-se o terreno para a revolução científica.

Não foram apenas as realizações da ciência grega que se preservaram na Idade Média. Veremos no islamismo e no cristianismo medievais o prosseguimento dos debates antigos sobre o papel da filosofia, da matemática e da religião na ciência.

9. Os árabes

Depois da queda do Império Romano do Ocidente, no século V, a parte oriental do império, de língua grega, prosseguiu como Império Bizantino e inclusive se ampliou em extensão. O Império Bizantino chegou ao auge de seus êxitos militares no reinado do imperador Heráclio, cujo exército destruiu as forças do Império Persa, o antigo inimigo de Roma, na batalha de Nínive em 627 d.C. Mas, passada uma década, os bizantinos tiveram de enfrentar um adversário mais temível.

Os árabes eram conhecidos na Antiguidade como um povo bárbaro, vivendo na fronteira dos dois impérios, o romano e o persa, que "divide o deserto e a lavoura". Eram pagãos, e sua religião tinha como centro a cidade de Meca, na parte povoada da Arábia ocidental conhecida como Hejaz. No final do século VI, Maomé, morador de Meca, começou a tentar converter seus concidadãos ao monoteísmo. Encontrando oposição, Maomé e seus acólitos fugiram em 622 para Medina, que então utilizaram como base militar para conquistar Meca e a maior parte da península Arábica.

Depois da morte de Maomé em 632, a maioria dos muçulmanos seguiu a autoridade de quatro líderes sucessivos, inicialmente estabelecidos em Medina: Abu Bakr, Omar, Otman e Ali, companheiros e parentes de Maomé. Hoje em dia, são reconhecidos pelos muçulmanos sunitas como os "quatro califas virtuosamente guiados". Os muçulmanos conquistaram a província bizantina da Síria em 636, apenas sete anos depois da batalha de Nínive, e então foram em captura da Pérsia, Mesopotâmia e Egito.

Com suas conquistas, os árabes foram apresentados a um mundo mais cosmopolita. Por exemplo, o general árabe Amrou, que conquistou Alexandria, relatou ao califa Omar: "tomei uma cidade, da qual só posso dizer que contém 6 mil palácios, 4 mil banhos, quatrocentos teatros, 12 mil verdureiros e 40 mil judeus".[1]

Uma minoria — os precursores dos atuais xiitas — aceitava apenas a autoridade de Ali, quarto califa e marido de Fátima, filha de Maomé. A cisão no mundo islâmico se tornou permanente depois de uma revolta contra Ali, na qual ele e seu filho Hussein foram mortos. Em 661, estabeleceu-se uma nova dinastia em Damasco, o califado sunita omíada.

Sob os omíadas, as conquistas árabes se expandiram, incluindo os territórios dos atuais Afeganistão, Paquistão, Líbia, Tunísia, Argélia, Marrocos, a maior parte da Espanha e muito da Ásia Central além do rio Oxus. Começaram a absorver a ciência grega nas terras antes bizantinas e agora sob domínio árabe. Também havia alguma cultura grega na Pérsia, cujos governantes tinham acolhido estudiosos gregos (entre eles, Simplício) antes do surgimento do islamismo, quando a Academia neoplatônica foi fechada pelo imperador Justiniano. A perda do cristianismo foi um ganho para o islamismo.

Foi na época da dinastia sunita subsequente, o califado dos abássidas, que a ciência árabe ingressou em sua idade do ouro. Bagdá, capital dos abássidas, foi construída pelo califa Al-Mansur, de 754 a 775, às duas margens do rio Tigre na Mesopotâmia. Bagdá se tornou a maior cidade do mundo ou, pelo menos, a maior fora da China. Seu governante mais conhecido foi Harun al--Rashid, califa de 786 a 809, famoso em *As mil e uma noites*. Foi no reinado de Al-Rashid e de seu filho Al-Mamun, califa de 813 a 833, que a tradução da Grécia, Pérsia e Índia atingiu sua maior abrangência. Al-Mamun enviou uma missão a Constantinopla, que trouxe manuscritos em grego. Na delegação, provavelmente estava o físico Hunayn ibn Ishaq, o maior tradutor do século IX, que fundou uma verdadeira dinastia de tradutores, preparando o filho e o sobrinho para darem prosseguimento ao trabalho. Hunayn traduziu obras de Platão e Aristóteles, bem como textos médicos de Dioscórides, Galeno e Hipócrates. Em Bagdá, também foram traduzidas para o árabe obras matemáticas de Euclides, Ptolomeu e outros, algumas por intermédio do sírio. O historiador Philip Hitti apontou o contraste entre as condições culturais em Bagdá nessa época e o analfabetismo da Europa no começo da Idade Média: "Enquanto Al-Rashid e Al-Mamun no Oriente estavam se aprofundando na filosofia grega e persa, seus contemporâneos no Ocidente, Carlos Magno e seus nobres, estavam engatinhando na arte de escrever o próprio nome".[2]

Às vezes, afirma-se que a maior contribuição dos califas abássidas à ciência foi a criação de um instituto para traduções e pesquisas originais, Bayt al-Hikmah ou Casa do Saber. A Bayt al-Hikmah teria tido para os árabes mais ou menos a mesma função que o Museu e Biblioteca de Alexandria tivera para os gregos. Essa ideia foi contestada por um estudioso da língua e literatura árabe, Dimitri Gutas.[3] Ele assinala que o termo "Bayt al-Hikmah" é tradução de uma palavra persa, que fora usada por muito tempo na Pérsia pré-islâmica para designar depósitos de livros, sobretudo de história e poesia persas e não de ciência grega. Existem apenas alguns exemplos conhecidos de obras que foram traduzidas na Bayt al--Hikmah durante o califado de Al-Mamun, e são do persa e não do grego. Como veremos, havia algumas pesquisas astronômicas em andamento na Bayt al-Hikmah, mas pouco se sabe sobre elas. O indiscutível é que, fosse ou não na Bayt al-Hikmah, Bagdá em si foi um grande centro de traduções e pesquisas na época de Al--Mamun e Al-Rashid.

A ciência árabe não se limitou a Bagdá, mas se espalhou a oeste para o Egito, Espanha e Marrocos, e a leste para a Pérsia e Ásia Central. Desse trabalho participaram não só árabes, mas também persas, judeus e turcos. Faziam basicamente parte da civilização árabe e escreviam em árabe (ou, pelo menos, em alfabeto arábico). O árabe, naquela época, tinha na ciência o estatuto que tem o inglês hoje em dia. Em alguns casos, é difícil saber as origens étnicas desses autores. Vou tomá-los em conjunto, sob a designação geral de "árabes".

Podemos identificar, numa aproximação grosseira, duas tradições científicas diferentes entre os sábios árabes. De um lado, havia verdadeiros matemáticos e astrônomos, que não se interessavam muito pelo que hoje chamaríamos de filosofia. E havia filósofos e físicos, não muito atuantes em matemática, com grande influência de Aristóteles. O interesse deles por astronomia era sobretudo astrológico. No que se referia especificamente à teoria dos planetas, os filósofos/físicos adotavam a teoria aristotélica das esferas centralizadas na Terra, ao passo que os astrônomos/matemáticos em geral seguiam a teoria ptolomaica dos epiciclos e deferentes, tratada no capítulo anterior. Era um conflito intelectual que, como veremos, iria persistir na Europa até os tempos de Copérnico.

As realizações da ciência árabe foram obra de muitos indivíduos e nenhum deles se destaca nitidamente dos demais, como Galileu ou Newton. A seguir, apresento um breve levantamento de cientistas muçulmanos medievais que, espero, possa dar uma ideia da variedade e quantidade de suas realizações.

O primeiro dos astrônomos/matemáticos importantes em

Bagdá foi Al-Khwarizmi,* um persa nascido por volta de 780 no atual Uzbequistão. Al-Khwarizmi trabalhou na Bayt al-Hikmah e elaborou tabelas astronômicas amplamente utilizadas, em parte baseadas em observações indianas. Sua obra famosa sobre matemática foi *Hisab al-Jabr w'a-l-Muqabala*, dedicada ao califa Al-Mamun (que, aliás, era metade persa). A palavra "álgebra" deriva desse título. Mas o livro não versava propriamente sobre o que hoje chamamos de álgebra. Fórmulas como a da solução de equações de segundo grau eram expressas em palavras, não nos símbolos que constituem um elemento essencial da álgebra. (Nesse aspecto, a matemática de Al-Khwarizmi era menos avançada que a de Diofanto.) Foi também de Al-Khwarizmi que recebemos nosso nome para uma regra de solução dos problemas, o "algoritmo". O texto do *Hisab al-Jabr w'a-l-Muqabala* mistura algarismos romanos, algarismos babilônicos baseados em sessenta e um novo sistema numérico aprendido na Índia, baseado em dez. Talvez a contribuição matemática mais importante de Al-Khwarizmi tenha sido a apresentação desses números indianos aos árabes, que, por sua vez, vieram a ser conhecidos na Europa como números arábicos.

Além da figura destacada de Al-Khwarizmi, no século ix havia em Bagdá um grupo produtivo de outros astrônomos, entre eles Al-Farghani (Alfraganus),** que escreveu um resumo muito difundido do *Almagesto* de Ptolomeu e desenvolveu sua versão

---

* Seu nome completo era Abū Abdallāh Muhammad ibn Mūsā al-Khwārizmī. Os nomes árabes completos costumam ser longos, e assim, de modo geral, vou apresentar apenas o nome abreviado pelo qual essas pessoas são mais conhecidas. Também vou dispensar o uso de sinais diacríticos nas vogais, como em ā, que não fazem diferença para os leitores que (como eu) não conhecem o árabe. (N. A.)

** Alfraganus é o nome latinizado com que Al-Farghani se tornou conhecido na Europa medieval. No texto, daremos entre parênteses os nomes latinizados de outros árabes, tal como nesse caso. (N. A.)

pessoal do esquema planetário descrito por Ptolomeu em suas *Hipóteses planetárias*.

Uma das atividades importantes desse grupo de Bagdá foi aperfeiçoar a medição do tamanho da Terra feita por Eratóstenes. Al-Farghani, em particular, propôs uma circunferência menor, a qual, séculos mais tarde, incentivou Colombo (como citado na nota de rodapé da p. 96) a pensar que conseguiria sobreviver a uma viagem da Espanha ao Japão seguindo pelo Ocidente, talvez o erro de cálculo mais afortunado da história.

O árabe de maior influência entre os astrônomos europeus foi Al-Battani (Albatenius), nascido por volta de 858 no norte da Mesopotâmia. Ele usou e corrigiu o *Almagesto* de Ptolomeu, fazendo medições mais acuradas do ângulo de ~23½° entre o caminho do Sol pelo zodíaco e o equador celeste, do comprimento do ano e das estações, da precessão dos equinócios e das posições das estrelas. Ele introduziu uma quantidade trigonométrica, o seno, da Índia, em vez da corda, muito próxima, que fora calculada por Hiparco. (Veja nota técnica 15.) Seu trabalho foi muito citado por Copérnico e Tycho Brahe.

O astrônomo persa Al-Sufi (Azophi) fez uma descoberta cuja importância cosmológica só veio a ser reconhecida no século xx. Em 964, em seu *Livro das estrelas fixas*, ele descreveu uma "pequena nuvem" sempre presente na constelação de Andrômeda. Foi a primeira observação de que se tem notícia sobre o que agora conhecemos como galáxias, nesse caso a grande galáxia em espiral M31. Trabalhando em Isfahan, Al-Sufi também participou da tradução de obras de astronomia grega para o árabe.

Talvez o astrônomo mais importante da era abássida tenha sido Al-Biruni. Sua obra não era conhecida na Europa medieval, e por isso não existe uma versão latinizada de seu nome. Al-Biruni viveu na Ásia Central e esteve na Índia em 1017, onde deu palestras sobre filosofia grega. Al-Biruni considerou a possibilidade de rotação da Terra, forneceu valores acurados para as latitudes e longitudes de diversas cidades, preparou uma tabela da quantidade trigonométrica conhecida como tangente e mediu a gravidade específica de vários sólidos e líquidos. Zombava das pretensões da astrologia. Na Índia, Al-Biruni inventou um novo método para medir a circunferência da Terra. Descreveu-o da seguinte maneira:[4]

> Quando estive morando no forte de Nandana, na terra da Índia, observei, do alto de uma montanha elevada a oeste do forte, uma grande planície se estendendo ao sul da montanha. Ocorreu-me que eu devia examinar ali esse método [previamente descrito]. Assim, do alto da montanha, fiz uma medição empírica do contato entre a Terra e o céu azul. Descobri que a linha de visada [até o horizonte] mergulhara abaixo da linha de referência [isto é, a direção horizontal] em 34 minutos de arco. Então medi a perpendicular da montanha [isto é, sua altura] e descobri que era de 652,055 cúbitos, sendo o cúbito uma medida de comprimento usada naquela região para medir tecidos.*

A partir desse dado, Al-Biruni concluiu que o raio da Terra é de 12 803 337,0358 cúbitos. Algo saiu errado em seu cálculo; pelos dados que citou, devia ter chegado a um raio terrestre de cerca de 13,3 milhões de cúbitos. (Veja nota técnica 16.) Claro que ele não poderia saber a altura da montanha com a exatidão que citou, e assim não havia nenhuma diferença prática entre 12,8 milhões e 13,3 milhões de cúbitos. Ao enunciar o raio da Terra em doze algarismos significativos, Al-Biruni cometeu o mesmo erro de precisão indevida que vimos em Aristarco, fazendo cálculos e citando

---

* Al-Biruni, na verdade, utilizou um sistema numérico misto, decimal e sexagesimal. Ele deu a altura da montanha em cúbitos como 652;3;18, ou seja, 652 + $^3/_{60}$ + $^{18}/_{3600}$, o que equivale a 652,055 na notação decimal moderna. (N. A.)

resultados a um grau de precisão muito maior do que autorizaria a acurácia das medidas em que se baseavam os cálculos.

Uma vez, tive um problema parecido. Muito tempo atrás, estava num emprego temporário, calculando o caminho dos átomos por uma série de magnetos num aparelho de feixes atômicos. Isso foi antes dos computadores de mesa ou das calculadoras eletrônicas de bolso, mas eu tinha uma calculadora eletromecânica que somava, subtraía, multiplicava e dividia até oito algarismos significativos. Por preguiça, dei em meu relatório os resultados dos cálculos em oito algarismos, tal como vieram da calculadora, sem me incomodar em arredondá-los e reduzi-los a uma precisão realista. Meu chefe reclamou que as medidas de campo magnético que usei como base para meus cálculos tinham acurácia de apenas dois ou três algarismos e que qualquer precisão além não fazia sentido.

Em todo caso, agora não temos como avaliar a acurácia do resultado de Al-Biruni sobre o raio da Terra, com cerca de 13 milhões de cúbitos, porque ninguém sabe hoje em dia qual é o comprimento do cúbito que ele usou. Al-Biruni disse que uma milha tem 4 mil cúbitos, mas o que ele queria dizer com uma milha?

O poeta e astrônomo Omar al-Khayyam nasceu em 1048 em Nishapur, na Pérsia, e morreu por volta de 1131. Ele dirigia o observatório em Isfahan, onde compilou tabelas astronômicas e planejou a reforma do calendário. Em Samarcanda, na Ásia Central, escreveu sobre questões algébricas, como a solução de equações do terceiro grau. É mais conhecido pelos leitores de língua inglesa como poeta, por intermédio da magnífica tradução oitocentista de Edward FitzGerald de 75 de seus quartetos, escritos em persa e conhecidos como *Rubaiyat*. Al-Khayyam se opunha vivamente à astrologia, o que não surpreende em vista do robusto realismo de quem escreveu tais versos.

As maiores contribuições árabes à física se deram na óptica, primeiro com Ibn Sahl, no final do século x, que pode ter concebido a regra dando a direção dos raios luminosos refratados (veja mais no capítulo 13), e depois com o grande Al-Haitam (Alhazen). Al-Haitam nasceu por volta de 965 em Bassora, no sul da Mesopotâmia, mas trabalhou no Cairo. Seus livros remanescentes incluem *Óptica, A luz da Lua, O halo e o arco-íris, Sobre os espelhos ardentes paraboloides, A formação de sombras, A luz das estrelas, Discurso sobre a luz, A esfera ardente* e *A forma do eclipse*. Ele atribuiu corretamente a curvatura da luz na refração à mudança na velocidade da luz ao passar de um meio a outro, e descobriu de forma experimental que o ângulo de refração só é proporcional ao ângulo de incidência no caso de ângulos pequenos. Mas não forneceu a fórmula geral correta. Em astronomia, ele seguia Adrasto e Téon, tentando apresentar uma explicação física dos epiciclos e deferentes de Ptolomeu.

Um dos primeiros químicos, Jabir ibn Hayyan, pelo que se acredita hoje, teria vivido no final do século VIII ou no começo do século IX. Sua vida é obscura e não se sabe com certeza se as várias obras árabes atribuídas a ele são da lavra da mesma pessoa. Há também um grande número de obras em latim que apareceram na Europa nos séculos XIII e XIV, atribuídas a um "Geber", mas agora se considera que não é o mesmo autor das obras árabes atribuídas a Jabir ibn Hayyan. Jabir desenvolveu técnicas de evaporação, sublimação, fusão e cristalização. Dedicou-se a transmutar metais vis em ouro e por isso é muitas vezes apresentado como alquimista, mas a distinção entre química e alquimia, como eram praticadas em sua época, é artificial, pois não existia nenhuma teoria científica fundamental que avisasse às pessoas que tais transmutações eram impossíveis. A meu ver, uma distinção mais importante para o futuro da ciência é a que se dá entre aqueles químicos ou alquimistas que seguiam Demócrito e abordavam a matéria de maneira exclusivamente naturalista, quer suas teorias fossem certas ou erradas, e aqueles como Platão (e, a menos que estivessem falando metaforicamente, Anaximandro e Empédocles) que inseriam valores humanos ou religiosos no estudo da matéria. Jabir provavelmente pertence a essa segunda categoria. Por exemplo, ele enaltecia muito a importância química do 28, número de letras no alfabeto árabe, a língua do Alcorão. De alguma maneira, era importante que 28 fosse o produto de 7, tido como o número de metais, multiplicado por 4, o número de qualidades: frio, quente, úmido e seco.

Passando agora à tradição médico-filosófica árabe, sua primeira grande figura foi Al-Kindi (Alkindus), nascido numa família nobre em Bassora, mas que trabalhou em Bagdá no século IX. Era seguidor de Aristóteles e tentou reconciliar as doutrinas aristotélicas com as de Platão e do islã. Al-Kindi era um polímata, muito interessado em matemática, mas, como Jabir, seguia os pitagóricos, usando-a como uma espécie de magia numérica. Ele escreveu sobre óptica e medicina e atacou a alquimia, embora defendesse a astrologia. Al-Kindi também supervisionou uma parte dos trabalhos de tradução do grego para o árabe.

Mais impressionante foi Al-Razi (Rasis), persa de língua árabe da geração posterior à de Al-Kindi. Entre suas obras está *Um tratado sobre a varíola e o sarampo*. Em *Dúvidas a respeito de Galeno*, ele contestava a autoridade do influente médico romano e questionava a teoria, remontando a Hipócrates, de que a saúde é uma questão de equilíbrio entre os quatro humores (descritos no capítulo 4). Explicou que "a medicina é uma filosofia e não é compatível com a renúncia à crítica dos principais autores". Contrariando as noções típicas dos médicos árabes, Al-Razi também questionou as ideias de Aristóteles, como a doutrina de que o espaço deve ser finito.

O médico islâmico mais famoso foi Ibn Sina (Avicena), outro persa de língua árabe. Nasceu em 980 perto de Bokhara, na Ásia Central. Ibn Sina se tornou médico da corte do sultão de

Bokhara e foi nomeado governador de uma província. Era um aristotélico que, como Al-Kindi, tentou reconciliar Aristóteles e islamismo. Seu *Al Qanum* foi o texto médico de maior importância na Idade Média.

Ao mesmo tempo, a medicina começou a se desenvolver na Espanha islâmica. Al-Zahrawi (Abulcasis) nasceu em 936 perto de Córdoba, a metrópole da Andaluzia, onde trabalhou até sua morte em 1013. Foi o maior cirurgião da Idade Média, com grande influência na Europa cristã. Talvez porque teorias infundadas tivessem menor peso na cirurgia que em outros ramos da medicina, Al-Zahrawi procurou manter a medicina separada da filosofia e da teologia.

Esse divórcio entre medicina e filosofia não durou. No século seguinte, o médico Ibn Bajjah (Avempace) nasceu e trabalhou em Saragoça, e também passou por Fez, Sevilha e Granada. Era um aristotélico que criticava Ptolomeu e rejeitava a astronomia ptolomaica, mas fez uma exceção à teoria do movimento de Aristóteles.

A Ibn Bajjah sucedeu-se seu discípulo Ibn Tufayl (Abubácer), também nascido na Espanha muçulmana. Exerceu a medicina em Granada, Ceuta e Tânger, e se tornou vizir e médico do sultão da dinastia almóada. Ele afirmava que não havia contradição entre Aristóteles e o islã; como seu mestre, também rejeitava os epiciclos e excêntricos da astronomia ptolomaica.

Ibn Tufayl, por sua vez, teve um discípulo de grande distinção, Al-Bitruji. Era astrônomo, mas herdou a filiação aristotélica de seu mestre, bem como sua rejeição de Ptolomeu. Al-Bitruji tentou sem êxito reinterpretar o movimento dos planetas em epiciclos em termos de esferas homocêntricas.

Um médico da Espanha muçulmana granjeou mais fama como filósofo. Ibn Rushd (Averróis) nasceu em 1126 em Córdoba, neto do imame da cidade. Tornou-se cádi de Sevilha em 1169, de

Córdoba em 1171 e, por recomendação de Ibn Tufayl, médico da corte em 1182. Como cientista médico, é mais conhecido por identificar a função da retina ocular, mas sua fama se baseia sobretudo em sua obra de comentador de Aristóteles. Seu elogio de Aristóteles chega a ser quase embaraçoso de se ler:

[Aristóteles] fundou e completou a lógica, a física e a metafísica. Digo que as fundou porque as obras escritas antes dele sobre essas ciências não merecem comentários e foram totalmente eclipsadas por seus escritos. E digo que as completou porque ninguém que veio mais tarde, até nossa própria época, ou seja, por quase 1500 anos, foi capaz de acrescentar qualquer coisa a seus escritos ou de encontrar neles qualquer erro de qualquer importância.[5]

O pai do autor contemporâneo Salman Rushdie escolheu o sobrenome Rushdie para homenagear o racionalismo secular de Ibn Rushd.

Naturalmente, Ibn Rushd rejeitava a astronomia ptolomaica, considerando que ela contrariava a física, isto é, a física de Aristóteles. Ele estava ciente de que as esferas homocêntricas aristotélicas não "preservavam as aparências" e tentou reconciliar Aristóteles e a observação, mas concluiu que era uma tarefa para o futuro:

Em minha juventude, eu esperava ter sucesso em levar essa pesquisa [em astronomia] a uma conclusão. Agora, em minha velhice, perdi a esperança, pois vários obstáculos surgiram em meu caminho. Mas o que digo sobre ela talvez venha a atrair a atenção de pesquisadores futuros. A ciência astronômica de nossos dias certamente não oferece nada de onde se possa derivar uma realidade existente. O modelo que foi desenvolvido nos tempos em que vivemos concorda com os cálculos, não com a existência.[6]

Evidentemente, a esperança de Ibn Rushd em relação a futuros pesquisadores não se concretizou; nunca ninguém conseguiu fazer funcionar a teoria dos planetas de Aristóteles.

Também havia trabalhos sérios de astronomia na Espanha muçulmana. Em Toledo, Al-Zarqali (Arzachel), no século XI, foi o primeiro a medir a precessão da órbita aparente do Sol em torno da Terra (na verdade, é claro, da precessão da órbita da Terra em torno do Sol), que agora sabemos que se deve basicamente à atração gravitacional entre a Terra e outros planetas. Ele deu a essa precessão o valor de 12,9 segundos de arco por ano, em grande consonância com o valor moderno de 11,6 segundos por ano.[7] Um grupo de astrônomos, incluindo Al-Zarqali, utilizou o trabalho anterior de Al-Khwarizmi e Al-Battani para construir as *Tabelas de Toledo*, sucessoras das *Tabelas práticas* de Ptolomeu. Essas tabelas astronômicas e suas sucessoras, que descreviam os movimentos aparentes do Sol, da Lua e dos planetas no zodíaco, foram marcos na história da astronomia.

Durante o califado omíada e a subsequente dinastia berbere almorávida, a Espanha foi um centro cosmopolita de saber, aberto não só a muçulmanos, mas também a judeus. Moisés ben Maimon (Maimônides), judeu, nasceu em 1135 em Córdoba nessa época afortunada. Judeus e cristãos nunca passaram de cidadãos de segunda classe no islamismo, mas as condições dos judeus na Europa durante a Idade Média eram, de modo geral, muito melhores sob os árabes que sob os cristãos. Infelizmente para Maimônides, durante sua juventude a Espanha veio a ser governada pelo califado almóada islâmico fanático, e Ben Maimon teve de fugir, tentando encontrar refúgio em Almeira, Marrakesh, Cesareia e Cairo, vindo por fim a se instalar em Fustat, um subúrbio do Cairo. Lá, até sua morte de 1204, ele trabalhou como rabino, exercendo grande influência em todo o mundo do judaísmo medieval, e como médico altamente respeitado de árabes e judeus. Sua obra mais conhecida é o *Guia dos perplexos*, em forma de cartas a um jovem perplexo. Nessa obra, ele expunha sua rejeição da astronomia ptolomaica, por contrariar Aristóteles:[8]

> Conheces de Astronomia o que estudaste comigo e aprendeste pelo livro *Almagesto*; não tivemos tempo para ir além disso. A teoria de que as esferas se movem com regularidade e que os supostos cursos das estrelas estão em harmonia com a observação depende, como sabes, de duas hipóteses: temos de supor epiciclos ou esferas excêntricas ou uma combinação de ambos. Agora vou te mostrar que essas duas hipóteses são irregulares e totalmente contrárias aos resultados da ciência natural.

Ele prosseguia admitindo que o esquema de Ptolomeu condiz com a observação, enquanto o de Aristóteles não, e, como Proclo antes dele, Maimônides desistiu diante da dificuldade de entender os céus:

> Mas das coisas nos céus o homem nada sabe, exceto alguns cálculos matemáticos, e vês a que ponto eles chegam. Digo nas palavras do poeta:[9] "Os céus são do Senhor, mas a Terra Ele deu aos filhos do homem", o que significa que apenas Deus tem um conhecimento perfeito e verdadeiro dos céus, de sua natureza, sua essência, sua forma, seu movimento e suas causas; mas Ele deu ao homem o poder de conhecer as coisas que estão sob os céus.

Foi o contrário que se revelou verdadeiro; o que a ciência moderna em seus inícios entendeu em primeiro lugar foi o movimento dos corpos celestes.

A influência da ciência árabe na Europa é atestada por uma longa lista de nomes derivados do original árabe: não só álgebra e algoritmo, mas também nomes de estrelas como Aldebarã, Algol,

Alphecca, Altair, Betelgeuse, Mizar, Rigel, Vega etc., e termos químicos como álcali, alambique, álcool, alizarina e, claro, alquimia.

Essa breve apresentação nos deixa uma pergunta: por que foram especificamente os praticantes de medicina, como Ibn Bajjah, Ibn Tufayl, Ibn Rushd e Maimônides, que tanto se aferraram aos ensinamentos de Aristóteles? Consigo pensar em três razões possíveis. Primeiro, os médicos naturalmente estariam mais interessados nos escritos de biologia de Aristóteles, que eram seus melhores. Além disso, os médicos árabes eram muito influenciados pelos textos de Galeno, grande admirador de Aristóteles. Por fim, a medicina é um campo onde o exato cotejo entre teoria e observação era, e ainda é, muito difícil, de modo que a incapacidade da física e da astronomia aristotélica em coincidir detalhadamente com a observação talvez não parecesse muito importante aos médicos. De modo inverso, o trabalho dos astrônomos era utilizado para finalidades que dependiam sobretudo de resultados precisos corretos, tais como a elaboração de calendários, a medição das distâncias na Terra, a especificação dos horários certos para as orações diárias e a determinação da *qibla*, a direção onde fica Meca, para a qual o fiel deve se postar de frente durante a prece. Mesmo os astrônomos que aplicavam sua ciência à astrologia tinham de saber precisamente em que signo zodiacal o Sol e os planetas estavam numa determinada data, e não tolerariam uma teoria como a de Aristóteles, que fornecia respostas erradas.

O califado abássida terminou em 1258, quando os mongóis sob Hulagu Khan saquearam Bagdá e mataram o califa. O reinado abássida havia se desintegrado muito antes disso. O poder militar e político se transferira dos califas para os sultões turcos, e mesmo a autoridade religiosa dos califas se enfraquecera com a criação de governos islâmicos independentes: um califado omíada transposto para a Espanha, o califado fatímida no Egito, a dinastia almorávida no Marrocos e na Espanha, à qual se sucedeu o califado almóada na África do Norte e na Espanha. Partes da Síria e da Palestina foram temporariamente reconquistadas pelos cristãos, primeiro os bizantinos e depois os cruzados francos.

A ciência árabe já começara a declinar antes do fim do califado abássida, talvez a partir de 1100, aproximadamente. Depois disso, não surgiram mais cientistas da estatura de Al-Battani, Al--Biruni, Ibn Sina e Al-Haitam. Esse é um ponto controvertido, ainda mais acirrado pela política atual. Alguns estudiosos negam que tenha havido qualquer declínio.[10]

Sem dúvida, é verdade que continuou a existir alguma ciência mesmo depois do término da era abássida, sob os mongóis na Pérsia e então na Índia, e mais tarde sob os turcos otomanos. Por exemplo, o observatório de Maragha foi construído por ordens de Hulagu em 1259, um ano depois do saque de Bagdá, em agradecimento pelo auxílio que ele julgava ter recebido dos astrólogos em suas conquistas. O astrônomo Al-Tusi, o primeiro diretor do observatório, escreveu sobre geometria esférica (a geometria a que obedecem os grandes círculos numa superfície esférica, como a esfera imaginária das estrelas fixas), compilou tabelas astronômicas e sugeriu modificações nos epiciclos de Ptolomeu. Al-Tusi fundou uma dinastia científica: seu discípulo Al-Shirazi foi astrônomo e matemático, e o discípulo de Al-Shirazi, Al-Farisi, realizou um trabalho inovador em óptica, explicando o arco-íris e suas cores como resultado da refração da luz do sol nas gotas de chuva.

Mais impressionante, a meu ver, foi Ibn Al-Shatir, astrônomo de Damasco do século XIV. Seguindo o trabalho anterior dos astrônomos de Maragha, ele desenvolveu uma teoria dos movimentos planetários em que o equante de Ptolomeu foi substituído por um par de epiciclos, atendendo assim à exigência de Platão de que o movimento dos planetas deve ser composto de movimentos circulares em velocidade constante. Também desenvolveu uma teoria do movimento da Lua baseada em epiciclos, que evitava a variação excessiva na distância da Terra à Lua que prejudicara a teoria lunar de Ptolomeu. O trabalho inicial de Copérnico, registrado em seu *Commentariolus*, apresenta uma teoria lunar que é idêntica à de Al-Shatir e uma teoria planetária que apresenta os mesmos movimentos aparentes da teoria de Al-Shatir.[11] Hoje em dia, julga-se que Copérnico veio a conhecer esses resultados (se não a fonte deles) quando era jovem estudante na Itália.

Alguns autores dão grande relevo ao fato de que uma construção geométrica, o "par Tusi", que fora inventada por Al-Tusi em seu trabalho sobre o movimento planetário, foi usada mais tarde por Copérnico. (Era uma maneira de converter matematicamente o movimento rotatório de duas esferas em contato numa oscilação em linha reta.) Há alguma controvérsia se Copérnico conheceu o par Tusi em fontes árabes ou o inventou pessoalmente.[12] Ele não se mostrava muito disposto a dar os créditos a árabes, mas citou cinco deles, inclusive Al-Battani, Al-Bitruji e Ibn Rushd. Porém, não fez nenhuma menção a Al-Tusi.

É revelador que, qualquer que tenha sido a influência de Al-Tusi e Al-Shatir sobre Copérnico, o trabalho deles não teve continuidade entre os astrônomos islâmicos. Em todo caso, o par Tusi e os epiciclos planetários de Al-Shatir eram formas de lidar com as complicações que, na verdade, se devem (embora Al-Tusi, Al-Shatir e Copérnico não soubessem disso) às órbitas elípticas dos planetas e à localização descentrada do Sol. Essas complicações, como veremos nos capítulos 8 e 11, afetaram também as teorias de Ptolomeu e Copérnico, e não tinham nada a ver com o fato de se é o Sol que gira ao redor da Terra ou a Terra ao redor do Sol. Nenhum astrônomo árabe antes dos tempos modernos jamais sugeriu a possibilidade de uma teoria heliocêntrica.

A construção de observatórios em países islâmicos prosseguiu. O maior, provavelmente, foi um observatório em Samarcanda, construído nos anos 1420 pelo governante Ulugh Beg da dinastia timúrida fundada por Timur Leng (Tamerlão). Lá, calcularam-se valores mais acurados para o ano sideral (365 dias, cinco horas, 49 minutos e quinze segundos) e a precessão dos equinócios (setenta e não 75 anos por grau de precessão, mais próximo do valor moderno de 71,46 anos por grau).

Houvera um avanço importante em medicina logo depois do final do período abássida. Foi a descoberta, feita pelo médico árabe Ibn al-Nafis, da circulação pulmonar, a circulação de sangue vindo do lado direito do coração e passando pelos pulmões, onde ele se mistura com o ar e então volta para o lado esquerdo do coração. Al-Nafis trabalhou em hospitais de Damasco e do Cairo e também escreveu sobre oftalmologia.

A despeito desses exemplos, é difícil evitar a impressão de que a ciência no mundo islâmico começou a perder impulso por volta do fim da era abássida e depois continuou a declinar. Quando chegou a revolução científica, ela se deu apenas na Europa, não nas terras do islã, e não foi secundada por cientistas islâmicos. Mesmo quando os telescópios passaram a existir, no século XVII, os observatórios astronômicos nos países islâmicos continuaram restritos a observações a olho nu[13] (embora auxiliadas por instrumentos elaborados), em larga medida feitas para finalidades calendárias e religiosas e não tanto para fins científicos.

Esse panorama de declínio traz inevitavelmente a mesma pergunta que surgiu com o declínio da ciência no final do Império Romano: eles têm alguma relação com o avanço da religião? Quanto ao islamismo, assim como o cristianismo, a questão de um conflito entre ciência e religião é complicada e não proporei nenhuma resposta definitiva. Aqui há pelo menos duas perguntas. Primeiro, qual era a atitude geral dos cientistas islâmicos em relação à religião? Isto é, somente os que deixaram de lado a influência da religião é que foram cientistas inovadores? Segundo, qual era a atitude da sociedade muçulmana em relação à ciência?

O ceticismo religioso era muito difundido entre os cientistas da era abássida. O exemplo mais claro vem do astrônomo Omar al-Khayyam, geralmente visto como ateísta. Ele mostra seu ceticismo em vários versos do *Rubaiyat*:[14]

Suspiram alguns pelas Glórias do Mundo,
Alguns pelo futuro Paraíso do Profeta;
Ah, toma a Moeda e esquece o Crédito,
Não sigas o som de distantes Tambores!

Pois todos os Santos e Sábios que falaram
Dos dois Mundos com tanta erudição seguem
Como tolos Profetas; suas Palavras ao Desdém
Estão expostas e suas bocas repletas de Pó.

Eu mesmo, quando jovem, com que ânsia
Frequentei Santos e Doutores, a acompanhar
Tantos e grandes debates disso e daquilo: mas
A cada vez saía pela mesma porta que entrei.

(A tradução literal é menos poética, claro, mas expressa essencialmente a mesma atitude.) Não à toa, depois de sua morte, Al-Khayyam foi definido como "uma serpente ferina para a Charia". No Irã, nos dias atuais, a censura do governo exige que seus poemas passem por revisão ou eliminação de seus sentimentos ateístas antes de ser publicados.

O aristotélico Ibn Rushd foi banido por volta de 1195, por suspeita de heresia. Outro médico, Al-Razi, era cético declarado. Em seu *Os truques dos profetas*, ele afirmava que os milagres são meros truques, que o povo não precisa de líderes religiosos e que Euclides e Hipócrates são mais úteis para a humanidade que os doutrinadores religiosos. Seu contemporâneo, o astrônomo Al-Biruni, nutria por essas posições simpatia suficiente para escrever uma biografia de Al-Razi, em que manifestava sua admiração por ele.

Por outro lado, o médico Ibn Sina trocou uma correspondência ríspida com Al-Biruni e declarou que Al-Razi deveria ter se limitado a coisas que entendia, como fezes e furúnculos. O astrônomo Al-Tusi era xiita devoto e escreveu sobre teologia. O nome do astrônomo Al-Sufi sugere que era um místico sufista.

É difícil equilibrar esses exemplos individuais. A maioria dos cientistas árabes não deixou registro de suas tendências religiosas. Meu palpite pessoal é que o silêncio é, mais provavelmente, um sinal de ceticismo e talvez mais de medo que de devoção.

E há a questão da atitude dos muçulmanos em geral em relação à ciência. O califa Al-Mamun, que fundou a Casa do Saber, era sem dúvida um defensor importante da ciência, e talvez seja significativo que ele pertencera a uma seita muçulmana, os mutazilitas, que procurava uma interpretação mais racional do Alcorão e, mais tarde, foi perseguida por isso. Mas não se deve considerar que os mutazilitas fossem céticos religiosos. Eles não duvidavam de que o Alcorão fosse a palavra de Deus; apenas argumentavam que o Alcorão foi criado por Deus e nem sempre existira. E tampouco devem ser confundidos com os libertários civis modernos; eles perseguiram os muçulmanos que pensavam que não havia nenhuma necessidade de que Deus tivesse criado o Alcorão eterno.

No século XI, havia no islã sinais de franca hostilidade contra a ciência. O astrônomo Al-Biruni se queixou das atitudes anticientíficas entre extremistas islâmicos:[15]

> O extremista entre eles classifica as ciências como ateístas e proclama que elas fazem as pessoas se extraviar, a fim de que os ignorantes, como ele, odeiem as ciências. Pois isso o ajudará a encobrir sua ignorância e a abrir a porta para a destruição completa da ciência e dos cientistas.

Existe uma anedota bastante conhecida, segundo a qual um legalista religioso criticou Al-Biruni porque o astrônomo usava um instrumento que arrolava os meses com seus nomes em grego, a língua dos cristãos bizantinos. Al-Biruni respondeu: "Os bizantinos também comem".

A figura central no aumento da tensão entre ciência e islã, segundo muitos, teria sido Al-Ghazali (Algazel). Nascido em 1058 na Pérsia, ele se mudou para a Síria e depois para Bagdá. Também mudou bastante em termos intelectuais, indo do islamismo ortodoxo ao ceticismo e ao misticismo sufi, por fim retornando à ortodoxia. Depois de absorver as obras de Aristóteles e resumi-las em *Invenções dos filósofos*, mais tarde atacou o racionalismo em sua obra mais conhecida, *A incoerência dos filósofos*.[16] (Ibn Rushd, partidário de Aristóteles, escreveu uma réplica, *A incoerência da incoerência*.) Eis como Al-Ghazali expressou sua concepção da filosofia grega:

> Os hereges em nossos tempos ouvem os nomes inspiradores de reverência de indivíduos como Sócrates, Hipócrates, Platão, Aristóteles etc. Têm sido enganados pelos exageros divulgados pelos seguidores desses filósofos — exageros de que os antigos mestres possuíam poderes intelectuais extraordinários; que as ciências matemáticas, lógicas, físicas e metafísicas desenvolvidas por eles são as mais profundas; que sua elevada inteligência justifica suas ousadas tentativas de desvendar as coisas ocultas por métodos dedutivos; e que, com toda a sutileza de sua inteligência e a originalidade de suas realizações, eles repudiaram a autoridade das leis religiosas, negaram a validade do conteúdo positivo das religiões históricas e acreditam que todas essas coisas são apenas trivialidades e mentiras hipócritas.

O ataque de Al-Ghazali à ciência assumiu a forma do *ocasionalismo* — a doutrina segundo a qual tudo o que acontece é uma ocasião singular, regida não por leis da natureza, mas diretamente pela vontade de Deus. (Essa doutrina não era nova no islamismo — fora apresentada um século antes por Al-Ashari, adversário dos mutazalitas.) No Problema XVII de Al-Ghazali, "Refutação da crença deles na impossibilidade de um afastamento do curso natural dos acontecimentos", lê-se:

> Em nosso ponto de vista, a conexão entre o que se crê serem causa e efeito não é necessária [...]. [Deus] tem o poder de criar o saciamento da fome sem comer ou a morte sem a decapitação ou mesmo a sobrevivência da vida depois da decapitação ou qualquer outra coisa entre as coisas conectadas (independentemente do que se suponha ser sua causa). Os filósofos negam essa possibilidade; na verdade, afirmam sua impossibilidade. Visto que a investigação referente a tais coisas (que são incontáveis) pode prosseguir indefinidamente, consideremos apenas um exemplo — a saber, um pedaço de algodão que se queima no momento do contato com o fogo. Admitimos a possibilidade de um contato entre os dois que não resultará na queima, assim como admitimos a possibilidade de uma transformação do algodão em cinzas sem entrar em contato com o fogo. E eles rejeitam essa possibilidade [...]. Dizemos que Deus — por intermédio de anjos ou diretamente — é o agente da criação do negrume no algodão ou da desintegração de suas partes e sua transformação em cinzas ou num amontoado fumegante. O fogo, que é uma coisa inanimada, não tem ação.

Outras religiões, como o cristianismo e o judaísmo, também admitem a possibilidade de milagres, de um afastamento da ordem natural, mas aqui vemos que Al-Ghazali negava a importância de qualquer ordem natural que fosse.

É difícil entender isso, pois decerto observamos algumas regularidades na natureza. Duvido que Al-Ghazali não soubesse que é perigoso pôr a mão no fogo. Ele poderia ter reservado um lugar para a ciência no mundo islâmico, como estudo do que Deus *usualmente* quer que aconteça, posição adotada no século XVII por Nicolas Malebranche. Mas não foi o caminho que Al-Ghazali tomou. Suas razões são apresentadas em outra obra, *O início das ciências*,[17] onde ele compara a ciência ao vinho. O vinho fortalece o corpo, mas apesar disso é proibido para os muçulmanos. Da mesma forma, a astronomia e a matemática fortalecem a mente, mas "apesar disso tememos que o indivíduo possa ser atraído por meio delas para doutrinas que são perigosas".

Não são apenas os textos de Al-Ghazali que atestam a crescente hostilidade islâmica contra a ciência na Idade Média. Em 1194, na Córdoba almorávida, no outro extremo do mundo islâmico, do outro lado de Bagdá, os ulemás (estudiosos religiosos locais) queimaram todos os livros médicos e científicos. E em 1449 fanáticos religiosos destruíram o observatório Ulugh Beg em Samarcanda.

Hoje vemos no islã sinais das mesmas preocupações que inquietavam Al-Ghazali. Meu amigo, o falecido Abdus Salam, físico paquistanês que recebeu o primeiro prêmio Nobel em ciência concedido a um muçulmano (pelo trabalho desenvolvido na Inglaterra e Itália), uma vez me disse que tentara persuadir os governantes dos ricos estados petrolíferos do golfo a investir em pesquisas científicas. Descobriu que eles tinham o maior entusiasmo em apoiar a tecnologia, mas receavam que a ciência pura fosse culturalmente corrosiva. (Salam, pessoalmente, era muçulmano devoto. Seguia uma seita muçulmana, os ahmadiyyas, vista como herética no Paquistão, e por anos foi impedido de voltar à sua terra natal.)

É irônico que, no século XX, Sayyid Qutb, líder espiritual do islamismo radical moderno, defendesse a substituição do cristianismo, do judaísmo e do islamismo de sua própria época por um islamismo universal purificado, em parte porque esperava assim criar uma ciência islâmica que eliminasse a distância entre ciência e religião. Mas os cientistas árabes, em sua idade dourada, não estavam fazendo ciência islâmica. Estavam fazendo ciência.

10. A Europa medieval

Com a queda do Império Romano do Ocidente, a Europa que não estava sob a alçada de Bizâncio se tornou pobre, rural e, em larga medida, iletrada. Quando restou alguma cultura letrada, ela se concentrou na Igreja e, então, apenas em latim. Na Europa ocidental, no começo da Idade Média, praticamente ninguém sabia ler grego.

Alguns fragmentos da cultura grega haviam sobrevivido em bibliotecas de mosteiros em traduções latinas, inclusive partes do *Timeu* de Platão e traduções da obra de Aristóteles sobre lógica e de um manual de aritmética feitas pelo aristocrata romano Boécio por volta do ano 500. Havia também obras descrevendo a ciência grega, escritas em latim por autores romanos. Muito notável era uma enciclopédia do século V, com o estranho título de *O casamento de Mercúrio com a filologia*, de Martianus Capella, que tratava das sete artes liberais (como auxiliares da filologia): gramática, lógica, retórica, geografia, aritmética, astronomia e música. Abordando a astronomia, Martianus expôs a velha teoria de Heráclides de que Mercúrio e Vênus giram em torno do Sol, o qual, por sua vez, gira em torno da Terra, descrição esta que veio a ser elogiada por Copérnico mil anos depois. Mas, mesmo com esses fragmentos da cultura antiga, os europeus no começo da Idade Média não conheciam praticamente nada das grandes realizações científicas dos gregos. Sofrendo as invasões constantes de godos, vândalos, hunos, ávaros, árabes, magiares e nórdicos, os povos da Europa Ocidental tinham outras preocupações.

A Europa começou a reviver nos séculos x e xi. As invasões estavam diminuindo e novas técnicas tinham aumentado a produtividade agrícola.[1] Apenas no final do século xiii recomeçaria um trabalho científico significativo, e mesmo assim não se realizou muita coisa antes do século xvi, mas nesses séculos intermediários estabeleceu-se uma base institucional e intelectual para o renascimento da ciência.

Numa era religiosa, grande parte das novas riquezas europeias nos séculos x e xi ia para a Igreja, e não para o campesinato. Como o cronista francês Raoul Glaber descreveu magnificamente, por volta do ano 1030: "Era como se o mundo, sacudindo-se e se desvencilhando das velharias, vestisse o manto branco das igrejas". Para o futuro do conhecimento, o mais importante foram as escolas vinculadas às catedrais, como as de Orleans, Rheims, Laon, Colônia, Utrecht, Sens, Toledo, Chartres e Paris.

Além da religião, essas escolas ministravam ao clero um currículo de artes liberais seculares proveniente dos tempos romanos, em parte baseado nos escritos de Boécio e Martianus: o *trivium* da gramática, lógica e retórica e, sobretudo em Chartres, o *quadrivium* da aritmética, geometria, astronomia e música. Algumas dessas escolas remontavam à época de Carlos Magno, mas no século xi começaram a atrair professores de destaque intelectual, e em algumas delas houve um interesse renovado em reconciliar o cristianismo com o conhecimento do mundo natural. Como observou o historiador Peter Dear:[2] "Muitos consideravam que aprender sobre Deus sabendo o que Ele havia feito, e entender os motivos e as razões de sua criação, era uma atividade eminentemente piedosa". Por exemplo, Thierry de Chartres, que lecionava em Paris e Chartres e se tornou diretor da escola em Chartres em 1142, explicava a origem do mundo descrita no Gênesis em termos da teoria dos quatro elementos que absorvera no *Timeu*.

Houve outro desenvolvimento ainda mais importante que o florescimento das escolas catedráticas, embora não independente dele. Foi a nova onda de traduções das obras dos cientistas mais antigos. De início, as traduções não eram feitas diretamente do grego, e sim do árabe, fossem obras de cientistas árabes ou obras que haviam sido traduzidas anteriormente do grego para o árabe ou do grego para o sírio e depois para o árabe.

A iniciativa da tradução começou cedo, nos meados do século X, por exemplo no mosteiro de Santa Maria de Ripoli nos Pirineus, perto da fronteira entre a Europa cristã e a Espanha omíada. Como modelo da forma de difusão desses novos conhecimentos na Europa medieval e sua influência nas escolas catedráticas, veja-se a carreira de Gerbert d'Aurillac. Nascido em 945 na Aquitânia, de pais desconhecidos, ele aprendeu um pouco de astronomia e matemática árabes na Catalunha; passou algum tempo em Roma; foi para Rheims, onde deu aulas sobre o ábaco e os números arábicos e reorganizou a escola catedrática; tornou-se abade e depois arcebispo de Rheims; auxiliou na coroação do fundador de uma nova dinastia de reis franceses, Hugo Capeta; acompanhou o imperador germânico Oto III à Itália e a Magdeburgo; tornou-se arcebispo de Ravena; em 999, foi eleito papa, sob o nome de Silvestre II. Seu discípulo Fulbert de Chartres estudou na escola catedrática de Rheims e então se tornou bispo de Chartres em 1006, presidindo à reconstrução de sua grandiosa catedral.

O ritmo das traduções atingiu seu auge no século XII. No começo do século, o inglês Adelard de Bath percorreu extensamente os países árabes, traduziu obras de Al-Khwarizmi e expôs os estudos árabes em *Questões naturais*. De alguma forma Thierry de Chartres tomou conhecimento do uso do zero na matemática árabe e o introduziu na Europa. O tradutor mais importante do século XII foi provavelmente Gerardo de Cremona. Ele trabalhava em Toledo, que fora a capital da Espanha cristã antes das conquistas árabes e, embora reconquistada por Castela em 1085, continuou como centro de cultura árabe e judaica. Com sua tradução do árabe para o latim do *Almagesto* de Ptolomeu, a astronomia grega ganhou presença na Europa medieval. Gerardo também traduziu os *Elementos* de Euclides e obras de Arquimedes, Al-Razi, Al-Ferghani, Galeno, Ibn Sina e Al-Khwarizmi. Depois que a Sicília árabe foi tomada pelos normandos em 1091, as traduções também passaram a ser feitas direto do grego para o latim, sem precisar recorrer à interposição do árabe.

As traduções que tiveram o maior impacto imediato foram as de Aristóteles. Foi em Toledo que o grosso da obra aristotélica foi vertido a partir de fontes árabes; lá, por exemplo, Gerardo traduziu *Do céu*, *Física* e *Meteorologia*.

As obras de Aristóteles não tiveram acolhida unânime na Igreja. O cristianismo medieval fora muito mais influenciado pelo platonismo e pelo neoplatonismo, em parte devido ao exemplo de santo Agostinho. Os escritos de Aristóteles continham um naturalismo ausente dos de Platão, e a concepção aristotélica de um cosmo regido por leis, mesmo mal desenvolvidas como as dele, apresentava a imagem de um Deus com as mãos amarradas, a mesma representação que tanto perturbara Al-Ghazali. O conflito em relação a Aristóteles era, pelo menos em parte, uma disputa entre duas novas ordens mendicantes: a dos franciscanos, ou frades cinzentos, fundada em 1209, que se opunha à doutrina aristotélica, e a dos dominicanos, ou frades negros, fundada por volta de 1216, que abraçava O Filósofo.

Esse conflito se desenrolou basicamente nas novas instituições europeias de ensino superior, as universidades. Uma das escolas catedráticas, em Paris, recebeu sua licença real como universidade em 1200. (Havia uma universidade um pouco mais antiga em Bolonha, mas era especializada em direito e medicina e não teve papel importante na física medieval.) Logo a seguir, em 1210, os docentes da Universidade de Paris foram proibidos de ensinar a filosofia natural dos livros de Aristóteles. O papa Gregório IX, em 1231, determinou que as obras de Aristóteles fossem expurgadas, para que as partes úteis pudessem ser ensinadas com segurança.

A proibição de Aristóteles não foi universal. Suas obras eram ensinadas na Universidade de Toulouse desde sua fundação em 1229. Em Paris, a proibição completa de Aristóteles foi revogada em 1234 e seu estudo se tornou o centro do ensino nas décadas seguintes. Isso se deu em larga medida por obra de dois clérigos do século XIII: Albertus Magnus e Tomás de Aquino. Segundo o costume da época, eles receberam títulos grandiosos: Albertus era o "Doutor Universal" e Tomás de Aquino, o "Doutor Angélico".

Albertus Magnus estudou em Pádua e Colônia, ingressou na ordem dominicana e foi para Paris em 1241, onde ocupou de 1245 a 1248 uma cátedra reservada a sábios estrangeiros. Mais tarde, mudou-se para Colônia, onde fundou a universidade de lá. Albertus era um aristotélico moderado que preferia o sistema ptolomaico às esferas homocêntricas de Aristóteles, mas se preocupava com seu conflito com a física de Aristóteles. Ele especulou que a Via Láctea consiste em muitas estrelas e (ao contrário de Aristóteles) que as manchas na Lua são imperfeições intrínsecas. Um pouco mais tarde, o exemplo de Albertus foi seguido por outro dominicano alemão, Dietrich de Freiburg, que reproduziu de maneira independente uma parte do trabalho de Al-Farisi sobre o arco-íris. Em 1941, o Vaticano consagrou Albertus como santo patrono de todos os cientistas.

Tomás de Aquino nasceu numa família da pequena nobreza do sul da Itália. Depois de concluir seus estudos no mosteiro de Monte Casino e na Universidade de Nápoles, ele frustrou as esperanças da família, que queria que ele se tornasse abade de algum rico mosteiro; em vez disso, e como Albertus Magnus, tornou-se frei dominicano. Tomás de Aquino foi para Paris e Colônia, onde foi aluno de Albertus. Voltou a Paris e foi professor da Universidade em 1256-9 e 1269-72.

A grande obra de Tomás de Aquino é a *Suma teológica*, uma abrangente fusão entre filosofia aristotélica e teologia cristã. Nela, Aquino adotava uma posição intermediária entre os aristotélicos radicais, conhecidos como averroístas a partir de Ibn Rushd, e os antiaristotélicos radicais, como os membros da ordem dos frades agostinianos, fundada pouco tempo antes. Ele se opunha com vigor a uma doutrina que era em larga medida atribuída (e de modo injusto, provavelmente) a averroístas do século XIII como Siger de Brabante e Boécio da Dácia. Segundo essa doutrina, é possível sustentar opiniões verdadeiras em filosofia, tal como a eternidade da matéria ou a impossibilidade da ressurreição dos mortos, ao mesmo tempo reconhecendo que são falsas em religião. Para Tomás de Aquino, só podia existir uma única verdade. Em astronomia, ele se inclinava para a teoria homocêntrica dos planetas, de Aristóteles, argumentando que essa teoria se fundava na razão, ao passo que a teoria ptolomaica concordava apenas com a observação, e alguma outra hipótese também poderia se encaixar com os fatos. Por outro lado, Tomás de Aquino discordava da teoria aristotélica do movimento; argumentava que qualquer movimento, mesmo no vácuo, teria um tempo finito. Julga-se que foi ele quem incentivou a tradução latina de Aristóteles, Arquimedes e outros, diretamente a partir de fontes gregas, feita por seu contemporâneo, o dominicano inglês William de Moerbeke. Em 1255, os exames em Paris incluíam questões sobre as obras de Tomás de Aquino.

Mas os problemas de Aristóteles não pararam por aí. A partir dos anos 1250, o santo franciscano Boaventura empreendeu uma enérgica oposição a ele. As obras de Aristóteles foram proibidas pelo papa Inocente IV em 1245, em Toulouse. Em 1270, o bispo de Paris, Étienne Tempier, baniu o ensino de treze proposições aristotélicas. O papa João XXI ordenou que Tempier examinasse a matéria, e em 1277 Tempier condenou 219 doutrinas de Aristóteles e Tomás de Aquino.[3] O arcebispo da Cantuária, Robert Kilwardby, estendeu a condenação à Inglaterra, a qual foi renovada em 1284 por seu sucessor, John Pecham.

As proposições condenadas em 1277 podem ser divididas de acordo com as razões da condenação. Algumas apresentavam conflitos com as Escrituras, como as proposições que afirmam a eternidade do mundo:

9. Que não houve um primeiro homem nem haverá um último; pelo contrário, sempre houve e sempre haverá a geração de homem a homem.

87. Que o mundo é eterno como todas as espécies contidas nele; e que o tempo é eterno, como o são o movimento, a matéria, o agente e o recipiente.

Algumas das doutrinas condenadas descreviam métodos de conhecer a verdade que contestavam a autoridade religiosa, como:

38. Que não se acredite em nada a menos que seja autoevidente ou possa ser afirmado a partir de coisas que são autoevidentes.

150. Que em nenhuma questão um homem deva se satisfazer com a certeza baseada na autoridade.

153. Que não se conhece melhor alguma coisa por se conhecer teologia.

Por fim, algumas proposições condenadas levantavam a mesma questão que preocupara Al-Ghazali, isto é, que o raciocínio filosófico e científico parece limitar a liberdade de Deus, por exemplo:

34. Que a primeira causa não poderia criar vários mundos.

49. Que Deus não poderia mover os céus em movimento retilíneo, e a razão é que restaria um vácuo.

141. Que Deus não pode criar um acidente sem um sujeito nem fazer com que existam mais [de três] dimensões simultaneamente.

A condenação das proposições aristotélicas e tomistas não durou. Sob a autoridade de um novo papa que fora educado por dominicanos, João XXII, Tomás de Aquino foi canonizado em 1323. Em 1325, ela foi revogada pelo bispo de Paris, que decretou:

> Anulamos totalmente a condenação supracitada de artigos e os julgamentos de excomunhão no que tange, ou diz-se tanger, ao ensinamento do santificado Tomás, acima citado, e por isso não aprovamos nem desaprovamos esses artigos, mas os deixamos para a livre discussão escolástica.[4]

Em 1341, os mestres de Artes na Universidade de Paris deveriam jurar que ensinariam "o sistema de Aristóteles e seu comentador Averróis, e dos outros expositores e comentadores antigos do dito Aristóteles, exceto naqueles casos que são contrários à fé".[5]

Os historiadores divergem sobre a importância desse episódio de condenação e reabilitação para o futuro da ciência. Aqui, são duas as perguntas: qual teria sido o efeito sobre a ciência se a condenação não tivesse sido revogada? E qual teria sido o efeito sobre a ciência se nunca tivesse havido nenhuma condenação dos ensinamentos de Aristóteles e Tomás de Aquino?

A meu ver, se a condenação não fosse revogada, o efeito sobre a ciência teria sido calamitoso. Não por causa da importância das conclusões de Aristóteles sobre a natureza. A maioria delas era errada mesmo. Ao contrário do que diz ele, houve um tempo em que os homens não existiam; decerto existem muitos sistemas planetários e podem existir muitos big bangs; as coisas nos céus podem se mover e muitas vezes se movem em linha reta; não há nada de impossível num vácuo; e nas teorias modernas das cordas existem mais de três dimensões, com as dimensões adicionais escapando à observação por estarem compactamente enroladas. O perigo da condenação derivava das *razões* para condenar as proposições, e não da negação das próprias proposições.

Muito embora Aristóteles estivesse errado em relação às leis da natureza, o importante era acreditar que *existem* leis da natureza. Se fosse permitida a permanência da condenação de generalizações sobre a natureza como as proposições 34, 49 e 141, a pretexto de que Deus pode fazer qualquer coisa, a Europa cristã poderia ter caído no tipo de ocasionalismo propugnado por Al-Ghazali no islamismo.

Além disso, a condenação de artigos que questionavam a autoridade religiosa (como os artigos 38, 150 e 158 citados acima) constituía, em parte, um episódio no conflito entre as faculdades de teologia e de artes liberais nas universidades medievais. O status da teologia era visivelmente mais elevado; os estudos de teologia levavam ao grau de doutor em teologia, ao passo que as faculdades de artes liberais não podiam conferir nenhum título acima de mestre em artes. (As procissões acadêmicas eram encabeçadas por doutores em teologia, direito e medicina, nessa ordem, e depois vinham os mestres em artes.) A revogação da condenação não conferiu às artes liberais o mesmo status da teologia, mas ajudou a libertar as faculdades de artes liberais do controle intelectual exercido por suas colegas teológicas.

É mais difícil avaliar qual teria sido o efeito se nunca tivessem ocorrido tais condenações. Como veremos, a autoridade de Aristóteles em matérias de física e astronomia passou a ser cada vez mais contestada em Paris e Oxford no século XIV, embora às vezes as novas ideias tivessem de vir camufladas como mera *secundum imaginationem* — isto é, algo imaginado, não afirmado. Os questionamentos a Aristóteles teriam sido possíveis se as condenações do século XIII não tivessem enfraquecido sua autoridade? David Lindberg[6] cita o exemplo de Nicole Oresme (será retomado mais adiante), o qual argumentou, em 1377, que é lícito imaginar que a Terra se move em linha reta num espaço infinito, porque "dizer o contrário é sustentar um artigo condenado em Paris".[7] Talvez possamos resumir o curso dos acontecimentos no século XIII dizendo que a condenação salvou a ciência do aristotelismo dogmático, enquanto a revogação da condenação salvou a ciência do cristianismo dogmático.

Depois da era das traduções e dos conflitos sobre a recepção de Aristóteles, o trabalho científico criativo finalmente começou na Europa, no século XIV. A figura principal foi Jean Buridan, um francês nascido em 1296 perto de Arras, que passou grande parte da vida em Paris. Buridan era clérigo, mas secular — ou seja, não era membro de nenhuma ordem religiosa. Em filosofia, era nominalista: acreditava na realidade das coisas individuais, não das classes de coisas. Buridan foi homenageado duas vezes na escolha como reitor da Universidade de Paris, em 1328 e 1340.

Buridan era um empirista, ou seja, rejeitava a necessidade lógica de princípios científicos:

> Esses princípios não são imediatamente evidentes; na verdade, podemos ficar em dúvida sobre eles por muito tempo. Mas são chamados princípios porque são indemonstráveis e não podem ser deduzidos de outras premissas nem provados por qualquer proce-

dimento formal, mas são aceitos porque se observou que são verdadeiros em muitos casos e não se notou que fossem falsos em nenhum caso.[8]

Essa percepção foi essencial para o futuro da ciência, e não muito fácil. O velho objetivo platônico impossível de uma ciência natural puramente dedutiva atravancava o caminho do progresso, que só poderia se basear na análise meticulosa de uma observação cuidadosa. Mesmo hoje, vemos confusões a esse respeito. Por exemplo, o psicólogo Jean Piaget[9] pensava ter detectado sinais de que as crianças têm um entendimento inato da relatividade, que perdem mais tarde, como se a relatividade, de certa forma, fosse lógica ou filosoficamente necessária, e não uma conclusão baseada em última instância na observação de coisas que viajam na ou perto da velocidade da luz.

Embora empirista, Buridan não era experimentalista. Como Aristóteles, seu raciocínio se baseava na observação cotidiana, mas era mais cauteloso que ele na hora de formular conclusões muito abrangentes. Por exemplo, Buridan enfrentou o velho problema aristotélico: por que um projétil lançado para cima ou na horizontal não começa de imediato, tão logo sai da mão, aquilo que supostamente seria seu movimento natural, direto para baixo? Por várias razões, Buridan rejeitou a explicação aristotélica de que o projétil continua a ser transportado por algum tempo pelo ar. Primeiro, o ar deve resistir ao movimento, em vez de auxiliá-lo, visto que precisa ser dividido para que um corpo sólido possa penetrá-lo. Depois, por que o ar se move, quando a mão que lança o projétil deixa de se mover? Além disso, uma lança com a parte traseira em ponta se move pelo ar tão bem ou melhor que uma lança com a parte de trás larga, que poderia ser impelida pelo ar.

Em vez de deduzir que o ar mantém o movimento dos projéteis, Buridan supôs que é um efeito de algo chamado *impetus* que a mão transmite ao projétil. Como vimos, John de Philoponus havia proposto uma ideia parecida, e o ímpeto de Buridan, por sua vez, foi uma prefiguração do que Newton viria a chamar de "quantidade de movimento" ou, em termos modernos, momentum, embora não seja exatamente a mesma coisa. Buridan concordava com a suposição de Aristóteles de que algo precisa manter as coisas em movimento, e concebeu o *impetus* desempenhando esse papel, e não apenas como uma propriedade do movimento, como o momentum. Ele nunca caracterizou o *impetus* transportado por um corpo como sua massa vezes sua velocidade, que é como o momentum é definido na física newtoniana. Mesmo assim, chegou a algo. A quantidade de força que é necessária para deter um corpo em movimento num determinado tempo é proporcional a seu momentum, e nesse sentido este último desempenha o mesmo papel do *impetus* de Buridan.

Buridan estendeu a ideia de *impetus* ao movimento circular, supondo que é o *impetus* dos planetas que os mantém em movimento, o qual lhes é dado por Deus. Dessa forma, Buridan buscava uma conciliação entre ciência e religião que, séculos depois, veio a ganhar popularidade: Deus põe em movimento a máquina do cosmo, e o que acontece depois é regido pelas leis da natureza. Mas, embora a conservação do momentum de fato mantenha os planetas em movimento, por si só ele não conseguiria mantê-los em órbitas curvas como Buridan pensava que o *impetus* fazia; isso requer uma força adicional, que por fim veio a ser reconhecida como a força gravitacional.

Ele também brincou com a ideia originalmente devida a Heráclides, de que a terra tem uma rotação diária do oeste para o leste. Ele admitiu que isso resultaria no mesmo movimento aparente dos céus girando em torno de uma Terra estacionária, do leste para o oeste, ao longo de um dia. Também reconhecia que essa é uma teoria mais natural, visto que a Terra é muito menor que o firmamento do Sol, Lua, planetas e estrelas. Mas rejeitava a rotação da Terra pelo raciocínio de que, se a Terra girasse, uma flecha disparada para o alto, em linha reta, cairia a oeste do arqueiro, pois a Terra teria se movido sob a flecha durante seu voo. É irônico pensar que Buridan poderia ter evitado esse erro se tivesse entendido que a rotação da Terra dava à flecha um *impetus* que a levaria a leste, junto com a Terra girando. Em vez disso, equivocou-se por causa da noção de *impetus*. Ele considerou apenas o *impetus* vertical imprimido pelo arco à flecha, e não o *impetus* horizontal que ela recebe da rotação da Terra.

A noção de *impetus* de Buridan guardou influência durante séculos. Era ensinada na Universidade de Pádua, quando Copérnico esteve lá no começo dos anos 1500, estudando medicina. Mais tarde, Galileu aprendeu a noção quando estudava na Universidade de Pisa.

Buridan se alinhava com Aristóteles em outra questão, a impossibilidade do vácuo. Mas, como era de seu feitio, ele baseou sua conclusão em observações: quando se extrai o ar de um canudo, impede-se o vácuo com o líquido que é sugado para dentro dele; quando se abrem as alças de um fole, impede-se o vácuo com o ar que entra no fole. Era natural concluir que a natureza abomina o vazio. Como veremos no capítulo 12, a explicação correta para esses fenômenos em termos de pressão do ar só veio a ser entendida no século XVII.

O trabalho de Buridan teve prosseguimento com dois de seus discípulos, Albert da Saxônia e Nicole Oresme. Os escritos filosóficos de Albert tiveram ampla circulação, mas foi Oresme quem deu uma contribuição maior à ciência.

Oresme nasceu em 1325 na Normandia e foi a Paris estudar com Buridan nos anos 1340. Era energicamente contrário a enxergar o futuro por meio da "astrologia, geomancia, necromancia ou quaisquer artes do gênero, se é que podem ser chamadas de artes".

Em 1377, Oresme foi nomeado bispo da cidade de Lisieux, na Normandia, onde morreu em 1382.

Seu livro *Sobre os céus e a Terra*[10] (escrito em vernáculo para a conveniência do rei da França) é concebido como um extenso comentário sobre Aristóteles, em que ele debate incessantemente com O Filósofo. Nessa obra, Oresme reconsiderou a ideia de que a Terra gira em seu eixo do oeste para o leste, em vez de serem os céus girando em volta da Terra do leste para o oeste. Tanto Buridan quanto Oresme reconheciam que só observamos o movimento relativo, de forma que, ao vermos o céu se mover, abre-se a possibilidade de que seja a Terra a se mover. Oresme separou e examinou várias objeções à ideia. Ptolomeu, no *Almagesto*, argumentara que, se a Terra girasse, as nuvens e os objetos arremessados ficariam para trás, e vimos que Buridan argumentara contra a rotação terrestre alegando que, se a Terra girasse do oeste para o leste, uma flecha atirada para o alto ficaria para trás devido à sua rotação, contrariando a observação de que a flecha parece cair em linha reta no mesmo lugar da superfície terrestre de onde foi disparada para o alto. Oresme replicou que a rotação da Terra leva a flecha consigo, junto com o arqueiro, o ar e tudo o mais na superfície terrestre, assim aplicando a teoria do *impetus* de Buridan de uma maneira que seu próprio autor não havia entendido.

Oresme respondeu a outra objeção contra a rotação terrestre, de natureza muito diversa: a de que existem passagens nas Sagradas Escrituras (assim como no livro de Josué) que se referem ao Sol girando diariamente ao redor da Terra. Oresme replicou que essa era uma simples concessão aos usos da linguagem popular, como quando se diz que Deus se zangou ou se arrependeu — coisas que não podiam ser tomadas literalmente. Nisso, Oresme seguia na esteira de Tomás de Aquino, que se debatera com a passagem do Gênesis em que Deus supostamente teria proclamado: "Haja sobre as águas um firmamento que separe águas de águas".

Tomás de Aquino explicara que Moisés estava adaptando a fala à capacidade de sua audiência e não devia ser levado ao pé da letra. O literalismo bíblico poderia ter sido um entrave ao progresso da ciência, se não existissem muitos dentro da Igreja, como Tomás de Aquino e Oresme, que adotavam uma visão mais esclarecida.

Apesar de todos os seus argumentos, Oresme finalmente se rendeu à ideia corrente de uma Terra imóvel:

> Depois, demonstrou-se que não é possível provar conclusivamente pelo argumento que os céus se movem [...]. No entanto, todos sustentam e eu mesmo penso que são os céus que se movem, não a Terra: pois Deus estabeleceu que o mundo não se moverá, apesar de razões contrárias, porque são claramente persuasões não conclusivas. Todavia, depois que se considerar tudo o que foi dito, poder-se-ia então crer que a Terra se move, e não os céus, pois o contrário não é autoevidente. No entanto, à primeira vista, isso parece contrariar a razão natural tanto quanto todos ou muitos dos artigos de nossa fé. O que eu disse por diversão ou exercício intelectual pode, dessa maneira, servir como meio valioso de refutar e deter os que gostariam de impugnar nossa fé pelo argumento.[11]

Não sabemos se Oresme realmente não queria dar o último passo para reconhecer que a Terra gira ou se estava apenas simulando obediência à ortodoxia religiosa.

Oresme também antecipou um aspecto da teoria da gravitação de Newton. Afirmou que as coisas pesadas não tendem necessariamente a cair na direção do centro de nossa Terra, se estão próximas de algum outro mundo. A ideia de que podiam existir outros mundos, mais ou menos semelhantes à Terra, era muito ousada em termos teológicos. Deus criou seres humanos nesses outros mundos? Cristo foi a esses outros mundos para salvar aqueles seres? As perguntas são infindáveis e subversivas.

À diferença de Buridan, Oresme era matemático. Sua grande contribuição matemática levou a um avanço nos trabalhos desenvolvidos antes em Oxford; portanto, agora devemos passar da França para a Inglaterra e recuar um pouco no tempo, voltando logo mais a Oresme.

No século XII, Oxford se tornara uma próspera cidade mercantil na parte superior do Tâmisa, e começou a atrair estudantes e professores. O grupo informal das escolas de Oxford veio a ser reconhecido como universidade no começo do século XIII. Convencionalmente, a lista de reitores de Oxford começa em 1224 com Robert Grosseteste, mais tarde bispo de Lincoln, que deu início ao interesse de Oxford medieval pela filosofia natural. Grosseteste leu Aristóteles no original e escreveu sobre ele, sobre óptica e sobre calendários. Era citado com grande frequência pelos acadêmicos que o sucederam em Oxford.

Em *Robert Grosseteste e as origens da ciência experimental*,[12] A. C. Crombie foi além, atribuindo a Grosseteste um papel central no desenvolvimento de métodos experimentais que levaram ao nascimento da física moderna. Parece um certo exagero em relação à importância de Grosseteste. Como fica claro pela exposição de Crombie, "experimento", para Grosseteste, era a observação passiva da natureza, não muito diferente do método de Aristóteles. Nem Grosseteste nem nenhum de seus sucessores medievais procuraram apreender princípios gerais pela experimentação no sentido moderno, isto é, a manipulação ativa de fenômenos naturais. A teorização de Grosseteste também é objeto de louvores,[13] mas não há nada em sua obra que seja comparável ao desenvolvimento das teorias da luz de Heron, Ptolomeu e Al-Haitam, bem-sucedidas em termos quantitativos, ou do movimento planetário de Hiparco, Ptolomeu e Al-Biruni, entre outros.

Grosseteste exerceu grande influência em Roger Bacon, que, com sua energia intelectual e inocência científica, foi um autêntico representante do espírito de sua época. Depois de estudar em Oxford, Bacon deu aulas sobre Aristóteles em Paris, nos anos 1240, indo e vindo entre Paris e Oxford, e se tornou frade franciscano por volta de 1257. Como Platão, era um apaixonado por matemática, porém pouco a usava. Escreveu muito sobre óptica e geografia, mas não acrescentou nada de importante ao trabalho anterior dos gregos e árabes. Bacon também era otimista em relação à tecnologia, a um grau notável para a época:

> Também podem ser criados carros que, sem animais, se moverão com rapidez inacreditável [...]. Também podem ser construídas máquinas voadoras em que um homem se senta no centro da máquina, girando algum motor que faça asas artificiais baterem no ar como um pássaro voador.[14]

Muito apropriadamente, Bacon ficou conhecido como "Doutor Admirável".

Em 1264, a primeira faculdade com corpo residente foi fundada em Oxford por Walter de Merton, chanceler da Inglaterra e mais tarde bispo de Rochester. Foi no Merton College, no século XIV, que teve início um trabalho matemático sério em Oxford. As figuras principais eram quatro docentes: Thomas Bradwardine (*fl. c.* 1295-1349), William de Heytesbury (*fl.* 1335), Richard Swineshead (*fl. c.* 1340-55) e John de Dumbleton (*fl. c.* 1338-48). A realização mais admirável do grupo é o chamado *Teorema da velocidade média de Merton College*, que pela primeira vez fornece uma descrição matemática do movimento não uniforme, isto é, o movimento a uma velocidade que não se mantém constante.

A formulação mais antiga remanescente desse teorema é a de William de Heytesbury (chanceler da Universidade de Oxford em 1371), em *Regulae solvendi sophismata*. Ele definiu a velocidade em qualquer instante em movimento não uniforme como a razão entre a distância percorrida e o tempo que teria transcorrido se o movimento se mantivesse uniforme naquela velocidade. Tal como está formulada, essa definição é circular e, portanto, inútil. Uma definição mais moderna, e provavelmente a que pretendia Heytesbury, é que a velocidade em qualquer instante em movimento não uniforme é a razão entre a distância percorrida e o tempo transcorrido se a velocidade fosse a mesma num intervalo de tempo muito curto em torno daquele instante, tão curto que, durante esse intervalo, o efeito da aceleração é negligenciável. Heytesbury então definiu a aceleração uniforme como o movimento não uniforme em que a velocidade aumenta ao mesmo incremento em cada intervalo igual de tempo. Então formulou o teorema:[15]

> Quando um corpo móvel é uniformemente acelerado do repouso a determinado grau [de velocidade], nesse tempo ele atravessará metade da distância que atravessaria se, naquele mesmo tempo, fosse movido uniformemente ao grau de velocidade em que terminou aquele incremento de velocidade. Pois aquele movimento, como um todo, corresponderá ao grau médio daquele incremento de velocidade, que é precisamente metade daquele grau de velocidade que é sua velocidade terminal.

Ou seja, a distância percorrida durante um intervalo de tempo quando um corpo é uniformemente acelerado é a distância que ele teria percorrido em movimento uniforme se sua velocidade naquele intervalo fosse igual à média da velocidade efetiva. Se algo sai do repouso e é uniformemente acelerado até alguma velocidade final, sua velocidade média durante esse intervalo é metade da velocidade final, e assim a distância percorrida é metade da velocidade final vezes o tempo transcorrido.

Heytesbury, John de Dumbleton e, depois, Nicole Oresme

oferecem várias provas desse teorema. A prova de Oresme é a mais interessante, porque ele introduziu uma técnica de representar relações algébricas por meio de gráficos. Assim pôde reduzir o problema de calcular a distância percorrida quando um corpo é uniformemente acelerado a partir do repouso até uma velocidade final ao problema de calcular a área de um triângulo retângulo, cujos lados que se encontram no ângulo reto têm comprimentos iguais respectivamente ao tempo transcorrido e à velocidade final. (Veja nota técnica 17.) O teorema da velocidade média então decorre imediatamente do fato geométrico elementar de que a área de um triângulo retângulo é metade do produto dos dois lados que formam o ângulo reto.

Nem os docentes do Merton College nem Nicole Oresme parecem ter aplicado o teorema da velocidade média ao caso mais importante a que se aplica, qual seja, o movimento de corpos em queda livre. Para eles, o teorema era um exercício intelectual, feito para mostrar que eram capazes de lidar matematicamente com o movimento não uniforme. Se o teorema da velocidade média é prova de uma crescente habilidade no uso da matemática, ele também mostra como ainda era grande o descompasso entre a matemática e a ciência natural.

Há de se reconhecer que, mesmo sendo óbvio (como Estratão demonstrara) que a velocidade dos corpos aumenta durante a queda, não é óbvio que essa aceleração seja proporcional ao *tempo*, a característica da aceleração uniforme, e não à *distância* da queda. Se o índice de mudança da distância da queda (isto é, a velocidade) fosse proporcional à distância da queda, então, uma vez iniciada a queda, a distância aumentaria exponencialmente com o tempo,* assim como uma conta bancária que recebe juros proporcionais ao valor em conta aumenta exponencialmente com o tempo (mesmo

---

* Mas ver nota de rodapé da p. 244. (N. A.)

que, a uma taxa de juros baixa, demore muito tempo para se ver isso). O primeiro a ter conjecturado que o aumento na velocidade de um corpo em queda é proporcional ao tempo transcorrido foi, ao que parece, o frade dominicano quinhentista Domingo de Soto,[16] cerca de dois séculos depois de Oresme.

Entre meados do século XIV e meados do século XV, a Europa se viu assolada por catástrofes. A Guerra dos Cem Anos entre a Inglaterra e a França esgotou a Inglaterra e devastou a França. A Igreja passou por uma cisão, com um papa em Roma e outro em Avignon. A Peste Negra destruiu uma grande parcela da população de todos os países.

Talvez em decorrência da Guerra dos Cem Anos, nesse período o centro do trabalho científico se deslocou para o leste, passando da França e da Inglaterra para a Alemanha e a Itália. As duas regiões foram abrangidas pela carreira de Nicolau de Cusa. Nascido por volta de 1401 na cidade de Kues no vale do Mosela, na Alemanha, ele morreu em 1464 na província italiana da Úmbria. Nicolau estudou em Heidelberg e Pádua, tornando-se advogado eclesiástico, diplomata e, a partir de 1448, cardeal. Seus escritos mostram a persistente dificuldade medieval de separar a ciência natural da teologia e da filosofia. Nicolau escreveu em termos vagos sobre a Terra em movimento e um mundo sem limites, mas sem recorrer à matemática. Embora tenha sido citado mais tarde por Kepler e Descartes, é difícil ver o que podem ter aprendido com ele.

O final da Idade Média também mostra a persistência da separação árabe entre os astrônomos matemáticos profissionais, que utilizavam o sistema ptolomaico, e os físicos filósofos, seguidores de Aristóteles. Entre os astrônomos quatrocentistas, em sua maioria na Alemanha, estavam Georg von Peuerbach e seu discípulo Johannes Müller von Königsberg (também conhecido por Regiomontanus) que, juntos, deram andamento e maior amplitude à teoria ptolomaica dos epiciclos.* Copérnico, mais tarde, utilizou muito o *Epítome do Almagesto* de Regiomontanus. Entre os físicos estavam Alessandro Achillini de Bolonha (1463-1512) e Girolamo Fracastoro de Verona (1478-1553), ambos educados em Pádua, bastião do aristotelismo na época.

Fracastoro deixou uma versão do conflito sob um ângulo interessante:[17]

> Bem sabes que os que seguem a profissão da astronomia sempre consideraram extremamente difícil esclarecer as aparências apresentadas pelos planetas. Pois há duas maneiras de explicá-las: uma procede por meio daquelas esferas ditas homocêntricas, a outra por meio das chamadas esferas excêntricas [epiciclos]. Cada método tem seus riscos, cada qual tem seus obstáculos. Os que empregam as esferas homocêntricas nunca conseguem chegar a uma explicação dos fenômenos. Os que empregam as esferas excêntricas parecem, de fato, explicar os fenômenos de modo mais adequado, mas a concepção deles sobre esses corpos divinos é errônea, pode-se quase dizer ímpia, pois lhes atribuem posições e formas que não se ajustam aos céus. Sabemos que, entre os antigos, Eudoxo e Calipo foram muitas vezes enganados por tais dificuldades. Hiparco foi um dos primeiros a preferir admitir esferas excêntricas a se ver impotente perante os fenômenos. Ptolomeu o seguiu, e logo praticamente todos os astrônomos foram conquistados por Ptolomeu. Mas toda a filosofia tem levantado protestos contínuos contra esses astrônomos ou, pelo menos, contra a hipótese dos excêntricos. O

---

* Um autor posterior, Georg Hartmann (1489-1564), afirmou ter visto uma carta de Regiomontanus contendo a frase "O movimento das estrelas deve variar um pouco devido ao movimento da Terra" (*Dictionary of Scientific Biography*, v. xi, p. 351). Se for verdade, Regiomontanus então teria antecipado Copérnico, embora a frase também seja compatível com a doutrina pitagórica de que a Terra e o Sol giram ambos em torno do centro do mundo. (N. A.)

que estou dizendo? A filosofia? A própria natureza e as esferas celestes protestam incessantemente. Até agora não apareceu nenhum filósofo que concedesse que tais esferas monstruosas existem entre os corpos divinos e perfeitos.

A bem dizer, nem todas as observações estavam a favor de Ptolomeu e contra Aristóteles. Uma das falhas do sistema aristotélico das esferas homocêntricas, que, como vimos, fora notada por Sosígenes por volta de 200, é que ele situa os planetas sempre à mesma distância da Terra, em contradição com o fato de que o brilho dos planetas aumenta e diminui durante sua aparente rotação em torno da Terra. Mas a teoria de Ptolomeu parecia avançar demais na direção contrária. Por exemplo, na teoria ptolomaica, a distância máxima entre Vênus e a Terra é 6,5 vezes sua distância mínima, e assim, se Vênus brilha com luz própria, seu brilho máximo (visto que o brilho aparente corresponde ao inverso do quadrado da distância) deveria ser $6,5^2 = 42$ vezes maior que seu brilho mínimo — o que certamente não é o caso. Havia sido por essa razão que Henry de Hesse (1325-97), na Universidade de Viena, criticara a teoria de Ptolomeu. A solução do problema, claro, é que os planetas não brilham com luz própria, mas refletem a luz do Sol, e assim o brilho aparente deles depende não só de suas distâncias da Terra, mas também, como o brilho da Lua, de suas fases. A maior distância de Vênus em relação à Terra é quando ela se encontra no outro lado oposto do Sol, de modo que sua face fica inteiramente iluminada, ao passo que, em sua menor distância, ela fica mais ou menos entre a Terra e o Sol e vemos principalmente seu lado escuro. Para Vênus, portanto, os efeitos das fases e das distâncias se anulam parcialmente, moderando as variações de brilho. Só se veio a entender tal coisa quando Galileu descobriu as fases de Vênus.

Logo a controvérsia entre a astronomia ptolomaica e a aristotélica foi superada por um conflito mais profundo, opondo de um lado os seguidores de Ptolomeu ou de Aristóteles, todos aceitando que os céus giram em torno de uma Terra estacionária, e de outro lado um ressurgimento da ideia de Aristarco, de que é o Sol que está em repouso.

PARTE IV
A REVOLUÇÃO CIENTÍFICA

Os historiadores costumavam tomar por assente que a física e a astronomia passaram por mudanças revolucionárias nos séculos XVI e XVII, adquirindo então sua forma moderna e fornecendo um paradigma para o desenvolvimento futuro de toda a ciência. A importância dessa revolução parecia evidente por si só. Assim, o historiador Herbert Butterfield* declarou que a revolução científica "supera tudo desde o surgimento do cristianismo e rebaixa o Renascimento e a Reforma ao nível de meros episódios, meros deslocamentos internos, dentro do sistema da cristandade medieval".[1]

Esse tipo de consenso traz em si algo que sempre desperta ceticismo na geração seguinte de historiadores. Nas últimas décadas, alguns historiadores têm manifestado dúvidas sobre a importância e até sobre a existência da revolução científica.[2] Steven

---

* Butterfield criou a expressão "a interpretação *Whig* [liberal] da história", que usava para criticar os historiadores que julgam o passado de acordo com sua contribuição para nossas práticas mais esclarecidas do presente. Mas, quando se tratava da revolução científica, Butterfield era totalmente *whiggish*, tal como eu. (N. A.)

Shapin, por exemplo, iniciou um livro com uma frase que ficou famosa: "Não existiu uma revolução científica, e é disso que trata este livro".[3]

As críticas à ideia de uma revolução científica assumem duas formas contrárias. De um lado, alguns historiadores afirmam que as descobertas dos séculos XVI e XVII não passavam de uma continuação natural do progresso científico que se realizara na Europa e/ou nas terras do islã durante a Idade Média. É essa, em particular, a posição de Pierre Duhem.[4] Outros historiadores apontam os vestígios de um pensamento pré-científico, remanescentes na suposta revolução científica — por exemplo, que Copérnico e Kepler em alguns lugares soam como Platão, que Galileu lia horóscopos mesmo quando ninguém lhe pagava por isso, que Newton tratava tanto a Bíblia quanto o sistema solar como pistas para a mente de Deus.

As duas críticas contêm elementos de verdade. Mesmo assim, estou convencido de que a revolução científica marcou uma verdadeira descontinuidade na história intelectual. Digo isso do ponto de vista de um cientista atuante contemporâneo. Salvo raras e brilhantes exceções gregas, a ciência anterior ao século XVI me parece muito diferente do que vivencio em meu trabalho ou do que vejo no trabalho de meus colegas. Antes da revolução científica, a ciência era saturada de religião e do que agora chamamos de filosofia, e ainda não estabelecera claramente sua relação com a matemática. Na física e na astronomia depois do século XVII, sinto-me em casa. Reconheço algo muito parecido com a ciência de minha época: a busca de leis impessoais formuladas matematicamente, que permitem previsões precisas de um amplo leque de fenômenos, leis validadas pela comparação dessas previsões com a observação e a experimentação. *Existiu* uma revolução científica, e é disso que trata o restante deste livro.

11. O sistema solar solucionado

Tenha existido ou não, a revolução científica começou com Copérnico. Nicolau Copérnico nasceu em 1473 na Polônia, de uma família que emigrara da Silésia numa geração anterior. Nicolau perdeu o pai aos dez anos, mas teve a sorte de ser criado pelo tio, que enriquecera ao serviço da Igreja e alguns anos depois se tornou bispo de Vármia (ou Ermeland), no nordeste da Polônia. Depois de fazer seus estudos na Universidade de Cracóvia, provavelmente incluindo cursos de astronomia, em 1496 Copérnico se matriculou na Universidade de Bolonha, como estudante de direito canônico, e começou a fazer observações astronômicas como assistente do astrônomo Domenico Maria Novara, que fora aluno de Regiomontanus. Durante a permanência em Bolonha, Copérnico soube que fora confirmado, graças à ajuda do patrocínio do tio, como um dos dezesseis cônegos do cabido da catedral de Frombork (ou Frauenburg), em Vármia, o que lhe garantiu um bom rendimento vitalício e poucos deveres eclesiásticos. Copérnico nunca se tornou padre. Depois de breves estudos de medicina na Universidade de Pádua, em 1503 recebeu o título de doutor em

Leis na Universidade de Ferrara e logo depois voltou à Polônia. Estabeleceu-se em Frombork em 1510, onde construiu um pequeno observatório, e lá ficou até sua morte em 1543.

Logo depois de chegar a Frombork, Copérnico escreveu um opúsculo anônimo, mais tarde intitulado *De hypothesibus motuum coelestium a se constitutis commentariolus*, geralmente conhecido como *Commentariolus*, ou *Pequeno comentário*.[1] O *Commentariolus* só foi publicado muito tempo depois da morte do autor e, assim, não exerceu a influência de seus outros textos posteriores, mas oferece um bom painel das ideias que orientavam seu trabalho.

Após uma breve crítica às teorias planetárias anteriores, Copérnico estabelece no *Commentariolus* sete princípios de sua nova teoria. Segue-se uma paráfrase, com alguns comentários adicionais:

1. Não existe um centro das órbitas dos corpos celestes. (Há divergências entre os historiadores se Copérnico pensava que esses corpos são transportados em esferas materiais,[2] como supunha Aristóteles.)

2. O centro da Terra não é o centro do universo, mas apenas o centro da órbita da Lua e o centro de gravidade para o qual são atraídos os corpos na Terra.

3. Todos os corpos celestes, exceto a Lua, giram ao redor do Sol, o qual, portanto, é o centro do universo. (Mas, como veremos abaixo, Copérnico não considerava que o centro das órbitas da Terra e dos outros planetas fosse o Sol, e sim um ponto próximo ao Sol.)

4. A distância entre a Terra e o Sol é insignificante comparada à distância das estrelas fixas. (Provavelmente Copérnico fez essa asserção para explicar por que não vemos a paralaxe anual, o movimento anual aparente das estrelas causado pelo movimento da Terra em torno do Sol. Mas o problema da paralaxe não é mencionado em nenhuma passagem do *Commentariolus*.)

5. O movimento diário aparente dos astros em volta da Terra resulta inteiramente da rotação da Terra em torno de seu eixo.

6. O movimento aparente do Sol resulta da rotação da Terra em torno de seu eixo e da revolução da Terra ao redor do Sol, como outros planetas.

7. O movimento retrógrado aparente dos planetas resulta do movimento da Terra, ocorrendo quando ela passa por Marte, Júpiter ou Saturno, ou quando Mercúrio ou Vênus passa em sua órbita.

Copérnico não podia alegar no *Commentariolus* que seu esquema se adequava à observação melhor que o de Ptolomeu. Por uma razão simples: não se adequava. Na verdade, nem poderia, visto que Copérnico baseou grande parte de sua teoria em dados que inferiu do *Almagesto* de Ptolomeu, e não em suas próprias observações.[3] Em vez de recorrer a novas observações, Copérnico apontou uma série de vantagens estéticas de sua teoria.

Uma delas é que o movimento da Terra explicava uma ampla variedade de movimentos aparentes do Sol, das estrelas e dos outros planetas. Dessa forma, Copérnico podia eliminar o "ajuste fino", adotado pela teoria ptolomaica, de que o centro dos epiciclos de Mercúrio e de Vênus tinha de se manter sempre na linha entre a Terra e o Sol, e que as linhas entre Marte, Júpiter e Saturno e os centros de seus respectivos epiciclos tinham de se manter sempre paralelos à linha entre a Terra e o Sol. Em decorrência disso, a revolução do centro do epiciclo de cada planeta interno ao redor da Terra e a revolução de cada planeta externo com uma volta completa em seu epiciclo precisavam de um ajuste fino para levar exatamente um ano. Copérnico viu que essas exigências não naturais refletiam apenas o fato de que vemos o sistema solar de uma plataforma girando em torno do Sol.

Outra vantagem estética da teoria coperniciana se referia a seu maior grau de definição quanto aos tamanhos das órbitas planetárias. Vale lembrar que o movimento aparente dos planetas na astronomia ptolomaica não depende dos tamanhos dos epiciclos e deferentes, mas apenas da razão entre os raios do epiciclo e do deferente para cada planeta. Se se quisesse, seria possível até considerar o deferente de Mercúrio maior que o deferente de Saturno, desde que o tamanho do epiciclo de Mercúrio fosse ajustado de acordo. Seguindo na esteira de Ptolomeu em *Hipóteses planetárias*, tornou-se habitual atribuir tamanhos às órbitas, na suposição de que a distância máxima de um planeta até a Terra é igual à distância mínima do planeta seguinte, mais externo, até ela. Isso definia os tamanhos relativos das órbitas planetárias para qualquer ordem escolhida para os planetas a partir da Terra, mas essa escolha ainda era totalmente arbitrária. Em todo caso, as suposições das *Hipóteses planetárias* não se baseavam na observação nem eram confirmadas por ela.

Em contraste, para que o esquema de Copérnico concordasse com a observação, o raio da órbita de todos os planetas precisaria estar numa razão definida com o raio da órbita da Terra.* Em termos específicos, devido à maneira como Ptolomeu introduzira epiciclos para os planetas internos e externos (deixando de lado complicadores associados à elipticidade das órbitas), a razão entre os raios dos epiciclos e dos deferentes deve ser igual à razão entre as distâncias da Terra e dos planetas até o Sol para os planetas in-

---

* Como mencionei no capítulo 8, existe apenas um caso especial da versão mais simples da teoria de Ptolomeu (com um epiciclo só para cada planeta e nenhum para o Sol), que é equivalente à versão mais simples da teoria coperniciana, diferindo apenas no ponto de vista: é o caso especial em que todos os deferentes dos planetas internos são tidos como coincidentes com a órbita do Sol em torno da Terra, enquanto todos os raios dos epiciclos dos planetas externos são iguais à distância da Terra ao Sol. Os raios dos epiciclos dos planetas internos e os raios dos deferentes dos planetas externos nesse caso especial da teoria ptolomaica coincidem com os raios das órbitas planetárias na teoria coperniciana. (N. A.)

ternos, e igual ao inverso dessa razão para os planetas externos. (Veja nota técnica 13.) Não foi assim que Copérnico apresentou seus resultados, mas usando um complicado "esquema de triangulação", que dava a falsa impressão de apresentar novas previsões que eram confirmadas pela observação. Mas ele de fato deu os raios corretos das órbitas planetárias. Descobriu que, partindo do Sol, os planetas são, em ordem, Mercúrio, Vênus, Terra, Marte, Júpiter, Saturno, que é a mesma ordem de seus períodos, os quais Copérnico calculou respectivamente em três meses, nove meses, um ano, dois anos e meio, doze anos e trinta anos. Embora ainda não existisse nenhuma teoria estabelecendo as velocidades dos planetas em suas órbitas, Copérnico deve ter considerado como prova de uma ordem cósmica que, quanto maior a órbita de um planeta, mais devagar ele gira em torno do Sol.[4]

A teoria de Copérnico é um exemplo clássico mostrando como é possível selecionar uma teoria por critérios estéticos, sem nenhum indicador experimental que a favoreça entre outras teorias. A defesa da teoria no *Commentariolus* consistia simplesmente em que uma grande parte das peculiaridades da teoria ptolomaica se explicava de uma vez só pela rotação e revolução da Terra, e que a teoria coperniciana era muito mais definida que a ptolomaica no que se referia à ordem dos planetas e aos tamanhos de suas órbitas. Copérnico reconhecia que a ideia de uma Terra em movimento já fora proposta muito tempo antes pelos pitagóricos, mas também notava (com razão) que eles haviam "afirmado gratuitamente" essa ideia, sem os argumentos que ele podia apresentar.

Havia mais uma coisa na teoria ptolomaica que não agradava a Copérnico, além de seus ajustes finos e da incerteza sobre a ordem e os tamanhos das órbitas planetárias. Fiel à asserção platônica de que os planetas se movem em círculos a uma velocidade constante, Copérnico recusava o uso ptolomaico de recursos como o equante para lidar com os desvios efetivos do movimento circular em velocidade fixa. Como fizera Al-Shatir, Copérnico introduziu mais epiciclos: seis para Mercúrio, três para a Lua, quatro para Vênus, Marte, Júpiter e Saturno. Nisso ele não trazia nenhum avanço em relação ao *Almagesto*.

Esse trabalho de Copérnico ilustra outro tema recorrente na história da ciência física, qual seja, uma teoria bela e simples que concorda bastante bem com a observação costuma estar mais próxima da verdade que uma teoria feia e complicada que concorda melhor com a observação. A formulação mais simples das ideias gerais de Copérnico teria sido dar a cada planeta, inclusive à Terra, uma órbita circular em velocidade constante, estando o Sol no centro de todas as órbitas, sem nenhum epiciclo em lugar algum. Concordaria com a versão mais simples da astronomia ptolomaica, com apenas um epiciclo por planeta, nenhum para o Sol e a Lua, e nada de excêntricos ou equantes. Não concordaria exatamente com todas as observações, pois os planetas não se movem em círculos, e sim em elipses quase circulares; a velocidade deles é mais ou menos constante, e o Sol não está no centro de cada elipse, e sim num ponto ligeiramente descentrado, conhecido como "foco". (Veja nota técnica 18.) Copérnico faria ainda melhor se seguisse Ptolomeu e introduzisse um excêntrico e um equante para cada órbita planetária, mas agora também incluindo a órbita da Terra; a discrepância com a observação teria sido muito pequena, quase miúda demais para que os astrônomos da época conseguissem medir.

Existe um episódio no desenvolvimento da mecânica quântica que mostra a importância de não se preocupar demais com pequenos conflitos com a observação. Em 1925, Erwin Schrödinger elaborou um método para calcular as energias dos estados do átomo mais simples de todos, o de hidrogênio. Seus resultados concordavam bem com o padrão geral dessas energias, mas os detalhes finos, levando em conta como a mecânica da relatividade especial se afastava da mecânica newtoniana, não concordavam com os detalhes finos das energias medidas. Schrödinger se deteve por algum tempo em seus resultados, até que sabiamente percebeu que obter o padrão geral dos níveis de energia já era uma realização significativa, que merecia ser publicada, e que o tratamento correto dos efeitos relativistas podia esperar. Esse tratamento foi providenciado poucos anos depois por Paul Dirac.

Além dos numerosos epiciclos, Copérnico adotou outra complicação, similar ao excêntrico da astronomia ptolomaica. Tomou-se como centro da órbita terrestre não o Sol, mas sim um ponto a uma distância relativamente pequena do Sol. Essas complicações forneciam uma explicação aproximada para vários fenômenos, como a desigualdade das estações descoberta por Euctêmon, que realmente é consequência do fato de que o Sol está no foco, e não no centro, da órbita elíptica da Terra e que a velocidade da Terra em sua órbita não é constante.

Outra complicação introduzida por Copérnico só se fez necessária por causa de um mal-entendido. Copérnico, aparentemente, pensou que a revolução da Terra em torno do Sol daria ao eixo da rotação terrestre anual um giro de 360° em volta da direção vertical de cada rotação sua. (Ele podia estar sob a influência da velha ideia de que os planetas estão em esferas sólidas transparentes.) É claro que a direção do eixo da Terra não muda muito ao longo de um ano, e assim Copérnico foi obrigado a atribuir um terceiro movimento a ela, além de sua revolução em torno do Sol e de sua rotação em torno de seu eixo, que quase anularia esse giro do eixo. Copérnico supôs que a anulação não seria completa, de modo que o eixo terrestre giraria em torno de si num período de muitos anos, produzindo a lenta precessão dos equinócios que fora descoberta por Hiparco. Depois do trabalho de Newton, evidenciou-se que, na verdade, a revolução da Terra ao redor do Sol não tem nenhuma influência sobre a direção do eixo terrestre, afora minúsculos efeitos devidos à ação da gravidade do Sol e da Lua no círculo equatorial da Terra, e assim (como argumentou Kepler) não é necessário nenhum tipo de anulação, como concebido por Copérnico.

Apesar de todos esses complicadores, a teoria coperniciana ainda era mais simples que a de Ptolomeu, mas não drasticamente. Copérnico não tinha como saber, mas sua teoria estaria mais próxima da verdade se ele não tivesse se incomodado com os epiciclos e tivesse deixado as pequenas imprecisões de sua teoria para ser tratadas no futuro.

O *Commentariolus* não se estendia muito em detalhes técnicos. Estes foram apresentados em sua grande obra, *De revolutionibus orbium coelestium*,[5] usualmente conhecida como *De revolutionibus*, concluída em 1543, quando Copérnico estava no leito de morte. O livro começa com uma dedicatória a Alessandro Farnese, o papa Paulo III. Copérnico retomava a velha discussão entre as esferas homocêntricas de Aristóteles e os excêntricos e epiciclos de Ptolomeu, apontando que o primeiro não explica as observações, ao passo que o segundo "contradiz os primeiros princípios da regularidade do movimento". Para defender sua ousadia em sugerir uma Terra em movimento, Copérnico citou um parágrafo de Plutarco:

> Alguns pensam que a Terra se mantém em repouso. Mas Filolau, o Pitagórico, acredita que ela, como o Sol e a Lua, gira em torno do fogo num círculo oblíquo. Heráclides, de Ponto, e Ecfanto, o Pitagórico, afirmam que a Terra se move não num movimento progressivo, mas como uma roda em rotação do oeste para o leste em torno de seu próprio centro.

(Na edição-padrão de *De revolutionibus*, Copérnico não faz nenhuma menção a Aristarco, mas seu nome constava originalmente e foi eliminado depois.) Copérnico então argumentou que, tendo outros considerado a ideia de uma Terra em movimento, devia-lhe ser também permitido testar a ideia. E descreveu sua conclusão:

> Tendo assim suposto os movimentos que atribuo à Terra mais adiante no livro, depois de longo e intenso estudo finalmente descobri que, se os movimentos dos outros planetas forem correlacionados com a orbitação da Terra e computados para a revolução de cada planeta, daí decorrem não só seus fenômenos, mas também a ordem e o tamanho de todos os planetas e esferas, e o próprio céu está tão unido a eles que nada, em nenhuma parte sua, pode ser alterado sem perturbar as partes restantes e o universo como um todo.

Como no *Commentariolus*, Copérnico invocava o fato de que sua teoria oferecia maior capacidade preditiva que a de Ptolomeu; ela ditava uma ordem única dos planetas e os tamanhos de suas órbitas necessários para explicar a observação, enquanto na teoria ptolomaica eles ficavam indeterminados. É claro que Copérnico não tinha como confirmar que seus raios orbitais estavam corretos sem pressupor a verdade da teoria; para isso, foi preciso esperar Galileu e suas observações das fases planetárias.

A maior parte de *De revolutionibus* é extremamente técnica, dissecando as ideias gerais do *Commentariolus*. Um ponto especialmente digno de menção é que Copérnico declara no Livro I a adesão a priori ao movimento composto de círculos. Assim, o capítulo I do livro I começa:

> Em primeiro lugar, devemos notar que o universo é esférico. A razão é ou que a esfera é a mais perfeita de todas as formas, não precisando de junções e sendo uma totalidade completa, que não pode ser aumentada nem diminuída [aqui Copérnico soa como Platão],

ou que ela é a figura de maior capacidade, a mais própria para englobar e conter todas as coisas [isto é, tem o maior volume por área de superfície], ou ainda que todas as partes separadas do universo, isto é, o Sol, a Lua, os planetas e as estrelas, se mostram com essa forma [como ele podia saber alguma coisa sobre a forma das estrelas?], ou que as totalidades se empenham em ficar circunscritas por esse limite, como é patente nas gotas de água e em outros corpos líquidos quando procuram conter a si mesmos. [Isso é efeito da tensão de superfície, que não tem ligação com a escala dos planetas.] Por isso ninguém questionará a atribuição dessa forma aos corpos divinos.

Mais adiante, no capítulo 4, ele explica que, por conseguinte, o movimento dos corpos celestes é "uniforme, eterno e circular ou composto de movimentos circulares".

No livro I, mais à frente, Copérnico apontou um dos aspectos mais bonitos de seu sistema heliocêntrico: a razão pela qual Mercúrio e Vênus nunca são vistos no céu longe do Sol. Por exemplo, o fato de que Vênus nunca é visto a mais de 45° do Sol se explica pelo fato de que a órbita de Vênus em torno do Sol é de cerca de 70% do tamanho da órbita da Terra. (Veja nota técnica 19.) Como vimos no capítulo 11, isso exigira, na teoria de Ptolomeu, um ajuste fino no movimento de Mercúrio e Vênus, para que os centros de seus epiciclos sempre ficassem na linha entre a Terra e o Sol. O sistema de Copérnico também dispensava o ajuste fino ptolomaico do movimento dos planetas externos, que mantinha a linha entre cada planeta e o centro de seu epiciclo paralela à linha entre a Terra e o Sol.

O sistema coperniciano ia contra as posições das autoridades religiosas, mesmo antes da publicação de *De revolutionibus*. Esse conflito foi exacerbado numa famosa polêmica oitocentista, *A History of the Warfare of Science and Technology in Christendom*

[Uma história da guerra da ciência e tecnologia na cristandade], de Andrew Dickson White, o primeiro reitor de Cornell,[6] que apresenta uma série de citações inconfiáveis de Lutero, Melâncton, Calvino e Wesley. Mas havia efetivamente um conflito. Existe um registro das conversas de Martinho Lutero com seus discípulos em Wittenberg, conhecido como *Tischreden* ou *Conversas à mesa*.[7] Um trecho da anotação em 4 de junho de 1539 diz:

> Mencionou-se um novo astrólogo que queria provar que a Terra se move e não o céu, o Sol e a Lua [...]. [Lutero observou:] "Assim é agora. Quem quer se mostrar inteligente não pode concordar com nada que os outros aprovam. Precisa fazer algo seu. É o que faz esse tolo que quer virar toda a astronomia de pernas para o ar. Mesmo nessas coisas lançadas à desordem, eu acredito nas Sagradas Escrituras, pois Jeová ordenou que o Sol ficasse imóvel e não a Terra."[8]

Alguns anos depois da publicação de *De revolutionibus*, o colega de Lutero, Filipe Melâncton (1497-1560), engrossou o ataque a Copérnico, agora citando Eclesiastes 1,5: "O Sol se levanta, o Sol se deita, apressando-se a voltar ao seu lugar e é lá que ele se levanta".

Naturalmente, os conflitos com o texto literal da Bíblia trariam problemas para o protestantismo, que substituíra a autoridade do papa pela das Escrituras. Além disso, havia um problema em potencial para todas as religiões, pois o lar da humanidade, a Terra, fora rebaixado a um mero planeta entre os outros cinco.

Surgiram problemas até mesmo na publicação de *De revolutionibus*. Copérnico enviara o manuscrito para um editor em Nuremberg, que encaminhou o texto aos cuidados de um pastor luterano que tinha a astronomia como passatempo, Andreas Osiander. Provavelmente expondo suas posições pessoais, Osiander acrescentou um prefácio que foi considerado de Copérnico até que a substituição veio a ser desmascarada por Kepler, no século seguinte. Nesse prefácio, Osiander apresentava Copérnico desmentindo qualquer intenção de apresentar a verdadeira natureza das órbitas planetárias, da seguinte maneira:[9]

Pois é dever do astrônomo compor a história dos movimentos celestes [aparentes] através de um cuidadoso estudo especializado. Então ele precisa conceber e divisar as causas desses movimentos ou hipóteses sobre elas. Como lhe é totalmente impossível alcançar a verdadeira causa, ele adotará as suposições que permitam calcular de forma correta os movimentos a partir dos princípios da geometria, tanto para o futuro quanto para o passado.

O prefácio de Osiander conclui: "No que se refere às hipóteses, que ninguém espere nenhuma certeza da astronomia, a qual não pode fornecê-la, para que não aceite como verdade ideias concebidas para outra finalidade e não saia desse estudo mais tolo do que quando começou".

Tal posição se alinhava com as concepções de Geminus por volta de 70 a.C. (aqui citado no capítulo 8), mas era totalmente contrária à intenção evidente de Copérnico, tanto no *Commentariolus* quanto no *De revolutionibus*, de descrever a verdadeira constituição do que agora chamamos de sistema solar.

Apesar do que os pastores pudessem individualmente pensar sobre uma teoria heliocêntrica, o protestantismo não empreendeu nenhuma tentativa geral de banir as obras de Copérnico. E até o século XVII não houve nenhuma oposição católica organizada contra Copérnico. A famosa execução de Giordano Bruno em 1600, pela Inquisição romana, não resultou de sua defesa de Copérnico, mas de heresia, da qual (pelos critérios da época) ele era certamente culpado. Mas, como veremos, a Igreja católica de fato implantou no século XVII uma vigorosa repressão às ideias copernicianas.

O que realmente teve importância para o futuro da ciência foi a acolhida de Copérnico entre seus colegas astrônomos. O primeiro a se convencer foi seu único discípulo, Georg Joachim Rheticus, que em 1540 publicou uma exposição da teoria coperniciana e em 1543 ajudou *De revolutionibus* a chegar às mãos do editor de Nuremberg. (Inicialmente, seria Rheticus a providenciar o prefácio à obra, mas, quando se mudou para ocupar um cargo em Leipzig, a tarefa infelizmente passou para Osiander.) Antes disso, Rheticus auxiliara Melâncton a converter a Universidade de Wittenberg num centro de estudos matemáticos e astronômicos.

A teoria de Copérnico ganhou prestígio quando foi usada por Erasmus Reinhold, em 1551, com o patrocínio do duque da Prússia, para montar um novo conjunto de tabelas astronômicas, as *Tabelas prutênicas* [ou *prussianas*], que permitem calcular a posição dos planetas no zodíaco em qualquer data. Era um nítido avanço em relação às *Tábuas afonsinas*, usadas antes, que haviam sido elaboradas em Castela em 1275, na corte de Afonso x. O avanço, na verdade, não se devia à superioridade da teoria de Copérnico, mas ao acúmulo de novas observações nos séculos entre 1275 e 1551, e talvez também porque a maior simplicidade das teorias heliocêntricas facilitava os cálculos. É claro que os adeptos de uma Terra estacionária podiam alegar que *De revolutionibus* apenas oferecia um esquema prático de cálculo, não um quadro verdadeiro do mundo. Com efeito, as tabelas prutênicas foram utilizadas pelo jesuíta astrônomo e matemático Cristóvão Clávio na reforma do calendário de 1582, sob o papa Gregório xiii, que nos deu nosso calendário gregoriano moderno, mas Clávio nunca renunciou à sua crença numa Terra estacionária.

Houve um matemático que tentou reconciliar essa crença e a teoria coperniciana. Em 1568, Caspar Peucer, genro de Melâncton e professor de matemática em Wittenberg, sustentou em *Hypotyposes orbium coelestium* que, com uma modificação matemática, seria possível reescrever a teoria de Copérnico de forma tal que a Terra, e não o Sol, fosse estacionária. Foi exatamente o resultado alcançado mais tarde por um dos alunos de Peucer, Tycho Brahe.

Tycho Brahe foi o observador astronômico mais competente da história, antes da invenção do telescópio, e o autor da alternativa mais plausível à teoria de Copérnico. Nascido em 1546 na província de Skåne, agora no sul da Suécia, mas até 1658 pertencente à Dinamarca, Tycho era filho de um nobre dinamarquês. Estudou na Universidade de Copenhague, onde se entusiasmou, em 1560, com o sucesso da previsão de um eclipse solar parcial. Então passou para universidades na Alemanha e Suíça, em Leipzig, Wittenberg, Rostock, Basileia e Augsburg. Nesses anos, ele estudou as tabelas prutênicas e ficou impressionado com seu êxito preditivo para a conjunção de Saturno e Júpiter em 1563, com diferença de poucos dias, enquanto as tabelas afonsinas mais antigas erravam por vários meses.

De volta à Dinamarca, Tycho se instalou por algum tempo na casa de seu tio em Herrevad, em Skåne. Lá, em 1572, ele observou na constelação de Cassiopeia o que chamou de "estrela nova". (Atualmente é o que se identifica como a explosão termonuclear, conhecida como uma supernova tipo Ia, de uma estrela preexistente. Os restos dessa explosão foram descobertos por radioastrônomos em 1952, situados a uma distância de cerca de 9 mil anos-luz, longe demais para que a estrela fosse vista sem telescópio antes da explosão.) Tycho observou a estrela nova durante meses, usando um sextante que ele mesmo construiu, e descobriu que ela não mostrava nenhuma paralaxe diurna, a mudança diária de posição entre as estrelas que seria de esperar em decorrência da rotação da Terra (ou da revolução diária da esfera das estrelas fixas), que teria se estivesse próxima como a Lua, ou ainda mais perto. (Veja nota técnica 20.) Ele concluiu: "Essa estrela nova não está localizada nas regiões superiores do ar, logo abaixo do orbe lunar, nem em qualquer local mais próximo da Terra [...] mas muito acima da esfera da Lua nos próprios céus".[10] Era uma contradição direta do princípio de Aristóteles de que os céus além da órbita da Lua não podem sofrer nenhuma mudança, e trouxe fama a Tycho.

Em 1576, o rei dinamarquês Frederico II concedeu a Tycho o domínio da pequena ilha de Hven, no estreito entre Skåne e a grande ilha dinamarquesa de Zealand, bem como subsídios para ajudar na construção e manutenção de uma residência e de um estabelecimento científico em Hven. Lá, Tycho construiu Uraniborg, que incluía um observatório, uma biblioteca, um laboratório químico e um prelo. Era decorado com retratos de astrônomos do passado: Hiparco, Ptolomeu, Al-Battani, Copérnico, e de um patrono das ciências, Guilherme IV, landgrave de Hesse Cassel. Em Hven, Tycho formou um corpo de assistentes e começou imediatamente as observações.

Já em 1577, Tycho observou um cometa e descobriu que ele não tinha nenhuma paralaxe diurna visível. Isso demonstrava mais uma vez, contra Aristóteles, que os céus para além da órbita da Lua eram mutáveis. Mas não só: agora Tycho também pôde concluir que a trajetória do cometa atravessava diretamente as supostas esferas homocêntricas de Aristóteles ou as esferas da teoria ptolomaica. (É claro que isso só seria problema se se concebessem as esferas como corpos sólidos. Era o que ensinava Aristóteles, e vimos no capítulo 8 que os astrônomos helenísticos Adrasto e Téon haviam transmitido essa concepção aristotélica para a teoria ptolomaica. A ideia de esferas sólidas fora retomada no início da era moderna,[11] não muito antes da refutação de Tycho.) A ocorrência de cometas é mais frequente que a de supernovas, e Tycho pôde repetir essas observações em outros cometas nos anos seguintes.

De 1583 em diante, Tycho trabalhou numa nova teoria dos planetas, baseada na ideia de que a Terra está em repouso, o Sol e a Lua giram em torno da Terra e os cinco planetas conhecidos giram em torno do Sol. Ela foi publicada em 1588, como o oitavo capítulo do livro de Tycho sobre o cometa de 1577. Nessa teoria, a Terra não é concebida em rotação ou movimento, de modo que o Sol, a Lua, os planetas e as estrelas, além de seus movimentos mais lentos, também fazem uma volta diária em torno da Terra do leste para o oeste. Alguns astrônomos, por sua vez, adotaram uma teoria "semitychoniana", em que os planetas giram em torno do Sol, o Sol gira em torno da Terra, mas a Terra gira e as estrelas estão em repouso. (O primeiro defensor de uma teoria semitychoniana foi Nicolas Reymers Bär, mas ele não aceitaria tal qualificação, pois afirmava que Tycho é que roubara dele o sistema tychoniano original.)[12]

Como mencionamos várias vezes, a teoria tychoniana é idêntica à versão da teoria ptolomaica (nunca considerada por Ptolomeu) na qual os deferentes dos planetas internos são tidos como coincidentes com a órbita do Sol em torno da Terra e os epiciclos dos planetas externos têm o mesmo raio da órbita do Sol em torno da Terra. No que se refere às separações e velocidades *relativas* dos corpos celestes, ela também é equivalente à teoria de Copérnico, diferenciando-se apenas no ponto de vista: um Sol estacionário para Copérnico ou uma Terra estacionária e não giratória para Tycho. No que concerne às observações, a teoria de Tycho tinha a vantagem de que previa automaticamente a ausência de qualquer paralaxe estelar anual, sem precisar supor que as estrelas estão muito mais longe da Terra que o Sol ou os planetas (o que, claro, agora sabemos que estão). Também tornava desnecessária a resposta de Oresme ao clássico problema que confundira Ptolomeu e Buridan, qual seja, que os objetos lançados para cima ficariam aparentemente para trás devido ao movimento ou rotação da Terra.

A contribuição mais importante de Tycho para o futuro da astronomia não foi sua teoria, mas sim o grau de acurácia sem precedentes de suas observações. Quando visitei Hven nos anos 1970, não vi nenhum sinal das construções de Tycho, mas ainda havia no solo as grandes bases de pedra onde ele apoiava seus instrumentos. (Desde essa data, o local ganhou um museu e jardins formais.) Com esses instrumentos, Tycho conseguia situar objetos no céu com uma margem de incerteza de apenas $^1/_{15}$ de grau. Na área de Uraniborg também há uma estátua de granito, esculpida por Ivar Johnsson em 1936, mostrando Tycho em posição adequada a um astrônomo, com o rosto erguido para o céu.[13]

O patrono de Tycho, Frederico II, morreu em 1588. A ele sucedeu-se Cristiano IV, hoje tido pelos dinamarqueses como um de seus maiores reis, mas que infelizmente tinha pouco interesse em patrocinar estudos astronômicos. As últimas observações de Tycho em Hven foram feitas em 1597, e depois disso ele saiu em viagem, indo a Hamburgo, Dresden, Wittenberg e Praga. Em Praga, ele se tornou o matemático imperial do sacro imperador romano Rodolfo II e começou a trabalhar num novo conjunto de tabelas astronômicas, as *Tabelas rodolfinas*. Depois da morte de Tycho em 1601, Kepler deu continuidade a esse trabalho.

Johannes Kepler foi o primeiro a entender a natureza dos afastamentos do movimento circular uniforme que confundiam os astrônomos desde os tempos de Platão. Aos cinco anos, ele ficou fascinado à vista do cometa de 1577, o primeiro cometa que Tycho estudara em seu novo observatório em Hven. Kepler frequentou a Universidade de Tübingen, a qual, sob a direção de Melâncton, ganhara destaque em teologia e matemática. Em Tübingen, Kepler estudou essas duas áreas, mas teve maior interesse pela matemática. Tomou conhecimento da teoria de Copérnico com o professor de matemática de Tübingen, Michael Mästlin, e se convenceu de que era verdadeira.

Em 1594, Kepler foi contratado para lecionar matemática numa escola luterana em Graz, no sul da Áustria. Foi ali que publicou sua primeira obra original, o *Mysterium cosmographicum* (*Mistério cosmográfico*). Como vimos, uma das vantagens da teoria coperniciana era que ela permitia o uso das observações astronômicas para chegar a resultados inéditos sobre a ordem dos planetas a partir do Sol e o tamanho de suas órbitas. Como ainda era usual na época, Kepler, nessa obra, concebia as órbitas como círculos traçados pelos planetas transportados em esferas transparentes, girando ao redor do Sol como na teoria coperniciana. Essas esferas não eram superfícies estritamente bidimensionais, mas cascas finas cujos raios interno e externo correspondiam às distâncias mínima e máxima do planeta ao Sol. Kepler conjecturou que os raios dessas esferas estão submetidos a uma condição a priori, qual seja, a de que cada esfera (exceto a mais externa, a de Saturno) se encaixa exatamente dentro de um dos cinco poliedros regulares e que cada esfera (exceto a mais interna, a de Mercúrio) se encaixa exatamente fora de um desses poliedros regulares. Mais especificamente, Kepler situou, em ordem a partir do Sol: (1) a esfera de Mercúrio, (2) então um octaedro, (3) a esfera de Vênus, (4) um icosaedro, (5) a esfera da Terra, (6) um dodecaedro, (7) a esfera de Marte, (8) um tetraedro, (9) a esfera de Júpiter, (10) um cubo, e por fim (11) a esfera de Saturno, todos muito bem encaixados num conjunto.

Esse esquema ditava os tamanhos relativos das órbitas de todos os planetas, sem nenhuma margem para ajustar os resultados, exceto escolhendo a ordem dos cinco poliedros regulares que se encaixam nos espaços entre os planetas. Há trinta maneiras diferentes de escolher a ordem dos poliedros regulares,* e assim não

---

* Existem 120 maneiras de escolher a ordem de cinco coisas diferentes; cada uma das cinco pode ser a primeira, qualquer outra das quatro restantes pode ser

admira que Kepler conseguisse escolher uma ordem de forma que os tamanhos previstos das órbitas planetárias concordassem aproximadamente com os resultados de Copérnico.

Na verdade, o esquema original de Kepler não funcionava bem para Mercúrio, o que exigiu que ele fizesse algumas adaptações, e funcionava apenas medianamente para os demais planetas.* Mas, como muitos outros na época do Renascimento, Kepler estava sob a profunda influência da filosofia platônica e, como Platão, sentia-se intrigado com o teorema de que existem apenas cinco poliedros regulares possíveis, deixando espaço para apenas seis planetas, incluída a Terra. Ele exclamou com orgulho: "Agora tendes a razão para o número de planetas!".

Hoje em dia ninguém levaria a sério um esquema como o de Kepler, mesmo que funcionasse melhor. Não porque tenhamos superado o velho fascínio platônico pelas pequenas listas de objetos matematicamente possíveis, como os poliedros regulares. Existem outras pequenas listas que continuam a intrigar os físicos.

---

a segunda, qualquer outra das três restantes pode ser a terceira e qualquer outra das duas restantes pode ser a quarta, deixando apenas uma possibilidade para a quinta, de modo que o número de maneiras de dispor cinco coisas em ordem é $5 \times 4 \times 3 \times 2 \times 1 = 120$. Mas, no que se refere à razão das esferas circunscritas e inscritas, os cinco poliedros regulares não são todos eles diferentes; essa razão é a mesma para o cubo e o octaedro e para o icosaedro e o dodecaedro. Assim, dois arranjos dos cinco poliedros regulares que se diferenciam apenas pelo intercâmbio de um cubo e um octaedro ou de um icosaedro e um dodecaedro resultam no mesmo modelo do sistema solar. O número de modelos diferentes é, portanto, $120/_{(2 \times 2)} = 30$. (N. A.)

* Por exemplo, se um cubo está inscrito dentro do raio interno da esfera de Saturno e circunscrito sobre o raio externo da esfera de Júpiter, então a razão da distância mínima de Saturno ao Sol e a distância máxima de Júpiter ao Sol, que segundo Copérnico era de 1586, deveria ser igual à distância do centro de um cubo até qualquer um de seus vértices dividida pela distância do centro do mesmo cubo até o centro de qualquer uma de suas faces, ou $\sqrt{3} = 1732$, que é 9% maior. (N. A.)

Por exemplo, sabe-se que há apenas quatro tipos de "números" para os quais é possível alguma versão de aritmética, inclusive a divisão: os números reais, os números complexos (envolvendo a raiz quadrada de -1) e quantidades mais exóticas conhecidas como quatérnions e octônios. Alguns físicos têm dedicado grande esforço a tentar incorporar os quatérnions e os octônios, além dos números reais e complexos, nas leis fundamentais da física. Se o esquema de Kepler é tão estranho para nós nos dias atuais, não é porque tenta encontrar algum significado físico fundamental para os poliedros regulares, mas sim porque o fez no contexto das órbitas planetárias, que são apenas acidentes históricos. Quaisquer que possam ser as leis fundamentais da natureza, podemos ter bastante certeza de que não se referem aos raios das órbitas planetárias.

Mas não se tratava de alguma parvoíce de Kepler. Naquela época, ninguém sabia (e Kepler não acreditava) que as estrelas eram sóis com seus próprios sistemas planetários, e não meras luzes numa esfera em algum lugar fora da esfera de Saturno. Pensava-se de modo geral que o sistema solar constituía basicamente o universo inteiro e fora criado no começo dos tempos. Assim, era bastante natural supor que a estrutura detalhada do sistema solar fosse a coisa mais fundamental da natureza.

Talvez estejamos numa posição semelhante na física teórica atual. Supõe-se de modo geral que aquilo que chamamos de universo em expansão, a enorme nuvem de galáxias que observamos se espalhando uniformemente em todas as direções, constitui o universo inteiro. Pensamos que as constantes da natureza que medimos, como as massas das várias partículas elementares, algum dia virão a ser totalmente deduzidas das leis fundamentais da natureza, ainda desconhecidas. Mas talvez aquilo que chamamos de universo em expansão seja apenas uma pequena parte de um "multiverso" muito maior, contendo muitas partes em expansão, como a que observamos, e com as constantes da natureza assumindo valores distintos em diferentes partes do multiverso. Nesse caso, essas constantes são parâmetros ambientais que nunca poderão ser deduzidas de princípios fundamentais, assim como não podemos deduzir as distâncias dos planetas em relação ao Sol a partir de princípios fundamentais. O máximo que poderíamos esperar seria uma estimativa antrópica. Entre os bilhões de planetas de nossa própria galáxia, apenas uma ínfima minoria tem a temperatura certa e a composição química adequada à vida, mas é evidente que, quando a vida começa e evolui chegando aos astrônomos, estes estarão num planeta que pertence a essa ínfima minoria. Assim, não chega realmente a surpreender que o planeta onde vivemos não esteja ao dobro ou à metade da distância do Sol em que a Terra efetivamente está. Da mesma forma, parece provável que apenas uma ínfima minoria dos subuniversos no multiverso tenha constantes físicas que permitem a evolução da vida, mas é claro que qualquer cientista vai estar num subuniverso pertencente a essa minoria. Era essa a explicação oferecida para a ordem de magnitude da energia escura mencionada no capítulo 8, antes que ela fosse descoberta.[14] Tudo isso, claro, é extremamente especulativo, mas serve de advertência, pois, ao tentarmos entender as constantes da natureza, podemos sofrer o mesmo tipo de decepção que Kepler teve ao tentar entender as dimensões do sistema solar.

Alguns físicos eminentes lamentam a ideia de um multiverso, porque não conseguem se reconciliar com a possibilidade de que existam constantes da natureza que jamais poderão ser calculadas. É verdade que a ideia de um multiverso pode estar totalmente errada, e assim seria prematuro renunciar ao esforço de calcular todas as constantes físicas que conhecemos. Mas ficarmos tristes por não conseguir fazer tais cálculos não é argumento contra a ideia do multiverso. Quaisquer que possam ser as leis últimas da natureza, não há por que imaginar que elas se destinam a alegrar os físicos.

Em Graz, Kepler iniciou uma troca de correspondência com

Tycho Brahe, que lera o *Mysterium cosmographicum*. Tycho convidou Kepler a visitá-lo em Uraniborg, mas este achou que era longe demais. Então, em fevereiro de 1600, Kepler aceitou o convite de Tycho para visitá-lo em Praga, desde 1583 a capital do Sacro Império Romano. Lá, Kepler começou a estudar os dados de Tycho, sobretudo os movimentos de Marte, e encontrou uma discrepância de 0,13° entre esses dados e a teoria de Ptolomeu.*

Kepler e Tycho se desentenderam, e Kepler voltou para Graz. Naquela mesma época, os protestantes estavam sendo expulsos de Graz, e em agosto de 1600 Kepler e a família foram obrigados a sair de lá. De volta a Praga, Kepler iniciou uma colaboração com Tycho, trabalhando nas tabelas rodolfinas, o novo conjunto de tabelas astronômicas que substituiria as tabelas prutênicas de Reinhold. Depois da morte de Tycho em 1601, os problemas profissionais de Kepler se acertaram por algum tempo, ao ser nomeado como sucessor de Tycho como matemático da corte do imperador Rodolfo II.

O imperador adorava astrologia, e assim as obrigações de Kepler como matemático da corte incluíam a leitura de horóscopos. Era uma atividade a que ele se dedicara desde a época de estudante em Tübingen, apesar de seu ceticismo quanto às previsões astrológicas. Felizmente, também lhe sobrava tempo para se dedicar à ciência de verdade. Em 1604, ele observou uma estrela nova na constelação de Ophiuchus, a última supernova vista dentro ou perto de nossa galáxia até 1987. No mesmo ano, ele publicou *As-*

---

* O movimento de Marte é o teste ideal para as teorias planetárias. À diferença de Mercúrio ou de Vênus, Marte pode ser visto a grande altura no céu noturno, onde as observações são mais fáceis. Ele realiza ao longo de um certo período de tempo uma quantidade de revoluções em sua órbita muito maior que Júpiter ou Saturno. E sua órbita se afasta mais de um círculo que qualquer outro planeta principal, exceto Mercúrio (o qual nunca é visto longe do Sol e por isso é difícil observá-lo), e assim os afastamentos do movimento circular em velocidade constante são muito mais evidentes em Marte que em outros planetas. (N. A.)

tronomiae pars optica (A parte óptica da astronomia), um trabalho sobre a teoria óptica e suas aplicações astronômicas, inclusive o efeito da refração na atmosfera sobre as observações planetárias.

Kepler continuou a trabalhar sobre os movimentos dos planetas, tentando reconciliar os dados precisos de Tycho com a teoria coperniciana recorrendo ao acréscimo de excêntricos, epiciclos e equantes, mas foi em vão. Ele concluíra esse trabalho em 1605, mas a publicação foi suspensa devido a uma briga com os herdeiros de Tycho. Em 1609, por fim, Kepler publicou seus resultados em *Astronomia nova* (*Astronomia nova fundada em causas, ou física celeste exposta num comentário sobre os movimentos de Marte*).

A parte III da *Astronomia nova* trouxe um grande aperfeiçoamento à teoria coperniciana, introduzindo um equante e um excêntrico para a Terra, com um ponto no outro lado do centro da órbita da Terra em relação ao Sol, em torno do qual a linha até a Terra gira em velocidade constante. Isso eliminava a maioria das discrepâncias que atrapalhavam as teorias planetárias desde os tempos de Ptolomeu, mas os dados de Tycho eram de qualidade suficiente para que Kepler visse que ainda persistiam alguns conflitos entre teoria e observação.

Em algum momento, Kepler se convenceu de que a tarefa era inexequível e que precisava abandonar o pressuposto, comum a Platão, Aristóteles, Ptolomeu, Copérnico e Tycho, de que os planetas giram em órbitas circulares. Ele concluiu que as órbitas planetárias têm formato oval. Finalmente, no capítulo 58 (de um total de setenta) da *Astronomia nova*, Kepler deixou isso claro. Naquilo que depois veio a ser conhecido como a primeira lei de Kepler, ele concluiu que os planetas (inclusive a Terra) se movem em elipses, com o Sol num foco e não no centro. Assim como um círculo pode ser totalmente descrito (afora sua localização) por um único número, seu raio, qualquer elipse pode ser totalmente descrita (afora sua localização e orientação) por dois números, que podem ser tomados como os comprimentos de seu eixo mais longo e seu eixo mais curto, ou, de modo equivalente, como o comprimento do eixo mais longo e um número conhecido como "excentricidade", que nos dá a diferença entre o eixo maior e o eixo menor. (Veja nota técnica 18.) Os dois focos de uma elipse são pontos no eixo mais longo, regularmente espaçados em torno do centro, com uma separação entre eles igual à excentricidade vezes o comprimento do eixo mais longo da elipse. Em excentricidade zero, os dois eixos da elipse têm o mesmo comprimento, os dois focos se fundem num único ponto e a elipse se converte em círculo.

Na verdade, as órbitas de todos os planetas conhecidos por Kepler têm pequenas excentricidades, como mostra a seguinte tabela de valores modernos (recuados para o ano de 1900):

Planeta	Excentricidade
Mercúrio	0,205615
Vênus	0,006820
Terra	0,016750
Marte	0,093312
Júpiter	0,048332
Saturno	0,055890

É por isso que as versões simplificadas das teorias de Copérnico e Ptolomeu (sem epiciclos na coperniciana e apenas um epiciclo para cada um dos cinco planetas na ptolomaica) funcionariam bem.*

---

* O principal efeito da elipcidade das órbitas planetárias não é tanto a elipcidade em si, mas o fato de que o Sol está num foco e não no centro da elipse. Para sermos mais precisos, a distância entre cada foco e o centro de uma elipse é proporcional à excentricidade, ao passo que a variação na distância dos pontos na elipse em relação a cada foco é proporcional ao *quadrado* da excentricidade, o que, para uma excentricidade pequena, a torna muito menor. Por exemplo, para uma excentricidade

A substituição dos círculos por elipses teve outra consequência importante. Os círculos podem ser gerados pela rotação de esferas, mas não existe nenhum corpo sólido cuja rotação produza uma elipse. Isso, somado às conclusões de Tycho extraídas do cometa de 1577, contribuiu em muito para acabar com a velha ideia de que os planetas são transportados em esferas giratórias, ideia que o próprio Kepler adotara no *Mysterium cosmographicum*. Agora, Kepler e seus sucessores passaram a conceber que os planetas viajavam em órbitas livres no espaço vazio.

Os cálculos apresentados em *Astronomia nova* também usavam o que mais tarde veio a ser conhecido como a segunda lei de Kepler, embora ela só tenha sido claramente formulada em 1621, em seu *Epítome da astronomia coperniciana*. A segunda lei explica como a velocidade de um planeta muda enquanto o planeta gira em sua órbita. Ela afirma que, quando o planeta se move, a linha entre o Sol e o planeta percorre áreas iguais em tempos iguais. Quando o planeta está perto do Sol, precisa se mover mais longe em sua órbita para percorrer uma determinada área que quando está longe do Sol, e assim a segunda lei de Kepler traz como consequência que cada planeta precisa se mover tanto mais depressa quanto mais se aproxima do Sol. Tirando algumas pequenas correções proporcionais ao quadrado da excentricidade, a segunda lei de Kepler é igual à asserção de que a linha até o planeta a partir do *outro* foco (aquele onde não está o Sol) gira numa velocidade constante — isto é, gira no mesmo ângulo a cada segundo. (Veja nota técnica 21.) Assim, para uma boa aproximação, a segunda lei de Kepler apresenta as mesmas velocidades planetárias da velha ideia de um equante, um ponto do lado oposto do centro do cír-

---

de 0,1 (semelhante à da órbita de Marte), a menor distância do planeta até o Sol é apenas 0,5% menor que a maior distância. Por outro lado, a distância do Sol até o centro dessa órbita é 10% do raio médio da órbita. (N. A.)

culo em relação ao Sol (ou, para Ptolomeu, em relação à Terra) e à mesma distância do centro, em torno do qual a linha até o planeta gira numa velocidade constante. O equante, portanto, revelou-se como o foco vazio da elipse. Somente os magníficos dados de Tycho para Marte permitiram a Kepler concluir que os excêntricos e os equantes não bastavam; as órbitas circulares tiveram de ser substituídas por elipses.[15]

A segunda lei também teve profundos desdobramentos, pelo menos para Kepler. Em *Mysterium cosmographicum*, Kepler concebera os planetas movidos por uma "alma motriz". Mas agora, com a descoberta de que a velocidade de cada planeta diminui conforme aumenta sua distância em relação ao Sol, Kepler concluiu que os planetas são impelidos em suas órbitas por algum tipo de força irradiando do Sol:

> Se se usar a palavra "força" [*vis*] em lugar da palavra "alma" [*anima*], ter-se-á o próprio princípio em que se baseia a física celeste no *Comentário sobre Marte* [*Astronomia nova*]. Pois antes eu acreditava plenamente que a causa movendo os planetas é uma alma, estando de fato imbuído dos ensinamentos de J. C. Scaligero* sobre as inteligências motrizes. Mas, quando reconheci que essa causa motriz se enfraquece conforme aumenta a distância em relação ao Sol, assim como a luz do Sol se atenua, concluí que essa força devia ser, por assim dizer, corpórea.[16]

É claro que os planetas continuam em movimento não por causa de uma força irradiando do Sol, e sim porque não há nada que drene o momentum deles. Mas se mantêm em suas órbitas, em vez de saírem voando pelo espaço interestelar, por causa de uma

---

* Júlio César Scaligero, um fervoroso defensor de Aristóteles e oponente de Copérnico. (N. A.)

força irradiando do Sol, a força da gravidade, e assim Kepler não estava inteiramente errado. A ideia de uma força à distância estava ganhando corpo naquela época, em parte devido ao trabalho sobre o magnetismo desenvolvido por William Gilbert, diretor do Royal College of Surgeons e médico da corte de Elizabeth I, a quem Kepler fez menção. Se Kepler entendera por "alma" qualquer coisa análoga a seu significado usual, então a transição de uma "física" baseada em almas para outra baseada em forças foi um passo essencial para pôr fim à antiga mistura entre religião e ciência natural.

A redação da *Astronomia nova* não procurou se furtar a controvérsias. Ao empregar a palavra "física" no título, Kepler estava lançando um desafio à velha ideia, corrente entre os seguidores de Aristóteles, de que a astronomia devia se ocupar apenas com a descrição matemática das aparências, enquanto para o verdadeiro conhecimento devia-se recorrer à física, isto é, a física aristotélica. Kepler estava declarando que quem fazia a verdadeira física eram os astrônomos como ele. De fato, grande parte do pensamento de Kepler se inspirava numa ideia física equivocada, a de que o Sol conduz os planetas em suas órbitas por meio de uma força similar à do magnetismo.

Kepler também lançou um desafio a todos os oponentes do copernicianismo. A introdução a *Astronomia nova* traz o seguinte parágrafo:

> *Conselho aos idiotas.* Mas a quem for obtuso demais para entender a ciência astronômica ou fraco demais para acreditar em Copérnico sem abalar sua fé, eu aconselharia que, depois de rejeitar os estudos astronômicos e condenar todos os estudos filosóficos que quiser, trate de sua vida e vá para casa cuidar de seu quintal.[17]

As duas primeiras leis de Kepler não tinham nada a dizer sobre a comparação das órbitas de diferentes planetas. Essa lacuna foi preenchida em 1619 em *Harmonices mundi*, com aquela que veio a ser conhecida como a terceira lei de Kepler:[18] "A razão que existe entre os tempos periódicos de dois planetas é exatamente a razão de $^3/_2$ da potência das distâncias médias".* Ou seja, o quadrado do período sideral de cada planeta (o tempo que ele leva para concluir um circuito completo de sua órbita) é proporcional ao cubo do eixo mais longo da elipse. Assim, se T é o período sideral em anos e a é metade do comprimento do eixo mais longo da elipse em unidades astronômicas (U.A.), sendo uma U.A. definida como metade do eixo mais longo da órbita terrestre, então a terceira lei de Kepler diz que T^2 / a^3 é igual para todos os planetas. Como a Terra tem, por definição, T igual a um ano e a igual a uma U.A., nessas unidades ela tem T^2 / a^3 igual a um, de modo que, de acordo com a terceira lei de Kepler, todo planeta também deveria ter $T^2 / a^3 = 1$. A tabela abaixo mostra a precisão com que os valores modernos seguem essa regra:

Planeta	a (U.A.)	T (anos)	T^2 / a^3
Mercúrio	0,38710	0,24085	1,0001
Vênus	0,72333	0,61521	0,9999
Terra	1,00000	1,00000	1,0000
Marte	1,52369	1,88809	1,0079
Júpiter	5,2028	11,8622	1,001
Saturno	9,540	29,4577	1,001

* Uma discussão posterior mostra que "distância média", para Kepler, significava não a distância com sua média tomada ao longo do tempo, mas sim a média entre a distância mínima e a distância máxima do planeta até o Sol. Como mostra a nota técnica 18, as distâncias mínima e máxima de um planeta até o Sol são $(1 - e)a$ e $(1 + e)a$, onde e é a excentricidade e a é metade do eixo mais longo da elipse (isto é, o semieixo maior), e assim a distância média é simplesmente a. Na nota técnica 18, mostra-se que essa é também a distância do planeta ao Sol, em sua média da distância percorrida pelo planeta em sua órbita. (N. A.)

(Os desvios da igualdade perfeita de T^2/a^3 para os diferentes planetas se devem aos pequenos efeitos dos campos gravitacionais dos próprios planetas agindo uns sobre os outros.)

Sem nunca se libertar completamente do platonismo, Kepler tentou entender os tamanhos das órbitas, retomando o uso dos poliedros regulares que empregara em *Mysterium cosmographicum*. Ele também trabalhou com a ideia pitagórica de que os diversos períodos planetários formam uma espécie de escala musical. Como outros cientistas da época, Kepler em parte pertencia ao novo mundo da ciência que estava nascendo, mas em parte também seguia uma tradição poética e filosófica mais antiga.

As tabelas rodolfinas foram concluídas em 1627. Baseadas nas duas primeiras leis de Kepler, elas tinham uma precisão que constituía um verdadeiro avanço em relação às tabelas prutênicas anteriores. As novas tabelas prediziam que haveria um trânsito de Mercúrio (isto é, ver-se-ia Mercúrio passar pela face do Sol) em 1631. Obrigado mais uma vez, como protestante, a deixar a Áustria católica, Kepler morreu em 1630 em Ratisbona.

A obra de Copérnico e Kepler sustentava a ideia de um sistema solar heliocêntrico, baseada na coerência e simplicidade matemática, mas sem concordar plenamente com a observação. Como vimos, as versões mais simples das teorias coperniciana e ptolomaica fazem as mesmas previsões para os movimentos aparentes do Sol e dos planetas, com uma concordância bastante grande com a observação, ao passo que os aperfeiçoamentos da teoria coperniciana feitos por Kepler seriam do mesmo tipo que Ptolomeu poderia ter feito, se tivesse usado um equante e um excêntrico para o Sol, bem como para os planetas, e acrescentado alguns epiciclos a mais. A primeira prova *observacional* que favoreceu decisivamente o heliocentrismo contra o antigo sistema ptolomaico foi apresentada por Galileu Galilei.

Com Galileu, chegamos a um dos maiores cientistas da história, no mesmo plano de Newton, Darwin e Einstein. Ele revolucionou a astronomia observacional introduzindo e usando o telescópio, e seu estudo do movimento forneceu um paradigma para a física experimental moderna. Além disso, sua carreira científica foi acompanhada a um grau inigualável por traços de alta dramaticidade, que aqui esboçaremos de maneira sucinta.

Galileu era um toscano aristocrata, porém não rico, nascido em Pisa em 1564, filho do teórico musical Vincenzo Galilei. Depois de estudar num mosteiro florentino, ele se matriculou como estudante de medicina na Universidade de Pisa em 1581. Naquela altura da vida, Galileu era um seguidor de Aristóteles, o que não admira num estudante de medicina. Depois, seus interesses se transferiram para a matemática, e por algum tempo ele lecionou matemática em Florença, a capital da Toscana. Em 1589, foi chamado de volta a Pisa, para ocupar a cátedra de matemática.

Quando estava na Universidade de Pisa, Galileu começou seus estudos sobre a queda dos corpos. Uma parte desse trabalho se encontra no livro *De motu* (Do movimento), que nunca foi publicado. Galileu chegou à conclusão, ao contrário de Aristóteles, de que a velocidade da queda de um corpo pesado não depende significativamente de seu peso. Existe a historieta simpática de que ele fez seus testes soltando vários pesos da Torre inclinada de Pisa, mas não há provas disso. Durante sua permanência em Pisa, Galileu não publicou nada de seus trabalhos sobre a queda dos corpos.

Em 1591, Galileu se mudou para Pádua, para ocupar a cátedra de matemática na universidade local, e depois foi para a universidade da República de Veneza, a de maior distinção intelectual de toda a Europa. A partir de 1597, ele passou a complementar seu salário universitário fabricando e vendendo instrumentos matemáticos, utilizados nos negócios e na guerra.

Em 1597, Galileu recebeu dois exemplares do *Mysterium cosmographicum* de Kepler. Escreveu ao autor, reconhecendo que, como Kepler, ele também era um coperniciano, embora ainda não tivesse trazido sua posição a público. Kepler respondeu que ele devia sair em defesa de Copérnico, dizendo: "Apresenta-te, ó Galileu!".[19]

No mesmo instante Galileu entrou em conflito com os aristotélicos que dominavam o ensino de filosofia em Pádua, como em outras partes da Itália. Em 1604, ele ministrou uma aula sobre a "estrela nova" que Kepler observara naquele ano. Como Tycho e Kepler, Galileu concluiu que ocorrem mudanças nos céus, acima da órbita da Lua. Tal posição lhe valeu os ataques de um amigo de outrora, Cesare Cremonini, professor de filosofia em Pádua. Ele reagiu com um contra-ataque a Cremonini, redigido num dialeto paduano rústico, como um diálogo entre dois camponeses. O camponês de Cremonini defendia que as regras comuns de medição não se aplicam aos céus, enquanto o camponês de Galileu respondia que os filósofos não entendem nada de mensuração, e por isso é preciso confiar nos matemáticos, seja para medir o céu ou pesar polenta.

Em 1609 iniciou-se uma revolução na astronomia, quando Galileu ouviu falar pela primeira vez de um novo instrumento holandês, a luneta. A propriedade de ampliação das esferas de vidro cheias de água era conhecida desde a Antiguidade, citada, por exemplo, pelo filósofo e estadista romano Sêneca. A ampliação fora estudada por Al-Haitam, e em 1267 Roger Bacon escrevera sobre lentes de aumento em *Opus maius*. Com as melhorias na fabricação do vidro, desde o século XIV tornara-se corrente o uso de lentes de leitura. Mas, para ampliar objetos distantes, é preciso combinar um *par* de lentes, uma para focalizar os raios de luz paralelos de um ponto qualquer sobre o objeto para o qual convergem, e a segunda para reunir esses raios de luz, seja com uma lente côncava enquanto ainda convergem ou com uma lente convexa depois que começam a divergir outra vez, nos dois casos enviando-os em direções paralelas até o olho. (Quando relaxado, o cristalino concentra os raios luminosos paralelos num único ponto da retina, cuja localização depende da direção dos raios paralelos.) As lunetas com esse arranjo de lentes estavam sendo produzidas na Holanda no começo do século XVII, e em 1608 vários fabricantes holandeses de óculos deram entrada ao pedido de registro de patente para suas lunetas. Os pedidos foram rejeitados, a pretexto de que o instrumento já era amplamente conhecido. Logo a França e a Itália passaram a dispor de lunetas, mas capazes de ampliar apenas três ou quatro vezes. (Isto é, se as linhas de visada para dois pontos distantes estão separadas por algum ângulo pequeno, com essas lunetas eles pareciam separados pelo triplo ou quádruplo daquele ângulo.)

Em algum momento do ano de 1609, Galileu teve notícia da luneta e logo fabricou uma versão melhorada, com a primeira lente convexa na frente e plana na parte de trás, de grande distância focal,* enquanto a segunda era côncava no lado dando para a primeira lente e plana na parte de trás, e com distância focal menor. Com essa disposição, para enviar a luz de um ponto de origem a distâncias muito grandes em raios paralelos até o olho, é preciso tomar a distância entre as lentes como a diferença dos comprimentos focais, e o aumento obtido é a distância focal da primeira lente dividida pela distância focal da segunda lente. (Veja nota técnica 23.) Galileu logo conseguiu obter uma ampliação de oito ou nove vezes. Em 23 de agosto de 1609, ele apresentou sua luneta ao Doge e aos nobres de Veneza e demonstrou que, com ela, era

---

* A distância focal é uma distância que caracteriza as propriedades ópticas de uma lente. Para a lente convexa, é a distância atrás da lente para onde convergem os raios que entram na lente em direções paralelas. Para uma lente côncava, que inflecte os raios convergentes em direções paralelas, a distância focal é a distância atrás da lente para onde os raios convergiriam se não fosse a lente. A distância focal depende do raio da curvatura da lente e da razão entre as velocidades da luz no ar e no vidro. (Veja nota técnica 22.) (N. A.)

possível enxergar os navios no mar duas horas antes que se fizessem visíveis a olho nu. O valor de um instrumento desses para uma potência marítima como Veneza era evidente. Depois de doar sua luneta à República veneziana, Galileu teve seu salário de docente triplicado e recebeu estabilidade no cargo. Em novembro, ele havia aumentado a capacidade de ampliação de sua luneta para vinte vezes e começou a usá-la na astronomia.

Com sua luneta, mais tarde conhecida como telescópio, Galileu fez seis descobertas astronômicas de importância histórica. As quatro primeiras foram descritas em *Sidereus nuncius* (O mensageiro sideral),[20] publicado em Veneza em março de 1610. Seguem-se elas.

1. Em 20 de novembro de 1609, Galileu apontou pela primeira vez seu telescópio para a lua crescente. No lado iluminado, ele pôde ver que sua superfície é irregular:

> Por frequentes observações repetidas das [manchas lunares], fomos levados à conclusão de que decerto vemos que a superfície da Lua não é lisa, regular e perfeitamente esférica, como tem acreditado um grande número de filósofos em relação a este e outros corpos celestes, mas, pelo contrário, é áspera, irregular e cheia de depressões e saliências. E é como a face da própria Terra, que é marcada aqui e ali por cordilheiras de montanhas e vales profundos.

No lado escuro da Lua, junto ao *terminator*, isto é, a linha divisória entre a sombra e a luz, Galileu pôde ver pontos luminosos, que interpretou como cimos de montanhas iluminados pelo Sol quando estava prestes a subir no horizonte lunar. Tomando a distância entre esses pontos luminosos e o *terminator*, Galileu conseguiu até estimar que algumas dessas montanhas tinham pelo menos 6400 metros de altitude. (Veja nota técnica 24.) Ele também interpretou a débil luminosidade observada no lado escuro da Lua. Rejeitou várias sugestões de Erasmus Reinhold e Tycho Brahe, de que a luz provém da própria Lua ou de Vênus e das estrelas, e argumentou corretamente que "esse brilho maravilhoso" se deve à reflexão da luz solar na Terra, assim como a Terra à noite é debilmente iluminada pela luz solar que se reflete da Lua. Assim, via-se que um corpo celeste como a Lua não era tão diferente da Terra.

2. A luneta permitiu a Galileu observar "uma multidão quase inconcebível" de estrelas de brilho muito menor que as de sexta magnitude e, portanto, débil demais para serem vistas a olho nu. Ele descobriu que as seis estrelas visíveis das Plêiades eram acompanhadas por mais de quarenta outras estrelas, e pôde ver na constelação de Órion mais de quinhentas estrelas jamais vistas até então. Apontando o telescópio para a Via Láctea, viu que ela é composta de muitas estrelas, como supusera Alberto Magno.

3. Galileu registrou que os planetas se mostravam em seu telescópio como "globos perfeitamente circulares que aparecem como pequenas luas", mas não conseguiu discernir tal tipo de imagem no caso das estrelas. Pelo contrário, descobriu que, embora todas as estrelas parecessem muito mais brilhantes quando vistas ao telescópio, não pareciam significativamente maiores. Sua explicação foi confusa. Galileu não sabia que o tamanho aparente das estrelas é causado pelo encurvamento dos raios de luz em várias direções pelas flutuações aleatórias na atmosfera terrestre, e não por algo intrínseco à área das estrelas. É por causa dessas flu-

tuações que as estrelas parecem cintilar.* Como não era possível divisar as imagens das estrelas com seu telescópio, Galileu concluiu que elas deviam estar muito mais longe de nós que os planetas. Como ele observou mais tarde, isso ajudava a explicar por que, se a Terra gira em torno do Sol, não vemos uma paralaxe estelar anual.

4. A descoberta mais expressiva e importante registrada em *Sidereus nuncius* foi feita em 7 de janeiro de 1610. Com seu telescópio em Júpiter, Galileu viu que "três estrelas pequenas estavam posicionadas perto dele; pequenas, mas muito brilhantes". De início, Galileu pensou que eram apenas mais três estrelas fixas, de brilho débil demais para terem sido vistas antes, embora tenha se surpreendido por parecerem alinhadas na eclíptica, duas a leste e uma a oeste de Júpiter. Mas, na noite seguinte, essas mesmas três "estrelas" estavam a oeste de Júpiter, e em 10 de janeiro só duas eram visíveis, ambas a leste. Por fim, em 13 de janeiro, ele observou que agora eram visíveis quatro dessas "estrelas", ainda mais ou menos alinhadas na eclíptica. Galileu concluiu que Júpiter é acompanhado em sua órbita por quatro satélites, a exemplo da Lua e a Terra, e, como nossa Lua, girando mais ou menos no mesmo plano das órbitas planetárias, que estão próximas da eclíptica, o plano da órbita da Terra em torno do Sol. (Agora, elas são conhecidas como as quatro maiores luas

---

* O tamanho angular dos planetas é suficiente para que as linhas de visada a partir de pontos individuais num disco planetário fiquem, quando atravessam a atmosfera terrestre, com uma separação maior que o tamanho das flutuações atmosféricas típicas, e assim os efeitos das flutuações sobre a luz a partir de diferentes linhas de visada não mantêm nenhuma correlação e, portanto, tendem mais a se anular que a se somar de modo consistente. É por isso que não vemos os planetas cintilarem. (N. A.)

de Júpiter: Ganimedes, Io, Calisto e Europa, nomes dos amantes de Júpiter, de ambos os sexos.)*

Essa descoberta trouxe um grande apoio à teoria coperniciana. Entre outras coisas, o sistema de Júpiter e suas luas oferecia um exemplo em miniatura do sistema solar e seus planetas, como fora concebido por Copérnico, com os corpos celestes em evidente movimento ao redor de um corpo que não era a Terra. Além disso, o exemplo das luas de Júpiter calava a objeção a Copérnico, qual seja: se a Terra se move, por que a Lua não fica para trás? Todos concordavam que Júpiter se movia, e apesar disso era evidente que não estava deixando suas luas para trás.

Embora tarde demais para incluir os resultados em *Sidereus nuncius*, no final de 1611 Galileu havia medido os períodos de revolução dos quatro satélites jupiterianos que havia descoberto, e em 1612 ele publicou esses resultados na primeira página de um trabalho sobre outros assuntos.[21] A tabela abaixo mostra os resultados de Galileu ao lado dos valores modernos (em dias, horas e minutos):

Satélite jupiteriano	Período (Galileu)	Período (moderno)
Io	1d18h30m	1d18h29m
Europa	3d13h20m	3d13h18m
Ganimedes	7d4h0m	7d4h0m
Calisto	16d18h0m	16d18h5m

---

* Galileu ficaria pesaroso se soubesse que foram estes os nomes que sobreviveram até o presente. Foram dados aos satélites jupiterianos em 1614 por Simon Mayr, um astrônomo alemão que discutiu com Galileu quem teria sido o primeiro a descobrir os satélites. (N. A.)

A precisão das medidas de Galileu comprova como suas observações eram cuidadosas e seu acompanhamento temporal era acurado.*

Galileu dedicou *Sidereus nuncius* a Cosme II dos Médici, ex-aluno de Galileu e então grão-duque da Toscana, e deu aos quatro companheiros de Júpiter o título de "estrelas mediceias". Era um elogio calculado. Galileu tinha um bom salário em Pádua, mas fora avisado de que não receberia novos aumentos. Ademais, por esse salário, Galileu tinha de dar aulas, o que lhe tirava tempo de suas pesquisas. Ele conseguiu chegar a um acordo com Cosme, que o nomeou filósofo e matemático da corte, com uma cátedra na Universidade de Pisa que o dispensava da docência. Galileu insistiu no título "filósofo da corte" porque, a despeito dos progressos animadores na astronomia obtidos por matemáticos como Kepler e apesar dos argumentos de catedráticos como Clávio, o status dos matemáticos continuava a ser inferior ao dos filósofos. Ademais, Galileu queria que seu trabalho fosse seriamente encarado como aquilo que os filósofos chamavam de "física", uma explicação da natureza do Sol, da Lua e dos planetas, e não apenas uma representação matemática das aparências.

No verão de 1610, Galileu saiu de Pádua e foi para Florença, decisão que acabou se revelando catastrófica. Pádua ficava no território da República de Veneza, que naquela época era o Estado italiano sob menor influência do Vaticano, tendo resistido com êxito a uma interdição papal poucos anos antes da saída de Galileu. A mudança para Florença deixava Galileu muito mais vulne-

---

* É de supor que Galileu não estava usando um relógio, mas sim observando os movimentos aparentes das estrelas. Como as estrelas parecem dar uma volta de 360° ao redor da Terra em 24 horas, a mudança de um grau na posição de uma estrela indica o transcurso de um intervalo temporal igual a $\frac{1}{360}$ vezes 24 horas, ou seja, quatro minutos. (N. A.)

rável ao controle da Igreja. A um diretor universitário moderno, pode parecer que esse risco era um justo castigo a Galileu, por se esquivar a dar aulas. Mas, por algum tempo, o castigo ficou adiado.

5. Em setembro de 1610, Galileu fez sua quinta grande descoberta astronômica. Apontou seu telescópio para Vênus e descobriu que ela tem fases, como a Lua. Enviou uma mensagem codificada a Kepler: "A Mãe dos Amores [Vênus] emula as formas de Cíntia [a Lua]". Era de esperar a existência de fases tanto na teoria ptolomaica quanto na coperniciana, mas as fases seriam diferentes. Na teoria ptolomaica, Vênus sempre está mais ou menos a meio caminho entre a Terra e o Sol, e assim está sempre semicheia. Na teoria coperniciana, por outro lado, Vênus fica totalmente iluminada quando está no outro lado da Terra em sua órbita.

Essa foi a primeira prova direta de que a teoria ptolomaica era errada. Vale lembrar que tanto a teoria ptolomaica quanto a teoria coperniciana fornecem a mesma aparência dos movimentos solares e planetários vistos da Terra, qualquer que seja o tamanho do deferente de cada planeta que queiramos escolher. Mas a ptolomaica não fornece a mesma aparência dos movimentos solares e planetários *quando vistos dos planetas* que se tem na teoria coperniciana. Claro que Galileu não podia ir a nenhum planeta para ver como são os movimentos aparentes do Sol e dos outros planetas vistos de lá. Mas as fases de Vênus realmente lhe diziam qual era a direção do Sol visto de Vênus — o lado brilhante é o lado que está de frente para o Sol. Apenas um caso especial da teoria de Ptolomeu podia chegar a uma resposta correta: o caso em que os deferentes de Vênus e Mercúrio são iguais à órbita do Sol, o que, como já vimos, é precisamente a teoria de Tycho. Essa versão nunca fora adotada por Ptolomeu nem por seus seguidores.

* * *

6. Em algum momento depois da chegada em Florença, Galileu descobriu uma maneira engenhosa de estudar a face do Sol, usando um telescópio que projetava sua imagem numa tela. Com isso, fez sua sexta descoberta: manchas escuras se moviam por sobre ela. Os resultados foram publicados em 1613, em suas *Cartas sobre as manchas solares*, às quais voltaremos adiante.

Há momentos na história em que uma nova tecnologia abre grandes possibilidades para a ciência pura. O aperfeiçoamento das bombas de vácuo no século XIX permitiu a realização de experimentos com descargas elétricas em tubos evacuados que levaram à descoberta do elétron. O desenvolvimento de emulsões fotográficas pela Ilford Corporation permitiu que se descobrisse um grande número de novas partículas elementares na década que se seguiu à Segunda Guerra Mundial. O desenvolvimento do radar de micro-ondas durante aquela guerra permitiu que as micro-ondas fossem usadas para sondar átomos, fornecendo um teste fundamental da eletrodinâmica quântica em 1947. E não podemos esquecer o gnômon. Mas nenhuma dessas novas tecnologias levou a resultados científicos tão impressionantes quanto os que nasceram do telescópio nas mãos de Galileu.

As reações às descobertas de Galileu variaram da cautela ao entusiasmo. Seu velho adversário em Pádua, Cesare Cremonini, se recusou a olhar pelo telescópio, bem como Giulio Libri, professor de filosofia em Pisa. Por outro lado, Galileu foi eleito membro da Accademia dei Lincei, fundada poucos anos antes como a primeira academia científica europeia. Kepler usou um telescópio que Galileu lhe enviou e confirmou suas descobertas. (Kepler elaborou a teoria do telescópio e logo inventou sua própria versão, com duas lentes convexas.)

De início, Galileu não teve problemas com a Igreja, talvez porque seu apoio a Copérnico ainda não fosse explícito. Copérnico é mencionado apenas uma vez em *Sidereus nuncius*, quase no final, sobre a questão de por que a Lua não fica para trás, se a Terra está se movendo. Na época, quem estava com problemas com a Inquisição romana não era Galileu, mas sim aristotélicos como Cremonini, por razões muito similares às que haviam levado à condenação de vários postulados de Aristóteles em 1277. Mas Galileu acabou criando atritos com os filósofos aristotélicos e também com os jesuítas, o que, a longo prazo, não lhe trouxe benefício nenhum.

Em julho de 1611, logo depois de ocupar seu novo cargo em Florença, Galileu entrou em discussão com filósofos que, seguindo o que supunham ser uma doutrina de Aristóteles, sustentavam que o gelo sólido tinha maior densidade (peso por volume) que a água líquida. O cardeal jesuíta Roberto Bellarmine, que estivera na comissão da Inquisição romana que condenara Giordano Bruno à morte, tomou o lado de Galileu, argumentando que o gelo, visto que flutua, deve ser menos denso que a água. Em 1612, Galileu levou a público suas conclusões sobre os corpos flutuantes em seu *Discurso sobre os corpos na água*.[22]

Em 1613, Galileu entrou em antagonismo com os jesuítas, inclusive Christoph Scheiner, numa discussão sobre uma questão astronômica periférica: estão as manchas solares associadas ao próprio Sol, como nuvens logo acima de sua superfície, como pensava Galileu, e que dariam mais um exemplo das imperfeições dos corpos celestes, tal como as montanhas lunares, ou são pequenos planetas em órbitas ao redor do Sol mais próximas que a de Mercúrio? Se fosse possível estabelecer que são nuvens, então os defensores de que o Sol gira em torno da Terra não poderiam sustentar que as nuvens da Terra ficariam para trás caso a Terra girasse em torno do Sol. Em suas *Cartas sobre as manchas solares* de 1613, Galileu argumentou que as manchas solares pareciam se estreitar quando se aproximavam da beirada do disco solar, mostrando que, perto da borda, eram vistas obliquamente e, portanto, eram transportadas junto com a superfície solar durante sua rotação. Houve também uma discussão sobre o primeiro a descobrir as manchas solares. Era apenas um episódio a mais num conflito crescente com os jesuítas, em que a injustiça não se concentrava apenas num dos lados.[23] De mais importância para o futuro, nas *Cartas sobre as manchas solares*, Galileu finalmente saiu em explícita defesa de Copérnico.

O conflito de Galileu com os jesuítas se intensificou em 1623, com a publicação de *O ensaiador*. Era um ataque ao matemático jesuíta Orazio Grassi e sua conclusão plenamente correta, em concordância com Tycho, de que a ausência de paralaxe diurna mostra que os cometas estão além da órbita da Lua. Galileu, por seu lado, apresentou a peculiar teoria de que os cometas são reflexos da luz solar devido a distúrbios lineares da atmosfera, que não apresentam paralaxe diurna porque os distúrbios se movem junto com a Terra durante sua rotação. Talvez o verdadeiro inimigo para Galileu não fosse Orazio Grassi, mas sim Tycho Brahe, que apresentara uma teoria geocêntrica dos planetas que a observação, naquela época, era incapaz de refutar.

Nesses anos, a Igreja ainda podia tolerar o sistema coperniciano como recurso exclusivamente matemático para calcular os movimentos aparentes dos planetas, e não como uma teoria da verdadeira natureza dos planetas e seus movimentos. Por exemplo, em 1615 Bellarmine escreveu ao monge napolitano Paolo Antonio Foscarini, ao mesmo tempo tranquilizando-o e advertindo-o sobre sua defesa do sistema coperniciano:

Parece-me que vossa reverência e o sr. Galileu agiriam com prudência se se contentassem em falar em termos hipotéticos e não absolutos, como sempre acreditei que Copérnico falava. [Bellarmine teria sido enganado pelo prefácio de Osiander? Galileu certamente não foi.] De fato, diz bem quem diz que supor a Terra em movimento e o Sol imóvel preserva melhor todas as aparências do que os excêntricos e epiciclos jamais conseguiram. [Bellarmine, pelo visto, não percebeu que Copérnico havia empregado epiciclos, tal como Ptolomeu, só que em menor número.] Isso não oferece perigo e basta para o matemático. Mas querer afirmar que o Sol realmente fica em repouso no centro do mundo, que só gira sobre si mesmo sem ir de leste para oeste, e que a Terra está situada no terceiro céu e gira muito rápido em torno do Sol, é uma coisa muito perigosa. Não só pode irritar todos os filósofos e teólogos escolásticos, como também pode ferir a fé e falsear as Sagradas Escrituras.[24]

Sentindo o problema que se avolumava sobre o copernicianismo, Galileu escreveu em 1615 uma famosa carta sobre a relação entre ciência e religião a Cristina de Lorena, grã-duquesa da Toscana, a cujas bodas com o finado grão-duque Ferdinando I Galileu comparecera.[25] Como fizera Copérnico em *De revolutionibus*, Galileu mencionou Lactâncio e sua rejeição da forma esférica da Terra como horrendo exemplo do uso das Escrituras para contradizer as descobertas da ciência. Também criticou uma interpretação literal do texto do Livro de Josué, que Lutero invocara anteriormente contra Copérnico, para demonstrar o movimento do Sol. Galileu declarou que a Bíblia dificilmente pretendia ser um texto de astronomia, visto que, entre os cinco planetas, ela menciona somente Vênus e apenas algumas vezes. As linhas mais famosas na carta a Cristina afirmam: "Eu diria aqui algo que foi ouvido de um eclesiástico do mais eminente grau: 'Que a intenção do Espírito Santo é nos ensinar como andarmos ao céu, e não como o céu anda'". (Uma anotação marginal de Galileu indicava que o eminente eclesiástico era o erudito cardeal Baronius, diretor da biblioteca vaticana.) Galileu também apresentava uma interpretação da frase em Josué, segundo a qual o Sol se imobilizara: era a *rotação* do Sol, revelada a Galileu pelo movimento das manchas solares, que havia parado, o que, por sua vez, deteve o movimento orbital e a rotação da Terra e dos outros planetas, o que, segundo a Bíblia, prolongou o dia de batalha. Não está claro se Galileu realmente acreditava nesse absurdo ou se estava apenas buscando proteção política.

Contra o conselho de amigos, em 1615 Galileu foi a Roma para protestar contra a proibição do copernicianismo. O papa Paulo V queria evitar controvérsias e, a conselho de Bellarmine, decidiu submeter a teoria coperniciana a uma comissão de teólogos. O veredito deles foi que o sistema coperniciano era "tolo e absurdo em filosofia, e formalmente herético na medida em que contradiz a posição expressa das Sagradas Escrituras em muitos pontos".[26]

Em fevereiro de 1616, Galileu foi convocado perante a Inquisição e recebeu duas ordens confidenciais. Um documento assinado lhe ordenava que não sustentasse nem defendesse o copernicianismo. Um documento sem assinatura ia mais além, ordenando-lhe que não sustentasse, não defendesse nem ensinasse o copernicianismo sob forma nenhuma. Em março de 1616, a Inquisição emitiu um decreto formal público, que não mencionava Galileu, mas proibia o livro de Foscarini e advogava o expurgo dos escritos de Copérnico. *De revolutionibus* foi colocado no *Índex dos livros proibidos* para os católicos. Em vez de voltar a Ptolomeu ou Aristóteles, alguns astrônomos católicos, como o jesuíta Giovanni Battista Riccioli em seu *Almagestum novum* de 1651, fizeram a defesa do sistema de Tycho, que na época não tinha como ser refutado pela observação. *De revolutionibus* se manteve no *Índex* até 1835, prejudicando grandemente o ensino da ciência em alguns países católicos como a Espanha.

Galileu teve esperanças de que as coisas melhorariam a partir de 1624, quando Maffeo Barberini ocupou o papado como Urbano VIII. Barberini era florentino e admirador de Galileu. Deu-lhe boa acolhida em Roma e o recebeu numa meia dúzia de audiências. Durante essas conversas, Galileu explicou sua teoria das marés, na qual vinha trabalhando desde antes de 1616.

A teoria de Galileu dependia essencialmente do movimento da Terra. De fato, a ideia era que as águas dos oceanos avançam e recuam durante a rotação da Terra ao redor do Sol, durante a qual a velocidade líquida de um ponto na superfície terrestre na direção do movimento da Terra em sua órbita cresce e decresce continuamente. Isso gera uma onda oceânica periódica com um dia de duração e, como qualquer outra oscilação, há movimentos secundários, com períodos de meio dia, um terço de dia e assim por diante. Até aí, não há nenhuma influência da Lua, mas desde a Antiguidade sabia-se que as marés mais altas ou "marés grandes" ocorrem na lua cheia e na lua nova, enquanto as marés mais baixas ou "marés mortas" ocorrem na crescente e na minguante. Galileu procurou explicar a influência da Lua supondo que a velocidade orbital da Terra, por alguma razão, aumenta na lua nova, quando a Lua está entre a Terra e o Sol, e diminui na lua cheia, quando a Lua está no outro lado da Terra em relação ao Sol.

Não era Galileu em sua melhor forma. O problema não é tanto que sua teoria estivesse errada. Sem uma teoria da gravitação, ele não tinha como entender corretamente as marés. Mas Galileu devia saber que uma teoria especulativa das marés sem nenhuma base empírica significativa não poderia ser considerada como uma comprovação do movimento da Terra.

O papa disse que permitiria a publicação dessa teoria das marés se Galileu tratasse o movimento da Terra como hipótese matemática e não como algo que pudesse ser verdadeiro. Urbano explicou que não aprovava o decreto público da Inquisição, de 1616, mas não estava disposto a revogá-lo. Nessas conversas com o papa, Galileu não mencionou as ordens pessoais que recebera da Inquisição.

Em 1632, Galileu estava pronto para publicar sua teoria das marés, que havia se ampliado até se tornar uma defesa geral do copernicianismo. Até então, a Igreja não fizera nenhuma crítica pública a Galileu, e assim, quando ele foi pedir autorização ao bispo local para publicar um novo livro, ela foi concedida. Era seu *Dialogo* (*Diálogo sobre os dois principais sistemas do mundo — o ptolomaico e o coperniciano*).

O título da obra era curioso. Na época, existiam não dois, mas sim *quatro* sistemas principais do mundo: além do ptolomaico e do coperniciano, havia também o aristotélico, baseado em esferas homocêntricas girando em torno da Terra, e o tychoniano, com o Sol e a Lua girando em torno de uma Terra estacionária, mas todos os demais planetas girando em torno do Sol. Por que Galileu não considerou o sistema aristotélico e o tychoniano?

Quanto ao aristotélico, pode-se dizer que o sistema não concordava com a observação, mas fazia 2 mil anos que todo mundo sabia disso e nem por isso ele ficara sem adeptos. Basta ver o argumento de Fracastoro no começo do século XVI, citado no capítulo 10. Galileu, um século mais tarde, obviamente achava que tais argumentos nem mereciam resposta, mas não está claro como isso ocorreu.

Por outro lado, o sistema tychoniano funcionava bem demais para ser simplesmente descartado. Galileu com certeza conhecia o sistema de Tycho. Talvez ele pensasse que sua teoria das marés mostrava que a Terra realmente se move, mas a teoria não contava com o apoio de nenhum êxito quantitativo. Ou talvez Galileu não quisesse expor Copérnico à rivalidade com o tremendo adversário que era Tycho.

O *Diálogo* se desenrolava como uma conversa entre três personagens: Salviati, representando Galileu, que levava o nome de um amigo seu, o nobre florentino Filippo Salviati; Simplício, um aristotélico, de nome talvez inspirado por Simplicius (e talvez representando um simplório); e Sagredo, que levava o nome de um amigo veneziano de Galileu, o matemático Giovanni Francesco Sagredo, que serviria de sábio juiz entre os outros dois. Nos três primeiros dias da conversa, Salviati aparecia demolindo Simplício, e as marés só foram apresentadas no quarto dia. Sem dúvida, isso transgredia a ordem não assinada que a Inquisição dera a Galileu e, provavelmente, também a ordem assinada, menos rigorosa (não sustentar nem defender o copernicianismo). Para piorar as coisas, o *Diálogo* estava em italiano, não em latim, e assim podia ser lido por qualquer italiano letrado, e não só por eruditos.

Naquela altura, a ordem da Inquisição de 1616, sem assinatura, fora mostrada ao papa Urbano, talvez por inimigos que Galileu granjeara nas discussões anteriores sobre os cometas e as manchas solares. A fúria de Urbano pode ter se intensificado com a suspeita de que servira de modelo a Simplício. O fato de Simplício aparecer dizendo algumas coisas que o papa dissera quando era cardeal não ajudou muito. A Inquisição proibiu a venda do *Diálogo*, mas tarde demais — o livro já se esgotara.

Galileu foi a julgamento em abril de 1633. O processo contra ele se baseava na infração das ordens da Inquisição de 1616. Mostraram os instrumentos de tortura a Galileu, o qual tentou um acordo judicial, admitindo que a vaidade o levara longe demais. Mesmo assim, a sentença o declarou sob "suspeita veemente de heresia", condenou-o à prisão perpétua e obrigou-o a abjurar de sua posição de que a Terra gira em torno do Sol. (Segundo uma anedota apócrifa, Galileu, ao sair do tribunal, teria murmurado baixinho: "*Eppur si muove*", isto é, "Mesmo assim ela se move".)

Felizmente, Galileu não foi tratado com o rigor que seria possível. Pôde iniciar seu período de prisão como hóspede do arcebispo de Siena e, depois, ficou em sua própria *villa* em Arcetri, perto de Florença e do convento onde residiam suas filhas, irmã Maria Celeste e irmã Arcangela.[27] Como veremos no próximo capítulo, Galileu pôde naqueles anos retomar seus estudos sobre o problema do movimento, que iniciara meio século antes em Pisa.

Galileu morreu em 1642 quando ainda estava em prisão domiciliar em Arcetri. Foi somente em 1835 que livros em defesa do sistema coperniciano, como o de Galileu, foram retirados do *Índex dos livros proibidos* pela Igreja católica, embora a astronomia coperniciana já tivesse ampla aceitação desde longa data na maioria dos países não só protestantes, mas também católicos. Galileu foi reabilitado pela Igreja no século xx.[28] Em 1979, o papa João Paulo II afirmou que a *Carta a Cristina* de Galileu "formulou normas importantes de caráter epistemológico, que são indispensáveis para reconciliar as Sagradas Escrituras e a ciência".[29] Montou-se uma comissão para examinar o caso de Galileu, a qual concluiu que a Igreja na época de Galileu estava errada. O papa respondeu: "O erro dos teólogos da época, quando mantiveram a centralidade da Terra, foi pensar que nosso entendimento da estrutura física do mundo era, de alguma maneira, imposto pelo sentido literal das Sagradas Escrituras".[30]

A meu ver, isso é totalmente inadequado. É claro que a Igreja não pode se furtar a admitir o fato, agora conhecido por todos, de que estava errada sobre o movimento da Terra. Mas suponhamos que a Igreja estivesse certa e Galileu errado sobre a astronomia. Ainda assim, ela estaria errada em condenar Galileu à prisão e lhe negar o direito de publicação, assim como esteve errada em queimar Giordano Bruno na fogueira, por herege que fosse.[31] Felizmente, hoje a Igreja nem sonharia com uma coisa dessas, embora eu não saiba se ela já admitiu isso de maneira explícita. À exceção daqueles países islâmicos que punem a blasfêmia ou a apostasia, o mundo de modo geral aprendeu que não cabe aos governos e autoridades religiosas impor penalidades judiciais a opiniões religiosas, sejam verdadeiras ou falsas.

Dos cálculos e observações de Copérnico, Brahe, Kepler e Galileu surgira uma descrição correta do sistema solar, codificada nas três leis keplerianas. Já a *explicação* mostrando *por que* os planetas obedecem a essas leis teve de aguardar uma geração, até o aparecimento de Newton.

12. Começam os experimentos

Ninguém pode manipular corpos celestes e, assim, as grandes realizações astronômicas descritas no capítulo anterior se baseavam necessariamente na observação passiva. Por sorte, os movimentos dos planetas no sistema solar são de simplicidade suficiente para que, depois de muitos séculos de observação com instrumentos sempre mais sofisticados, finalmente pudessem ser descritos de maneira correta. Para a solução de outros problemas, era preciso ir além da observação e da medição e realizar experimentos em que a manipulação artificial dos fenômenos físicos sugere ou serve de teste a teorias gerais.

Em certo sentido, as pessoas sempre fizeram experiências, usando métodos de ensaio e erro para descobrir maneiras de fazer as coisas, desde refinar minérios a assar bolos. Aqui, quando falo nos princípios da experimentação, refiro-me apenas a experimentos realizados para descobrir ou testar teorias gerais sobre a natureza.

Não é possível indicar um início exato da experimentação nesse sentido.[1] Arquimedes até pode ter testado experimentalmente sua teoria hidrostática, mas seu tratado *Sobre os corpos flu-*

tuantes seguia o estilo exclusivamente dedutivo da matemática, sem nenhuma indicação de ter recorrido a experimentos. Heron e Ptolomeu adotaram procedimentos para testar experimentalmente suas teorias da reflexão e da refração, mas, durante séculos, ninguém seguiu o exemplo deles.

Uma novidade na experimentação no século XVII era a ânsia em fazer uso público dos resultados experimentais para julgar a validade das teorias físicas. Isso aparece no começo do século nos estudos sobre hidrostática, como se vê no *Discurso sobre os corpos na água* de Galileu, de 1612. Mais importante era o estudo quantitativo do movimento da queda dos corpos, pré-requisito essencial para o trabalho de Newton. É o trabalho sobre esse problema — e também sobre a natureza da pressão do ar — que marca o verdadeiro início da física experimental moderna.

Como muitas outras coisas, o estudo experimental do movimento começa com Galileu. Suas conclusões sobre o movimento apareceram nos *Diálogos sobre duas novas ciências,* terminado em 1635, quando ele estava em prisão domiciliar em Arcetri. A congregação do *Índex* da Igreja proibira a publicação, mas várias cópias foram contrabandeadas para o exterior. Em 1638, o livro foi publicado na cidade universitária de Leiden, protestante, pela empresa de Louis Elzevir. O elenco das *Duas novas ciências* consiste, mais uma vez, em Salviati, Simplício e Sagredo, nos mesmos papéis de antes.

Entre muitas outras coisas, o primeiro dia das *Duas novas ciências* traz o argumento de que os corpos leves e pesados caem à mesma velocidade, contrariando a doutrina aristotélica de que os corpos pesados caem mais depressa que os corpos leves. É claro que, devido à resistência do ar, os corpos leves de fato caem um pouco mais devagar que os pesados. Ao lidar com isso, Galileu demonstra entender a necessidade dos cientistas de conviver com aproximações, contrariando a ênfase grega nas asserções exatas baseadas numa matemática rigorosa. Como Salviati explica a Simplício:[2]

> Aristóteles diz: "Uma bola de ferro de cem libras caindo do alto de cem braças chega ao solo antes que uma de apenas uma libra desça uma só braça". Eu digo que chegam ao mesmo tempo. Ao fazer o experimento, descobre-se que a maior se antecipa à menor por duas polegadas; isto é, quando a maior chega ao solo, a outra está duas polegadas atrás. E agora queres ocultar atrás dessas duas polegadas as 99 braças de Aristóteles e, falando apenas de meu pequeno erro, manténs silêncio sobre esse outro enorme.

Galileu também mostra que o ar tem peso positivo, estima sua densidade, discute o movimento atravessando meios com resistência, explica a harmonia musical e registra que um pêndulo leva o mesmo tempo para cada oscilação, qualquer que seja a amplitude das oscilações.* Esse é o princípio que, décadas depois, levaria à invenção dos relógios de pêndulo e à medição acurada do índice de aceleração dos corpos em queda.

O segundo dia das *Duas novas ciências* trata das forças dos corpos de vários formatos. É no terceiro dia que Galileu retorna ao problema do movimento e dá sua contribuição mais interessante. Ele começa o terceiro dia revendo algumas propriedades simples do movimento uniforme e então passa a definir a aceleração uniforme nas mesmas linhas da definição do Merton College no século XIV: a velocidade aumenta em quantidades iguais em tempos

---

* Na verdade, isso se aplica apenas às oscilações pendulares em ângulos pequenos, mas Galileu não percebeu essa distinção. De fato, ele diz que as oscilações de cinquenta ou sessenta graus de arco levam o mesmo tempo de oscilações bem menores, o que sugere que não chegou a realizar efetivamente todos os experimentos pendulares que declarou. (N. A.)

iguais. Galileu também apresenta uma demonstração do Teorema da Velocidade Média, nas mesmas linhas da demonstração de Oresme, mas não faz nenhuma referência a Oresme nem aos docentes do Merton. À diferença de seus predecessores medievais, Galileu vai além desse teorema matemático e sustenta que os corpos em queda livre sofrem aceleração uniforme, mas se dispensa de investigar a causa dessa aceleração.

Como já dissemos no capítulo 10, na época havia uma alternativa muito corrente à teoria de que os corpos caem com uma aceleração uniforme. De acordo com essa outra concepção, a velocidade que os corpos em queda livre adquirem em qualquer intervalo de tempo é proporcional à *distância* percorrida na queda, e não ao tempo.* Galileu apresenta vários argumentos contra essa posição,** mas a decisão entre essas teorias diferentes da aceleração da queda dos corpos tinha de provir da experimentação.

Com a distância percorrida pela queda a partir do repouso (segundo o Teorema da Velocidade Média) igual à metade da velocidade atingida vezes o tempo decorrido, e com essa mesma velocidade proporcional ao tempo decorrido, a distância viajada em queda livre deveria ser proporcional ao *quadrado* do tempo. (Veja nota técnica 25.) Foi isso que Galileu decidiu verificar.

Os corpos em queda livre se movem rápido demais para que Galileu conseguisse verificar essa conclusão seguindo a distância que um corpo em queda percorre num determinado tempo, e por

---

* Em termos literais, isso significaria que, soltando-se um corpo em repouso, ele nunca cairia, visto que, com velocidade inicial zero no final do primeiro instante infinitesimal, ele não teria se movido e, portanto, com uma velocidade proporcional à distância, ainda teria velocidade zero. Talvez a doutrina de que a velocidade é proporcional à distância percorrida na queda se destinasse apenas a aplicações depois de um breve período inicial de aceleração. (N. A.)

** Um desses argumentos é falacioso, pois se aplica à velocidade *média* durante um intervalo de tempo, e não à velocidade adquirida ao final desse intervalo. (N. A.)

isso ele teve a ideia de diminuir a velocidade da queda e estudar bolas rolando num plano inclinado. Para que isso fosse aplicável, ele tinha de mostrar que o movimento de uma bola descendo por um plano inclinado tem relação com um corpo em queda livre. Foi o que fez, notando que a velocidade atingida por uma bola depois de descer um plano inclinado depende apenas da distância *vertical* que a bola rolou, e não do ângulo de inclinação do plano.* Uma bola em queda livre pode ser vista como uma bola rolando num plano vertical, e assim, se a velocidade de uma bola rolando num plano inclinado é proporcional ao tempo transcorrido, então o mesmo deve se aplicar a uma bola em queda livre. Para um plano com pequena inclinação, evidentemente a velocidade é muito menor que a velocidade de um corpo em queda livre (e é esse o sentido de usar um plano inclinado), mas as duas velocidades são proporcionais, e assim a distância percorrida no plano é proporcional à distância que um corpo em queda livre teria viajado no mesmo tempo.

Nas *Duas novas ciências*, Galileu afirma que a distância rolada é proporcional ao quadrado do tempo. Ele havia feito esses experimentos em Pádua, em 1603, com um plano a um ângulo de menos de dois graus para a horizontal, marcado com linhas a intervalos de cerca de um milímetro.[3] Ele avaliou o tempo pela igualdade dos intervalos entre os sons feitos pela bola quando atingia as marcas nessa trajetória, cujas distâncias a partir do ponto inicial estão nas razões de $1^2 = 1 \div 2^2 = 4 \div 3^2 = 9$, e assim sucessivamente.

---

* Isso consta na nota técnica 25. Como ali explicamos, embora Galileu não soubesse, a velocidade da bola rolando pelo plano não é igual à velocidade de um corpo em queda livre percorrendo a mesma distância vertical, porque uma parte da energia liberada pela descida vertical vai para a rotação da bola. Mas as velocidades são proporcionais, e assim a conclusão qualitativa de Galileu de que a velocidade de queda de um corpo é proporcional ao tempo não se altera quando levamos em conta a rotação da bola. (N. A.)

Nos experimentos apresentados nas *Duas ciências novas*, ele mediu os intervalos relativos de tempo com uma clepsidra. Uma reconstituição moderna desse experimento mostra que Galileu poderia muito bem ter alcançado a acurácia que alegava.[4]

A aceleração da queda dos corpos já fora tratada na obra de Galileu que citamos no capítulo anterior, o *Diálogo sobre os dois principais sistemas de mundo*. No segundo dia desse *Diálogo* anterior, Salviati, com efeito, afirma que a distância percorrida na queda é proporcional ao quadrado do tempo, mas a explicação dada é bastante confusa. Ele também comenta que uma bola de canhão soltada a uma altura de cem *braccia* atingirá o solo em cinco segundos. É bastante claro que Galileu não mediu efetivamente esse tempo,[5] mas está aqui apenas dando um exemplo ilustrativo. Se se considerar uma *braccia* como 21,5 polegadas, então, usando o valor moderno da aceleração devida à gravidade, um corpo pesado leva 3,3 segundos, não cinco, para cair cem *braccia*. Mas, pelo visto, Galileu nunca tentou seriamente medir a aceleração devida à gravidade.

O quarto dia dos *Diálogos sobre as duas novas ciências* trata da trajetória dos projéteis. As ideias de Galileu se baseavam largamente num experimento que ele fez em 1608[6] (apresentado em detalhes na nota técnica 26). Faz-se uma bola rolar num plano inclinado a partir de várias alturas iniciais, então no tampo horizontal da mesa onde está o plano inclinado, e por fim, da beirada da mesa, projeta-se a bola no ar. Medindo a distância percorrida quando a bola chega ao chão e observando o percurso da bola no ar, Galileu concluiu que a trajetória traça uma parábola. Ele não descreve esse experimento nas *Duas novas ciências*, mas apresenta o argumento teórico em favor da parábola. O ponto principal, que veio a ser essencial na mecânica de Newton, é que cada componente separado do movimento de um projétil está submetido ao componente correspondente da força agindo sobre o projétil.

Depois que um projétil rola e cai da beirada de uma mesa ou é disparado de um canhão, não há nada que altere seu movimento horizontal a não ser a resistência do ar, e assim a distância horizontal percorrida é praticamente proporcional ao tempo transcorrido. Por outro lado, no mesmo intervalo de tempo, como qualquer corpo em queda livre, o projétil sofre uma aceleração para baixo, de modo que a distância da queda vertical é proporcional ao quadrado do tempo transcorrido. Segue-se que a distância vertical da queda é proporcional ao quadrado da distância horizontal percorrida. Que tipo de curva tem essa propriedade? Galileu mostra que o percurso do projétil é uma parábola, usando a definição de Apolônio, segundo a qual uma parábola é a interseção de um cone com um plano paralelo à superfície do cone. (Veja nota técnica 26.)

Os experimentos descritos nas *Duas novas ciências* constituíram uma ruptura histórica com o passado. Em vez de se restringir ao estudo da queda livre, que Aristóteles considerara como o movimento natural, Galileu passou para movimentos artificiais, de bolas forçadas a rolar por um plano inclinado ou de projéteis lançados à frente. Nesse sentido, o plano inclinado de Galileu é um ancestral distante dos aceleradores de partículas atuais, com os quais criamos artificialmente partículas que não se encontram em nenhum lugar da natureza.

O trabalho de Galileu sobre o movimento teve prosseguimento com Christiaan Huygens, talvez a figura mais marcante na brilhante geração entre Galileu e Newton. Huygens nasceu em 1629, numa família do alto funcionalismo público que trabalhara na administração da República holandesa sob a Casa de Orange. De 1645 a 1647, ele estudou direito e matemática na Universidade de Leiden, mas depois passou a se dedicar apenas à matemática e por fim à ciência natural. Como Descartes, Pascal e Boyle, Huygens era um polímata, trabalhando num amplo leque de problemas de matemática, astronomia, estática, hidrostática, dinâmica e óptica.

O trabalho astronômico mais importante de Huygens foi seu estudo telescópico do planeta Saturno. Em 1655, ele descobriu sua maior lua, Titã, revelando assim que não são apenas a Terra e Júpiter que têm satélites. Huygens também explicou que a peculiar aparência não circular de Saturno, notada por Galileu, deve-se aos anéis que cercam o planeta.

Em 1656-7, Huygens inventou o relógio de pêndulo. Baseava-se na observação de Galileu de que o tempo que um pêndulo leva em cada oscilação independe de sua amplitude. Huygens reconhece que isso vale apenas em oscilações muito pequenas, e descobriu formas engenhosas de preservar essa independência dos tempos em relação à amplitude mesmo para oscilações de amplitudes bastante consideráveis. Enquanto os relógios mecânicos grosseiros anteriores adiantavam ou atrasavam cinco minutos por dia, os relógios de pêndulo de Huygens geralmente atrasavam ou adiantavam não mais de dez segundos por dia, e num caso apenas meio segundo por dia.[7]

A partir do período de um relógio de pêndulo de determinado tamanho, no ano seguinte Huygens pôde inferir o valor da aceleração dos corpos em queda livre perto da superfície terrestre. Em *Horologium oscillatorium*, publicado mais tarde em 1673, Huygens pôde mostrar que "o tempo de uma pequena oscilação está relacionado com o tempo da queda perpendicular de metade da altura do pêndulo tal como a circunferência de um círculo está relacionada com seu diâmetro".[8] Ou seja, o tempo que um pêndulo leva para oscilar num pequeno ângulo de um lado ao outro é igual vezes o tempo para que um corpo caia a uma distância igual à metade do comprimento do pêndulo. (Esse resultado a que Huygens chegou não é fácil de se obter sem uso do cálculo.) Empregando esse princípio e medindo os períodos de pêndulos de várias extensões, Huygens pôde calcular a aceleração devida à gravidade, algo que Galileu não poderia medir acuradamente com os meios de que dispunha. Na formulação de Huygens, um corpo em queda livre cai 15 $^1/_{12}$ "pés parisienses" no primeiro segundo. Estima-se que a razão do pé de Paris para o pé inglês moderno é de 1,06 a 1,08; se considerarmos um pé parisiense como igual a 1,07 pé inglês, o resultado de Huygens foi que um corpo em queda livre cai 16,1 pés no primeiro segundo, o que implica uma aceleração de 32,2 pés/segundo por segundo, numa excelente concordância com o valor-padrão moderno de 32,17 pés/segundo por segundo. (Como bom experimentalista, Huygens conferiu que a aceleração da queda dos corpos realmente concorda, dentro da margem de erro experimental, com a aceleração que inferiu de suas observações dos pêndulos.) Como veremos, essa medição, depois retomada por Newton, foi fundamental para relacionar a força da gravidade na Terra com a força que mantém a Lua em sua órbita.

Teria sido possível inferir a aceleração devida à gravidade a partir das medições anteriores, feitas por Riccioli, do tempo que os pesos levam para cair várias distâncias.[9] Para medir o tempo com precisão, Riccioli usou um pêndulo que fora cuidadosamente calibrado contando suas batidas num dia solar ou sideral. Para surpresa de Riccioli, suas medições confirmaram a conclusão de Galileu de que a distância percorrida na queda é proporcional ao quadrado do tempo. A partir dessas medições, publicadas em 1651, seria possível calcular (coisa que Riccioli não fez) que a aceleração devida à gravidade é de trinta pés romanos/segundo por segundo. É uma sorte que Riccioli tenha registrado que a altura da torre Asinelli em Bolonha, de onde soltou muitos dos pesos, é de 312 pés romanos. A torre ainda existe e sabe-se que sua altura é de 323 pés ingleses modernos, de modo que o pé romano de Riccioli devia ser $^{323}/_{312} = 1,035$ pé inglês, e trinta pés romanos/segundo por segundo, portanto, correspondem a 31 pés ingleses/segundo por segundo, numa boa concordância com o valor moderno. De fato, se Riccioli conhecesse a relação de Huygens entre o período de um pêndulo e o tempo necessário para um corpo cair metade de seu comprimento, poderia ter usado sua calibração dos pêndulos para calcular a aceleração devida à gravidade, sem precisar soltar nada lá do alto das torres de Bolonha.

Em 1664, Huygens foi eleito para a nova Académie Royale des Sciences, com direito a estipêndio, e se mudou para Paris, onde permaneceu nas duas décadas seguintes. Sua grande obra sobre óptica, o *Tratado sobre a luz*, foi escrito em Paris em 1678 e lançou a teoria ondulatória da luz. Foi publicado apenas em 1690, talvez porque Huygens tivesse esperança de traduzi-lo do francês para o latim, mas nunca teve tempo para isso, até sua morte em 1695. Voltaremos à teoria ondulatória de Huygens no capítulo 14.

Num artigo de 1669 no *Journal des Sçavans*, Huygens apresentou a formulação correta das regras que regem as colisões de corpos duros (que Descartes entendera errado): é a conservação do que agora chamamos de momentum e energia cinética.[10] Huygens declarou que confirmara experimentalmente esses resultados, talvez estudando o impacto dos prumos do pêndulo em colisão, cujas velocidades inicial e final podiam ser calculadas com precisão. E, como veremos no capítulo 14, Huygens, em *Horologium oscillatorium*, calculou a aceleração associada ao movimento numa trajetória curva, resultado de grande importância para o trabalho de Newton.

O exemplo de Huygens mostra como a ciência se afastara da mera imitação da matemática, da confiança na dedução e da certeza como objetivo, características da matemática. No prefácio ao *Tratado sobre a luz*, Huygens explica que:

Ver-se-ão [neste livro] demonstrações daquelas espécies que não produzem uma certeza tão grande quanto as da geometria, e que até diferem muito delas, visto que, enquanto os geômetras provam suas proposições por princípios fixos e incontestáveis, aqui os princípios são verificados pelas conclusões a ser extraídas deles, a natureza dessas coisas não permitindo que se proceda de outra maneira.[11]

É a melhor descrição dos métodos da ciência física moderna que se pode encontrar.

Na obra de Galileu e de Huygens sobre o movimento, a experimentação foi utilizada para refutar a física de Aristóteles. O mesmo se pode dizer do estudo contemporâneo da pressão atmosférica. A impossibilidade do vácuo era uma das doutrinas de Aristóteles que passaram a ser questionadas no século XVII. Começou-se a entender que fenômenos como a sucção, que pareciam nascer do horror da natureza ao vazio, na verdade representam efeitos da pressão do ar. Três figuras desempenharam um papel fundamental nessa descoberta, na Itália, França e Inglaterra.

Os poceiros de Florença já sabiam desde algum tempo que as bombas de sucção não conseguem erguer a água mais que cerca de dezoito *braccia* ou 32 pés. (O valor real no nível do mar está mais próximo de 33,5 pés.) Galileu e outros estudiosos haviam pensado que isso mostrava um limite ao horror que a natureza sente pelo vazio. Evangelista Torricelli, um florentino que trabalhava com geometria, movimento dos projéteis, mecânica dos fluidos, óptica e uma versão inicial do cálculo, forneceu outra interpretação. Torricelli argumentou que essa limitação das bombas de sucção surge porque o peso do ar pressionando a água no poço só podia suportar uma coluna de água de dezoito *braccia* de altura. Esse peso está difuso no ar, de modo que qualquer superfície, horizontal ou não, está submetida ao ar a uma força proporcional à sua área; a força por área, ou *pressão*, exercida pelo ar em repouso é igual ao peso de uma coluna vertical de ar, subindo até o alto da atmosfera, dividido pela área transversal da coluna. Essa pressão age sobre a superfície de água num poço e se soma à pressão da água, de modo que, quando a pressão do ar no alto de um tubo vertical imerso na água é reduzida por uma bomba, a água sobe no tubo, mas apenas numa quantidade limitada pela pressão finita do ar.

Torricelli realizou uma série de experimentos nos anos 1640 para provar essa ideia. Ele raciocinou que, visto que o peso de um volume de mercúrio é 13,6 vezes o peso do mesmo volume de água, a altura máxima de uma coluna de mercúrio num tubo de vidro vertical fechado em cima que possa ser sustentada pelo ar, seja pelo ar pressionando a superfície de uma poça de mercúrio onde o tubo está de pé ou sobre a base aberta do tubo quando exposto ao ar, deveria ser de dezoito *braccia* divididos por 13,6 ou, usando valores modernos mais precisos, 33,5 pés/13,6 = trinta polegadas = 760 milímetros. Em 1643, ele observou que, se se encher de mercúrio um tubo de vidro vertical mais comprido que isso e fechado na extremidade superior, uma quantidade de mercúrio transbordará até que a altura do mercúrio dentro do tubo fique com cerca de trinta polegadas. Isso deixa um espaço vazio em cima, agora conhecido como "vácuo de Torricelli". Um tubo desses, então, pode servir de barômetro, para medir as mudanças na pressão atmosférica ambiente; quanto maior a pressão do ar, mais alta a coluna de mercúrio que ele pode suportar.

O polímata francês Blaise Pascal é mais conhecido por seus *Pensamentos*, obra de teologia cristã, e por sua defesa da seita jansenista contra a ordem jesuíta, mas também deu contribuições à geometria e à teoria da probabilidade e explorou os fenômenos pneumáticos estudados por Torricelli. Pascal raciocinou que, se a coluna de mercúrio num tubo de vidro aberto embaixo é sustentada pela pressão do ar, então a altura da coluna deveria diminuir quando o tubo estivesse em grande altitude numa montanha, onde há menos ar por cima e, portanto, menor pressão atmosférica. Depois de verificar essa previsão numa série de expedições de

1648 a 1651, Pascal concluiu: "Todos os efeitos atribuídos [ao horror ao vácuo] se devem ao peso e à pressão do ar, que é a única causa real".[12]

Pascal e Torricelli foram homenageados com a escolha de seus nomes para designar as unidades de pressão modernas. Um pascal é a pressão que produz uma força de um newton (a força que dá a uma massa de um quilograma uma aceleração de um metro por segundo num segundo), quando exercida numa área de um metro quadrado. Um torr é a pressão que sustenta uma coluna de um milímetro de mercúrio. A pressão atmosférica padrão é de 760 torr, que equivale a pouco mais de 100 mil pascais.

Na Inglaterra, Robert Boyle deu andamento ao trabalho de Torricelli e Pascal. Boyle era filho do conde de Cork e, portanto, membro absentista da "ascendência", a elite protestante que dominava a Irlanda naquela época. Foi educado no Eton College, fez uma extensa viagem pelo continente europeu e combateu do lado do Parlamento nas guerras civis que assolaram a Inglaterra nos anos 1640. Fato incomum para um membro de sua classe social, ele adquiriu fascínio pela ciência. Tomou conhecimento das novas ideias que revolucionavam a astronomia em 1642, quando leu os *Dois principais sistemas do mundo* de Galileu. Boyle insistia em explicações naturalistas dos fenômenos naturais, declarando: "Ninguém deseja mais [que] reconhecer e venerar a divina onipotência, [porém] nossa controvérsia não se refere ao que Deus pode fazer, mas sim ao que pode ser feito por agentes naturais, não alçados acima da esfera da natureza".[13] Mas ele sustentava que as maravilhosas capacidades humanas e animais mostravam que deviam ter sido concebidas por um criador benevolente.

O trabalho de Boyle sobre a pressão do ar foi exposto em 1660 em *Novos experimentos físico-mecânicos concernentes à elasticidade do ar*. Ele usou em seus experimentos uma bomba de ar aperfeiçoada, inventada por seu assistente Robert Hooke, a respeito de quem falaremos mais no capítulo 14. Bombeando o ar fora de vasos, Boyle pôde estabelecer que o ar é necessário para a propagação do som, para o fogo e para a vida. Ele descobriu que o nível de mercúrio num barômetro cai quando se bombeia o ar do ambiente, aduzindo um sólido argumento em favor da conclusão de Torricelli de que é a pressão atmosférica a responsável por fenômenos antes atribuídos ao horror da natureza pelo vazio. Usando uma coluna de mercúrio para variar a pressão e o volume de ar num tubo de vidro, sem deixar entrar nem sair ar e mantendo a temperatura constante, Boyle pôde estudar a relação entre pressão e volume. Numa segunda edição dos *Novos experimentos*, em 1662, ele mostrou que a pressão varia com o volume de tal forma que se mantém fixa a pressão vezes o volume, regra agora conhecida como Lei de Boyle.

Nem mesmo os experimentos de Galileu com planos inclinados ilustram o novo estilo agressivo da física experimental tão bem quanto esses experimentos sobre a pressão do ar. Os filósofos naturais já não confiavam mais que a natureza iria revelar espontaneamente seus princípios a observadores casuais. Pelo contrário, ela estava sendo tratada como adversária esquiva e tortuosa, cujos segredos tinham de ser arrancados com a engenhosa criação de circunstâncias artificiais.

13. A reconsideração do método

No final do século XVI, o modelo aristotélico de investigação científica estava sob séria contestação. Então foi natural procurar uma nova abordagem para o método de obter conhecimentos confiáveis sobre a natureza. As duas figuras que ganharam maior renome pela tentativa de formular um novo método para a ciência são Francis Bacon e René Descartes. Em minha opinião, são dois indivíduos que têm uma importância altamente superestimada na revolução científica.

Francis Bacon nasceu em 1561, filho de Nicholas Bacon, lorde guardião do Selo Real da Inglaterra. Depois de estudar no Trinity College, em Cambridge, Bacon foi admitido no foro e seguiu carreira no direito, na diplomacia e na política. Tornou-se barão de Verulâmio e Lord chanceler da Inglaterra em 1618, e mais tarde visconde de St. Albans, mas em 1621 foi julgado culpado de corrupção e o Parlamento o afastou, declarando-o inepto para ocupar cargos públicos.

A fama de Bacon na história da ciência se baseia em larga medida em seu livro *Novum organum*, publicado em 1620. Nesse livro, Bacon, que não era cientista nem matemático, expôs uma visão empirista radical da ciência, rejeitando não só Aristóteles, mas também Ptolomeu e Copérnico. As descobertas emergiriam diretamente da observação neutra e cuidadosa da natureza, e não da dedução de primeiros princípios. Ele também desdenhou qualquer pesquisa que não servisse a um objetivo prático imediato. Em *A nova Atlântida*, imaginou um instituto de pesquisas cooperativas, a "Casa de Salomão", cujos integrantes se dedicariam a reunir fatos úteis sobre a natureza. Assim, o homem supostamente reconquistaria o domínio sobre a natureza, que perdera ao ser expulso do Éden. Corre uma história de que Bacon, fiel a seus princípios empíricos, teria morrido de pneumonia, em 1626, depois de um estudo experimental de congelamento da carne.

Bacon se situa no outro extremo de Platão. Evidentemente, os dois extremos estavam errados. O progresso depende de uma combinação de observações ou experimentos, que podem sugerir princípios gerais, e de deduções desses princípios que podem ser testadas contra novas observações ou experimentos. A busca de conhecimentos de valor prático pode servir para compensar a especulação desenfreada, mas o entendimento do mundo tem valor em si mesmo, quer leve diretamente ou não a algo de útil. Os cientistas do século XVII e XVIII invocavam Bacon como contrapeso a Platão e Aristóteles, mais ou menos como um político americano pode invocar Jefferson sem nunca ter sido influenciado por nada que Jefferson fez ou disse. Pessoalmente, não vejo que os escritos de Bacon tenham trazido melhoria a qualquer trabalho de algum cientista. Galileu não precisara de Bacon para lhe dizer que procedesse a seus experimentos, e creio que Boyle e Newton também não. Um século antes de Galileu, outro florentino, Leonardo da Vinci (1452-1519), já fazia experimentos sobre a queda dos corpos, a flutuação dos líquidos e muitas outras coisas.[1] Sabemos desses trabalhos graças a dois ou três tratados sobre pintura e sobre o movimento dos fluidos que foram compilados depois de sua morte, e a anotações suas que, desde então, vêm sendo descobertas de tempos em tempos, mas, se os experimentos de Leonardo não tiveram nenhuma influência no avanço da ciência, pelo menos mostram que já muito antes de Bacon praticava-se a experimentação.

René Descartes foi uma figura muito mais digna de nota que Bacon. Nascido em 1596 na nobreza togada da França, a chamada *noblesse de robe*, foi educado no colégio jesuíta de La Flèche, estudou direito na Universidade de Poitiers e serviu no exército de Maurício de Nassau durante a guerra de independência holandesa. Em 1619, Descartes decidiu se dedicar à filosofia e à matemática, trabalho que iniciou a sério depois de 1628, quando se estabeleceu na Holanda em caráter permanente.

Descartes expôs suas ideias sobre a mecânica em *Le Monde* (O mundo), escrito no começo dos anos 1630, mas publicado apenas postumamente, em 1664. Em 1637, ele publicou uma obra filosófica, *Discours de la méthode pour bien conduire sa raison, et chercher la vérité dans les sciences* (Discurso sobre o método para bem conduzir a razão e buscar a verdade nas ciências). Suas ideias ganharam desenvolvimento em sua obra mais extensa, *Princípios de filosofia*, publicada em latim em 1644 e em tradução francesa em 1647. Nessas obras, Descartes manifesta seu ceticismo quanto ao conhecimento derivado da autoridade ou dos sentidos. Para Descartes, o único fato certo é que ele existe, o que deduz da observação de estar pensando a esse respeito. Então conclui que o mundo existe porque ele o percebe sem exercer nenhum esforço da vontade. Rejeita a teleologia aristotélica — as coisas são o que são, não por causa de nenhuma finalidade a que possam servir. Apresenta vários argumentos em favor da existência de Deus (nenhum deles convincente), mas rejeita a autoridade da religião estabelecida. Também rejeita forças ocultas operando à distância

— as coisas interagem por contato direto, umas puxando ou empurrando outras.

Descartes foi um pioneiro em introduzir a matemática na física, mas, como Platão, impressionava-se demais com o exemplo da certeza do raciocínio matemático. Na parte I dos *Princípios de filosofia*, chamada "Sobre os princípios do conhecimento humano", Descartes expôs como o pensamento puro poderia deduzir com certeza princípios científicos fundamentais. Podemos confiar na "clareza natural ou [n]a faculdade de conhecimento que nos é dada por Deus" porque "seria uma contradição total que Ele nos enganasse".[2] É engraçado que Descartes pensasse que um Deus que permitia terremotos e pragas não permitiria que um filósofo fosse enganado.

Descartes, de fato, aceitava que a aplicação de princípios físicos fundamentais a sistemas específicos podia conter incerteza e exigir experimentação, caso não se conhecessem todos os detalhes do que contém o sistema. Em sua discussão da astronomia na parte III dos *Princípios de filosofia*, ele examina várias hipóteses sobre a natureza do sistema planetário e cita as observações de Galileu sobre as fases de Vênus como razão para preferir as hipóteses de Copérnico e Tycho, em vez das de Ptolomeu.

Esse breve resumo praticamente nem aborda as ideias de Descartes. Sua filosofia foi e é muito admirada, sobretudo na França e entre os especialistas da área. Isso me parece curioso. Para alguém que dizia ter descoberto o verdadeiro método para buscar um conhecimento seguro, chega a ser notável o quanto Descartes errou sobre tantos aspectos da natureza. Estava errado sobre a prolação da Terra (isto é, que a distância da Terra de um polo ao outro é maior que o círculo equatorial). Estava errado, como Aristóteles, sobre a impossibilidade do vazio. Estava errado sobre a transmissão instantânea da luz.* Estava errado ao dizer que o espaço é ocupado por vórtices materiais que transportam os planetas em suas trajetórias. Estava errado ao enunciar que a glândula pineal é a sede de uma alma responsável pela consciência humana. Estava errado sobre a quantidade conservada nas colisões. Estava errado quando afirma que a velocidade de um corpo em queda livre é proporcional à distância percorrida na queda. Finalmente, com base na observação de vários encantadores gatos de estimação, estou convicto de que Descartes também estava errado ao considerar os animais como máquinas sem verdadeira consciência. Voltaire fazia ressalvas semelhantes em relação a Descartes:[3]

> Ele errou sobre a natureza da alma, sobre as provas da existência de Deus, sobre a questão da matéria, sobre as leis do movimento, sobre a natureza da luz. Admitiu ideias inatas, inventou novos elementos, criou um mundo, fez o homem à sua maneira — de fato, diz-se com razão que o homem segundo Descartes é o homem de Descartes, muito distante do homem como realmente é.

Os erros de julgamento científico de Descartes não teriam importância na hora de avaliar a obra de um indivíduo escrevendo sobre filosofia ética ou política, ou mesmo sobre metafísica,

---

* Descartes comparou a luz a uma vara rígida que, quando empurrada numa ponta, se move instantaneamente na outra ponta. Também estava errado sobre as varas, embora por razões que na época não poderia saber. Quando uma vara é empurrada numa ponta, não acontece nada na outra enquanto uma onda de compressão (basicamente uma onda sonora) não percorrer toda a vara até a outra ponta. A velocidade dessa onda aumenta com a rigidez da vara, mas a teoria especial da relatividade de Einstein não admite rigidez total de nenhum corpo; nenhuma onda pode ter velocidade maior que a da luz. Esse tipo de comparação usado por Descartes é examinado por Peter Galison, "Descartes Comparisons: From the Invisible to the Visible" (*Isis* 75, p. 311, 1984). (N. A.)

mas, em se tratando de alguém que escreveu sobre "o método para bem conduzir a razão e buscar a verdade nas ciências", o reiterado malogro de Descartes em entender corretamente as coisas não pode senão lançar uma sombra sobre seu julgamento filosófico. A dedução simplesmente não consegue arcar com o peso que Descartes lhe consignou.

Mesmo os maiores cientistas cometem erros. Vimos que Galileu errou sobre as marés e os cometas, e vimos que Newton errou sobre a difração. Apesar de seus erros, Descartes — ao contrário de Bacon — realmente deu contribuições significativas à ciência. Elas foram publicadas como suplemento ao *Discurso sobre o método*, em três categorias: geometria, óptica e meteorologia.[4] A meu ver, são estas, mais que seus textos filosóficos, que representam as contribuições positivas de Descartes à ciência.

Sua maior contribuição foi a invenção de um novo método matemático, agora conhecido como "geometria analítica", em que as curvas e superfícies são representadas por equações que são atendidas pelas coordenadas de pontos na curva ou superfície. As "coordenadas", em geral, podem ser quaisquer números que dão a localização de um ponto, como longitude, latitude e altitude, mas as coordenadas específicas conhecidas como "coordenadas cartesianas" são as distâncias do ponto em relação a algum centro, ao longo de um conjunto de direções perpendiculares fixas. Por exemplo, em geometria analítica, um círculo de raio R é uma curva em que as coordenadas x e y são distâncias medidas a partir do centro do círculo em duas direções perpendiculares quaisquer e satisfazem à equação $x^2 + y^2 = R^2$. (A nota técnica 18 apresenta uma descrição similar de uma elipse.) Esse importantíssimo uso de letras do alfabeto para representar distâncias ou outros números ignorados teve início no século XVI com o matemático, criptoanalista e cortesão francês François Viète, mas ele ainda usava palavras para escrever as equações. O formalismo moderno da álgebra e sua aplicação à geometria analítica se devem a Descartes.

Com a geometria analítica, podemos encontrar as coordenadas do ponto onde duas curvas se intersectam, ou a equação para a curva onde se dá a interseção de duas superfícies, resolvendo o par de equações que define as curvas e as superfícies. É assim que hoje a maioria dos físicos resolve os problemas geométricos, usando a geometria analítica em vez dos métodos euclidianos clássicos.

Em física, as contribuições significativas de Descartes se deram no estudo da luz. Em primeiro lugar, em sua *Óptica*, ele apresentou a relação entre os ângulos de incidência e refração quando a luz passa do meio A para o meio B (por exemplo, do ar para a água): se o ângulo entre o raio incidente e a perpendicular à superfície separando os meios é i, e o ângulo entre o raio refratado e essa perpendicular é r, então o seno* de i dividido pelo seno de r é uma constante n independente do ângulo:

$$\text{seno de } i \,/\, \text{seno de } r = n$$

No caso comum em que o meio A é o ar (ou, em termos estritos, o espaço vazio), n é a constante conhecida como o "índice de refração" do meio B. Por exemplo, se A é ar e B é água, então n é o índice de refração da água, cerca de 1,33. Em todos os casos análogos, em que n é maior que um, o ângulo de refração r é menor do que o ângulo de incidência i, e o raio de luz entrando no meio mais denso se curva na direção perpendicular à superfície.

Descartes não sabia, mas essa relação já fora obtida empirica-

---

* Vale lembrar que o seno de um ângulo é o lado oposto àquele ângulo num triângulo retângulo, dividido pela hipotenusa do triângulo. Ele aumenta conforme o ângulo aumenta de zero a 90°, em proporção ao ângulo para os ângulos pequenos, e então mais lentamente. (N. A.)

mente em 1621 pelo dinamarquês Willebrord Snel e mesmo antes pelo inglês Thomas Harriot, enquanto uma figura num manuscrito do físico árabe Ibn Sahl, no século x, sugere que ele também já a conhecia, mas foi Descartes o primeiro a publicá-la. Hoje, essa relação é geralmente conhecida como Lei de Snell, exceto na França, onde é mais comumente atribuída a Descartes.

É difícil acompanhar a derivação cartesiana da lei da refração, em parte porque Descartes não usou o conceito trigonométrico do seno de ângulo nem na apresentação da derivação nem na exposição do resultado, mas escreveu em termos puramente geométricos, embora tenhamos visto que o seno fora trazido da Índia para a Europa quase sete séculos antes, graças a Al-Battani, cujo trabalho era bem conhecido na Europa medieval. A derivação de Descartes se baseia numa analogia com o que ele imaginava acontecer quando se bate numa bola de tênis através de uma tela de tecido fino: a bola perde alguma velocidade, mas a tela não pode exercer nenhum efeito sobre o componente da velocidade da bola *ao longo* da tela. Essa suposição (como mostra a nota técnica 27) leva ao resultado acima citado: a razão dos senos dos ângulos que a bola de tênis forma com a perpendicular à tela antes e depois de atingi-la é uma constante n independente do ângulo. É difícil ver esse resultado na exposição de Descartes, que não usa álgebra nem trigonometria (o que é surpreendente da parte do autor da *Geometria*), mas ele deve ter entendido esse resultado, visto que, com um valor adequado para n, ele obtém de maneira mais ou menos satisfatória as respostas numéricas certas em sua teoria do arco-íris, tratada mais à frente.

Há duas coisas visivelmente erradas na derivação de Descartes. É óbvio que a luz não é uma bola de tênis e a superfície separando o ar e a água ou o vidro não é uma tela de tecido, de modo que essa analogia é bastante duvidosa, sobretudo para Descartes, o qual pensava que a luz, ao contrário das bolas de tênis, sempre viaja a uma velocidade infinita.[5] Além disso, a analogia cartesiana também leva a um valor errado para n. Para as bolas de tênis (como se vê na nota técnica 27), sua suposição implica que n é igual à razão entre a velocidade da bola v_B no meio B depois de passar pela tela e sua velocidade v_A no meio A antes que atinja a tela. É claro que a bola diminuiria de velocidade ao passar pela tela, de modo que v_B seria menor que v_A e a razão n entre elas seria inferior a 1. Aplicado à luz, isso significaria que o ângulo entre o raio refratado e a perpendicular à superfície seria *maior* que o ângulo entre o raio incidente e essa perpendicular. Descartes sabia disso e até chegou a apresentar um diagrama mostrando a trajetória da bola de tênis se afastando em curva da perpendicular. Descartes também sabia que isso não se aplicava à luz, pois, como se observara pelo menos desde a época de Ptolomeu, um raio de luz vindo do ar e entrando na água se dobra *em direção* à perpendicular à superfície da água, de modo que o seno de i é maior que o seno de r e, portanto, n é maior que 1. Numa exposição totalmente confusa que não consigo entender, de certa forma Descartes argumenta que a luz viaja mais facilmente na água que no ar, de modo que n, para a luz, é maior que 1. Para as finalidades de Descartes, a falha em explicar o valor de n não tinha muita importância, pois ele podia pegar e de fato pegou o valor de n a partir da experimentação (talvez a partir dos dados da *Óptica* de Ptolomeu), que, evidentemente, dá n maior que 1.

Temos uma derivação mais convincente da lei da refração com o matemático Pierre de Fermat (1601-65), seguindo as linhas da derivação feita por Heron de Alexandria para a regra de ângulos iguais regendo a reflexão, mas agora supondo que os raios de luz tomam o caminho que leva menos *tempo*, e não o caminho mais curto. Essa suposição (como mostra a nota técnica 28) leva à fórmula correta, qual seja, que n é a razão entre a velocidade da luz no meio A e sua velocidade no meio B e, portanto, é maior que 1 quando *A* é ar e *B* é vidro ou água. Descartes jamais poderia chegar a essa fórmula para *n* porque, para ele, a luz viajava instantaneamente. (Como veremos no capítulo 14, Christiaan Huygens apresentou mais uma derivação do resultado correto, baseada em sua teoria da luz como uma perturbação que se propaga, a qual não se baseia no pressuposto a priori de Fermat de que o raio de luz percorre o caminho que leva menos tempo.)

Descartes fez uma magnífica aplicação da lei de refração: em sua *Meteorologia*, usou a relação entre os ângulos de incidência e refração para explicar o arco-íris. Era Descartes em sua melhor forma como cientista. Aristóteles havia sustentado que as cores do arco-íris são produzidas quando pequenas partículas de água suspensas no ar refletem a luz.[6] E também, como vimos nos capítulos 9 e 10, tanto Al-Farisi quanto Dietrich de Freiburg, na Idade Média, haviam reconhecido que os arco-íris se devem à refração dos raios de luz quando entram e saem das gotas de chuvas suspensas no ar. Mas ninguém antes de Descartes apresentara uma descrição quantitativa detalhada.

Primeiro, ele realizou um experimento usando um globo esférico de vidro fino, cheio de água, como modelo de uma gota de chuva. Observou que, quando os raios de sol podiam entrar no globo seguindo várias direções, a luz que saía a um ângulo de cerca de 42º em relação à direção incidente era "completamente vermelha e incomparavelmente mais brilhante que as demais". Descartes concluiu que um arco-íris (ou pelo menos sua parte vermelha) traça um arco no céu para o qual o ângulo entre a linha de visada até o arco-íris e a direção do arco-íris ao sol é de cerca de 42º. Ele supôs que os raios de luz são refratados ao entrar numa gota, refletidos a partir da superfície traseira da gota e então novamente refratados ao sair da gota, voltando para o ar. Mas o que explica essa propriedade das gotas de chuva, qual seja, a de devolver a luz preferencialmente a um ângulo de cerca de 42º em relação à direção incidente?

Para responder a isso, Descartes considerou os raios de luz entrando numa gota esférica de água seguindo dez linhas paralelas diferentes. Classificou esses raios pelo que hoje chamamos de parâmetro de impacto b, a distância mais próxima do centro da gota que o raio alcançaria se atravessasse a gota em linha reta, sem ser refratado. O primeiro raio escolhido foi o que, se não sofresse refração, passaria a uma distância do centro da gota igual a 10% do raio R da gota (isto é, com $b = 0,1\ R$), enquanto o décimo raio foi escolhido para roçar a superfície da gota (de modo que $b = R$), e os raios intermediários foram tomados com espaçamentos iguais entre esses dois. Descartes examinou o caminho de cada raio ao ser refratado entrando na gota, refletido pela superfície traseira da gota e então refratado novamente ao sair da gota, usando a lei de reflexão de ângulos iguais de Euclides e Heron e sua própria lei de refração e considerando o índice de refração n da água como $^4/_3$. A tabela abaixo apresenta os valores que Descartes encontrou para o ângulo φ (fi) entre o raio emergente e sua direção incidente para cada raio, ao lado dos resultados que obtive em meus cálculos, usando o mesmo índice de refração:

b/R	φ (Descartes)	φ (recalculado)
0,1	5°40'	5°44'
0,2	11°19'	11°20'
0,3	17°56'	17°6'
0,4	22°30'	22°41'
0,5	27°52'	28°6'
0,6	32°56'	33°14'
0,7	37°26'	37°49'
0,8	40°44'	41°13'
0,9	40°57'	41°30'
1,0	13°40'	14°22'

A falta de acurácia de alguns resultados de Descartes pode ser atribuída aos recursos matemáticos limitados de sua época. Não sei se ele teve acesso a uma tabela de senos e com certeza não dispunha de nada que se parecesse com uma calculadora moderna. Mesmo assim, ele teria demonstrado um melhor julgamento se tivesse citado apenas os resultados próximos dos dez minutos de arco, em vez de cerca do próximo minuto.

Como Descartes percebeu, há uma faixa relativamente ampla de valores do parâmetro de impacto b e do ângulo de incidência para o qual o ângulo φ está perto de 40º. Então ele repetiu o cálculo para dezoito raios de espaçamentos menores com valores de b entre 80% e 100% do raio da gota, onde φ está por volta de 40º. Descobriu que o ângulo φ de catorze desses dezoito raios ficava entre 40º e um máximo de 41º30'. Assim, esses cálculos teóricos explicavam sua observação experimental, mencionada acima, de um ângulo preferencial de aproximadamente 42º.

A nota técnica 29 apresenta uma versão moderna do cálculo de Descartes. Em vez de obter o valor numérico do ângulo φ entre o raio ao entrar e o raio ao sair para cada raio num conjunto de raios, como fez Descartes, deriva-se uma fórmula simples que dá φ para qualquer raio, com qualquer parâmetro de impacto b e para qualquer valor da razão n entre a velocidade da luz no ar e a velocidade da luz na água. Essa fórmula então é usada para encontrar o valor de φ onde se concentram os raios emergentes.* Para n igual

---

* Isso se obtém encontrando o valor de b/R onde uma mudança infinitesimal em b não produz nenhuma mudança em φ, de modo que, naquele valor de φ, o gráfico de φ versus b/R é horizontal. Esse é o valor de b/R onde φ alcança seu valor máximo. (Qualquer curva regular como o gráfico de φ contra b/R que sobe a um máximo e então desce novamente deve ser horizontal em seu valor máximo. Um ponto onde a curva não é plana não pode ser o máximo, visto que, se a curva sobe em algum ponto para a esquerda ou a direita, haverá pontos à esquerda ou à direita onde a curva será mais alta.) Os valores de φ dentro da

a $^4/_3$, o valor favorito de φ, onde a luz emergente se concentra um bom tanto, vem a ser 42,0°, como descobriu Descartes. Ele chegou inclusive a calcular o ângulo correspondente para o arco-íris secundário, produzido pela luz que é refletida duas vezes dentro de uma gota de chuva antes de emergir.

Descartes viu uma ligação entre a separação das cores que é característica do arco-íris e as cores mostradas pela refração da luz num prisma, mas não conseguiu lidar quantitativamente com nenhuma delas, porque não sabia que a luz branca do sol é composta pela luz de todas as cores ou que o índice de refração da luz depende ligeiramente de sua cor. De fato, Descartes considerara o índice para a água como $^4/_3 = 1,333\ldots$, mas na verdade está mais próximo de 1,330 para os comprimentos de onda típicos da luz vermelha e de 1,343 para a luz azul. Usando a fórmula geral derivada na nota técnica 29, vê-se que o valor máximo para o ângulo φ entre o raio incidente e o raio emergente é de 42,8° para a luz vermelha e de 40,7° para a luz azul. Foi por isso que Descartes viu a luz vermelha brilhante quando olhou seu globo de água num ângulo de 42° na direção dos raios solares. Esse valor do ângulo φ está acima do valor máximo de 40,7° do ângulo que pode emergir do globo de água para a luz azul, e assim nenhuma luz do extremo azul do espectro poderia chegar a Descartes, mas está logo abaixo do valor máximo de 42,8° de φ para a luz vermelha (como explica a nota de rodapé da p. 266), o que tornaria a luz vermelha especialmente brilhante.

A obra de Descartes sobre óptica tinha uma sintonia muito grande com a física moderna. Foi um palpite e tanto supor que a luz atravessando a fronteira entre dois meios se comporta como

---

faixa onde a curva de φ versus b/R é quase horizontal variam apenas lentamente quando variamos b/R, de modo que há uma quantidade relativamente grande de raios com valores de φ dentro dessa faixa. (N. A.)

uma bola de tênis entrando numa tela fina, e Descartes o usou para derivar uma relação entre os ângulos de incidência e refração que (com uma escolha adequada do índice de refração n) concordava com a observação. A seguir, usando um globo cheio de água como modelo de uma gota de chuva, ele fez observações que sugeriam uma origem possível do arco-íris e então mostrou matematicamente que essas observações decorriam de sua teoria da refração. Não entendeu as cores do arco-íris e assim deixou a questão de lado e publicou o que realmente entendia. É o que um físico atual faria, mas, afora sua aplicação da matemática à física, o que isso tem a ver com o *Discurso sobre o método*? Não consigo ver nenhum indício de que ele estivesse seguindo suas próprias prescrições para "bem conduzir a razão e buscar a verdade nas ciências".

Cabe acrescentar que Descartes, em seus *Princípios de filosofia*, trouxe um avanço qualitativo importante à noção de *impetus* de Buridan.[7] Ele afirmou que "todo movimento, por si, segue em linha reta", portanto — ao contrário do que sustentavam Aristóteles e Galileu — é preciso uma força para manter os corpos planetários em suas órbitas curvas. Mas Descartes não fez nenhuma tentativa de calcular essa força. Como veremos no capítulo 14, coube a Huygens calcular a força necessária para manter um corpo girando a determinada velocidade num círculo de determinado raio, e a Newton explicar essa força como a força da gravidade.

Em 1649, Descartes foi a Estocolmo para trabalhar como professor da rainha Cristina. Talvez em decorrência do clima frio da Suécia e tendo de se levantar muito cedo para encontrar Cristina num horário invulgarmente matutino, no ano seguinte Descartes morreu, como Bacon, de pneumonia. Catorze anos depois, suas obras se somaram às de Copérnico e Galileu no *Índex dos livros proibidos* para os católicos.

Seus escritos sobre o método científico atraíram grande atenção entre os filósofos, mas não creio que tenham exercido grande influência positiva na prática da pesquisa científica (e nem mesmo, como disse acima, sobre o próprio trabalho científico mais bem-sucedido de Descartes). Na verdade, seus escritos tiveram um efeito negativo, o de retardar a acolhida da física newtoniana na França. O programa estabelecido no *Discurso sobre o método*, qual seja, o de derivar princípios científicos pela razão pura, nunca funcionou e nunca poderia ter funcionado. Huygens, quando jovem, considerava-se seguidor de Descartes, mas depois entendeu que os princípios científicos eram apenas hipóteses, que deviam ser testadas comparando suas consequências com a observação.[8]

Por outro lado, o trabalho de Descartes em óptica mostra que ele também entendia que esse tipo de hipótese científica às vezes é indispensável. Laurens Laudan também encontrou provas disso na discussão de Descartes sobre química nos *Princípios de filosofia*.[9] A questão que surge é se algum cientista realmente aprendeu com Descartes a prática de formular hipóteses para serem testadas experimentalmente, como Laudan considera que foi o caso de Boyle. Minha posição pessoal é que essa prática de utilizar hipóteses já era amplamente entendida antes de Descartes. De que outra maneira descreveríamos o que Galileu fez, ao usar a hipótese da aceleração uniforme dos corpos durante a queda para derivar a consequência de que os projéteis seguem trajetos parabólicos e, então, testá-la experimentalmente?

Segundo a biografia de Descartes feita por Richard Watson,[10]

sem o método cartesiano de analisar as coisas materiais até seus elementos primários, nunca teríamos desenvolvido a bomba atômica. O surgimento seiscentista da ciência moderna, o Iluminismo setecentista, a Revolução Industrial oitocentista, nosso computador pessoal novecentista e o deciframento novecentista do cérebro — todos cartesianos.

Descartes de fato deu uma grande contribuição à matemática, mas é absurdo supor que foi o texto de Descartes sobre o método científico que deu origem a qualquer um desses felizes avanços.

Descartes e Bacon são apenas dois dos filósofos que, ao longo dos séculos, tentaram prescrever regras para a pesquisa científica. Nunca dá certo. Não aprendemos a fazer ciência criando regras sobre como fazer ciência, mas a partir da experiência de fazer ciência, movidos pelo desejo de sentir o prazer que sentimos quando nossos métodos conseguem explicar alguma coisa.

14. A síntese newtoniana

Com Newton, chegamos ao clímax da revolução científica. Mas que figura bizarra para desempenhar um papel tão histórico! Newton nunca saiu de uma estreita faixa da Inglaterra, ligando Londres, Cambridge e seu lar de nascimento em Lincolnshire, nem mesmo para ver o mar, cujas marés tanto o interessavam. Até a meia-idade, nunca chegou perto de nenhuma mulher, nem mesmo da mãe.* Sentia grande interesse por assuntos que pouco tinham a ver com a ciência, como, por exemplo, a cronologia do Livro de Daniel. Um catálogo de manuscritos de Newton, posto à venda pela Sotheby's em 1936, mostra 650 mil palavras sobre al-

---

* Cinquentão, Newton contratou Catherine Barton, a bela filha de sua meia-irmã, como governanta da casa; apesar da grande amizade entre eles, não parece que tenham mantido alguma ligação romântica. Voltaire, que estava na Inglaterra na época da morte de Newton, escreveu que o médico de Newton e "o cirurgião em cujos braços ele morreu" lhe confirmaram que Newton nunca teve intimidades com uma mulher; veja Voltaire, *Philosophical Letters* (Indianápolis: Bobbs-Merrill Educational Publishing, 1961), p. 63. Voltaire não explicou como o médico e o cirurgião podiam saber disso. (N. A.)

quimia e 1,3 milhão de palavras sobre religião. Com seus potenciais concorrentes, Newton podia se mostrar mesquinho e dissimulado. Mas, em física, astronomia e matemática, ele juntou os fios em temas que, desde Platão, deixavam os filósofos desconcertados.

Os autores que escrevem sobre Newton às vezes ressaltam que ele não era um cientista moderno. A frase mais famosa nessa linha é a de John Maynard Keynes (que havia comprado alguns dos papéis de Newton no leilão de 1936 da Sotheby's):

> Newton não foi o primeiro da idade da razão. Foi o último mago, o último dos babilônios e sumérios, a última grande mente que olhou o mundo visível e intelectual com os mesmos olhos daqueles que começaram a construir nossa herança intelectual quase 10 mil anos atrás.*

Mas Newton não era um talentoso sobrevivente de um passado mágico. Nem mago nem cientista moderno completo, ele transpôs a fronteira entre a filosofia natural do passado e o que veio a ser a ciência moderna. As realizações de Newton, quando não sua atitude ou conduta pessoal, forneceram o paradigma que veio a ser seguido por toda a ciência posterior, ao se tornar moderna.

Isaac Newton nasceu no dia de Natal de 1642 na propriedade rural da família, Woolsthorpe Manor, em Lincolnshire. Seu pai, pequeno agricultor iletrado, morrera logo antes do nascimento de Newton. Sua mãe ocupava uma posição social mais elevada, fazendo parte da pequena nobreza, com um irmão que se formara na Universidade de Cambridge e seguira o sacerdócio. Quando

---

* Em "Newton, the Man", discurso que Keynes iria apresentar numa reunião da Royal Society em 1946. Keynes morreu três meses antes da reunião e foi seu irmão quem apresentou o discurso. (N. A.)

Newton estava com três anos, a mãe se casou outra vez e saiu de Woolsthorpe, deixando Newton com a avó. De lá, aos dez anos, Newton foi para a King's School em Grantham, a treze quilômetros de Woolsthorpe, e ficou morando na casa de um boticário. Em Grantham, ele aprendeu latim e teologia, aritmética e geometria e um pouco de grego e hebraico.

Aos dezessete anos, Newton foi chamado de volta a Woolsthorpe, para assumir suas obrigações como agricultor, mas consideraram-no inadequado para as tarefas. Dois anos mais tarde, foi enviado ao Trinity College, Cambridge, como *sizar*, ou seja, uma espécie de bolsa que consistia em prestar serviços a docentes da faculdade e a outros estudantes que tinham condições de pagar a escola em troca de ensino, hospedagem e alimentação. Como Galileu em Pisa, Newton começou sua educação com Aristóteles, mas logo passou para seus interesses próprios. No segundo ano do curso, começou a registrar uma série de notas, *Questiones quandam philosophicae*, num caderno que usara antes para fazer anotações sobre Aristóteles e que felizmente ainda existe.

Em dezembro de 1663, a Universidade de Cambridge recebeu uma doação de Henry Lucas, membro do Parlamento, criando uma cátedra de matemática, a Lucasian Chair, com um estipêndio de cem libras anuais. A cátedra, inaugurada em 1664, foi ocupada por Isaac Barrow, o primeiro professor de matemática em Cambridge, doze anos mais velho que Newton. Por volta dessa época, Newton começou seus estudos de matemática, em parte com Barrow, em parte sozinho, e recebeu seu diploma de bacharel. Em 1665, a peste atingiu Cambridge, boa parte da universidade fechou e Newton voltou para Woolsthorpe. Naqueles anos, a contar de 1664, Newton começou suas pesquisas científicas, que serão descritas adiante.

De volta a Cambridge em 1667, Newton foi escolhido como auxiliar bolsista do Trinity College, com duas libras por ano e livre acesso à biblioteca da faculdade. Trabalhou junto com Barrow, ajudando-o a preparar as versões escritas de suas aulas. Então, em 1669 Barrow renunciou à Lucasian Chair para se dedicar inteiramente à teologia. Por sugestão sua, a cátedra coube a Newton. Com auxílio financeiro da mãe, Newton começou a ter um pouco mais de folga, comprando mobílias e roupas novas e se entregando um pouco ao jogo.[1]

Alguns anos antes, logo depois da restauração da monarquia Stuart em 1660, alguns londrinos, entre os quais Boyle, Hooke e o astrônomo e arquiteto Christopher Wren, haviam formado uma sociedade para debater temas de filosofia natural e observar experimentos. No começo, havia apenas um membro estrangeiro, Christiaan Huygens. A sociedade obteve licença real em 1662, como The Royal Society of London, e se manteve como a academia científica nacional da Inglaterra. Em 1672, Newton foi eleito como membro da Royal Society, à qual veio a presidir mais tarde.

Em 1675, Newton enfrentou uma crise. Oito anos depois de ingressar na carreira universitária, chegara ao ponto em que os docentes de uma faculdade de Cambridge deviam tomar ordens na Igreja da Inglaterra. Isso requeria que se jurasse a fé na doutrina da Santíssima Trindade, coisa impossível para Newton, que rejeitava a decisão do Concílio de Niceia de que Pai e Filho têm a mesma substância. Felizmente, o documento que estabelecera a Lucasian Chair trazia uma cláusula estipulando que seu ocupante não devia ser membro ativo da Igreja, e assim o rei Carlos II foi levado a emitir um decreto determinando que o ocupante da Lucasian Chair, a partir daí, nunca seria obrigado a tomar os votos religiosos. Assim, Newton pôde continuar em Cambridge.

Vejamos agora o trabalho grandioso que Newton iniciou em Cambridge em 1664. Essa pesquisa se concentrava em óptica, matemática e o que mais tarde veio a se chamar dinâmica. Seu trabalho em apenas uma dessas três áreas já seria suficiente para qualificá-lo como um dos grandes cientistas da história.

As realizações experimentais de Newton se referiam à óptica.* Suas notas da época da graduação, as *Questiones quandam philosophicae*, já mostram seu interesse pela natureza da luz. Newton concluiu, contra Descartes, que a luz não é uma pressão nos olhos, pois, se fosse, o céu nos pareceria mais brilhante quando corrêssemos. Em 1665, em Woolsthorpe, ele desenvolveu sua maior contribuição à óptica, sua teoria da cor. Desde a Antiguidade, sabia-se que aparecem cores quando a luz atravessa um vidro curvo, mas considerava-se de modo geral que era o vidro que, de alguma maneira, produzia essas cores. Newton, por sua vez, conjecturou que a luz branca consiste em todas as cores e que o ângulo de refração no vidro ou na água depende ligeiramente da cor, a luz vermelha se dobrando um pouco menos que a luz azul, de modo que as cores se separam quando a luz atravessa um prisma ou uma gota de chuva.** Isso explicava o que Descartes não havia entendido: o aparecimento de cores no arco-íris. Para testar a

---

* Newton dedicou um esforço comparável à experimentação na alquimia. Poderíamos chamá-la de química, pois naquela época não havia nenhuma diferença significativa entre ambas. Como observamos em relação a Jabir ibn Hayyan no capítulo 9, até o final do século XVIII não havia nenhuma teoria química estabelecida que excluísse os objetivos da alquimia, tal como a transmutação de metais vis em ouro. Embora o trabalho de Newton em alquimia não constituísse, portanto, um abandono da ciência, não resultou em nada importante. (N. A.)

** Um vidro plano não separa as cores, porque, ainda que cada cor se dobre num ângulo levemente diferente ao entrar no vidro, todas elas retomam a direção original ao sair dele. Como os lados de um prisma não são paralelos, os raios luminosos de cores diferentes, que são refratados de modos diferentes ao entrar no vidro, alcançam, ao sair, a superfície do prisma em ângulos que não são iguais aos ângulos de refração ao entrarem no prisma, de modo que, quando esses raios se dobram de volta ao sair do prisma, as diversas cores ainda estão separadas por pequenos ângulos. (N. A.)

ideia, Newton realizou dois experimentos cruzados. Primeiro, depois de usar um prisma para criar raios separados de luz azul e vermelha, ele direcionou separadamente esses raios para outros prismas e não encontrou nenhuma outra dispersão em cores diferentes. A seguir, com um engenhoso arranjo de prismas, ele conseguiu recombinar todas as cores diferentes produzidas pela refração da luz branca e descobriu que, ao se combinarem, essas cores produzem luz branca.

O fato de que o ângulo de refração depende da cor tem como infeliz consequência que as lentes de vidro em telescópios como os de Galileu, Kepler e Huygens focalizavam as diferentes cores em luz branca de maneiras diferentes, borrando as imagens de objetos distantes. Para evitar essa aberração cromática, Newton inventou em 1669 um telescópio no qual a luz é inicialmente focalizada por um espelho curvo, e não por uma lente de vidro. (Os raios de luz então são defletidos por um espelho plano saindo do telescópio para um óculo de vidro, e assim nem toda a aberração cromática era eliminada.) Com um telescópio refletor com apenas quinze centímetros de comprimento, ele conseguiu obter uma ampliação de quarenta vezes. Agora, todos os principais telescópios astronômicos reunindo luz são telescópios refletores, descendentes da invenção de Newton. Em minha primeira visita à atual sede da Royal Society, no Carlston House Terrace, fui convidado a descer ao porão para ver o pequeno telescópio de Newton, o segundo que ele construiu.

Em 1671, Henry Oldenburg, secretário e espírito animador da Royal Society, convidou Newton para publicar a descrição de seu telescópio. No começo de 1672, Newton submeteu às *Philosophical Transactions of the Royal Society* uma carta descrevendo o aparelho e seu trabalho sobre as cores. Teve início uma controvérsia sobre a originalidade e a importância da obra de Newton, em especial com Hooke, que era o curador de experimentos na Royal

Society desde 1662 e detentor de um cargo de conferencista criado por Sir John Cutler desde 1664. Hooke não era um adversário fraco: havia dado contribuições significativas à astronomia, à microscopia, à relojoaria, à mecânica e ao planejamento urbano. Ele alegou que havia realizado as mesmas experiências de Newton com a luz e que elas não provavam nada: era o prisma que simplesmente acrescentava as cores à luz branca.

Em 1675, Newton apresentou uma conferência sobre sua teoria da luz em Londres. Sua conjectura era que a luz, como a matéria, é composta de muitas partículas pequenas, ao contrário da concepção da luz como onda, que era proposta mais ou menos na mesma época por Hooke e Huygens. Aqui nesse ponto, o julgamento científico de Newton falhou. Existem muitas observações, algumas delas mesmo em sua época, mostrando a natureza ondulatória da luz. É verdade que, na mecânica quântica moderna, a luz é descrita como um conjunto de partículas sem massa, chamadas fótons, mas na luz encontrada na experiência comum o número de fótons é enorme, e por isso a luz de fato se comporta como onda.

Em seu *Tratado sobre a luz*, de 1678, Huygens descrevia a luz como uma onda de perturbação num meio, o éter, que consiste num grande número de minúsculas partículas materiais muito próximas. Assim como o que se move ao longo da superfície do oceano, numa onda em alto-mar, não é a água e sim a perturbação da água, da mesma forma, na teoria de Huygens, é a onda de perturbação nas partículas do éter que se move num raio de luz, e não as partículas em si. Cada partícula perturbada atua como nova fonte de perturbação, que contribui para a amplitude total da onda. Claro que, desde o trabalho de James Clerk Maxwell no século XIX, sabemos que Huygens estava certo apenas em parte, mesmo sem considerar os efeitos quânticos — a luz é uma onda, mas uma onda de perturbações no campo elétrico e magnético, e não uma onda de perturbação de partículas materiais.

Usando essa teoria ondulatória da luz, Huygens pôde derivar o resultado de que a luz num meio homogêneo (ou no espaço vazio) se comporta como se viajasse em linhas retas, pois é apenas nessas linhas que as ondas produzidas por todas as partículas perturbadas se somam construtivamente. Ele fez uma nova derivação da regra de ângulos iguais para a reflexão e da lei da refração de Snell, sem o postulado a priori de Fermat de que os raios de luz seguem o caminho que leva menos tempo. (Veja nota técnica 30.) Na teoria da refração de Huygens, um raio de luz se refrata ao atravessar em ângulo oblíquo a fronteira entre dois meios com diferentes velocidades da luz, tal como a direção de uma fila de soldados muda quando a frente da fila entra num terreno pantanoso, onde a velocidade da marcha se reduz.

Numa pequena digressão, era essencial para a teoria ondulatória de Huygens que a luz viaje em velocidade finita, ao contrário do que pensara Descartes. Huygens argumentou que, se é difícil observar os efeitos dessa velocidade finita, é simplesmente porque a luz viaja muito rápido. Se, por exemplo, a luz levasse uma hora para percorrer a distância da Lua até a Terra, então, no momento de um eclipse da Lua, ela não seria vista diretamente do outro lado do Sol, mas demorando-se com um atraso de cerca de 33º. Como não se vê nenhum atraso, Huygens concluiu que a velocidade da luz devia ser pelo menos 100 mil vezes maior que a velocidade do som. Está correto: a razão efetiva é de cerca de 1 milhão.

Huygens então descreveu as observações das luas de Júpiter, feitas pouco tempo antes pelo astrônomo dinamarquês Ole Rømer. Essas observações mostravam que o período da revolução de Io parece mais curto quando a Terra e Júpiter estão se aproximando entre si e mais longo quando se afastam. (A atenção se concentrou em Io, porque é, entre todas as luas galilaicas de Júpiter, a que tem o período orbital mais curto — apenas 1,77 dia.) Huygens interpretou o fato como o que mais tarde veio a ser conhecido como "efeito Doppler": quando Júpiter e a Terra estão se aproximando ou se afastando, a separação entre os dois a cada término sucessivo de um período completo de revolução de Io respectivamente diminui ou aumenta, e assim, se a luz viaja a uma velocidade finita, o intervalo de tempo entre a observação de cada período completo de Io deveria ser respectivamente menor ou maior que se Júpiter e a Terra estivessem em repouso. Em termos mais específicos, a pequena mudança fracionária no período aparente de Io deveria ser a razão entre a velocidade relativa de Júpiter e da Terra ao longo da direção que os separa e a velocidade da luz, com a velocidade relativa tomada como positiva ou negativa conforme Júpiter e a Terra se afastam ou se aproximam respectivamente. (Veja nota técnica 31.) Medindo as mudanças aparentes no período de Io e conhecendo a velocidade relativa da Terra e de Júpiter, é possível calcular a velocidade da luz. Como a Terra se move muito mais rápido que Júpiter, é sobretudo a velocidade da Terra que domina a velocidade relativa. Naquela época, não se conhecia bem a escala do sistema solar e, portanto, também não se conhecia o valor numérico da velocidade relativa de separação entre a Terra e Júpiter, mas, usando os dados de Rømer, Huygens pôde calcular que a luz leva onze minutos para percorrer uma distância igual ao raio da órbita da Terra, resultado este que não dependia de se conhecer o tamanho da órbita. Em outros termos, visto que a unidade astronômica de distância é definida como o raio médio da órbita da Terra, a velocidade da luz descoberta por Huygens foi de uma unidade astronômica para onze minutos. O valor moderno é uma unidade astronômica para 8,32 minutos.

Já havia indicações experimentais da natureza ondulatória da luz disponíveis a Newton e Huygens: a descoberta da difração pelo jesuíta bolonhês Francesco Maria Grimaldi (aluno de Riccioli), publicada postumamente em 1665. Grimaldi descobrira que a sombra de uma vara opaca estreita à luz do sol não é totalmente nítida, mas apresenta franjas nas bordas. Essas franjas se devem ao fato de que o comprimento de onda da luz não é negligenciável em comparação à espessura da vara, mas Newton argumentou que elas resultavam de algum tipo de refração na superfície da vara. A questão da luz como corpúsculo ou onda se resolveu para a maioria dos físicos com a descoberta da interferência, feita por Thomas Young no começo do século XIX, isto é, o padrão de reforço ou anulação das ondas luminosas que chegam a determinados pontos seguindo caminhos diferentes. Como já dissemos, no século XX descobriu-se que essas duas concepções não são incompatíveis. Einstein, em 1905, entendeu que, embora a luz para a maioria das finalidades se comporte como onda, a energia na luz vem em pequenos pacotes, mais tarde chamados fótons, cada qual com uma minúscula energia e momentum proporcional à frequência da luz.

Newton finalmente apresentou o trabalho sobre a luz em seu livro *Óptica*, escrito (em inglês) no começo da década de 1690. Foi publicado em 1704, depois que ele já se tornara famoso.

Newton foi não só um grande físico, mas também um matemático inventivo. Começou a ler obras de matemática em 1664, inclusive os *Elementos* de Euclides e a *Geometria* de Descartes. Logo começou a elaborar as soluções de uma grande variedade de problemas, muitos deles envolvendo infinitos. Por exemplo, ele examinou séries infinitas, como $x - x^2/2 + x^3/3 - x^4/4 + ...$, e mostrou que resultam no logaritmo* de $1 + x$.

Em 1665, Newton começou a pensar em infinitesimais. Pe-

---

* Esse é o *logaritmo natural* de $1 + x$, a potência à qual a constante $e = 2,71828...$ deve ser elevada para dar o resultado $1 + x$. A razão dessa curiosa definição é que o logaritmo natural tem algumas propriedades muito mais simples que as do *logaritmo comum*, em que 10 ocupa o lugar de e. Por exemplo, a fórmula de Newton mostra que o logaritmo natural de 2 é dado pela série $1 - 1/2 + 1/3 - 1/4 + ...$, enquanto a fórmula para o logaritmo comum de 2 é mais complicada. (N. A.)

gou um problema: supondo que sabemos a distância $D(t)$ percorrida num determinado tempo t, como descobrimos a velocidade num determinado tempo? Ele raciocinou que, no movimento não uniforme, a velocidade num instante dado é a razão entre a distância percorrida e o tempo transcorrido num intervalo de tempo infinitesimal naquele instante. Introduzindo o símbolo o para um intervalo de tempo infinitesimal, ele definiu a velocidade no tempo t como a razão de o da distância viajada entre o tempo t e o tempo $t + o$, isto é, a velocidade é $[D(t+o) - D(t)]/o$. Por exemplo, se $D(t) = t^3$, então $D(t + o) = t^3 + 3t^2o + 3to^2 + o^3$. Para o infinitesimal, podemos deixar de lado os termos proporcionais a o^2 e o^3 e tomar $D(t + o) = t^3 + 3t^2o$, de modo que $D(t + o) - D(t) = 3t^2o$, e a velocidade é simplesmente $3t^2$. Newton deu a isso o nome de *fluxão* de $D(t)$, mas tornou-se conhecido como "derivada", a ferramenta fundamental do cálculo diferencial moderno.*

Então, Newton tomou o problema de encontrar as áreas delimitadas por curvas. Sua resposta foi o teorema fundamental do cálculo: é preciso encontrar a quantidade cuja fluxão seja a função descrita pela curva. Por exemplo, como vimos, $3x^2$ é a fluxão de x^3, e assim a área sob a parábola $y = 3x^2$ entre $x = 0$ e outro qualquer x é x^3. Newton deu a isso o nome de "método inverso de fluxões", mas tornou-se conhecido como processo de "integração".

Newton inventara o cálculo diferencial e o cálculo integral, mas passou-se muito tempo até que esse trabalho viesse a ser amplamente conhecido. No final de 1671, ele decidiu publicá-lo com

---

* A omissão dos termos $3to^2$ e o^3 nesse cálculo pode dar a entender que o cálculo é apenas aproximado, mas isso é um engano. No século XIX, os matemáticos aprenderam a dispensar a ideia bastante vaga de um infinitesimal o e a falar em *limites* definidos com precisão: a velocidade é o número do qual $[D(t + o) - D(t)]/o$ pode se aproximar o quanto quisermos tomando o como suficientemente pequeno. Como veremos, mais tarde Newton passou dos infinitesimais para a ideia moderna de limites. (N. A.)

uma apresentação de seu trabalho sobre óptica, mas, pelo visto, nenhum editor de Londres se dispôs a empreender a publicação se não dispusesse de um maciço subsídio.[2]

Em 1669, Barrow entregou um manuscrito de Newton, *De analysi per aequationes numero terminorum infinitas*, ao matemático John Collins. Em 1676, numa visita a Londres, o filósofo e matemático Gottfried Wilhelm Leibniz viu uma cópia do manuscrito feita por Collins. Leibniz, ex-aluno de Huygens e alguns anos mais novo que Newton, no ano anterior descobrira de modo independente os elementos essenciais do cálculo. Em 1676, Newton revelou alguns de seus resultados pessoais em cartas que seriam vistas por Leibniz. Este publicou artigos a respeito de seu trabalho sobre o cálculo em 1684 e 1685, sem mencionar o trabalho de Newton. Nessas publicações, Leibniz introduziu a palavra "cálculo" e apresentou sua notação moderna, inclusive o símbolo de integral $\int$.

Para fundamentar suas reivindicações ao cálculo, Newton descreveu seus próprios métodos em dois artigos incluídos na edição de 1704 da *Óptica*. Em janeiro de 1705, uma resenha anônima da *Óptica* insinuou que ele tomara esses métodos a Leibniz. Como Newton imaginou, a resenha fora escrita pelo próprio Leibniz. Então, em 1709, as *Philosophical Transactions of the Royal Society* publicaram um artigo de John Keill defendendo a prioridade de Newton na descoberta, e Leibniz respondeu em 1711 com uma feroz reclamação à Royal Society. Em 1712, a Royal Society montou uma comissão anônima para examinar a controvérsia. Dois séculos depois, a composição dessa comissão veio a público: soube-se então que consistia quase inteiramente de apoiadores de Newton. Em 1715, a comissão fez um relatório declarando que cabiam a Newton os créditos pelo cálculo. Foi o próprio Newton quem redigiu o rascunho desse relatório para a comissão. As conclusões do relatório receberam apoio num parecer anônimo, também redigido por Newton.

A avaliação dos estudiosos contemporâneos[3] é que Leibniz e Newton descobriram o cálculo independentemente um do outro. Newton chegou ao cálculo uma década antes de Leibniz, mas este último merece um grande crédito por ter publicado sua obra. Já Newton, depois de sua tentativa inicial em 1671 de encontrar um editor para seu tratado de cálculo, deixou a obra guardada até ser obrigado a apresentá-la em público por causa da controvérsia com Leibniz. A decisão de trazer a público geralmente é um elemento crucial no processo de descoberta científica.[4] Representa o julgamento do autor de que a obra está correta e pronta para ser usada por outros cientistas. Por isso, hoje em dia o crédito por uma descoberta científica em geral cabe ao primeiro a publicá-la. Mas, ainda que Leibniz fosse o primeiro a publicar a obra sobre cálculo, veremos que foi Newton, mais que Leibniz, quem aplicou o cálculo a problemas da ciência. Embora Leibniz, como Descartes, fosse um grande matemático cuja obra filosófica é objeto de muita admiração, ele não trouxe nenhuma contribuição importante à ciência natural.

Foram as teorias do movimento e da gravidade de Newton que tiveram o maior impacto histórico. A ideia de que a força da gravidade que faz os objetos caírem na Terra diminui com a distância até a superfície terrestre era antiga. Foi aventada no século IX por um monge irlandês muito viajado, Duns Scotus (Johannes Scotus Erígena ou João Escoto), mas sem sugerir qualquer ligação dessa força com o movimento dos planetas. A sugestão de que a força que mantém os planetas em suas órbitas diminui ao inverso do quadrado da distância do Sol pode ter sido feita pela primeira vez em 1645 pelo padre francês Ismaël Bullialdus, que mais tarde foi citado por Newton e eleito para a Royal Society. Mas foi Newton quem tornou essa sugestão convincente e relacionou tal força com a força da gravidade.

Escrevendo cerca de cinquenta anos depois, Newton expôs

como começou a estudar a gravidade. Embora o trecho demande bastante explicação, creio que cabe citá-lo aqui, porque essa declaração descreve nas palavras do próprio Newton aquele que parece ter sido um ponto de inflexão na história da civilização. Segundo Newton, foi em 1666 que

> comecei a pensar na gravidade se estendendo até a órbita da Lua & (tendo descoberto como estimar a força com a qual [um] globo girando dentro de uma esfera pressiona a superfície da esfera) deduzi da regra de Kepler, de que os tempos periódicos dos planetas estão em proporção sesquialterada de suas distâncias do centro de suas órbitas, que as forças que mantêm os planetas em suas órbitas devem [ser] reciprocamente os quadrados de suas distâncias dos centros em torno dos quais giram & portanto comparei a Lua em sua órbita com a força da gravidade na superfície da Terra & descobri que correspondem bastante bem. Tudo isso [inclusive seu trabalho sobre o cálculo e as séries infinitas] foi durante os dois anos da peste de 1665-6. Pois naqueles dias eu estava no auge da minha idade para a invenção e pensava em matemática e filosofia mais que em qualquer outra época desde então.[5]

Como eu disse, isso requer alguma explicação.

Em primeiro lugar, a frase de Newton entre parênteses — "(tendo descoberto como estimar a força com a qual [um] globo girando dentro de uma esfera pressiona a superfície da esfera)" — refere-se ao cálculo da força centrífuga, cálculo este que Huygens já fizera (provavelmente sem que Newton soubesse) por volta de 1659. Para Huygens e Newton (assim como para nós), a aceleração tem uma definição mais ampla que um mero número dando a mudança da velocidade por tempo decorrido; é uma quantidade *dirigida*, dando a mudança por tempo transcorrido na direção, e não só na magnitude da velocidade. Há aceleração no movimento circular mesmo em velocidade constante — é a *aceleração centrípeta*, consistindo num giro contínuo na direção do centro do círculo. Huygens e Newton concluíram que um corpo se movendo em velocidade constante v em torno de um círculo de raio r está acelerando em direção ao centro do círculo, com aceleração v^2/r, de modo que a força necessária para mantê-lo girando em círculo em vez de disparar numa linha reta no espaço é proporcional a v^2/r. (Veja nota técnica 32.) É a resistência a essa aceleração centrípeta que é sentida como aquilo que Huygens chamou de força centrífuga, como quando se faz um peso girar em círculo na ponta de uma corda. O peso resiste à força centrífuga pela tensão na corda. Mas não há cordas amarrando os planetas ao Sol. O que resiste à força centrífuga produzida pelo movimento quase circular de um planeta ao redor do Sol? Como veremos, foi tentando responder a essa pergunta que Newton chegou à descoberta da lei do inverso do quadrado da gravitação.

A seguir, com "a regra de Kepler, de que os tempos periódicos dos planetas estão em proporção sesquialterada de suas distâncias do centro de suas órbitas", Newton se referia ao que agora chamamos de terceira lei de Kepler, qual seja, que o quadrado dos períodos dos planetas em suas órbitas é proporcional aos cubos dos raios médios de suas órbitas ou, em outras palavras, os períodos são proporcionais a $^3/_2$ da potência (a "proporção sesquialterada") dos raios médios.* O período de um corpo se movendo a uma velocidade v em torno de um círculo de raio r é a circunferência $2\pi r$ dividida pela velocidade v, de modo que, para órbitas circulares, a terceira lei de Kepler nos diz que r^2/v^2 é proporcional a r^3 e,

---

* As três leis do movimento planetário de Kepler não estavam bem estabelecidas antes de Newton, embora a primeira lei, qual seja, cada órbita planetária é uma elipse tendo o Sol como seu foco, fosse amplamente aceita. Foi a derivação newtoniana dessas leis nos *Principia* que levou à aceitação geral das três. (N. A.)

portanto, seus inversos são proporcionais: v^2/r^2 é proporcional a $1/r^3$. Segue-se que a força mantendo os planetas em órbita, que é proporcional a v^2/r, deve ser proporcional a $1/r^2$. Essa é a lei do inverso do quadrado da gravidade.

Isso, em si, poderia ser visto como apenas mais uma maneira de expor a terceira lei de Kepler. Nada, na consideração de Newton sobre os planetas, faz qualquer ligação entre a força mantendo os planetas em suas órbitas e os fenômenos da experiência comum associados à gravidade na superfície da Terra. Essa ligação foi dada pela consideração de Newton sobre a Lua. Sua assertiva de que "comparei a Lua em sua órbita com a força da gravidade na superfície da Terra & descobri que correspondem bastante bem" indica que ele havia calculado a aceleração centrípeta da Lua e descobrira que era menor que a aceleração da queda dos corpos na superfície terrestre na razão que seria de se esperar se essas acelerações fossem inversamente proporcionais ao quadrado da distância desde o centro da Terra.

Em termos mais específicos, Newton considerou que o raio da órbita da Lua (bem conhecido a partir das observações da paralaxe diurna da Lua) era de sessenta raios da Terra; na verdade, é de cerca de 60,2 raios terrestres. Ele usou uma estimativa aproximada do raio da Terra,* que dava um valor aproximado para o raio da órbita lunar, e, sabendo que o período sideral da revolução da Lua em volta da Terra é de 27,3 dias, ele pôde estimar a velocidade da Lua e, a partir dela, sua aceleração centrípeta. Essa aceleração se mostrou menor que a aceleração da queda dos corpos na superfície da Terra por um fator aproximado (apenas aproximado) igual a $1/(60)^2$, como esperado se a força mantendo a Lua em

---

* A primeira medição razoavelmente precisa da circunferência da Terra foi feita por volta de 1669 por Jean-Félix Picard (1620-82), e foi usada por Newton em 1684 para aperfeiçoar esse cálculo. (N. A.)

sua órbita é a mesma que atrai os corpos para a superfície da Terra, apenas reduzida de acordo com a lei do inverso do quadrado. (Veja nota técnica 33.) É isso que Newton quis dizer ao afirmar que descobrira que as forças "correspondem bastante bem".

Esse foi o grande passo na unificação do celeste e do terrestre na ciência. Copérnico pusera a Terra entre os planetas, enquanto Tycho mostrara que há mudança nos céus e Galileu vira que a superfície da Lua é irregular, como a da Terra, mas nada disso estabelecia uma relação entre o movimento dos planetas e forças que podiam ser observadas na Terra. Descartes tentara entender os movimentos do sistema solar como resultado de vórtices no éter, não muito diferentes dos vórtices numa extensão de água na Terra, mas não teve sucesso em sua teoria. Agora Newton mostrava que a força que mantém a Lua em sua órbita ao redor da Terra e os planetas em suas órbitas ao redor do Sol é a mesma força da gravidade que faz uma maçã cair no chão em Lincolnshire, todos eles governados pelas mesmas leis quantitativas. Depois disso, a distinção entre celeste e terrestre, que se impusera à especulação física desde Aristóteles, teve de ser abandonada em definitivo. Mas ainda ficava bastante aquém de um princípio de gravitação universal, que afirmaria que todos os corpos no universo, e não só a Terra e o Sol, se atraem mutuamente com uma força que decresce no inverso do quadrado da distância entre eles.

Havia ainda quatro grandes lacunas nos argumentos de Newton:

1. Ao comparar a aceleração centrípeta da Lua e a aceleração da queda dos corpos na superfície da Terra, Newton supusera que a força produzindo tais acelerações diminui no inverso do quadrado da distância, mas distância de quê? Isso não faz muita diferença para o movimento da Lua, a qual fica tão longe da Terra que esta pode ser considerada quase uma partícula no que se refere ao

movimento da Lua. Mas, para uma maçã caindo no chão em Lincolnshire, a Terra se estende da base da árvore, a alguns pés de distância dela, até um ponto nos antípodas, a 12800 quilômetros de distância. Newton supusera que a distância pertinente para a queda de qualquer objeto próximo da superfície terrestre é sua distância até o centro da Terra, mas não era algo evidente.

2. A explicação que Newton deu para a terceira lei de Kepler ignorava as diferenças óbvias entre os planetas. Em certa medida, não importa que Júpiter seja muito maior que Mercúrio; a diferença em suas acelerações centrípetas é apenas uma questão das distâncias deles até o Sol. Ainda mais notável, a comparação de Newton entre a aceleração centrípeta da Lua e a aceleração da queda dos corpos na superfície da Terra ignorava a evidente diferença entre a Lua e um corpo em queda, como uma maçã. Por que essas diferenças não têm importância?

3. No trabalho que ele datou de 1665-6, Newton interpretou a terceira lei de Kepler como a asserção de que os produtos das acelerações centrípetas dos vários planetas pelos quadrados de suas distâncias ao Sol são iguais para todos os planetas. Mas o valor comum desse produto não é de maneira nenhuma igual ao produto da aceleração centrípeta da Lua pelo quadrado de sua distância da Terra; é muito maior. O que explica essa diferença?

4. Por fim, nessa obra Newton considerara que as órbitas dos planetas em torno do Sol e a órbita da Lua em torno da Terra eram circulares e em velocidade constante, muito embora Kepler tivesse mostrado que não são exatamente circulares e sim elípticas, que o Sol e a Lua não estão no centro das elipses e que as velocidades dos planetas são apenas aproximadamente constantes.

Newton lidou com esses problemas a partir de 1666. Enquanto isso, outros chegavam às mesmas conclusões que Newton já alcançara. Em 1679, Hooke, o velho adversário de Newton, publicou suas preleções cutlerianas, que continham algumas ideias sugestivas, embora não matemáticas, sobre o movimento e a gravidade:

> Primeiro, que todos e quaisquer corpos celestes têm um poder de atração ou gravitação em direção a seus centros, pelo qual atraem não só suas próprias partes e as impedem de escaparem, como podemos observar que a Terra faz, mas também atraem todos os outros corpos celestes que estão dentro da esfera de sua atividade. A segunda suposição é esta: que todos e quaisquer corpos que são colocados em movimento direto e simples continuarão a se mover em frente em linha reta, até serem defletidos e curvados por algumas outras forças eficazes num movimento descrevendo um círculo, uma elipse ou alguma outra linha curva mais composta. A terceira suposição é: que essas forças de atração são tanto mais poderosas ao operar quanto mais próximo o corpo sobre o qual operam estiver de seu próprio centro.[6]

Hooke escreveu a Newton sobre suas especulações, inclusive a lei do inverso do quadrado. Newton se esquivou, respondendo que não conhecia o trabalho de Hooke e que o "método dos indivisíveis"[7] (isto é, o cálculo) era indispensável para entender os movimentos planetários.

Então, em agosto de 1684, Newton recebeu em Cambridge uma visita do astrônomo Edmundo Halley, visita esta que foi um marco. Como Newton, Hooke e também Wren, Halley vira a conexão entre a lei do inverso do quadrado e a terceira lei de Kepler para órbitas *circulares*. Halley perguntou a Newton qual seria a forma efetiva da órbita de um planeta se movendo sob a influência de uma força que diminui ao inverso do quadrado da distância.

Newton respondeu que seria uma elipse e prometeu enviar uma prova. Mais tarde, no mesmo ano, Newton apresentou um documento de dez páginas, *Sobre o movimento dos corpos em órbita*, que mostrava como tratar o movimento geral dos corpos sob a influência de uma força dirigida para um corpo central.

Três anos depois, a Royal Society publicou *Philosophiae Naturalis Principia Mathematica* (Princípios matemáticos de filosofia natural), sem dúvida o maior livro da história da ciência física.

Um físico moderno que folheie os *Princípios* pode ficar surpreso ao ver quão pouco se parece com os textos de física atuais. Há muitos diagramas geométricos, mas poucas equações. É quase como se Newton tivesse esquecido seu próprio desenvolvimento do cálculo. Mas não inteiramente. Em muitos dos diagramas, vemos aspectos que se supõem infinitesimais ou infinitamente numerosos. Por exemplo, ao mostrar que a regra da área igual de Kepler vale para qualquer força dirigida a um centro fixo, Newton imagina que o planeta recebe uma quantidade infinita de impulsos para o centro, cada um deles separado do próximo por um intervalo de tempo infinitesimal. É o tipo de cálculo que se torna não só respeitável, mas fácil e rápido com o uso de fórmulas de cálculo gerais, porém essas fórmulas gerais não aparecem em nenhuma passagem dos *Princípios*. A matemática de Newton nos *Princípios* não é muito diferente da matemática que Arquimedes utilizara para calcular as áreas dos círculos ou que Kepler usara para calcular os volumes dos tonéis de vinho.

O estilo dos *Princípios* faz lembrar os *Elementos* de Euclides. Começa por definições:[8]

DEFINIÇÃO I

Quantidade de matéria é uma medida de matéria que provém de sua densidade e volume tomados em conjunto.

O que aparece na tradução inglesa como "quantidade de matéria" corresponde a *massa* em latim, que foi o termo que Newton usou, e que hoje em dia chamamos de "massa". Aqui, Newton a define como produto da densidade e do volume. Mesmo que Newton não defina a densidade, sua definição de massa ainda é útil, pois seus leitores podem tomar como assente que os corpos feitos das mesmas substâncias, como o ferro a determinada temperatura, terão a mesma densidade. Como Arquimedes mostrara, as medições da gravidade específica fornecem valores para a densidade que são relativos à da água. Newton nota que medimos a massa de um corpo a partir de seu peso, mas não confunde massa e peso.

DEFINIÇÃO II
Quantidade de movimento é uma medida de movimento que provém da velocidade e da quantidade da matéria tomadas em conjunto.

O que Newton chama de "quantidade de movimento" é o que hoje chamamos de momentum, aqui definido por Newton como produto da velocidade e da massa.

DEFINIÇÃO III
Força intrínseca da matéria [*vis insita*] é a potência de resistir com a qual todo corpo persevera, até onde consegue, em seu estado seja de repouso ou de movimento uniforme em linha reta.

Newton passa a explicar que essa força provém da massa do corpo e que "não difere em nada da inércia da massa". Hoje em dia, às vezes distinguimos a massa, em seu papel de quantidade que resiste a mudanças no movimento, como "massa inercial".

DEFINIÇÃO IV
Força impressa é a ação exercida sobre um corpo para mudar seu estado seja de repouso ou de movimento uniforme em linha reta.

Isso define o conceito geral de força, mas ainda não confere significado a qualquer valor numérico que possamos atribuir a uma determinada força. As definições de v a viii passam a definir a aceleração centrípeta e suas propriedades.

Depois das definições, segue-se um escólio, onde Newton se abstém de definir o tempo e o espaço, mas oferece uma descrição deles:

> I. O tempo absoluto, verdadeiro e matemático, em si e por si e por sua própria natureza, sem relação com nada externo, flui uniformemente...
>
> II. O espaço absoluto, por sua própria natureza, sem relação com nada externo, mantém-se sempre homogêneo e imutável.

Tanto Leibniz quanto o bispo George Berkeley criticaram essa concepção do tempo e do espaço, sustentando que apenas posições relativas no tempo e no espaço têm algum sentido. Newton reconhecera nesse escólio que normalmente lidamos apenas com posições e velocidades relativas, mas agora ele dispunha de um novo instrumento em relação ao espaço absoluto: na mecânica newtoniana, a aceleração (ao contrário da posição ou da velocidade) tem significação absoluta. Como poderia ser de outra maneira? Faz parte da experiência comum que a aceleração tem efeitos, sem precisar perguntar "aceleração relativa a quê?". Pelas forças que nos pressionam para trás quando estamos sentados dentro de um carro, sabemos que estamos sendo acelerados quando ele aumenta bruscamente sua velocidade, sem precisar olhar pela janela do carro. Como veremos, no século xx as concepções do tempo e do espaço de Leibniz e Newton vieram a se reconciliar na Teoria Geral da Relatividade.

Então, por fim, vêm as três famosas leis do movimento de Newton:

LEI I

Todo corpo persevera em seu estado seja de repouso ou de movimento uniforme em linha reta, a menos que seja forçado a mudar seu estado por forças que se imprimem nele.

Gassendi e Huygens já sabiam disso. Não fica muito claro por que Newton se deu ao trabalho de colocá-la como uma lei em separado, visto que a Primeira Lei é uma consequência trivial (embora importante) da Segunda Lei.

LEI II

A mudança no movimento é proporcional à força motora impressa e se dá na linha reta em que essa força se imprime.

Aqui, com "mudança no movimento" Newton se refere à mudança no momentum, a que chamou de "quantidade de movimento" na definição II. Na verdade, é a *taxa* de mudança do momentum que é proporcional à força. Convencionalmente, definimos as unidades em que se mede a força, de modo que a taxa de mudança do momentum seja efetivamente igual à força. Visto que o momentum é a massa vezes a velocidade, sua taxa de mudança é a massa vezes a aceleração. Assim, a segunda lei de Newton declara que a massa vezes a aceleração é igual à força que produz a aceleração. Mas a famosa equação $F = ma$ não aparece nos *Princípios*; a Segunda Lei ganhou essa nova expressão no século XVIII, dada por matemáticos do continente europeu.

LEI III

A toda ação sempre corresponde uma reação igual e contrária; em outras palavras, as ações recíprocas de dois corpos são sempre iguais e sempre em direção contrária.

Ao autêntico estilo geométrico, Newton então passa a apresentar uma série de corolários deduzidos dessas leis. Entre eles se destaca o Corolário III, que apresenta a lei de conservação do momentum. (Veja nota técnica 34.)

Depois de concluir suas definições, leis e corolários, Newton, no Livro I, começa a deduzir suas consequências. Ele prova que as forças centrais (forças dirigidas a um único ponto central), e apenas elas, dão a um corpo um movimento que se estende em áreas iguais em tempos iguais; que as forças centrais proporcionais ao inverso do quadrado da distância, e apenas elas, produzem movimento numa seção cônica — isto é, um círculo, uma elipse, uma parábola ou uma hipérbole; e que, para o movimento numa elipse, uma força dessas dá períodos proporcionais a $^3/_2$ da potência do eixo maior da elipse (que, como vimos no capítulo 11, é a distância do planeta ao Sol em sua média no comprimento de seu percurso). Assim, uma força central que corresponde ao inverso do quadrado da distância é capaz de explicar todas as leis de Kepler. Newton também preenche a lacuna de sua comparação entre a aceleração centrípeta da Lua e a aceleração da queda dos corpos, provando na Seção XII do Livro I que um corpo esférico, composto de partículas que produzem, cada uma delas, uma força que equivale ao inverso do quadrado da distância até aquela partícula, produz uma força total que equivale ao inverso do quadrado da distância até o centro da esfera.

Há um escólio notável no final da Seção I do Livro I, em que Newton observa que não está mais se baseando na noção dos infinitesimais. Ele explica que "fluxões" tais como as velocidades não são as razões de infinitesimais, como afirmara antes, mas, pelo contrário,

> aquelas razões últimas com as quais desaparecem as quantidades não são efetivamente razões de quantidades últimas, mas limites

dos quais as razões de quantidades decrescendo sem limite estão se aproximando continuamente, e dos quais podem se aproximar tanto que sua diferença seja menor que qualquer quantidade dada.

Essa é essencialmente a ideia moderna de limite, na qual o cálculo se baseia hoje em dia. O que não é moderno nos *Princípios* é a ideia newtoniana de que os limites devem ser estudados com os métodos da geometria.

O Livro II apresenta um extenso tratamento do movimento dos corpos nos fluidos, cujo objetivo primário era derivar as leis que governam as forças de resistência em tais corpos.[9] Nesse livro, ele demole a teoria dos vórtices de Descartes. Passa então a calcular a velocidade das ondas sonoras. Seu resultado na Proposição 49 (que a velocidade é a raiz quadrada da razão entre pressão e densidade) é correto apenas na ordem de magnitude, pois ninguém naquela época sabia como levar em conta as mudanças na temperatura durante a expansão e a compressão. Mas (junto com seu cálculo da velocidade das ondas do oceano) foi uma realização impressionante: era a primeira vez que alguém usava os princípios da física para apresentar um cálculo mais ou menos realista da velocidade de qualquer tipo de onda.

Por fim, Newton chega às provas da astronomia no Livro III, *O sistema do mundo*. Na época da primeira edição dos *Princípios*, havia uma concordância geral com o que hoje chamamos de primeira lei de Kepler, de acordo com a qual os planetas se movem em órbitas elípticas, mas ainda existiam muitas dúvidas sobre a segunda e a terceira leis, segundo as quais a linha do Sol até cada planeta cobre áreas iguais em tempos iguais e os quadrados dos períodos dos vários movimentos planetários correspondem aos cubos dos eixos maiores dessas órbitas. Newton parece ter mantido as leis de Kepler não porque estivessem bem estabelecidas, mas porque se enquadravam muito bem em sua teoria. No Livro III, ele nota que as luas de Júpiter e de Saturno obedecem à segunda e à terceira leis de Kepler, que as fases observadas dos cinco planetas, excluída a Terra, mostram que eles giram em torno do Sol, que todos os seis planetas obedecem às leis de Kepler e que a Lua satisfaz à segunda lei de Kepler.* Suas cuidadosas observações pessoais do cometa de 1680 mostravam que ele também se movia numa seção cônica: uma elipse ou hipérbole, em todo caso muito próxima de uma parábola. De tudo isso (e de sua comparação anterior entre a aceleração centrípeta da Lua e a aceleração da queda dos corpos na superfície da Terra), ele chega à conclusão de que há uma força central obedecendo a uma lei do inverso do quadrado pela qual as luas de Júpiter, de Saturno e da Terra são atraídas para seus planetas, e todos os planetas e cometas são atraídos para o Sol. A partir do fato de que as acelerações produzidas pela gravidade são independentes da natureza do corpo em aceleração, seja um planeta, uma lua ou uma maçã, e dependem apenas da natureza do corpo produzindo a força e a distância entre eles, e também a partir do fato de que a aceleração produzida por qualquer força é inversamente proporcional à massa do corpo sobre o qual ela opera, Newton conclui que a força da gravidade sobre um corpo deve ser proporcional à massa desse corpo, de modo que toda a dependência sobre a massa do corpo se anula quando calculamos a aceleração. Isso traça uma nítida distinção entre gravitação e magnetismo, que opera de modo muito diferente em corpos de composição diferente, mesmo que tenham a mesma massa.

Então, na Proposição 7, Newton usa sua Terceira Lei do Mo-

---

* Newton não conseguiu resolver o problema dos três corpos da Terra, Sol e Lua com acurácia suficiente para calcular as peculiaridades no movimento da Lua que haviam chamado a atenção de Ptolomeu, Ibn al-Shatir e Copérnico. Ele foi por fim solucionado por Alexis-Claude Clairaut, em 1752, utilizando as teorias do movimento e da gravidade de Newton. (N. A.)

vimento para ver como a força da gravidade depende da natureza do corpo produzindo essa força. Considerem-se dois corpos, 1 e 2, com massas m_1 e m_2. Newton mostrara que a força gravitacional exercida pelo corpo 1 sobre o corpo 2 é proporcional a m_2, e que a força que o corpo 2 exerce sobre o corpo 1 é proporcional a m_1. Mas, de acordo com a Terceira Lei, essas forças são iguais em magnitude e, portanto, devem ser proporcionais, cada uma delas, *tanto* a m_1 *quanto* a m_2. Como conclui Newton: "A gravidade existe universalmente em todos os corpos e é proporcional à quantidade de matéria de cada um deles". É por isso que o produto das acelerações centrípetas dos vários planetas pelos quadrados de suas distâncias do Sol é muito maior que o produto da aceleração centrípeta da Lua pelo quadrado de suas distâncias da Terra: é simplesmente porque o Sol, que produz a força gravitacional sobre os planetas, tem uma massa muito maior que a Terra.

Normalmente, esses resultados de Newton são sintetizados numa fórmula para a força gravitacional F entre dois corpos de massas m_1 e m_2, separados por uma distância r:

$$F = G \times m_1 \times m_2/r^2$$

onde G é uma constante universal, hoje conhecida como constante de Newton. Nem a fórmula nem a constante G aparecem nos *Princípios*, e, mesmo que Newton tivesse introduzido essa constante, não conseguiria encontrar um valor para ela, pois não conhecia as massas do Sol ou da Terra. Ao calcular o movimento da Lua ou dos planetas, G aparece apenas como um fator de multiplicação da massa da Terra ou do Sol, respectivamente.

Mesmo sem conhecer o valor de G, Newton poderia usar sua teoria da gravitação para calcular as *razões* das massas de vários corpos no sistema solar. (Veja nota técnica 35.) Por exemplo, conhecendo as razões das distâncias de Júpiter e Saturno em relação a suas luas e ao Sol, e conhecendo as razões dos períodos orbitais de Júpiter e Saturno e suas luas, ele poderia calcular as razões das acelerações centrípetas das luas de Júpiter e Saturno na direção de seus planetas e a aceleração centrípeta desses planetas em direção ao Sol, e a partir daí poderia calcular as razões das massas de Júpiter, de Saturno e do Sol. Como a Terra também tem uma lua, a mesma técnica poderia, em princípio, ser usada para calcular a razão das massas da Terra e do Sol. Infelizmente, embora se conhecesse a distância entre a Lua e a Terra, a partir da paralaxe diurna da Lua, a paralaxe diurna do Sol era demasiado pequena para ser medida, e assim não se conhecia a razão das distâncias da Terra ao Sol e à Lua. (Como vimos no capítulo 7, os dados usados por Aristarco e as distâncias que ele inferiu desses dados eram irremediavelmente imperfeitos.) De todo modo, Newton prosseguiu e calculou a razão das massas, usando um valor para a distância da Terra ao Sol que se resumia a um mero limite inferior dessa distância, e que na verdade era cerca da metade do valor verdadeiro. Seguem-se abaixo os resultados de Newton para as razões das massas, apresentadas como corolário ao Teorema VIII no Livro III dos *Princípios*, junto com os valores modernos:[10]

Razão	Valor de Newton	Valor moderno
$m(Sol)/m(Júpiter)$	1067	1048
$m(Sol)/m(Saturno)$	3021	3497
$m(Sol)/m(Terra)$	169282	332950

Como se pode ver nessa tabela, os resultados de Newton eram bastante bons para Júpiter, bem razoáveis para Saturno, mas muito distantes para a Terra, porque não se conhecia a distância entre a Terra e o Sol. Newton tinha plena consciência dos problemas criados pelas incertezas observacionais, mas, como a maioria dos cientistas até o século XX, ele não se dava ao trabalho de indicar o grau de incerteza presente nos resultados de seus cálculos. E também, como vimos com Aristarco e Al-Biruni, Newton citava os resultados dos cálculos usando uma precisão muito maior do que permitiria a acurácia dos dados que serviam de base aos cálculos.

Cabe dizer que a primeira estimativa séria do tamanho do sistema solar foi feita em 1672 por Jean Richer e Giovanni Domenico Cassini. Eles mediram a distância até Marte observando a diferença na direção até Marte visto de Paris e de Cayenne; como já se conheciam, pela teoria coperniciana, as razões das distâncias dos planetas até o Sol, essa distância até Marte também daria a distância da Terra até o Sol. Em unidades modernas, o resultado que obtiveram para essa distância foi de 140 milhões de quilômetros, razoavelmente próximo do valor moderno de 149,5985 milhões de quilômetros para a distância média. Mais tarde, em 1761 e 1769, chegou-se a uma medida mais acurada comparando-se as observações dos trânsitos de Vênus pela face do Sol, vistos em diferentes pontos da Terra, a qual mostrou uma distância Terra-Sol de 153 milhões de quilômetros.[11]

Em 1797-8, Henry Cavendish pôde por fim medir a força gravitacional entre massas de laboratório, da qual seria possível inferir um valor de G. Mas não foi dessa maneira que Cavendish se referiu à sua medição. Em vez disso, usando a conhecida aceleração de 32 pés/segundo por segundo devida ao campo gravitacional da Terra em sua superfície e o volume conhecido da Terra, Cavendish calculou que a densidade média da Terra era 5,48 vezes a densidade da água.

Isso estava em consonância com a longa prática da física de registrar os resultados como razões ou proporções, e não como magnitudes definidas. Por exemplo, como vimos, Galileu mostrou que a distância que um corpo percorre ao cair na superfície da Terra é proporcional ao quadrado do tempo, mas ele nunca disse que a constante multiplicando o quadrado do tempo que dá a distância percorrida na queda era a metade de 32 pés/segundo por segundo. Essa prática se devia, pelo menos em parte, à inexistência de uma unidade de comprimento reconhecida universalmente. Galileu poderia ter dado a aceleração devida à gravidade como tantas *braccia*/segundo por segundo, mas o que isso iria significar para os ingleses ou mesmo para os italianos fora da Toscana? A padronização internacional das unidades de comprimento e massa[12] começou em 1742, quando a Royal Society enviou duas réguas marcadas com as polegadas inglesas padronizadas para a Académie des Sciences francesa, as quais os franceses marcaram com suas próprias medidas de comprimento e remeteram uma delas de volta para Londres. Mas foi somente com a gradual adoção internacional do sistema métrico, que se iniciou em 1799, que os cientistas passaram a ter um sistema de unidades de entendimento universal. Hoje citamos um valor para G de 66,724 trilionésimos de metro/segundo^2 por quilograma: isto é, um pequeno corpo com massa de um quilograma a uma distância de um metro produz uma aceleração gravitacional de 66,724 trilionésimos de metro/segundo por segundo.

Depois de expor as teorias do movimento e da gravitação de Newton, os *Princípios* passam a tratar de algumas de suas consequências. Estas vão muito além das três leis de Kepler. Por exemplo, Newton explica na Proposição 14 a precessão das órbitas planetárias medidas (para a Terra) por Al-Zarqali, embora não apresente cálculos quantitativos.

Na Proposição 19, ele nota que todos os planetas devem ser oblatos, pois suas rotações produzem forças centrífugas que são maiores no equador e desaparecem nos polos. Por exemplo, a rotação da Terra produz uma aceleração centrípeta em seu equador que é igual a 0,11 pé/segundo por segundo, comparada à aceleração de 32 pés/segundo por segundo da queda dos corpos, e assim a força centrífuga produzida pela rotação da Terra é muito menor que sua atração gravitacional, mas não totalmente negligenciável, e a Terra, portanto, é praticamente esférica, mas levemente oblata. Observações dos anos 1740 por fim mostraram que o mesmo pêndulo oscilará mais devagar na região do equador que em latitudes maiores, exatamente como é de se esperar se o pêndulo no equador fica mais distante do centro da Terra, pois ela é oblata.

Na Proposição 39, Newton mostra que o efeito da gravidade na Terra oblata causa uma precessão de seu eixo de rotação, a "precessão dos equinócios" primeiramente notada por Hiparco. (Newton tinha um interesse extracurricular nessa precessão; ele utilizava seus valores junto com observações estelares da Antiguidade, na tentativa de datar pretensos eventos históricos, como a expedição de Jasão e os argonautas.)[13] Com efeito, na primeira edição dos *Princípios*, Newton calcula que a precessão anual devida ao Sol é de 6,82 graus de arco, e que o efeito da Lua é maior por um fator de $6^1/_3$, dando um total de 50,0 (segundos de arco) por ano, em pleno acordo com a precessão de cinquenta segundos por ano conforme a medição da época e próxima do valor moderno de 50,375 segundos por ano. Realmente admirável, mas Newton depois percebeu que seu resultado para a precessão devida ao Sol e, portanto, para a precessão total era 1,6 vez menor do que devia. Na segunda edição, ele corrigiu seu resultado para o efeito do Sol e também corrigiu a razão dos efeitos da Lua e do Sol, de modo que o total voltou a ficar próximo de cinquenta segundos de arco por ano, ainda em boa conformidade com o que se observava.[14] Newton tinha a explicação qualitativa correta da precessão dos equinócios e seu cálculo dava a ordem de magnitude correta, mas, para obter uma resposta em concordância precisa com a observação, ele teve de fazer muitos ajustes engenhosos.

Dou a seguir apenas um exemplo para mostrar como Newton mexia em seus cálculos para obter respostas em conformidade com a observação. Além desse exemplo, R. S. Westfall[15] deu outros, inclusive o cálculo de Newton para a velocidade do som e sua comparação entre a aceleração centrípeta da Lua e a aceleração da queda dos corpos na superfície terrestre, que mencionamos acima. Talvez Newton achasse que seus adversários reais ou imaginários nunca se convenceriam a não ser com uma compatibilidade quase absoluta com a observação.

Na Proposição 24, Newton apresenta sua teoria das marés. Grama a grama, a Lua atrai o oceano sob ela com mais força do que atrai a Terra sólida, cujo centro está mais distante, e atrai a Terra sólida com mais força do que atrai o oceano no outro lado da Terra, distante da Lua. Assim, há um crescimento das marés no oceano tanto sob a Lua, onde a gravidade lunar atrai a água da Terra, quanto no lado oposto da Terra, onde a gravidade lunar atrai a Terra da água. Isso explicava por que as marés cheias, em alguns lugares, têm intervalos de cerca de doze horas, e não de 24 horas. Mas o efeito é complicado demais para que fosse possível verificar essa teoria das marés na época de Newton. Ele sabia que não só a Lua, mas também o Sol desempenha um papel na formação das marés. As marés mais altas e mais baixas, conhecidas como marés grandes, ocorrem na lua nova ou na lua cheia, de modo que a Sol, a Lua e a Terra estão na mesma linha, intensificando os efeitos da gravidade. Mas os grandes complicadores derivam do fato de que qualquer efeito gravitacional nos oceanos sofre grande influência do formato dos continentes e da topografia do fundo do mar, o que Newton não teria como levar em conta.

Essa é uma questão recorrente na história da física. A teoria da gravitação de Newton previa com sucesso fenômenos simples como os movimentos planetários, mas não conseguia dar uma explicação quantitativa de fenômenos mais complicados, como as marés. Hoje estamos numa posição parecida no que se refere à teoria das forças fortes que mantêm os quarks unidos dentro dos prótons e os nêutrons dentro do núcleo atômico, teoria esta conhecida como "cromodinâmica quântica". Essa teoria tem dado bons resultados para explicar certos processos em alta energia, como a produção de várias partículas em forte interação na aniquilação de elétrons de grande energia e suas antipartículas, o que nos convence de que a teoria é correta. Não conseguimos usar a teoria para calcular valores precisos para outras coisas que gostaríamos de explicar, como as massas do próton e do nêutron, porque o cálculo é complicado demais. Aqui, como na teoria das marés de Newton, a atitude adequada é a paciência. As teorias físicas são validadas quando nos fornecem condições de calcular uma boa quantidade de coisas que são simples o suficiente para permitir cálculos confiáveis, mesmo que não consigamos calcular tudo o que gostaríamos de poder calcular.

O Livro III dos *Princípios* apresenta cálculos de coisas já medidas e novas previsões de coisas ainda não medidas, mas, mesmo na terceira e definitiva edição dos *Princípios*, Newton não pôde indicar nenhuma previsão que tivesse sido verificada nos quarenta anos desde a primeira edição. Mesmo assim, tomadas em conjunto, as evidências em favor das teorias do movimento e da gravitação de Newton eram maciças. Newton não precisou seguir Aristóteles e explicar a razão da existência da gravidade, e nem tentou. Em seu Escólio Geral, Newton concluiu:

> Até aqui, expliquei os fenômenos dos céus e de nosso mar pela força da gravidade, mas ainda não atribuí uma causa à gravidade. De fato, essa força advém de alguma causa que penetra até o centro do Sol e dos planetas sem nenhuma diminuição de seu poder de atuar, e que atua não em proporção à quantidade das superfícies das partículas sobre as quais atua (como costumam fazer as causas mecânicas), mas em proporção à quantidade de matéria *sólida*, e cuja ação se estende por toda parte a distâncias imensas, sempre decrescendo no inverso dos quadrados das distâncias [...]. Ainda não fui

capaz de deduzir dos fenômenos as razões para essas propriedades da gravidade e não "invento" hipóteses.

O livro de Newton foi lançado com uma ode muito pertinente, escrita por Halley. Eis a última estrofe:

Then ye who now on heavenly nectar fare,
Come celebrate with me in song the name
Of Newton, to the Muses dear; for he
Unlocked the hidden treasuries of Truth:
So richly through his mind had Phoebus cast
The radius of his own divinity,
*Neare the gods no mortal may approach.**

Os *Princípios* estabeleceram as leis do movimento e o princípio da gravitação universal, mas isso é subestimar sua importância. Newton legou ao futuro um modelo do que pode ser uma teoria física: um conjunto de princípios matemáticos simples que governam com precisão um amplo leque de fenômenos diferentes. Embora Newton soubesse muito bem que a gravidade não era a única força física, a abrangência de sua teoria era universal — todas as partículas no universo se atraem mutuamente com uma força proporcional do produto de suas massas e inversamente proporcional ao quadrado da distância de separação entre elas. Os *Princípios* não só deduziram as regras keplerianas do movimento planetário como solução exata de um problema simplificado, o movimento do centro de massa reagindo à gravidade de uma

---

* "Ó vós que do néctar celeste vos alimentais,/ Vinde e numa canção comigo celebrai o nome/ De Newton, às Musas tão caro; pois ele/ Revelou os tesouros ocultos da Verdade:/ Tão esplêndidos por sua mente Febo lançou/ Os raios de sua própria divindade/ Que nenhum mortal tanto se acercará dos deuses." (N. T.)

única esfera de grande massa, como explicaram (ainda que, em alguns casos, apenas em termos qualitativos) os desvios dessa solução: a precessão dos equinócios, a precessão dos peri-hélios, os percursos dos cometas, os movimentos das luas, o aumento e a baixa das marés, a queda das maçãs.[16] Em termos comparativos, todos os sucessos anteriores da teoria física parecem modestos.

Depois da publicação dos *Princípios* em 1686-7, Newton ficou famoso. Foi eleito para o Parlamento pela Universidade de Cambridge em 1689 e outra vez em 1701. Em 1694, tornou-se guardião da Casa da Moeda, onde presidiu a uma reforma da cunhagem inglesa, conservando ao mesmo tempo sua cátedra lucasiana. O tsar Pedro, o Grande, quando esteve na Inglaterra em 1698, fez questão de visitar a Casa da Moeda e esperava conversar com Newton, mas não localizei nenhuma notícia de um efetivo encontro entre eles. Em 1699, Newton foi nomeado mestre da Casa da Moeda, cargo de remuneração muito mais alta. Renunciou à cátedra e enriqueceu. Em 1703, depois da morte de seu velho inimigo Hooke, Newton ocupou a presidência da Royal Society. Recebeu o título de Sir em 1705. Ao morrer de cálculo renal em 1727, Newton teve enterro oficial na Abadia de Westminster, mesmo tendo recusado os sacramentos da Igreja da Inglaterra. Voltaire escreveu que Newton foi "sepultado como um rei que trouxera benefícios a seus súditos".[17]

A teoria de Newton não conquistou aceitação universal.[18] Apesar de sua filiação ao cristianismo unitarista, alguns na Inglaterra, como o teólogo John Hutchinson e o bispo Berkeley, ficaram horrorizados com o naturalismo impessoal da teoria newtoniana. Era uma injustiça em relação a Newton, praticante devoto. Ele chegou a argumentar que somente a intervenção divina podia explicar por que a mútua atração gravitacional dos planetas não desestabiliza o sistema solar* e por que alguns corpos, como o Sol e as estrelas, brilham com luz própria, enquanto outros, como os planetas e seus satélites, são escuros. Hoje, claro, entendemos a luz do Sol e das estrelas de maneira naturalista — eles brilham porque são aquecidos por reações nucleares em seus centros.

Apesar de injustos com Newton, Hutchinson e Berkeley não estavam inteiramente errados sobre o newtonianismo. Seguindo o exemplo da obra de Newton, se não de suas opiniões pessoais, a ciência física no final do século XVIII se divorciara totalmente da religião.

Outro obstáculo à aceitação da obra newtoniana foi a velha e falsa oposição entre matemática e física, que vimos num comentário de Geminus de Rodes citado no capítulo 8. Newton não falava a linguagem aristotélica das substâncias e qualidades, e não tentou explicar a causa da gravitação. O padre Nicolas Malebranche (1638-1715), ao resenhar os *Princípios*, disse que era uma obra de geômetra, não de físico. Malebranche estava visivelmente pensando na física ao modo de Aristóteles. O que ele não entendeu foi que o exemplo de Newton havia reformulado a própria definição de física.

A maior crítica à teoria da gravidade de Newton veio de Christiaan Huygens.[19] Ele admirava muito os *Princípios* e não du-

---

* No Livro III da *Óptica*, Newton apresentou a ideia de que o sistema solar é instável e requer reajustes ocasionais. A questão da estabilidade do sistema solar se manteve controversa durante séculos. No final dos anos 1980, Jacques Laskar mostrou que o sistema solar é caótico; é impossível prever os movimentos de Mercúrio, Vênus, Terra e Marte num futuro além de 5 milhões de anos. Algumas condições iniciais fazem com que alguns planetas colidam ou sejam ejetados do sistema solar depois de alguns bilhões de anos, ao passo que isso não ocorre com outros que quase não se distinguem deles. Para um levantamento, veja J. Laskar, "Is the Solar System Stable?". Disponível em: <www.arxiv.org/1209.5996>. Acesso em: 2012. (N. A.)

vidava que o movimento dos planetas é regido por uma força que diminui ao inverso do quadrado da distância, mas tinha suas dúvidas se era realmente verdade que todas as partículas de matéria se atraem mutuamente com uma força proporcional ao produto de suas massas. Quanto a isso, Huygens pode ter sido enganado por medições pouco acuradas dos índices dos pêndulos em diferentes latitudes, que pareciam mostrar que a diminuição da velocidade deles no equador seria totalmente explicável como efeito da força centrífuga decorrente da rotação da Terra. Se isso fosse verdade, significaria que a Terra não é oblata, ao contrário do que seria se as partículas da Terra se atraíssem mutuamente tal como prescrevia Newton.

Ainda em vida de Newton, sua teoria da gravitação encontrou oposição na França e na Alemanha por parte dos seguidores de Descartes e pelo velho adversário de Newton, Leibniz, com o argumento de que uma atração operando por sobre milhões de quilômetros de espaço vazio seria um elemento de ocultismo na filosofia natural. Também insistiam que a ação gravitacional deveria receber uma explicação racional, e não ser tomada simplesmente como mero pressuposto.

Nisso, os filósofos naturais do continente europeu se prendiam a um velho ideal da ciência, remontando à era helênica, segundo o qual as teorias científicas, em última instância, deveriam estar fundadas exclusivamente na razão. Aprendemos a abrir mão dessa exigência. Muito embora nossa teoria dos elétrons e da luz, de tanto sucesso, possa ser deduzida do modelo-padrão moderno das partículas elementares, o qual por sua vez poderá (esperamos nós) vir a ser deduzido de uma teoria mais profunda, nunca, por mais que avancemos, chegaremos a um fundamento baseado na razão pura. Tal como eu, a maioria dos físicos atuais se resignou ao fato de que sempre teremos de nos indagar por que nossas teorias mais profundas não poderiam ser outra coisa diferente.

A oposição ao newtonianismo encontrou expressão numa famosa troca de correspondência em 1715 e 1716 entre Leibniz e o discípulo de Newton, o reverendo Samuel Clarke, que traduzira a *Óptica* de Newton para o latim. Boa parte da discussão entre eles se concentrava na natureza de Deus: Ele intervinha no andamento do mundo, como pensava Newton, ou o criara desde o começo para andar sozinho?[20] A meu ver, a controvérsia foi extremamente fútil, pois, mesmo que o tema fosse real, é o tipo de coisa sobre a qual nem Clarke nem Leibniz poderiam ter qualquer conhecimento que fosse.

Ao fim e ao cabo, a oposição às teorias de Newton não fez diferença, pois os físicos newtonianos avançavam de sucesso em sucesso. Halley pôde encaixar as observações dos cometas feitas em 1531, 1607 e 1682 numa única órbita elíptica quase parabólica, mostrando que todas elas eram aparições recorrentes do mesmo cometa. Usando a teoria de Newton para levar em conta as perturbações gravitacionais devidas às massas de Júpiter e Saturno, o matemático francês Alexis Claude de Clairaut e seus colaboradores previram em novembro de 1758 que esse cometa retornaria ao peri-hélio em meados de abril de 1759. O cometa foi observado no dia de Natal de 1758, quinze anos depois da morte de Halley, e alcançou o peri-hélio em 13 de março de 1759. A teoria de Newton ganhou maior divulgação nos meados do século XVIII, com as traduções francesas dos *Princípios* feitas por Clairaut e Émilie du Châtelet, e por meio da influência do amante de Châtelet, Voltaire. Foi outro francês, Jean d'Alembert, quem publicou o primeiro cálculo acurado e correto da precessão dos equinócios, em 1749, baseado nas ideias de Newton. Por fim, o newtonianismo acabou por triunfar em todas as partes.

Não porque a teoria de Newton atendesse a algum critério metafísico preexistente para as teorias científicas. Não atendia. Não respondia às perguntas sobre a finalidade, que eram centrais na física aristotélica. Mas fornecia princípios universais que permitiam cálculos exitosos de inúmeras coisas que antes pareciam misteriosas. Dessa maneira, ela fornecia um modelo irresistível para o que devia e podia ser uma teoria física.

É um exemplo de uma espécie de seleção darwinista na história da ciência. Temos enorme prazer quando algo é explicado com sucesso, como quando Newton explicou as leis keplerianas do movimento planetário, junto com muitas outras coisas. As teorias e métodos científicos que sobrevivem são os que proporcionam esse tipo de prazer, quer se ajustem ou não a modelos prévios determinando como se deve fazer ciência.

A rejeição das teorias newtonianas por parte dos seguidores de Descartes e Leibniz sugere uma moral para a prática da ciência: nunca é muito seguro simplesmente rejeitar uma teoria de êxito tão marcante em explicar a observação, como a de Newton. As teorias bem-sucedidas podem funcionar por razões que seus criadores não entendem, e sempre se revelam como aproximações para outras teorias que tenham êxito ainda maior, mas nunca são meros erros.

Nem sempre se seguiu essa moral no século xx. A década de 1920 viu o advento da mecânica quântica, um arcabouço radicalmente novo para a teoria física. Em vez de calcular as trajetórias de um planeta ou de uma partícula, calcula-se a evolução de ondas probabilísticas, cuja intensidade num determinado momento e posição nos indica a probabilidade de encontrar a partícula ali e naquele instante. O abandono do determinismo apavorou tanto alguns dos fundadores da mecânica quântica, entre eles Max Planck, Erwin Schrödinger, Louis de Broglie e Albert Einstein, que deixaram de fazer qualquer outro trabalho sobre as teorias de mecânica quântica, a não ser para apontar as consequências inaceitáveis que decorreriam delas. Algumas críticas à mecânica quântica feitas por Schrödinger e Einstein eram realmente inquietantes e continuam a nos preocupar ainda hoje, mas, no final dos anos 1920, a mecânica quântica já obtivera tanto êxito em explicar as propriedades dos átomos, moléculas e fótons que precisava ser levada a sério. A rejeição das teorias da mecânica quântica por parte desses físicos significou que eles não conseguiram participar do grande progresso nos anos 1930 e 1940 na física dos sólidos, dos núcleos atômicos e das partículas elementares.

Tal como a mecânica quântica, a teoria newtoniana do sistema solar fornecera o que, mais tarde, veio a se chamar "modelo-padrão". Introduzi esse termo em 1971[21] para descrever a teoria da estrutura e evolução do universo em expansão, tal como se desenvolvera até aquele momento, explicando:

> O modelo-padrão pode, sem dúvida, estar parcial ou totalmente errado. Sua importância, porém, reside não em sua verdade certa, mas no terreno comum que oferece a uma enorme variedade de dados cosmológicos. Discutindo esses dados no contexto de um modo cosmológico padrão, podemos começar a avaliar sua pertinência cosmológica, qualquer que seja o modelo que, em última instância, se prove correto.

Um pouco mais tarde, eu e outros físicos começamos a usar a expressão "modelo-padrão" também para designar nossa teoria nascente das partículas elementares e suas várias interações. Claro que os sucessores de Newton não usaram a expressão "modelo-padrão" para se referir à teoria newtoniana do sistema solar, mas bem que poderiam. A teoria newtoniana oferecia inegavelmente um terreno comum, abrigando os astrônomos que tentavam explicar observações que iam além das leis de Kepler.

Os métodos para aplicar a teoria de Newton a problemas envolvendo mais de dois corpos foram desenvolvidos por muitos autores no final do século XVIII e no começo do século XIX.

Houve uma inovação, de grande importância futura, que foi explorada em especial por Pierre Simon Laplace no começo do século XIX. Em vez de somar as forças gravitacionais exercidas por todos os corpos num conjunto como o sistema solar, calcula-se um "campo", uma condição do espaço que fornece em todos os pontos a magnitude e direção da aceleração produzida por todas as massas no conjunto. Para calcular o campo, resolvem-se certas equações diferenciais a que ele obedece. (Essas equações estabelecem as condições em que o campo varia quando o ponto em que ele é medido se move para alguma das três direções perpendiculares.) Com essa abordagem, torna-se quase trivial provar o teorema de Newton de que as forças gravitacionais exercidas fora de uma massa esférica correspondem ao inverso do quadrado da distância até o centro da esfera. Mais importante, como veremos no capítulo 15, o conceito de campo viria a desempenhar um papel fundamental no entendimento da eletricidade, do magnetismo e da luz.

Esse instrumental matemático teve um uso de máximo impacto em 1846, predizendo a existência e localização do planeta Netuno a partir de irregularidades na órbita do planeta Urano, em trabalhos independentes feitos por John Couch Adams e Jean Joseph Le Verrier. Netuno foi descoberto logo depois, no local esperado.

Permaneceram algumas pequenas discrepâncias entre teoria e observação no movimento da Lua e dos cometas Halley e Encke, bem como numa precessão dos peri-hélios da órbita de Mercúrio, que se observou ser maior em 43 segundos (segundos de arco) por século do que seria pela explicação das forças gravitacionais produzidas pelos outros planetas. As discrepâncias no movimento da Lua e dos cometas foram por fim rastreadas até forças não gravitacionais, mas a precessão maior de Mercúrio só veio a ser explicada com o advento da Teoria Geral da Relatividade de Albert Einstein, em 1915.

Na teoria de Newton, a força gravitacional num determinado ponto e num determinado momento depende das posições de todas as massas ao mesmo tempo, e assim uma mudança súbita em qualquer posição dessas (como uma chama explodindo na superfície do Sol) produz uma mudança instantânea em todas as forças gravitacionais em toda parte. Isso entrava em conflito com o princípio da Teoria Especial da Relatividade de Einstein de 1905, segundo o qual nenhuma influência pode viajar mais rápido que a luz. E apontava a clara necessidade de procurar uma teoria da gravitação modificada. Na Teoria Geral de Einstein, uma mudança súbita na posição de uma massa produzirá uma mudança no campo gravitacional nas proximidades imediatas da massa, que então se propaga a distâncias maiores à velocidade da luz.

A Relatividade Geral rejeita a noção newtoniana de tempo e espaço absolutos. Suas equações de base são as mesmas em todos os quadros de referência, qualquer que seja a aceleração ou a rotação. Até aí, Leibniz iria gostar muito, mas, na verdade, a Relatividade Geral justifica a mecânica newtoniana. Sua formulação matemática se baseia numa propriedade que ela compartilha com a teoria de Newton, qual seja, a de que todos os corpos num determinado ponto sofrem a mesma aceleração devida à gravidade. Isso significa que se podem eliminar os efeitos gravitacionais em qualquer ponto usando um quadro de referência, conhecido como quadro inercial, que tem essa mesma aceleração. Por exemplo, não sentimos os efeitos da gravidade terrestre num elevador em queda livre. É nesses quadros inerciais de referência que as leis de Newton se aplicam, pelo menos a corpos em velocidades que não são próximas à velocidade da luz.

O sucesso do tratamento newtoniano do movimento dos planetas e cometas mostra que os quadros inerciais nas proximidades do sistema solar são aqueles em que é o Sol, e não a Terra, que está em repouso (ou se movendo a velocidade constante). De acordo com a relatividade geral, assim é porque esse é o quadro de referência no qual a matéria das galáxias distantes não está girando em torno do sistema solar. Nesse sentido, a teoria de Newton forneceu uma base sólida para que se preferisse a teoria coperniciana à de Tycho. Mas, na relatividade geral, podemos usar qualquer quadro de referência que quisermos, não apenas os inerciais. Se adotarmos um quadro de referência como o de Tycho, em que a Terra está em repouso, as galáxias distantes pareceriam realizar voltas em círculo uma vez por ano, e na relatividade geral esse movimento enorme criaria forças similares à gravitação, que atuariam sobre o Sol e os planetas e lhes dariam os movimentos da teoria tychoniana. Newton parece ter percebido isso. Numa "Proposição 43" inédita, que não entrou nos *Princípios*, Newton reconhecia que a teoria de Tycho poderia ser verdadeira se alguma outra força além da gravidade comum atuasse sobre o Sol e os planetas.[22]

Quando a teoria de Einstein foi confirmada em 1919 pela observação de um encurvamento previsto dos raios de luz devido ao campo gravitacional do Sol, o *Times* de Londres declarou que isso mostrava que Newton estava errado. É um equívoco. A teoria de Newton pode ser vista como uma aproximação à teoria de Einstein, que se torna cada vez mais válida para objetos se movendo a velocidades muito menores que a da luz. Não só a teoria de Einstein não refuta a de Newton, como também explica por que ela funciona, quando funciona. A relatividade geral em si é, sem dúvida, uma aproximação para alguma outra teoria mais satisfatória.

Na Relatividade Geral, é possível descrever plenamente um campo gravitacional especificando a cada ponto no tempo e no espaço os quadros inerciais dos quais os efeitos gravitacionais estão ausentes. É algo matematicamente similar ao fato de que podemos fazer um mapa de uma pequena região em qualquer ponto numa superfície curva onde ela pareça plana, como o mapa de uma cidade na superfície da Terra; a curvatura da superfície completa pode ser descrita montando um atlas de mapas locais sobrepostos. Com efeito, essa similaridade matemática nos permite descrever qualquer campo gravitacional como uma curvatura do tempo e do espaço.

A base conceitual da Relatividade Geral, portanto, é diferente da de Newton. Na Relatividade Geral, a noção de força gravitacional é, em larga medida, substituída pelo conceito do espaço-tempo curvo. Para alguns, foi difícil engolir a ideia. Em 1730, Alexander Pope escrevera um epitáfio memorável para Newton:

> *Nature and nature's laws lay hid in night;*
> *God said, "Let Newton be!" And all was light.**

No século xx, o poeta satírico britânico J. C. Squire[23] acrescentou dois versos:

> *It did not last: the Devil howling "Ho,*
> *Let Einstein be", restored the statu quo.***

Não acreditem nisso. A Teoria Geral da Relatividade segue muito o estilo das teorias newtonianas do movimento e da gravidade: ela se baseia em princípios gerais que podem ser expressos como equações matemáticas, das quais é possível deduzir matematicamente consequências para um amplo leque de fenômenos, que, quando comparadas à observação, permitem verificar a teoria. A diferença entre as teorias newtonianas e einsteinianas é

---

* "A natureza e as leis naturais jaziam em trevas;/ Deus disse: 'Faça-se Newton!'. E tudo se fez luz." (N. T.)

** "Não durou: o Diabo, gritando 'Oh,/ Faça-se Einstein', restaurou o status quo." (N. T.)

muito menor que a diferença entre as teorias newtonianas e tudo o que havia antes.

Fica uma pergunta: por que a revolução científica dos séculos XVI e XVII se deu no local e na época em que se deu? Não faltam explicações possíveis. Ocorreram muitas mudanças na Europa quatrocentista que ajudaram a lançar as bases para a revolução científica. Consolidou-se um governo nacional na França com Carlos VII e Luís XI, e na Inglaterra com Henrique VII. A queda de Constantinopla em 1453 fez com que os estudiosos gregos viessem em fuga para o Ocidente, até a Itália e outros lugares. O Renascimento na área de humanidades estabeleceu padrões mais elevados para leituras e traduções mais acuradas dos textos antigos. A invenção do prelo com tipos móveis tornou a comunicação entre estudiosos muito mais rápida e mais barata. A descoberta e exploração da América reforçou a lição de que existem muitas coisas que os antigos ignoravam. Além disso, segundo a "tese de Merton", a Reforma protestante do começo do século XVI preparou o cenário para as grandes inovações científicas da Inglaterra seiscentista. Segundo o sociólogo Robert Merton, o protestantismo criou atitudes sociais favoráveis à ciência e promoveu uma combinação entre racionalismo e empirismo, bem como a crença numa ordem inteligível na natureza, atitudes e crenças estas que Merton viu no comportamento concreto de cientistas protestantes.[24]

Não é fácil avaliar a importância dessas várias influências externas sobre a revolução científica. Mas, ainda que eu não saiba dizer por que foi Isaac Newton na Inglaterra da segunda metade do século XVII que descobriu as leis clássicas do movimento e da gravidade, penso saber por que essas leis tomaram a forma que tomaram. Foi simplesmente porque o mundo de fato obedece, a um grande grau de aproximação, às leis de Newton.

Depois de expor essa visão geral da história da ciência de Tales a Newton, agora eu gostaria de apresentar algumas ideias aproximadas sobre o que nos levou à concepção moderna de ciência, representada pelas realizações de Newton e seus sucessores. No mundo antigo e medieval, não se tinha como objetivo nada similar à ciência moderna. Na verdade, mesmo que nossos predecessores conseguissem imaginar a ciência como ela é hoje, talvez nem gostassem muito. A ciência moderna é impessoal, sem espaço para a intervenção sobrenatural ou (exceto nas ciências comportamentais) valores humanos; não possui nenhum sentido de finalidade e não promete nenhuma certeza. Então, como chegamos aqui?

Diante de um mundo enigmático, indivíduos de todas as culturas procuraram explicações. Mesmo quando abandonaram a mitologia, essas tentativas de explicação, em sua maioria, não levaram a nada satisfatório. As tentativas de entendimento, em sua maioria, não levavam a nada satisfatório. Tales tentou entender a matéria imaginando que tudo é água, mas o que podia fazer com essa ideia? Que novas informações ela lhe trazia? Ninguém em Mileto e em lugar nenhum conseguiria construir nada a partir da noção de que tudo é água.

Mas, de vez em quando, alguém descobre uma maneira de entender alguns fenômenos que se encaixa tão bem e é tão esclarecedora que a pessoa sente uma enorme satisfação, sobretudo quando o novo entendimento é quantitativo e a observação o corrobora até nos detalhes. Imaginem como Ptolomeu deve ter se sentido quando viu que, ao acrescentar um equante aos epiciclos e excêntricos de Apolônio e Hiparco, descobrira uma teoria dos movimentos planetários que lhe permitia prever de maneira muito acurada onde qualquer dado planeta se encontraria no céu a qualquer dado momento futuro. Podemos imaginar a alegria de Ptolomeu pelos versos que ele escreveu e que citamos anteriormente: "Quando exploro a massa dos círculos em roda das estrelas, meus pés não tocam mais a Terra, mas, ao lado do próprio Zeus, tenho minha parte de ambrosia, o alimento dos deuses".

A alegria se empanou — sempre se empana. Não era preciso ser adepto de Aristóteles para se sentir incomodado com o peculiar movimento em circuito fechado dos planetas se movendo em epiciclos da teoria de Ptolomeu. Havia também o desagradável ajuste fino: era preciso o transcurso de um ano exato para que os centros dos epiciclos de Mercúrio e Vênus fizessem a volta ao redor da Terra e para que Marte, Júpiter e Saturno girassem em torno de seus epiciclos. Os filósofos passaram mais de um milênio debatendo qual seria o papel de astrônomos como Ptolomeu: realmente entender os céus ou apenas encaixar os dados.

Que prazer deve ter sentido Copérnico quando entendeu que o ajuste fino e as órbitas fechadas do esquema de Ptolomeu se deviam apenas ao fato de vermos o sistema solar a partir de uma Terra em movimento! Ainda falha, a teoria coperniciana não se encaixava com os dados a não ser acrescentando complicadores esquisitos. E como Kepler, então, com seus dotes matemáticos, deve ter gostado de substituir a confusão coperniciana pelo movimento elíptico, obedecendo às suas três leis!

Assim, o mundo opera sobre nós como uma máquina pedagógica, dando momentos de satisfação como reforço positivo a nossas boas ideias. Depois de séculos, aprendemos quais são os tipos possíveis de entendimento e como podemos chegar a eles. Aprendemos a não nos preocupar com finalidades, pois essas preocupações nunca levam ao tipo de prazer que buscamos. Aprendemos a abandonar a busca de certeza, porque os entendimentos que nos deixam felizes nunca são certos. Aprendemos a fazer experimentos, sem nos preocupar com a artificialidade de nossas montagens. Desenvolvemos um senso estético que nos fornece pistas sobre as teorias que funcionarão, o que aumenta ainda mais nosso prazer quando elas realmente funcionam.

Nossos entendimentos são cumulativos. Não é algo planejado, é imprevisível, mas leva ao conhecimento confiável e nos dá alegria ao longo do caminho.

15. Epílogo: A grande redução

A grande realização de Newton deixou muita coisa por entender. A natureza da matéria, as propriedades das outras forças que não a gravidade que atuam sobre a matéria e as admiráveis habilidades da vida ainda constituem um mistério. O progresso que se fez depois de Newton[1] foi enorme e não caberia num livro inteiro, quem dirá num único capítulo. Este epílogo pretende assinalar apenas um ponto: com o progresso na ciência depois de Newton, começou-se a esboçar um quadro admirável — evidenciou-se que o mundo é governado por leis naturais muito mais simples e mais unificadas do que se imaginava na época de Newton.

Ele mesmo, no Livro III de sua *Óptica*, traçou as linhas gerais de uma teoria da matéria que abrangeria pelo menos a óptica e a química:

Agora as menores partículas de matéria podem se juntar entre si com as mais fortes atrações e compor partículas maiores de virtude mais fraca; e muitas destas podem se juntar e compor partículas maiores cuja virtude é ainda mais fraca, e assim sucessivamente, até a progressão alcançar as maiores partículas de que dependem as operações em química e as cores dos corpos naturais, e que pela coesão compõem corpos de sensível magnitude.[2]

Ele também concentrou a atenção nas forças atuando sobre essas partículas:

> Pois devemos aprender a partir dos fenômenos da natureza quais são os corpos que se atraem mutuamente e quais são as leis e propriedades da atração, antes de indagarmos a causa pela qual se dá a atração. As atrações da gravidade, do magnetismo e da eletricidade alcançam distâncias muito consideráveis, e assim têm sido observadas pelo olho comum, e podem existir outras que alcançam distâncias tão pequenas que escapam à observação.[3]

Como se vê, Newton estava ciente de que existem outras forças na natureza, além da gravidade. A eletricidade estática era uma velha história. Platão mencionara no *Timeu* que, quando se fricciona um pedaço de âmbar (*electron*, em grego), ele pode atrair pedacinhos leves de matéria. O magnetismo era conhecido a partir das propriedades das magnetitas naturalmente magnéticas, usadas pelos chineses na geomancia e estudadas detalhadamente por William Gilbert, médico da rainha Elizabeth. Newton aqui também sugere a existência de forças que ainda não eram conhecidas devido a seu curto alcance, numa premonição das forças nucleares fortes e fracas descobertas no século XX.

Nos anos iniciais do século XIX, a invenção da bateria elétrica, feita por Alessandro Volta, permitiu realizar detalhados experimentos quantitativos em eletricidade e magnetismo, e logo se concluiu que são fenômenos não inteiramente separados. Primeiro, Hans Christian Ørsted, em Copenhague, descobriu em 1820 que um magneto e um fio metálico transportando uma corrente elétrica exercem forças um no outro. Ao saber desse resultado, André-Marie Ampère, em Paris, descobriu que os fios transportando correntes elétricas também exercem forças um no outro. Ampère conjecturou que esses vários fenômenos são praticamente os mesmos: as forças exercidas por e em peças de ferro magnetizado se devem a correntes elétricas circulando dentro do ferro.

Assim como aconteceu com a gravidade, a noção de correntes e magnetos exercendo forças reciprocamente foi substituída pela ideia de um *campo*, nesse caso um campo magnético. Cada magneto e cada fio com corrente elétrica contribuem para o campo magnético total em qualquer ponto em suas proximidades, e esse campo magnético exerce uma força sobre qualquer magneto ou corrente elétrica naquele ponto. Michael Faraday atribuiu as forças magnéticas produzidas por uma corrente elétrica a linhas do campo magnético circundando o fio. Ele também descobriu que as forças elétricas produzidas por um pedaço de âmbar friccionado se devem a um campo elétrico, representado como um conjunto de linhas emanando radialmente das cargas elétricas no âmbar. Mais importante, nos anos 1830 Faraday mostrou uma conexão entre o campo elétrico e o campo magnético: um campo magnético variável, como o produzido pela corrente elétrica num fio espiralado girando, produz um campo elétrico, que pode conduzir correntes elétricas para outro fio. É esse o fenômeno que é usado para gerar eletricidade nas usinas elétricas modernas.

Chegou-se à unificação final entre eletricidade e magnetismo algumas décadas depois, com James Clerk Maxwell, que considerou os campos elétrico e magnético como tensões num meio difuso, o éter, e formulou o que se sabia sobre eletricidade e magnetismo em equações relacionando os campos e seus índices de trocas mútuas. A novidade que Maxwell introduziu foi que, assim como um campo magnético em mutação gera um campo elétrico, da mesma forma um campo elétrico em mutação gera um campo magnético. Como ocorre com frequência em física, a base conceitual das equações de Maxwell, em termos de éter, foi abandonada, mas as equações permanecem, até em camisetas de estudantes de física.*

A teoria de Maxwell teve uma consequência fenomenal. Visto que campos elétricos oscilantes produzem campos magnéticos oscilantes, e campos magnéticos oscilantes produzem campos elétricos oscilantes, é possível ter uma oscilação de ambos que se sustenta no éter ou, como diríamos hoje, no espaço vazio. Maxwell descobriu por volta de 1862 que essa oscilação eletromagnética se propagava a uma velocidade que, segundo suas equações, tinha quase o mesmo valor numérico da velocidade medida da luz. Foi natural que Maxwell saltasse para a conclusão de que a luz não passa de uma oscilação autossustentada mútua dos campos elétrico e magnético. A luz visível tem uma frequência alta demais para ser produzida por correntes em circuitos elétricos comuns, mas, nos anos 1880, Heinrich Hertz conseguiu gerar ondas em conformidade com as equações de Maxwell, ondas de rádio que só se diferenciavam da luz visível por terem frequência muito mais baixa. Assim, houve uma unificação não só entre a eletricidade e o magnetismo, mas também com a óptica.

Tal como na eletricidade e no magnetismo, o progresso no entendimento da natureza da matéria começou com medições quantitativas, nesse caso a medição dos pesos das substâncias presentes nas reações químicas. A figura central nessa revolução química foi um abastado francês, Antoine Lavoisier. No final do

---

* Não foi Maxwell quem escreveu as equações que governam os campos elétrico e magnético na forma hoje conhecida como "equações de Maxwell". Suas equações tratavam de campos conhecidos como potenciais, cujos índices de mudança no tempo e posição são os campos elétrico e magnético. A forma moderna das equações de Maxwell, a que estamos habituados, foi elaborada por volta de 1881 por Oliver Heaviside. (N. A.)

século XVIII, ele identificou o hidrogênio e o oxigênio como elementos, mostrou que a água era um composto de hidrogênio e oxigênio, que o ar era uma mistura de elementos e que o fogo se devia à combinação do oxigênio com outros elementos. Também com base nessas medições, um pouco depois John Dalton descobriu que é possível entender os pesos com que os elementos se combinam em reações químicas tomando como hipótese que os compostos químicos puros, como a água ou o sal, consistem num grande número de partículas (mais tarde chamadas de moléculas) que, por sua vez, consistem em quantidades definidas de átomos de elementos puros. Nas décadas seguintes, os químicos identificaram muitos elementos, alguns familiares como o carbono, o enxofre e os metais comuns, e outros que então foram isolados, como o cloro, o cálcio e o sódio. A terra, o ar, o fogo e a água não integravam a lista. As fórmulas químicas corretas de moléculas como a água e o sal foram elaboradas na primeira metade do século XIX, permitindo o cálculo das razões das massas atômicas dos diversos elementos a partir das medições dos pesos das substâncias presentes nas reações químicas.

A teoria atômica da matéria marcou um grande tento quando Maxwell e Ludwig Boltzmann mostraram que é possível entender o calor como energia distribuída entre grandes quantidades de átomos ou moléculas. Esse passo para a unificação enfrentou a resistência de alguns físicos, inclusive Pierre Duhem, que duvidava da existência dos átomos e sustentava que a teoria do calor, a termodinâmica, era pelo menos tão fundamental quanto a mecânica de Newton e a eletrodinâmica de Maxwell. Mas, logo no começo do século XX, vários experimentos novos convenceram praticamente todos sobre a existência real dos átomos. Uma série de experimentos, realizados por J. J. Thomson, Robert Millikan e outros, mostrou que as perdas e ganhos das cargas elétricas só se dão como múltiplos de uma carga fundamental, a carga do elétron, partícula que fora descoberta por Thomson em 1897. O movimento "browniano" aleatório de pequenas partículas na superfície dos líquidos foi interpretado por Albert Einstein, em 1905, como resultado de colisões com moléculas individuais do líquido, interpretação esta confirmada pelos experimentos de Jean Perrin. Em resposta aos experimentos de Thomson e Perrin, o químico Wilhelm Ostwald, que antes se mostrara cético em relação aos átomos, expôs sua mudança de posição numa declaração de 1908 que, implicitamente, remontava até Demócrito e Leucipo: "Agora estou convencido de que entramos recentemente em posse de evidências experimentais quanto à natureza discreta ou granulada da matéria, que a hipótese atômica procurou em vão durante centenas e milhares de anos".[4]

Mas o que são átomos? Avançou-se um grande passo para a resposta quando os experimentos realizados no laboratório de Ernest Rutherford em Manchester mostraram, em 1911, que a massa de átomos do ouro se concentra num pequeno núcleo pesado com carga positiva, em torno do qual giram elétrons mais leves, com carga negativa. Os elétrons são responsáveis pelos fenômenos da química comum, enquanto as mudanças no núcleo liberam as grandes energias que se encontram na radioatividade.

Isso trazia uma nova pergunta: o que impede que os elétrons atômicos em órbita percam energia pela emissão de radiação e não sigam em espiral até o núcleo? Isso não só eliminaria a existência de átomos estáveis, como também as frequências da radiação emitida nessas pequenas catástrofes atômicas formariam um continuum, em contradição com a observação de que os átomos só conseguem emitir e absorver radiação em certas frequências discretas, observadas como linhas brilhantes ou escuras nos espectros dos gases. O que determina essas frequências específicas?

As respostas foram elaboradas nos primeiros trinta anos do século XX, com o desenvolvimento da mecânica quântica, a inovação mais radical em teoria física desde a obra de Newton. Como sugere seu nome, a mecânica quântica requer uma quantização (isto é, uma descontinuidade) das energias dos vários sistemas físicos. Niels Bohr propôs em 1913 que um átomo só pode existir em estados de certas energias definidas, e apresentou as regras para calcular essas energias nos átomos mais simples. Seguindo o trabalho anterior de Max Planck, Einstein sugerira, já em 1905, que a energia na luz vem em quanta, partículas depois denominadas fótons, cada fóton com uma energia proporcional à frequência da luz. Como explicou Bohr, quando um átomo perde energia emitindo um único fóton, a energia desse fóton deve ser igual à diferença nas energias dos estados atômicos inicial e final, exigência esta que estabelece sua frequência. Existe sempre um estado atômico de energia mínima, que não consegue emitir radiação e, portanto, é estável.

A esses passos iniciais seguiu-se, nos anos 1920, o desenvolvimento das regras gerais da mecânica quântica, que podem ser aplicadas a qualquer sistema físico. Esse desenvolvimento foi obra, sobretudo, de Louis de Broglie, Werner Heisenberg, Wolfgang Pauli, Pascual Jordan, Erwin Schrödinger, Paul Dirac e Max Born. Calculam-se as energias dos estados atômicos permitidos resolvendo-se uma equação, a chamada equação de Schrödinger, de um tipo matemático geral que já era conhecido no estudo das ondas sonoras e luminosas. Assim como uma corda de um instrumento musical só pode produzir aqueles tons que encontram um número inteiro de meio comprimento de onda na corda, da mesma forma Schrödinger descobriu que os níveis de energia permitidos de um átomo são aqueles em que a onda governada pela equação de Schrödinger se encaixa em torno do átomo sem descontinuidades. Mas, como reconhecido inicialmente por Born, essas ondas não são ondas de pressão nem de campos eletromagnéticos, e sim ondas de probabilidade — é mais provável que uma partícula esteja perto de onde a função de onda é maior.

A mecânica quântica não só resolvia o problema da estabilidade dos átomos e a natureza das linhas do espectro, como também incluía a química dentro do arcabouço da física. Conhecendo as forças elétricas entre os elétrons e os núcleos atômicos, a equação de Schrödinger podia ser aplicada também às moléculas, além dos átomos, e permitia o cálculo das energias de seus vários estados. Assim, tornou-se possível em princípio concluir quais moléculas são estáveis e quais reações químicas são energeticamente permitidas. Em 1929, Dirac anunciou triunfante que "as leis físicas subjacentes necessárias para a teoria matemática de uma parcela maior da física e para toda a química são, dessa forma, inteiramente conhecidas".[5]

Isso não significava que os químicos passariam seus problemas para os físicos e se aposentariam. Como Dirac bem entendeu, a equação de Schrödinger para praticamente todas as moléculas menores é de solução complicada demais, e assim as percepções e instrumentais específicos da química continuam a ser indispensáveis. Mas, a partir dos anos 1920, passou-se a entender que qualquer princípio geral da química, como a regra de que os metais formam compostos estáveis com elementos halogêneos como o cloro, é o que é por causa da mecânica quântica dos núcleos e elétrons sob a ação de forças eletromagnéticas.

Apesar de sua grande força explicativa, essa fundamentação estava longe de ter uma unificação satisfatória. Existiam partículas: os elétrons, e os prótons e nêutrons que formam os núcleos atômicos. E existiam campos: o campo eletromagnético e quaisquer campos de curto alcance então desconhecidos são presumivelmente responsáveis pelas forças fortes que mantêm os núcleos atômicos coesos e pelas forças fracas que convertem os nêutrons em prótons, ou vice-versa, na radioatividade. Essa distinção entre partículas e campos foi eliminada nos anos 1930, com o advento da teoria do campo quântico. Assim como existe um campo eletromagnético, cuja energia e momentum estão enfeixados em partículas conhecidas como fótons, da mesma forma também existe um campo eletrônico, cuja energia e momentum estão enfeixados em elétrons, e analogamente para outros tipos de partículas elementares.

Isso nada tinha de óbvio. Podemos sentir diretamente os efeitos dos campos gravitacional e eletromagnético porque os quanta desses campos têm massa zero, e são partículas de certo tipo (conhecidas como bósons) que podem ocupar em grandes números o mesmo estado. Essas propriedades permitem que os fótons se reúnam para formar campos elétricos e magnéticos que parecem obedecer às regras da física clássica, isto é, não quântica. Os elétrons, em contraste, têm massa e são partículas de certo tipo (conhecidas como férmions) que nem mesmo em duas podem ocupar o mesmo estado, de forma que os campos eletrônicos nunca aparecem nas observações macroscópicas.

No final dos anos 1940, a eletrodinâmica quântica, isto é, a teoria do campo quântico de fótons, elétrons e antielétrons, obteve sucessos espantosos com o cálculo de quantidades como a força do campo magnético do elétron que concordava com o experimento em muitas casas decimais.* Na sequência dessa grande realização, foi natural tentar desenvolver uma teoria do campo quântico que abrangesse não só fótons, elétrons e antielétrons, mas também as outras partículas que vinham sendo descobertas em aceleradores e raios cósmicos, bem como as forças fracas e fortes que atuam sobre elas.

---

* A partir daqui, não citarei físicos individuais. São tantos os envolvidos que ocuparia espaço demais; além disso, muitos estão vivos e eu correria o risco de ofender citando uns e não outros. (N. A.)

Agora temos uma teoria do campo quântico nesses moldes, conhecida como modelo-padrão, que é uma versão ampliada da eletrodinâmica quântica. Além do campo eletrônico, existe um campo dos neutrinos, cujos quanta são férmions como os elétrons, mas com carga elétrica zero e massa quase zero. Existe um par de campos de quarks, cujos quanta são os constituintes dos prótons e nêutrons que formam os núcleos atômicos. Por razões que ninguém entende, essa lista se repete duas vezes, com quarks muito mais pesados e partículas similares aos elétrons muito mais pesadas e seus parceiros neutrinos. O campo eletromagnético aparece num quadro "eletrofraco" unificado, junto com outros campos responsáveis pelas interações nucleares fracas, que permitem que prótons e nêutrons se convertam uns nos outros em declínios radioativos. Os quanta desses campos são bósons pesados: os W^+ e W^- eletricamente carregados e o Z^0 eletricamente neutro. Existem também oito campos "glúons" matematicamente similares, responsáveis pelas interações nucleares fortes, que mantêm os quarks dentro dos prótons e nêutrons. Em 2012, descobriu-se a última peça faltante do modelo-padrão, um bóson pesado eletricamente neutro que fora previsto pela parte eletrofraca do modelo-padrão.

O modelo-padrão não é o final da história. Ele deixa a gravitação de fora; não explica a "matéria escura" que os astrônomos nos dizem compor cinco sextos da massa do universo; e envolve um volume excessivo de quantidades numéricas inexplicadas, como as razões das massas dos vários quarks e partículas similares aos elétrons. Mas, mesmo assim, o modelo-padrão oferece uma visão consideravelmente unificada de todos os tipos de matérias e forças (exceto a gravidade) que encontramos em nossos laboratórios, num conjunto de equações que cabem numa folha de papel. É inevitável que o modelo-padrão venha a se mostrar pelo menos como uma característica aproximada de qualquer teoria futura.

Pareceria insatisfatório o modelo-padrão para muitos filósofos naturais desde Tales a Newton. Ele é impessoal; não traz nenhum vestígio de preocupações humanas, como o amor ou a justiça. Ninguém que estuda o modelo-padrão encontrará nele ajuda para ser um indivíduo melhor, como Platão esperava que decorresse do estudo da astronomia. Além disso, ao contrário do que esperava Aristóteles de uma teoria física, o modelo-padrão não tem nenhum elemento finalista ou teleológico. Claro, vivemos num universo governado pelo modelo-padrão e podemos achar que os elétrons e os dois quarks leves são o que são para que possamos existir — mas, aí, o que fazemos com suas contrapartes mais pesadas, que não guardam nenhuma relação com nossas vidas?

O modelo-padrão se expressa em equações regendo os vários campos, mas não pode ser deduzido apenas da matemática. E tampouco decorre diretamente da observação da natureza. Com efeito, quarks e glúons são mutuamente atraídos por forças que aumentam com a distância, e assim essas partículas nunca podem ser observadas isoladamente. Tampouco, ainda, o modelo-padrão deriva de pressupostos filosóficos. Ele resulta de conjecturas, e é guiado pelo juízo estético e validado pelo êxito de muitas previsões suas. Embora o modelo-padrão não seja o final da história, pensamos que esses seus aspectos reaparecerão em qualquer teoria que o suceder.

A velha intimidade entre física e astronomia prossegue. Agora entendemos as reações nucleares a um grau suficiente não só para calcular o brilho e a evolução do Sol e das estrelas, mas também para entender como os elementos mais leves foram produzidos nos primeiros minutos da atual expansão do universo. E, como no passado, a astronomia agora apresenta à física um desafio tremendo: a expansão do universo está se acelerando, presumivelmente devido a uma "energia escura" que está contida não em movimentos e massas de partículas, mas no próprio espaço.

Há um aspecto da experiência que, à primeira vista, parece desafiar o entendimento com base de uma teoria física não finalista, como o modelo-padrão. Não podemos evitar a teleologia ao falar de coisas vivas. Descrevemos corações, pulmões, raízes e flores em termos da finalidade a que servem, tendência esta que apenas se intensificou com o grande aumento, depois de Newton, de informações sobre a fauna e a flora, graças a naturalistas como Carl Linnaeus e Georges Cuvier. Não só teólogos, mas também cientistas como Robert Boyle e Isaac Newton viram as maravilhosas capacidades das plantas e dos animais como provas de um Criador benevolente. Mesmo que possamos evitar uma explicação sobrenatural das capacidades das plantas e dos animais, por muito tempo parecia inevitável que um entendimento da vida se baseasse em princípios teleológicos muito diferentes dos de teorias físicas como o modelo-padrão.

A unificação da biologia com o resto da ciência começou a ser possível nos meados do século XIX, com as propostas independentes de Charles Darwin e Alfred Russel Wallace da teoria da evolução através da seleção natural. A evolução já era uma ideia usual, sugerida pelos fósseis. Muitos dos que aceitavam a evolução explicavam-na como resultado de um princípio fundamental da biologia, uma tendência intrínseca de aperfeiçoamento das coisas vivas, princípio este que excluiria qualquer unificação da biologia com a ciência física. Darwin e Wallace, por outro lado, propunham que a evolução opera por meio do surgimento de variações transmissíveis, tanto favoráveis quanto desfavoráveis, e as mais prováveis de se difundir são inevitavelmente as variações que aumentam as chances de sobrevivência e reprodução.*

---

* Aqui estou juntando seleção sexual e seleção natural, equilíbrio pontual e evolução constante, sem distinguir entre mutações e flutuação genética como fonte de variações transmissíveis. Essas distinções são muito importantes para os bió-

Levou muito tempo até que a seleção natural fosse aceita como o mecanismo da evolução. Na época de Darwin, ninguém conhecia o mecanismo da hereditariedade ou do surgimento de variações transmissíveis, e assim havia espaço para os biólogos contarem com uma teoria mais finalista. Era especialmente desagradável imaginar que os seres humanos são o resultado de milhões de anos de seleção natural atuando sobre variações transmissíveis aleatórias. A descoberta das regras da genética e da ocorrência das mutações acabou levando, no século XX, a uma "síntese neodarwiniana" que deu bases mais sólidas à teoria da evolução através da seleção natural. Por fim essa teoria veio a se fundamentar na química e, com isso, na física, ao se entender que a informação genética é transportada pelas moléculas de dupla hélice do DNA.

Assim, a biologia se juntou à química numa visão unificada da natureza, tendo como base a física. Mas é importante reconhecer os limites dessa unificação. Ninguém vai substituir a linguagem e os métodos da biologia por uma descrição das coisas vivas em termos de moléculas individuais e menos ainda de quarks e elétrons. Entre outras razões, as coisas vivas são muito complicadas para esse tipo de descrição, ainda mais que as grandes moléculas da química orgânica. E, mais importante, mesmo que conseguíssemos acompanhar o movimento de cada átomo numa planta ou num animal, nessa imensa massa de dados perderíamos as coisas que nos interessam, um leão caçando antílopes ou uma flor atraindo abelhas.

Para a biologia, como na geologia, mas à diferença da química, há outro problema. As coisas vivas são o que são não apenas por causa dos princípios da física, mas também em virtude de uma

---

logos, mas não afetam a questão que aqui me interessa, qual seja, a de que não existe nenhuma lei biológica segundo a qual seria mais provável que as variações transmissíveis fossem aperfeiçoamentos. (N. A.)

grande quantidade de acidentes históricos, inclusive o acidente em que um cometa ou meteoro colidiu com a Terra 65 milhões de anos atrás, com um impacto suficiente para acabar com os dinossauros, bem como o fato anterior de que a Terra se formou a determinada distância do Sol e com determinada composição química inicial. Podemos entender alguns desses acidentes em termos estatísticos, mas não em termos individuais. Kepler estava errado: nunca ninguém será capaz de calcular a distância da Terra ao Sol apenas a partir dos princípios da física. O que queremos dizer com a unificação da biologia com o resto da ciência é apenas que a biologia não pode ter princípios independentes, como tampouco a geologia. Qualquer princípio geral da biologia é o que é por causa dos princípios fundamentais da física, junto com os acidentes históricos, os quais, por definição, nunca podem ser explicados.

O ponto de vista aqui descrito é chamado (muitas vezes em acepção negativa) de "reducionismo". Mesmo dentro da física, há oposição ao reducionismo. Os físicos que estudam fluidos ou sólidos citam frequentemente os exemplos de "emergência", isto é, o aparecimento na descrição de fenômenos macroscópicos de conceitos como transição de fase ou calor que não têm correspondentes na física das partículas elementares e não dependem dos detalhes dessas partículas elementares. Por exemplo, a termodinâmica, ou ciência do calor, se aplica a uma ampla variedade de sistemas, não só aos tratados por Maxwell e Boltzmann, contendo grandes quantidades de moléculas, mas também às superfícies de grandes buracos negros. Mas ela não se aplica a tudo, e quando perguntamos se ela se aplica a um determinado sistema — e, em caso afirmativo, por quê —, precisamos ter como referência princípios mais profundos, mais verdadeiramente fundamentais da física. Nesse sentido, o reducionismo não é um programa para a reforma da prática científica; é uma visão do mundo e das razões pelas quais ele é como é.

Não sabemos por quanto tempo a ciência prosseguirá nesse caminho redutor. Podemos chegar a um ponto onde sejam impossíveis maiores avanços com os recursos de nossa espécie. No momento, parece que existe uma massa numa escala com cerca de 1 milhão de trilhões de vezes maior que a massa do átomo de hidrogênio, na qual a gravidade e outras forças ainda não detectadas estão unificadas com as forças do modelo-padrão. (É conhecida como "massa de Planck"; é a massa que as partículas teriam de possuir para que sua atração gravitacional fosse tão forte quanto a repulsão elétrica entre dois elétrons na mesma separação.) Mesmo que todos os recursos econômicos da humanidade ficassem à inteira disposição dos físicos, atualmente não conseguimos conceber nenhuma maneira de criar em nossos laboratórios partículas com massas tão imensas.

O que pode nos faltar são recursos intelectuais — talvez os seres humanos não tenham inteligência suficiente para entender as leis realmente fundamentais da física. Ou podemos nos deparar com fenômenos que, em princípio, não podem ser reconduzidos a uma estrutura unificada para toda a ciência. Por exemplo, embora possamos vir a entender os processos cerebrais responsáveis pela consciência, é difícil ver como conseguiremos algum dia descrever os sentimentos conscientes em termos físicos.

Todavia, temos muito a percorrer nesse caminho e ainda não chegamos a seu final.[6] É grandiosa a história de como se desenvolveu uma teoria unificada da eletricidade e do magnetismo que veio a explicar a luz, como se expandiu a teoria quântica do eletromagnetismo que veio a incluir também as forças nucleares fortes e fracas, e como a química e até a biologia vieram a se integrar numa visão unificada, embora incompleta, da natureza baseada na física. É rumo a uma teoria física mais fundamental que os amplos princípios científicos que descobrimos foram e continuam a ser reduzidos.

Agradecimentos

Tive a sorte de contar com o auxílio de vários estudiosos eruditos: o classicista Jim Hankinson e os historiadores Bruce Hunt e George Smith. Eles leram a maior parte do livro, e fiz muitas correções baseadas em suas sugestões. Agradeço profundamente essa ajuda. Também sou grato a Louise Weinberg por inestimáveis comentários críticos e por sua sugestão para utilizar os versos de John Donne que agora adornam a página de rosto do livro. Agradeço ainda a Peter Dear, Owen Gingerich, Alberto Martinez, Sam Schweber e Paul Woodruff por seus aconselhamentos em temas específicos. Por fim, pelo incentivo e bons conselhos, agradeço muito a meu sábio agente Morton Janklow e a meus ótimos editores na Harper-Collins, Tim Duggan e Emily Cunningham.

Notas técnicas

As notas subsequentes descrevem o embasamento científico e matemático de muitos dos desdobramentos históricos discutidos neste livro. Leitores que aprenderam um pouco de álgebra e geometria no ensino médio e não esqueceram o assunto completamente não devem ter problemas com o nível de dificuldade da matemática usada nestas notas. Contudo, tentei organizar este livro de tal maneira que leitores que não estejam interessados em detalhes técnicos possam pular estas notas e mesmo assim compreender o texto principal.

Um alerta: a forma de raciocínio expressa nestas notas não é necessariamente idêntica àquela que se deu historicamente. De Tales a Newton, a abordagem matemática aplicada a problemas da física era bem mais geométrica e menos algébrica do que é comum hoje em dia. Analisar esses problemas com aquela abordagem geométrica seria tão difícil para mim quanto tedioso para o leitor. Essas notas mostrarão como os resultados obtidos pelos filósofos naturais do passado de fato decorrem (ou, em alguns casos, não decorrem) das observações e pressupostos em que se respaldavam, mas sem tentar reproduzir fielmente os detalhes de seu raciocínio.

NOTAS

1. Teorema de Tales
2. Poliedros de Platão
3. Harmonia
4. O Teorema de Pitágoras
5. Números irracionais
6. Velocidade terminal
7. Gotas caindo
8. Reflexão
9. Corpos flutuantes e submersos
10. Áreas de círculos
11. Dimensões e distâncias do Sol e da Lua
12. A dimensão da Terra
13. Epiciclos para planetas interiores e exteriores
14. Paralaxe lunar
15. Senos e cordas
16. Horizontes
17. Demonstração geométrica do Teorema da Velocidade Média
18. Elipses
19. Elongações e órbitas dos planetas interiores
20. Paralaxe diurna
21. A regra das áreas iguais e o equante
22. Distância focal
23. Telescópios
24. Montanhas na Lua
25. Aceleração gravitacional
26. Trajetórias parabólicas

27. Derivação da Lei de Refração com uma bola de tênis
28. Derivação da Lei de Refração pelo princípio do tempo mínimo
29. A Teoria do Arco-Íris
30. Derivação da Lei de Refração pela Teoria Ondulatória da Luz
31. Medindo a velocidade da luz
32. Aceleração centrípeta
33. Comparando a Lua com um corpo em queda
34. Conservação de momento
35. Massas planetárias

1. TEOREMA DE TALES

O Teorema de Tales emprega um raciocínio geométrico simples para deduzir um resultado a respeito de círculos e triângulos que não é diretamente óbvio. Se foi ou não Tales que demonstrou o resultado, é útil visualizar o teorema como uma amostra do alcance do conhecimento grego em geometria antes do tempo de Euclides.

Considere um círculo qualquer, e um diâmetro qualquer do círculo. Sejam A e B os pontos em que o diâmetro intersecta o círculo. Trace segmentos de reta de A e B a qualquer outro ponto P do círculo. O diâmetro e os segmentos ligando A a P e B a P formam um triângulo, ABP. (Identificamos triângulos listando seus três pontos extremos.) O Teorema de Tales nos informa que esse é um triângulo retângulo: o ângulo do triângulo ABP em P é um ângulo reto ou, em outras palavras, 90º.

O truque para demonstrar esse teorema é traçar um segmento do centro C do círculo ao ponto P. Isso divide o triângulo ABP em dois triângulos, ACP e BCP. (Veja a figura 1.) Ambos são triângulos isósceles, isto é, triângulos que possuem dois lados iguais. No triângulo ACP, os lados CA e CP são, um e outro, raios do círculo, que possuem o mesmo comprimento em razão da definição de círculo. (Denotamos os lados de um triângulo pelos pontos extremos que eles conectam.) Da mesma forma, no triângulo BCP os lados CB e CP são iguais. Num triângulo isósceles, os ângulos adjacentes aos dois lados iguais são também iguais, de modo que o ângulo α (alfa) na interseção dos lados AP e AC é igual ao ângulo na interseção dos lados AP e CP, ao passo que o ângulo β (beta) na interseção dos lados BP e BC é igual ao ângulo na interseção dos lados BP e CP. A soma dos ângulos de qualquer triângulo é igual a dois ângulos retos* ou, em termos familiares, 180°, e assim, se tomarmos α' como o terceiro ângulo do triângulo ACP, o ângulo na interseção dos lados AC e CP, e da mesma forma β' como o ângulo na interseção dos lados BC e CP, teremos:

$$2\alpha + \alpha' = 180° \qquad 2\beta + \beta' = 180°$$

Somando essas duas equações e reagrupando os termos, obtemos:

$$2(\alpha + \beta) + (\alpha' + \beta') = 360°$$

Agora, $\alpha' + \beta'$ é o ângulo entre AC e BC, que estão unidos numa reta, e é, portanto, metade de uma volta completa, ou 180°, de maneira que:

$$2(\alpha + \beta) = 360° - 180° = 180°$$

e portanto $\alpha + \beta = 90°$. Mas uma rápida visualização da figura 1 revela que $\alpha + \beta$ é o ângulo entre os lados AP e BP do triângulo ABP com que começamos, e assim concluímos que ele é realmente um triângulo retângulo, como queríamos demonstrar.

* É possível que esse fato não fosse conhecido no tempo de Tales, e nesse caso a demonstração apresentada seria de data posterior. (N. A.)

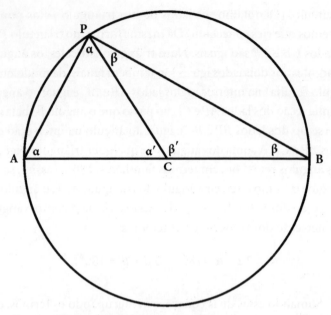

Figura 1. Prova do Teorema de Tales. O teorema afirma que, qualquer que seja a localização do ponto P no círculo, o ângulo entre as linhas desde as extremidades do diâmetro até P é um ângulo reto.

2. POLIEDROS DE PLATÃO

Nas especulações de Platão acerca da natureza da matéria, papel fundamental foi representado por uma classe de figuras espaciais conhecidas como poliedros regulares, que vieram a ser também chamadas de poliedros de Platão. Os poliedros regulares podem ser considerados como generalizações tridimensionais dos polígonos regulares da geometria plana, e são, em certo sentido, formados a partir de polígonos regulares. Um polígono regular é uma figura plana delimitada por um determinado número n de segmentos de reta, sendo todos eles do mesmo comprimento e unindo-se em cada uma das *n* extremidades com os mesmos ângulos. Exemplos são o triângulo equilátero (um triângulo com todos os lados iguais) e o quadrado. Um poliedro regular é uma figura espacial delimitada por polígonos regulares, todos idênticos, com o mesmo número *N* de polígonos unindo-se com os mesmos ângulos em cada vértice.

O exemplo mais conhecido de poliedro regular é o cubo. Um cubo é delimitado por seis quadrados iguais, com três quadrados unindo-se em cada um de seus oito vértices. Existe um poliedro regular ainda mais simples, o tetraedro, uma pirâmide triangular delimitada por quatro triângulos equiláteros iguais, com três triângulos unindo-se em cada um dos quatro vértices. (Vamos tratar aqui somente de poliedros que sejam convexos, aqueles em que cada vértice aponta para fora, como é o caso do cubo e do tetraedro.) Pela leitura do *Timeu*, observamos que, de alguma forma, chegou ao conhecimento de Platão que esses poliedros regulares apareciam em apenas cinco formas possíveis, que Platão assumiu serem as formas dos átomos de que toda matéria era composta. Eles são o tetraedro, o cubo, o octaedro, o dodecaedro e o icosaedro, com 4, 6, 8, 12 e 20 faces, respectivamente.

A primeira tentativa, das que restaram desde a Antiguidade, de demonstrar que existem apenas cinco poliedros regulares é o último e culminante parágrafo dos *Elementos* de Euclides. Nas Proposições 13 a 17 do Livro XIII, Euclides havia apresentado construções geométricas do tetraedro, octaedro, cubo, icosaedro e dodecaedro. Em seguida ele afirma:* "Digo então que nenhuma outra figura, além das cinco referidas, pode ser construída de tal maneira que contenha figuras equiláteras e equiangulares iguais umas às outras". Na verdade, o que Euclides realmente demonstra

---

* O trecho é extraído da consagrada tradução [inglesa] de T. L. Heath, *Euclid's Elements* (Santa Fé, Novo México: Green Lion, 2002), p. 480. (N. A.)

depois dessa afirmação é um resultado mais fraco, de que existem apenas cinco combinações possíveis, para um poliedro regular, do número n de lados de cada face poligonal e do número N de polígonos unindo-se em cada vértice. A demonstração apresentada abaixo é essencialmente a mesmo que a de Euclides, mas expressa em termos modernos.

O primeiro passo é calcular o ângulo interior θ (teta) em cada um dos n vértices de um polígono regular de n lados. Trace segmentos de reta do centro do polígono aos vértices nas extremidades. Isso divide o interior do polígono em n triângulos. Visto que a soma dos ângulos de qualquer triângulo é 180°, e cada um desses triângulos possui dois vértices com ângulos $\theta/2$, o ângulo do terceiro vértice de cada triângulo (o do centro do polígono) deve ser 180° − θ. Mas esses n ângulos devem somar 360°, e assim $n[180° − \theta] = 360°$. A solução dessa equação é

$$\theta = 180° - \frac{360°}{n}$$

Por exemplo, para um triângulo equilátero temos $n = 3$, de modo que $\theta = 180° − 120° = 60°$, enquanto para um quadrado $n = 4$, temos $\theta = 180° − 90° = 90°$.

O próximo passo é imaginar que estamos cortando todas as arestas e vértices de um poliedro regular, com exceção de um vértice, e empurrando o poliedro para baixo por aquele vértice, para formar uma figura plana. Dessa forma, os N polígonos que se juntam no vértice assentam-se sobre um plano, porém deve haver uma sobra de espaço, pois, do contrário, os N polígonos formariam uma só face. E assim devemos ter $N\theta < 360°$. Usando a fórmula acima para θ e dividindo os dois lados da desigualdade por 360°, obtemos:

$$N\left(\frac{1}{2} - \frac{1}{n}\right) < 1$$

ou, de maneira equivalente (dividindo os dois lados por N),

$$\frac{1}{2} < \frac{1}{n} + \frac{1}{N}$$

Devemos ter agora $n \geq 3$, pois do contrário não haveria área entre os lados dos polígonos, e devemos ter $N \geq 3$, pois do contrário não haveria espaço entre as faces que se juntam num vértice. (Por exemplo, para um cubo, $n = 4$, porque os lados são quadrados, e $N = 3$.) Dessa forma, a desigualdade acima não permite que $1/n$ ou $1/N$ sejam tão pequenos quanto $^1/_2 - {}^1/_3 = {}^1/_6$, e consequentemente nem n nem N podem ser tão grandes quanto 6. Podemos verificar facilmente cada par de valores de números inteiros $5 \geq N \geq 3$ e $5 \geq n \geq 3$ para ver se eles satisfazem a desigualdade, e descobrir que somente cinco pares o fazem:

a) $N = 3$, $n = 3$
b) $N = 4$, $n = 3$
c) $N = 5$, $n = 3$
d) $N = 3$, $n = 4$
e) $N = 3$, $n = 5$

(Nos casos $n = 3$, $n = 4$ e $n = 5$, os lados do poliedro regular são respectivamente triângulos equiláteros, quadrados e pentágonos regulares.) Esses são os valores de N e n que encontramos no tetraedro, octaedro, icosaedro, cubo e dodecaedro. Isso tudo foi demonstrado por Euclides. Mas ele não demonstrou que existe apenas um poliedro regular para cada par de n e N. Na sequência, iremos além de Euclides e mostraremos que, para cada valor de N

e n, podemos encontrar resultados únicos para as outras propriedades do poliedro: o número F de faces, o número A de arestas e o número V de vértices. Aqui há três incógnitas, e assim, para nosso propósito, precisamos de três equações. Para obter a primeira, observe que o número total de lados fronteiriços de todos os polígonos na superfície do poliedro é nF, mas cada uma das arestas A delimita dois polígonos, e assim:

$$2A = nF$$

Além disso, existem N arestas juntando-se em cada um dos V vértices, e cada uma das A arestas conecta dois vértices, de tal maneira que:

$$2A = NV$$

Finalmente, há uma relação mais sutil entre F, A e V. Para determinar essa relação, precisamos estabelecer uma hipótese adicional, de que o poliedro é simplesmente conexo, no sentido de que todo caminho entre dois pontos da superfície pode ser continuamente deformado em qualquer outro caminho entre esses pontos. Isso funciona, por exemplo, para um cubo ou um tetraedro, mas não para um poliedro (regular ou não) construído através do entalhe de arestas e faces na superfície de uma rosquinha. Um teorema de grande alcance afirma que todo poliedro simplesmente conexo pode ser construído adicionando-se arestas, faces e/ou vértices de um tetraedro, e depois, se necessário, comprimindo-se continuamente o poliedro resultante em alguma forma desejada. Usando esse fato, vamos mostrar agora que todo poliedro simplesmente conexo (regular ou não) satisfaz a relação:

$$F - A + V = 2$$

É fácil verificar que ela é satisfeita para um tetraedro, caso em que temos $F = 4$, $A = 6$ e $V = 4$, de maneira que do lado esquerdo da igualdade obtemos $4 - 6 + 4 = 2$. Agora, se acrescentamos uma aresta a um dado poliedro, de tal forma que ela atravesse uma face, de uma aresta a outra, obtemos uma nova face e dois novos vértices, e assim F e V aumentam em uma e duas unidades, respectivamente. Mas isso divide em duas partes cada uma das arestas originais que estão nas extremidades da nova aresta, e assim A aumenta em $1 + 2 = 3$, e a quantidade $F - A + V$ fica, portanto, inalterada. Da mesma forma, se acrescentamos uma aresta que vai de um vértice a uma das arestas originais, aumentamos F e V em uma unidade cada, e A em duas unidades, e assim a quantidade $F - A + V$ ainda permanece inalterada. Finalmente, se acrescentamos uma aresta que vai de um vértice a outro, aumentamos tanto F quanto A em uma unidade e não alteramos V, e então, novamente, $F - A + V$ não se altera. Dado que todos os poliedros simplesmente conexos podem ser construídos dessa maneira, eles apresentam sempre o mesmo valor para essa quantidade, que, por sua vez, deve manter o mesmo valor $F - A + V = 2$, já que esse é o valor apresentado pelo tetraedro. (Esse é um exemplo simples de um ramo da matemática conhecido como topologia; a quantidade $F - A + V$ é conhecida em topologia como *característica de Euler* de um poliedro.)

Podemos resolver agora aquelas três equações para A, F e V. A maneira mais fácil é usar as duas primeiras equações para substituir F e V na terceira por $2A/n$ e $2A/N$, respectivamente, e assim a terceira equação se transforma em $2A/n - A + 2A/N = 2$, cuja solução é:

$$A = \frac{2}{2/n - 1 + 2/N}$$

Em seguida, usando as outras duas equações, temos:

$$F = \frac{4}{2-n+2n/N} \qquad V = \frac{4}{2N/n-N+2}$$

Assim, para os cinco casos listados acima, o número de faces, vértices e arestas é:

	F	V	A	
$N = 3, n = 3$	4	4	6	tetraedro
$N = 4, n = 3$	8	6	12	octaedro
$N = 5, n = 3$	20	12	30	icosaedro
$N = 3, n = 4$	6	8	12	cubo
$N = 3, n = 5$	12	20	30	dodecaedro

Esses são os poliedros de Platão.

3. HARMONIA

Os pitagóricos descobriram que duas cordas de um instrumento musical dotadas da mesma tensão, espessura e constituição produzirão uma sonoridade agradável quando dedilhadas ao mesmo tempo, com a condição de que a razão entre os comprimentos das cordas seja uma razão entre números inteiros pequenos, tal como $^1/_2, {}^2/_3, {}^1/_4, {}^3/_4$ etc. Para ver o porquê disso, inicialmente precisamos desenvolver a relação geral entre frequência, comprimento de onda e velocidade para ondas de qualquer tipo.

Toda onda é caracterizada por alguma espécie de amplitude de oscilação. A amplitude de uma onda sonora é a pressão do ar que transporta a onda; a amplitude de uma onda do mar é a altura da água; a amplitude de uma onda de luz com uma direção de polarização definida é o campo elétrico naquela direção; e a amplitude de uma onda se movendo ao longo da corda de um instrumento musical é o deslocamento da corda a partir de sua posição normal, medido numa direção perpendicular à da corda.

Há um tipo particularmente simples de onda conhecido como onda sinusoidal. Se registrarmos um instantâneo de uma onda sinusoidal num dado momento, veremos que a amplitude se anula em vários pontos ao longo da direção em que a onda está viajando. Se nos concentrarmos por um instante num desses pontos e olharmos mais longe ao longo da direção da propagação, veremos que a amplitude sobe e depois cai novamente para zero, e então, quando olhamos mais longe, ela desce para um valor negativo e sobe novamente para zero, depois do que todo o ciclo se repete, e volta a se repetir, à medida que olhamos ainda mais longe na direção da onda. A distância entre pontos situados no início e no fim de qualquer dos ciclos completos é um comprimento característico da onda, conhecido como seu comprimento de onda, e convencionalmente denotado pelo símbolo λ (lambda). É importante destacar, para o que será discutido, que, como a amplitude da onda se anula não apenas no início e no fim de um ciclo, mas também no meio, a distância entre esses sucessivos pontos de amplitude zero é de meio comprimento de onda, $\lambda/2$. Quaisquer dois pontos onde a amplitude se anula devem ser, portanto, separados por um número inteiro de meios comprimentos de onda.

Há um teorema fundamental da matemática (que não foi explicitamente enunciado até o início do século XIX) que nos diz que praticamente toda perturbação (isto é, toda perturbação que possua uma relação de dependência suficientemente suave com a distância ao longo da onda) pode ser expressa como uma soma de ondas sinusoidais com diferentes comprimentos de onda. (Essa abordagem é conhecida como "análise de Fourier".)

Cada onda sinusoidal particular apresenta uma oscilação característica em função do tempo, bem como da distância ao longo da direção do movimento da onda. Se a onda viaja a uma velocidade v, então num intervalo de tempo t ela percorre uma distância vt. O número de comprimentos de onda que transpõem um ponto fixo durante o tempo t será portanto vt/λ, de modo que o número de ciclos por segundo num determinado ponto em que tanto a amplitude quanto a velocidade de oscilação ficam retornando para o mesmo valor é v/λ. Essa medida é conhecida como frequência, denotada pelo símbolo ν (nu), e assim $\nu = v/\lambda$. A velocidade de uma onda de vibração de uma corda é quase constante, dependendo da tensão e da massa da corda, mas ela é praticamente independente de seu comprimento de onda ou de sua amplitude, e assim, para essas ondas (e também para a luz), a frequência é apenas inversamente proporcional ao comprimento de onda.

Considere agora uma corda, de comprimento L, de algum instrumento musical. A amplitude da onda deve anular-se nas extremidades da corda, pontos onde a corda mantém-se fixada. Essa condição limita os comprimentos de onda das ondas sinusoidais individuais que podem contribuir para a amplitude total de vibração da corda. Já comentamos que a distância entre pontos onde a amplitude de uma onda sinusoidal qualquer se anula pode ser qualquer número inteiro de meios comprimentos de onda. Assim, a onda que oscila numa corda fixada nas extremidades precisa conter um número inteiro N de semicomprimentos de onda, de modo que $L = N\lambda/2$. Ou seja, os únicos comprimentos de onda possíveis são $\lambda = 2L/N$, com $N = 1, 2, 3$ etc., e por isso as únicas frequências possíveis são:*

$$\nu = vN/2L$$

---

* Para uma corda de piano devem ser feitas pequenas correções em virtude da rigidez da corda, o que faz gerar, em ν, termos proporcionais a $1/L^3$. Essas diferenças serão desconsideradas nestas notas. (N. A.)

A frequência mais baixa, para o caso $N = 1$, é $v/2L$; todas as frequências mais altas, para $N = 2$, $N = 3$ etc., são conhecidas como "sobretons". Por exemplo, a menor frequência da corda do dó central de qualquer instrumento é de 261,63 ciclos por segundo, mas ela também vibra em 523,26 ciclos por segundo, 784,89 ciclos por segundo, e assim por diante. São as intensidades dos diferentes sobretons que fazem a diferença na qualidade dos sons produzidos por diferentes instrumentos musicais.

Suponha agora que as vibrações sejam geradas em duas cordas que possuem diferentes comprimentos L_1 e L_2, mas que afora isso sejam idênticas, possuindo, em particular, a mesma velocidade de onda v. Num momento t, os modos de vibração da frequência mais baixa da primeira e da segunda cordas alcançarão, respectivamente, $n_1 = v_1 t = vt/2L_1$ e $n_2 = v_2 t = vt/2L_2$ ciclos ou frações de ciclos. A razão é de:

$$n_1/n_2 = L_2/L_1$$

Assim, para que as vibrações mais baixas de cada uma das cordas alcancem números inteiros de ciclos ao mesmo tempo, a quantidade L_2/L_1 precisa ser uma razão entre números inteiros — isto é, um número racional. (Nesse caso, cada sobretom de cada corda também atingirá, ao mesmo tempo, um número inteiro de ciclos.) E assim o som produzido pelas duas cordas irá repetir-se, como se uma única corda tivesse sido dedilhada. Isso parece contribuir para a sensação de deleite provocada pelo som.

Por exemplo, se $L_2/L_1 = {}^1/_2$, a vibração de menor frequência da corda 2 atingirá dois ciclos completos para cada ciclo completo da correspondente vibração da corda 1. Nesse caso, dizemos que as notas produzidas pelas duas cordas estão separadas por uma oitava. Todas as diferentes teclas de dó do teclado do piano produzem frequências que estão separadas por oitavas. Se $L_2/L_1 = {}^2/_3$, as duas cordas formam um acorde chamado de quinta. Por exemplo, se uma corda produz um dó central, que oscila em 261,63 ciclos por segundo, então uma outra corda que meça $^2/_3$ da primeira produzirá um sol central, cuja frequência é de $^3/_2 \times 261,63 = 392,45$ ciclos por segundo.* Se $L_2/L_1 = {}^3/_4$, o acorde é chamado de quarta.

A outra explicação para a sensação de deleite propiciada por esses acordes tem a ver com os sobretons. Para que o N_1-ésimo sobretom da corda 1 tenha a mesma frequência que o N_2-ésimo sobretom da corda 2, devemos ter $vN_1/2L_1 = vN_2/2L_2$, e assim

$$L_2/L_1 = N_2/N_1$$

De novo, a razão entre os comprimentos é um número racional, apesar de o motivo ser diferente. Mas se essa razão for um número irracional, como π ou a raiz quadrada de 2, então os sobretons das duas cordas nunca se encontrarão, ainda que as frequências de sobretons mais altos possam se aproximar cada vez mais. O som resultante parece ser horrível.

4. O TEOREMA DE PITÁGORAS

O chamado Teorema de Pitágoras é o resultado mais famoso da geometria plana. Embora se acredite que ele seja devido a um membro da escola de Pitágoras, possivelmente Arquitas, os detalhes de sua origem são desconhecidos. A demonstração a seguir é

---

* Em algumas escalas musicais, o sol central está situado numa frequência ligeiramente diferente, de modo a possibilitar outros acordes agradáveis que envolvem o sol central. Esse ajuste de frequência que visa tornar agradável o máximo de acordes é chamado de temperamento de escala. (N. A.)

a mais simples, a que faz uso da noção de proporcionalidade, recurso comumente usado na matemática grega.

Considere um triângulo de pontos extremos *A*, *B* e *P*, sendo o ângulo em *P* um ângulo reto. O teorema afirma que a área de um quadrado cujo lado é *AB* (a hipotenusa do triângulo) é igual à soma das áreas dos quadrados cujos lados são os outros dois lados do triângulo, *AP* e *BP*. Em termos algébricos modernos, podemos pensar em *AB*, *AP* e *BP* como quantidades numéricas, iguais aos comprimentos dos lados do triângulo, e enunciar o teorema como:

$$AB^2 = AP^2 + BP^2$$

O truque da demonstração é traçar um segmento de reta de *P* à hipotenusa *AB*, que intersecta a hipotenusa formando um ângulo reto, digamos num ponto *C*. (Veja a figura 2.) Isso divide o triângulo *ABP* em dois triângulos retângulos menores, *APC* e *BPC*. É fácil enxergar que esses dois triângulos menores são semelhantes ao triângulo *ABP* — ou seja, todos os seus ângulos correspondentes são iguais. Se chamarmos os ângulos nos pontos *A* e *B* de α (alfa) e β (beta), o triângulo *ABP* terá ângulos α, β e 90°, de maneira que $\alpha + \beta + 90° = 180°$. O triângulo *APC* possui dois de seus ângulos iguais a α e 90°, e assim, para tornar a soma dos ângulos igual a 180°, seu terceiro ângulo precisa ser β. Da mesma forma, o triângulo *BPC* possui dois de seus ângulos iguais a β e 90°, e assim seu terceiro ângulo deve ser α.

Uma vez que esses triângulos são todos semelhantes, seus lados correspondentes são proporcionais. Isto é, a proporção entre *AC* e a hipotenusa *AP* do triângulo *ACP* deve ser a mesma que entre *AP* e a hipotenusa *AB* do triângulo original *ABP*, e a proporção entre *BC* e *BP* deve ser a mesma que entre *BP* e *AB*. Podemos colocar isso em termos algébricos mais convenientes, na forma de uma asserção a respeito das razões entre os comprimentos *AC*, *AP* etc.:

$$\frac{AC}{AP} = \frac{AP}{AB} \qquad \frac{BC}{BP} = \frac{BP}{AB}$$

Disso segue de imediato que $AP^2 = AC \times AB$ e $BP^2 = BC \times AB$. Somando as duas equações, obtemos:

$$AP^2 + BP^2 = (AC + BC) \times AB$$

Mas, como $AC + BC = AB$, a expressão acima traduz o resultado que queríamos demonstrar.

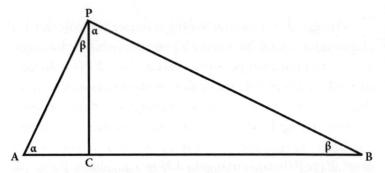

Figura 2. Prova do teorema pitagórico. Esse teorema afirma que a soma das áreas de dois quadrados cujos lados são AP *e* BP *é igual à área de um quadrado cujos lados são a hipotenusa* AB. *Para provar o teorema, traça-se uma linha de* P *a um ponto* C, *que é escolhido de forma que essa linha seja perpendicular à linha de* A *a* B.

5. NÚMEROS IRRACIONAIS

Os únicos números familiares aos matemáticos gregos eram os racionais. Eles são ou números inteiros, como 1, 2, 3 etc., ou razões entre números inteiros, como $^1/_2$, $^2/_3$ etc. Se a razão entre os comprimentos de dois segmentos de reta é um número racional, os gregos diziam que esses segmentos eram comensuráveis — por exemplo, se a razão é de $^3/_5$, então cinco vezes um segmento tem o mesmo comprimento que três vezes o outro. Foi, portanto, surpreendente a descoberta de que nem todos os segmentos eram comensuráveis. Em particular, num triângulo retângulo isósceles, a hipotenusa é incomensurável com qualquer dos dois lados iguais. Em termos modernos, como o teorema de Pitágoras implica que o quadrado da hipotenusa de um triângulo desse tipo é igual a duas vezes o quadrado de qualquer dos lados iguais, o comprimento da hipotenusa é igual ao comprimento de qualquer dos outros lados vezes a raiz quadrada de 2, e isso equivale à asserção de que a raiz quadrada de 2 não é um número racional. A demonstração oferecida por Euclides no Livro x dos *Elementos* consiste em assumir a recíproca; em termos modernos, consiste em assumir que existe um número racional cujo quadrado é dois, e então deduzir uma contradição.

Suponha que um número racional p/q (com p e q números inteiros) tenha o quadrado igual a 2:

$$(p/q)^2 = 2$$

Haverá então uma infinidade desses pares de números, que pode ser encontrada através da multiplicação de quaisquer p e q acima por quaisquer números inteiros iguais; no entanto, tomemos p e q como os menores números inteiros para os quais $(p/q)^2 = 2$. Desta equação resulta que:

$$p^2 = 2q^2$$

Essa igualdade mostra que p^2 é um número par; mas o produto de dois ímpares é sempre ímpar, e assim p deve ser par. Ou seja, podemos escrever $p = 2p'$, em que p' é um número inteiro. Mas então:

$$q^2 = 2p'^2$$

e assim, pelo mesmo raciocínio de antes, q é par, e pode portanto ser escrito como $q = 2q'$, em que q' é um número inteiro. Mas então $p/q = p'/q'$, de maneira que:

$$(p'/q')^2 = 2$$

com p' e q' números inteiros que são, respectivamente, metade de p e de q, contradizendo a definição de p e q como os menores números inteiros para os quais $(p/q)^2 = 2$. E assim a suposição original, de que existem números inteiros p e q para os quais $(p/q)^2 = 2$, leva a uma contradição, e é por conseguinte impossível.

Desse teorema decorre uma consequência óbvia: um número como 3, 5, 6 etc., que não é por si só o quadrado de um número inteiro, não pode ser o quadrado de um número racional. Por exemplo, se $3 = (p/q)^2$, com p e q os menores números inteiros para os quais a expressão é válida, então $p^2 = 3q^2$; mas isso é impossível, a menos que $p = 3p'$ para algum número inteiro p'; mas então $q^2 = 3p'^2$, e assim $q = 3q'$ para algum número inteiro q', de forma que $3 = (p'/q')^2$, contradizendo a asserção de que p e q são os menores números inteiros para os quais $p^2 = 3q^2$. Dessa forma, as raízes quadradas de 3, 5, 6… são todas irracionais.

Na matemática moderna, aceitamos a existência de números irracionais, tal como o número cujo quadrado é 2, denotado por $\sqrt{2}$. A expansão decimal desses números perdura para sempre, sem chegar a um termo ou cair em repetição; por exemplo, $\sqrt{2} = 1,414215562…$ Os números totais de números racionais e irracionais são ambos infinitos, mas num certo sentido existem muito mais números irracionais que racionais, pois os racionais podem ser dispostos numa sequência infinita que inclui todos eles:

$$1, 2, \frac{1}{2}, 3, \frac{1}{3}, \frac{2}{3}, \frac{3}{2}, 4, \frac{1}{4}, \frac{3}{4}, \frac{4}{3} \ldots$$

ao passo que nenhuma listagem que inclua todos os números irracionais é possível.

6. VELOCIDADE TERMINAL

Podemos ter alguma noção de como observações da queda de objetos levariam Aristóteles a suas ideias acerca do movimento. Para isso, podemos fazer uso de um princípio físico desconhecido de Aristóteles, chamado de segunda lei do movimento de Newton. Esse princípio nos diz que a aceleração a de um corpo (a taxa em que sua velocidade aumenta) é igual à força total F agindo sobre o corpo dividida pela massa m do corpo:

$$a = F/m$$

Existem duas forças principais que atuam sobre um corpo que cai através do ar. Uma é a força da gravidade, que é proporcional à massa do corpo:

$$F_{grav} = mg$$

Aqui, g é uma constante que independe da natureza do corpo que cai. Ela é igual à aceleração de queda do corpo que está sujeito apenas à gravidade, e tem o valor de 9,8 metros/segundo por segundo* na superfície da Terra e próximo a ela. A outra força é a resistência do ar. É uma quantidade $f(v)$ proporcional à densidade do ar, que aumenta com a velocidade e também depende da forma e da dimensão do corpo, mas não depende de sua massa:

$$F_{ar} = -f(v)$$

Um sinal de menos é adicionado à fórmula para a força de resistência do ar porque imaginamos a aceleração em sentido descendente, sendo que, para um corpo em queda, a força de resistência do ar atua para cima, e assim, com esse sinal de menos na fórmula, $f(v)$ fica positiva. Por exemplo, para um corpo que cai através de um fluido suficientemente viscoso, a resistência do ar é proporcional à velocidade:

$$f(v) = kv$$

sendo k uma constante positiva que depende da dimensão e da forma do corpo. Para um meteoro ou um míssil que adentra o ar rarefeito da atmosfera superior, temos em vez disso:

$$f(v) = Kv^2$$

em que K é outra constante positiva.

Usando as fórmulas para essas forças na fórmula que expressa a força total $F = F_{grav} + F_{ar}$, e aplicando ainda o resultado da lei de Newton, obtemos:

$$a = g - f(v)/m$$

---

* No original: 32 pés/segundo por segundo. (N. T.)

Inicialmente, quando um corpo é solto, sua velocidade é nula, de modo que não existe resistência do ar, e sua aceleração na descendente é simplesmente g. Com o tempo a velocidade aumenta, e a resistência do ar começa a reduzir sua aceleração. Em certo momento, a velocidade se aproxima de um valor tal que o termo $-f(v)/m$ cancela o termo g na fórmula para a aceleração, e a aceleração torna-se desprezível. Essa é a velocidade terminal, definida como a solução da equação:

$$f(v_{terminal}) = gm$$

Aristóteles nunca falou em velocidade terminal, mas a velocidade expressa por essa fórmula possui algumas das mesmas propriedades que ele atribuiu à velocidade de queda dos corpos. Como $f(v)$ é uma função crescente de v, a velocidade terminal aumenta com a massa m. No caso especial em que $f(v) = kv$, a velocidade terminal é, simplesmente, proporcional à massa e inversamente proporcional à resistência do ar:

$$v_{terminal} = gm/k$$

Mas estas não são propriedades gerais da velocidade de queda dos corpos; corpos pesados não atingem a velocidade terminal até que tenham caído por um longo tempo.

7. GOTAS CAINDO

Estratão observou que gotas que caem se afastam cada vez mais umas das outras durante a queda, e disso concluiu que essas gotas aceleram na descendente conforme vão caindo. Se uma gota caiu mais que outra, é porque caiu por mais tempo, e, se as gotas estão se distanciando, a que está caindo há mais tempo deve também estar caindo mais rápido, indicando que sua queda está em aceleração. Embora Estratão não soubesse disso, a aceleração é constante e, como veremos, isso implica uma separação entre gotas que é proporcional ao tempo decorrido.

Conforme mencionado na nota técnica 6, se a resistência do ar é desprezada, a aceleração na descendente de qualquer corpo em queda é uma constante g, que nas imediações da superfície da Terra tem o valor de 9,8 metros/segundo por segundo. Se um corpo cai a partir do repouso, então, depois de um intervalo de tempo τ (tau), sua velocidade na descendente será $g\tau$. Portanto, se as gotas 1 e 2 caem da mesma calha, a partir do repouso, nos momentos t_1 e t_2, então num momento posterior t as velocidades dessas gotas na descendente serão $v_1 = g(t - t_1)$ e $v_2 = g(t - t_2)$, respectivamente. A diferença entre suas velocidades será então:

$$v_1 - v_2 = g(t - t_1) - g(t - t_2) = g(t_2 - t_1)$$

Embora tanto v_1 quanto v_2 estejam aumentando com o tempo, sua diferença é independente do tempo t, de modo que a separação s entre as gotas aumenta apenas na proporção do tempo:

$$s = (v_1 - v_2)t = gt(t_1 - t_2)$$

Por exemplo, se a segunda gota deixar a calha um décimo de segundo depois da primeira, após meio segundo as gotas estarão apartadas em $9,8 \times {}^1/_2 \times {}^1/_{10} = 0,49$ metros.

8. REFLEXÃO

A dedução da lei de reflexão, por Heron de Alexandria, foi um dos primeiros exemplos de dedução matemática de um princípio físico a partir de um princípio mais geral e profundo. Suponha que um observador situado no ponto A veja o reflexo num espelho de um objeto situado no ponto B. Se o observador vê a imagem do objeto no ponto P sobre o espelho, o raio de luz necessariamente viajou de B para P e depois para A. (Heron provavelmente teria dito que a luz viajou do observador em A para o espelho e, em seguida, para o objeto em B, como se o olho se estendesse para tocar o objeto, porém isso não faz diferença para o argumento abaixo.) O problema posto pela reflexão é: onde está P no espelho?

Para responder a essa pergunta, Heron assumiu a hipótese de que a luz sempre escolhe o caminho mais curto possível. No caso da reflexão, isso implica que P precisa estar localizado de tal maneira que o comprimento total do percurso de B para P e depois para A é o menor caminho que vai de B para qualquer lugar na superfície do espelho e depois para A. Disso ele concluiu que o ângulo θ_i (teta$_i$) entre o espelho e o raio incidente (a reta que vai de B ao espelho) é igual ao ângulo θ_r entre o espelho e o raio refletido (a reta que vai do espelho a A).

Eis aqui a demonstração da regra da igualdade angular. Trace uma reta perpendicular ao espelho que vá de B a um ponto B' que esteja à mesma distância que B do espelho, porém atrás dele. (Veja a figura 3.) Suponha que essa reta intersecte o espelho no ponto C. Os lados $B'C$ e CP do triângulo retângulo $B'CP$ têm o mesmo comprimento que os lados BC e CP do triângulo retângulo BCP, de modo que as hipotenusas $B'P$ e BP desses dois triângulos devem também possuir o mesmo comprimento. A distância total percorrida pelo raio de luz de B até P e depois até A é, por conseguinte, a mesma que seria percorrida pelo raio de luz se ele fosse de B' para P e depois para A. A menor distância entre os pontos B' e A é uma linha reta, e assim o caminho que minimiza a distância total entre o objeto e o observador é aquele para o qual P se situe na reta que liga *B'* a *A*. Quando duas retas se intersectam, os ângulos que ficam em lados opostos da interseção são iguais, e assim o ângulo θ entre a reta *B'P* e o espelho é igual ao ângulo θ_r entre o raio refletido e o espelho. Mas, como os dois triângulos retângulos *B'CP* e *BCP* têm os mesmos lados, o ângulo θ deve ser também igual ao ângulo θ_i entre o raio incidente *BP* e o espelho. Então, uma vez que θ_i e θ_r são ambos iguais a θ, eles são iguais entre si. Essa é a regra fundamental da igualdade angular que determina a localização do ponto *P*, sobre o espelho, da imagem do objeto.

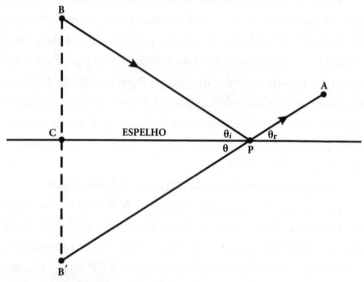

Figura 3. Prova do teorema de Heron. Esse teorema afirma que o caminho mais curto de um objeto em B até o espelho e então ao olho em A é aquele em que os ângulos θ_i e θ_r são iguais. As linhas cheias marcadas com setas representam o trajeto de um raio de luz; a linha horizontal é o espelho; a linha tracejada é uma linha perpendicular ao espelho que vai de B a um ponto B' no outro lado do espelho a igual distância dele.

9. CORPOS FLUTUANTES E SUBMERSOS

Em sua grande obra *Sobre os corpos flutuantes*, Arquimedes assumiu a hipótese de que, se corpos estão flutuando ou estão suspensos em água, de maneira que áreas iguais, em profundidades iguais na água, são pressionadas para baixo por diferentes pesos, então a água e os corpos irão deslocar-se até que todas essas áreas iguais, em determinada profundidade, sejam pressionadas para baixo pelo mesmo peso. A partir desse pressuposto, ele deduziu consequências gerais a respeito dos corpos flutuantes e dos corpos submersos, algumas delas, inclusive, de importância prática.

Inicialmente, considere um corpo, como um navio, cujo peso é inferior ao peso de um igual volume de água. O corpo vai flutuar na superfície da água e deslocar alguma quantidade de água. Se demarcarmos uma extensão horizontal na água numa certa profundidade imediatamente abaixo do corpo flutuante, e com uma área igual à do corpo em sua linha de flutuação, então o peso que pressiona essa superfície demarcada será o peso do corpo flutuante mais o peso da água acima dessa extensão, não incluindo, todavia, a água deslocada pelo corpo, que já não se encontra acima da extensão. Podemos compará-lo ao peso que pressiona para baixo uma extensão de mesma área e numa igual profundidade, mas afastada do local do corpo flutuante. Esse peso, é claro, não inclui o peso do corpo flutuante, mas inclui toda a água preenchendo essa extensão até a superfície, já que não há deslocamento de água. Para que ambas as extensões sejam pressionadas para baixo pelo mesmo peso, o peso da água deslocada pelo corpo flutuante precisa ser igual ao peso do corpo flutuante. É por isso que o peso de um navio é referido como seu "deslocamento".

Considere a seguir um corpo cujo peso é maior que o peso de um igual volume de água. Esse corpo não vai flutuar, mas ele pode ser suspenso na água por um cabo. Se o cabo estiver conectado a um braço de balança, podemos, dessa maneira, medir o peso aparente $P_{aparente}$ do corpo quando submerso em água. O peso que pressiona para baixo uma extensão horizontal na água, em alguma profundidade diretamente abaixo do corpo suspenso, será igual ao peso verdadeiro $P_{verdadeiro}$ do corpo suspenso menos o peso aparente $P_{aparente}$, que é cancelado pela tensão no cabo, mais o peso da água sobre a extensão, que obviamente não inclui a água deslocada pelo corpo. Podemos compará-lo ao peso que pressiona para baixo uma extensão de mesma área e numa igual profundidade, que não inclua $P_{verdadeiro}$ ou $-P_{aparente}$, mas inclua toda a água dessa extensão até a superfície, uma vez que não há água deslocada. Para que ambas as extensões sejam pressionadas para baixo pelo mesmo peso, devemos ter:

$$P_{verdadeiro} - P_{aparente} = P_{deslocado}$$

em que $P_{deslocado}$ é o peso da água deslocada pelo corpo suspenso. Dessa forma, mediante a pesagem do corpo quando suspenso em água e a pesagem quando fora dela, podemos encontrar tanto $P_{aparente}$ quanto $P_{verdadeiro}$, e assim determinar $P_{deslocado}$. Se o corpo possui volume V, então:

$$P_{deslocado} = \rho_{água} V$$

em que $\rho_{água}$ (rô$_{água}$) é a densidade (peso por volume) da água, próxima de um grama por centímetro cúbico. (É evidente que, para um corpo de forma simples, como um cubo, poderíamos, em vez disso, encontrar V pela simples medição das dimensões do corpo, mas esse procedimento torna-se difícil para um corpo de forma irregular, como uma coroa.) Além disso, o peso verdadeiro do corpo é:

$$P_{\text{verdadeiro}} = \rho_{\text{corpo}} V$$

em que ρ_{corpo} é a densidade do corpo. O volume é cancelado quando tomamos o quociente entre $P_{\text{verdadeiro}}$ e $P_{\text{deslocado}}$, e assim, pelas medições de P_{aparente} e $P_{\text{verdadeiro}}$, podemos encontrar a razão entre as densidades do corpo e da água:

$$\frac{\rho_{\text{corpo}}}{\rho_{\text{água}}} = \frac{P_{\text{verdadeiro}}}{P_{\text{deslocado}}} = \frac{P_{\text{verdadeiro}}}{P_{\text{verdadeiro}} - P_{\text{aparente}}}$$

Essa razão é chamada de *gravidade específica* do material de que o corpo é composto. Por exemplo, se o corpo pesa 20% menos na água do que no ar, $P_{\text{verdadeiro}} - P_{\text{aparente}} = 0{,}20 \times P_{\text{verdadeiro}}$, portanto sua densidade deve ser $1/_{0{,}2} = 5$ vezes a densidade da água. Ou seja, sua gravidade específica é 5.

Não há nada de particular a respeito da água nessa análise; se as mesmas medições fossem feitas para um corpo suspenso em algum outro líquido, a razão entre o peso verdadeiro do corpo e a redução de seu peso quando suspenso nesse líquido resultaria na razão entre a densidade do corpo e a densidade do líquido. Essa relação é por vezes aplicada a um corpo de peso e volume conhecidos para medir as densidades de diversos líquidos em que o corpo possa ser suspenso.

10. ÁREAS DE CÍRCULOS

Para calcular a área de um círculo, Arquimedes imaginou um polígono com um elevado número de lados circunscrito ao círculo. Para simplificar, vamos considerar um polígono regular, aquele cujos lados e ângulos são todos iguais. A área do polígono é a soma das áreas de todos os triângulos retângulos formados a partir de segmentos de reta ligando o centro às extremidades do polígono, e de segmentos ligando o centro aos pontos médios dos lados do polígono. (Veja a figura 4, em que o polígono ilustrado é um octógono regular.) A área de um triângulo retângulo é metade do produto de seus dois lados em torno do ângulo reto, pois dois desses triângulos podem ser emendados por suas hipotenusas para formar um retângulo, cuja área é o produto dos lados. Em nosso caso, isso significa que a área de cada triângulo é metade do produto da distância r ao ponto médio do lado (que é simplesmente o raio do círculo) pela distância s entre o ponto médio do lado e a mais próxima extremidade do polígono, que é, naturalmente, metade do comprimento daquele lado do polígono. Quando somamos todas essas áreas, descobrimos que a área do polígono todo é igual a metade de r vezes a circunferência total do polígono. Se fizermos o número de lados do polígono tornar-se infinitamente grande, sua área irá se aproximar da área do círculo, e sua circunferência da circunferência do círculo. Dessa forma, a área do círculo é metade de sua circunferência vezes seu raio.

Em termos modernos, definimos um número $\pi = 3{,}14159\ldots$ de tal modo que a circunferência de um círculo de raio r seja $2\pi r$. A área do círculo é então:

$$\tfrac{1}{2} \times r \times 2\pi r = \pi r^2$$

O mesmo argumento funciona se inscrevemos polígonos no círculo em vez de, como na figura 4, circunscrevê-los ao círculo. Como um círculo está sempre confinado entre um polígono exterior circunscrito a ele e um polígono interior inscrito nele, o uso de polígonos dos dois tipos possibilitou a Arquimedes obter limites superiores e inferiores para a razão entre a circunferência de um círculo e seu raio — em outras palavras, para 2π.

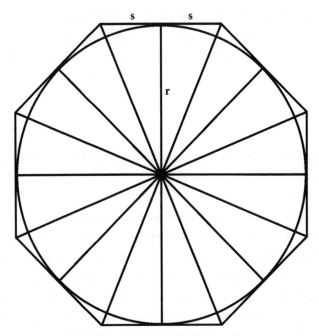

Figura 4. Cálculo da área de um círculo. Nesse cálculo, um polígono de muitos lados circunscreve um círculo. Na figura aqui mostrada, o polígono tem oito lados, e sua área já é próxima da área do círculo. Quanto mais lados se acrescentam ao polígono, mais próxima se torna sua área da área do círculo.

11. DIMENSÕES E DISTÂNCIAS DO SOL E DA LUA

Aristarco adotou quatro observações para determinar as distâncias da Terra ao Sol e à Lua e os diâmetros do Sol e da Lua, tudo isso em termos do diâmetro da Terra. Vamos dar uma olhada em cada uma dessas observações e ver o que pode ser aprendido com elas. No que segue abaixo, d_s e d_l são as distâncias da Terra ao Sol e à Lua, respectivamente, e D_s, D_l e D_t denotam os diâmetros do Sol, da Lua e da Terra. Vamos assumir que os diâmetros são desprezíveis quando comparados às distâncias, de modo que, ao falar da distância da Terra à Lua ou ao Sol, não seja necessário especificar pontos da Terra, Lua ou Sol a partir dos quais as distâncias são medidas.

Observação 1

Quando a Lua está metade cheia, o ângulo entre as linhas de visão da Terra à Lua e ao Sol é de 87°.

Quando a Lua está metade cheia, o ângulo entre as linhas de visão da Lua à Terra e da Lua ao Sol deve ser exatamente 90° (veja a figura 5a), de modo que o triângulo formado pelas linhas Lua-Sol, Lua-Terra e Terra-Sol é um triângulo retângulo tendo a linha Terra-Sol como hipotenusa. A razão entre o lado adjacente a um ângulo θ (teta) de um triângulo retângulo e a hipotenusa é uma quantidade trigonométrica conhecida como cosseno de θ, abreviado por $\cos \theta$, que podemos consultar em tabelas ou encontrar em qualquer calculadora científica. Logo, temos:

$$d_l/d_s = \cos 87° = 0{,}05234 = 1/19{,}11$$

e essa observação revela que o Sol é 19,11 vezes mais distante da Terra que a Lua. Sem saber trigonometria, Aristarco só pôde concluir que esse número está entre 19 e 20. (O ângulo de fato não é 87°, mas 89,853°, e o Sol é na verdade 389,77 vezes mais distante da Terra que a Lua.)

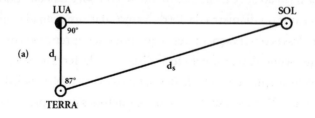

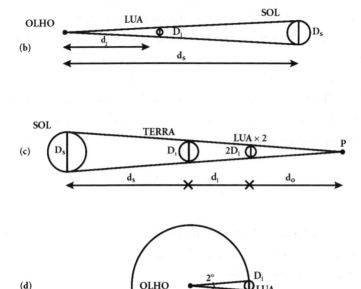

Figura 5. As quatro observações usadas por Aristarco para calcular os tamanhos e distâncias do Sol e da Lua. A figura 5a mostra o triângulo formado pela Terra, Sol e Lua quando a Lua está semicheia. A figura 5b mostra a Lua obscurecendo o disco solar durante um eclipse total do Sol. A figura 5c mostra a Lua entrando na sombra da Terra durante um eclipse lunar. O diâmetro da esfera que cabe exatamente dentro dessa sombra é o dobro do diâmetro da Lua, e P é o ponto terminal da sombra lançada pela Terra. A figura 5d mostra as linhas de visada até a Lua cobrindo um ângulo de 2º; o ângulo real é próximo a 0,5º.

Observação 2

A Lua cobre exatamente o disco visível do Sol durante um eclipse solar.

Isso mostra que o Sol e a Lua têm essencialmente o mesmo tamanho aparente, no sentido em que o ângulo entre as linhas de visão da Terra a lados opostos do disco do Sol é o mesmo que para a Lua. (Veja a figura 5b.) Isso significa que o triângulo formado por essas duas linhas de visão e os diâmetros do Sol e da Lua são "semelhantes", vale dizer, têm o mesmo formato. Por isso as razões entre os lados correspondentes a esses dois triângulos são as mesmas, de maneira que:

$$D_s/D_l = d_s/d_l$$

Usando o resultado da observação 1 obtemos $D_s/D_l = 19,11$, ao passo que o valor correto da razão entre os diâmetros é, na verdade, próximo de 390.

Observação 3

A sombra da Terra na posição da Lua durante um eclipse lunar é grande o suficiente, e tão só, para conter uma esfera com o dobro do diâmetro da Lua.

Seja P o ponto onde o cone de sombra da Terra termina. Então temos três triângulos semelhantes: o triângulo formado pelo diâmetro do Sol e pelos segmentos que ligam as bordas do disco solar a P; o triângulo formado pelo diâmetro da Terra e pelos segmentos que ligam as bordas do disco da Terra a P; e o triângulo formado pelo dobro do diâmetro da Lua e pelos segmentos que ligam a P as bordas de uma esfera com aquele diâmetro, na posição da Lua, durante um eclipse lunar. (Veja a figura 5c.) Disso resulta que as razões entre lados correspondentes desses triângulos são todas iguais. Suponha que o ponto P esteja a uma distância d_0

da Lua. Logo, o Sol está a uma distância $d_s + d_l + d_0$ de P e a Terra está a uma distância $d_l + d_0$ de P, e assim:

$$\frac{d_s + d_l + d_0}{D_s} = \frac{d_l + d_0}{D_t} = \frac{d_0}{2D_l}$$

O resto do trabalho é algébrico. Podemos resolver a segunda equação para d_0 e encontrar:

$$d_0 = \frac{2D_l d_l}{D_t - 2D_l}$$

Substituindo essa expressão na primeira equação e multiplicando por $D_t D_s (D_t - 2D_l)$, obtemos:

$$(d_s + d_l)D_t(D_t - 2D_l) = d_l D_s(D_t - 2D_l) + 2D_l d_l(D_s - D_t)$$

Os termos $d_l D_s \times (-2D_l)$ e $2D_l d_l D_s$ do lado direito da equação se cancelam. O que sobra do lado direito possui um fator D_t, que cancela o fator D_t do lado esquerdo, rendendo-nos uma fórmula para D_t:

$$D_t = 2D_l + \frac{d_l(D_s - 2D_l)}{d_s + d_l} = \frac{2D_l d_s + d_l D_s}{d_s + d_l}$$

Agora, se usarmos o resultado da observação 2, de que $d_s/d_l = D_s/D_l$, a expressão acima pode ser inteiramente reescrita em termos de diâmetros:

$$D_t = \frac{3D_l D_s}{D_s + D_l}$$

Se usarmos o resultado anterior de que $D_s/D_l = 19,1$, obtemos $D_t/D_l = 2,85$. Aristarco ofereceu o intervalo de $^{108}/_{43} = 2,51$ e $^{60}/_{19} = 3,16$, que contém, com êxito, o valor 2,85. O valor real é 3,67. A razão de esse resultado de Aristarco estar bem próximo do valor real, a despeito de sua péssima estimativa para D_s/D_p é que o resultado é bastante insensível ao valor preciso de D_s quando $D_s \gg D_l$. Com efeito, se desprezarmos inteiramente o termo D_l no denominador em comparação com D_s, toda a dependência de D_s desaparece, e teremos simplesmente $D_t = 3D_p$ que também não está tão longe da verdade.

De importância histórica bem maior é o fato de que, se combinarmos os resultados $D_s/D_l = 19,1$ e $D_t/D_l = 2,85$, encontraremos $D_s/D_t = {}^{19,1}/_{2,85} = 6,70$. O valor real é $D_s/D_t = 109,1$, mas o ponto importante é que o Sol é consideravelmente maior que a Terra. Aristarco enfatizou essa conclusão ao comparar os volumes no lugar dos diâmetros; se a razão entre os diâmetros é 6,7, então a razão entre os volumes é $6,7^3 = 301$. É essa a comparação que, se acreditarmos em Arquimedes, levou Aristarco a concluir que a Terra gira em torno do Sol, e não o Sol em torno da Terra.

Os resultados de Aristarco descritos até agora produzem valores para todas as razões entre os diâmetros do Sol, da Lua e da Terra, e para a razão entre as distâncias ao Sol e à Lua. Mas nada até agora nos fornece uma razão entre um raio e um diâmetro quaisquer. Esse resultado foi provido pela quarta observação:

Observação 4

A Lua subtende um ângulo de 2°.

(Veja a figura 5d.) Dado que existem 360° em um círculo completo, e um círculo cujo raio é d_l tem uma circunferência $2\pi d_l$, o diâmetro da Lua é:

$$D_l = \left(\frac{2}{360} \right) \times 2\pi d_l = 0{,}035 d_l$$

Aristarco calculou que o valor de D_l/d_l está entre $^2/_{45} = 0{,}044$ e $^1/_{30} = 0{,}033$. Por razões desconhecidas, em seus escritos subsistentes, ele superestimou grosseiramente a verdadeira medida angular da Lua; ela, na verdade, subtende um ângulo de $0{,}519°$, acarretando $D_l/d_l = 0{,}0090$. Como apontamos no capítulo 8, Arquimedes, em *O contador de areia*, atribuiu um valor de $0{,}5°$ ao ângulo subtendido pela Lua, bastante próximo do valor verdadeiro, que teria proporcionado uma acurada estimativa da razão entre o diâmetro e a distância da Lua.

De posse dos resultados de suas observações 2 e 3 para a razão D_t/D_l entre os diâmetros da Terra e da Lua, e agora do resultado de sua observação 4 para a razão D_l/d_l entre o diâmetro e a distância da Lua, Aristarco pôde encontrar a razão entre a distância da Lua e o diâmetro da Terra. Ele pôde tomar, por exemplo, $D_t/D_l = 2{,}85$ e $D_l/d_l = 0{,}035$ e concluir que:

$$d_l/D_t = \frac{1}{D_t/D_l \times D_l/d_l} = \frac{1}{2{,}85 \times 0{,}035} = 10{,}0$$

(O valor real fica em torno de 30.) Esse resultado pode então ser combinado com o da observação 1 para a razão $d_s/d_l = 19{,}1$ entre as distâncias ao Sol e à Lua, para fornecer um valor de $d_s/D_t = 19{,}1 \times 10{,}0 = 191$ para a razão entre a distância do Sol e o diâmetro da Terra. (O valor real fica em torno de 11 600.) Medir o diâmetro da Terra foi o próximo passo.

12. A DIMENSÃO DA TERRA

Eratóstenes serviu-se da observação de que ao meio-dia, no solstício de verão, o Sol em Alexandria está $^1/_{50}$ de um círculo completo (isto é, $^{360°}/_{50}$ = 7,2°) afastado da vertical, ao passo que em Syene, uma cidade que se supõe precisamente ao sul de Alexandria, o Sol ao meio-dia, no solstício de verão, foi relatado estar rigorosamente a pino. Pelo fato de o Sol estar tão longe, os raios de luz que atingem a Terra em Alexandria e Syene são essencialmente paralelos. A direção vertical em qualquer cidade é simplesmente a continuação reta do centro da Terra àquela cidade; por isso, o ângulo entre as retas do centro da Terra a Syene e a Alexandria deve ser também de 7,2°, ou $^{1}/_{50}$ de um círculo completo. (Veja a figura 6.) Sendo assim, com base nos pressupostos de Eratóstenes, a circunferência da Terra deve medir 50 vezes a distância de Alexandria a Syene.

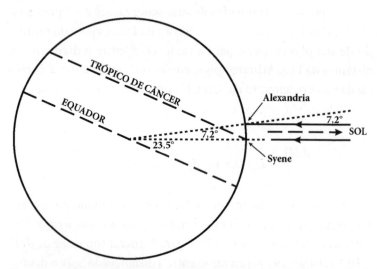

Figura 6. A observação usada por Eratóstenes para calcular o tamanho da Terra. As linhas horizontais marcadas com setas indicam raios solares no solstício de verão. As linhas pontilhadas vão do centro da Terra a Alexandria e Syene, e marcam a direção vertical em cada lugar.

Syene não está localizada na linha do equador da Terra, como poderia ser sugerido pela forma como a figura foi desenhada; está antes mais próxima do Trópico de Câncer, a linha de latitude

23½°. (Ou seja, o ângulo entre as retas que ligam o centro da Terra a qualquer ponto do Trópico de Câncer e a um ponto precisamente ao sul, na linha do equador, é de 23½°.) No solstício de verão, é no Trópico de Câncer, e não no equador, que o Sol está exatamente a pino ao meio-dia, porque o eixo de rotação da Terra não se encontra perpendicular ao plano de sua órbita, mas inclinado, em relação à perpendicular, num ângulo de 23½°.

13. EPICICLOS PARA PLANETAS INTERIORES E EXTERIORES

Ptolomeu, no *Almagesto*, apresentou uma teoria dos planetas segundo a qual, em sua versão mais simples, cada planeta percorre um círculo, chamado epiciclo, em torno de um ponto no espaço que gira, ele próprio, ao redor da Terra, num círculo conhecido como deferente do planeta. A questão que se levanta é por que essa teoria funcionou tão bem para explicar o movimento aparente dos planetas, da maneira como são vistos da Terra. A resposta é diferente para os planetas interiores, Mercúrio e Vênus, e para os planetas exteriores, Marte, Júpiter e Saturno.

Considere inicialmente os planetas interiores, Mercúrio e Vênus. Em nossa compreensão moderna, a Terra e os demais planetas giram ao redor do Sol a distâncias e velocidades aproximadamente constantes. Esquecendo um pouco as leis da física, podemos muito bem mudar nosso ponto de vista para um outro, de caráter geocêntrico. Por esse ponto de vista, o Sol gira em torno da Terra e cada planeta gira em torno do Sol, todos a velocidades e distâncias constantes. Essa é uma versão simplificada da teoria devida a Tycho Brahe, que também podia ter sido proposta por Heráclides. Ela descreve o correto movimento aparente dos planetas, salvo pequenas incorreções em razão de os planetas se moverem, na realidade, através de órbitas aproximadamente elípticas e não de círculos, de o

Sol não se situar nos centros dessas elipses, mas a distâncias relativamente pequenas dos centros, e de a velocidade dos planetas sofrer uma pequena variação ao longo de sua órbita. Essa teoria é também um caso particular da de Ptolomeu, embora nunca cogitada por ele, em que o deferente é nada mais que a órbita do Sol ao redor da Terra e o epiciclo é a órbita de Mercúrio ou Vênus em torno do Sol.

Agora, se o que importa é a posição celeste aparente do Sol e dos planetas, podemos multiplicar por uma constante a distância variável da Terra a um planeta qualquer, sem que as aparências se alterem. Isso pode ser feito, por exemplo, se multiplicarmos por um fator constante os raios do epiciclo e do deferente, escolhidos de forma independente para Mercúrio e Vênus. Assim, poderíamos tomar o raio do deferente de Vênus como metade da distância da Terra ao Sol, e o raio de seu epiciclo como metade do raio da órbita de Vênus em torno do Sol. Isso não altera o fato de que os centros dos epiciclos dos planetas sempre estão localizados na reta que liga a Terra ao Sol. (Veja a figura 7a, não desenhada em escala, que mostra o epiciclo e o deferente de um dos planetas interiores.) O movimento aparente de Vênus e Mercúrio no céu não será alterado por essa transformação, conquanto não alteremos a razão entre os raios do deferente e do epiciclo de cada planeta. Essa é uma versão simplificada da teoria proposta por Ptolomeu para os planetas interiores. Segundo essa teoria, o planeta completa uma volta em seu epiciclo em tempo igual ao que ele de fato leva para girar em torno do Sol, 88 dias para Mercúrio e 225 dias para Vênus, enquanto o centro do epiciclo acompanha o Sol em torno da Terra, levando um ano para o deferente completar uma volta.

Especificamente, como não alteramos a razão entre os raios do deferente e do epiciclo, devemos ter:

$$r_{\mathrm{EPI}}/r_{\mathrm{DEF}} = r_P/r_T$$

em que r_{EPI} e r_{DEF} são os raios do epiciclo e do deferente no sistema de Ptolomeu, e r_P e r_T são os raios das órbitas do planeta e da Terra na teoria de Copérnico (ou, de modo equivalente, os raios das órbitas do planeta em torno do Sol e do Sol em torno da Terra na teoria de Tycho). É óbvio que Ptolomeu nada sabia das teorias de Tycho ou Copérnico, e ele não obteve sua própria teoria dessa forma. A discussão acima serve apenas para mostrar por que a teoria de Ptolomeu funcionou tão bem, e não como ele a deduziu.

Consideremos agora os planetas exteriores, Marte, Júpiter e Saturno. Na versão mais simples da teoria de Copérnico (ou de Tycho), cada planeta mantém não só uma distância fixa do Sol, mas também de um ponto móvel C' no espaço, que conserva uma distância fixa da Terra. Para encontrar esse ponto, trace um paralelogramo cujos três primeiros vértices, nessa ordem em torno do paralelogramo (veja a figura 7b), são a posição S do Sol, a posição T da Terra, e a posição P' de um dos planetas. O ponto móvel C' é o quarto canto, vazio, do paralelogramo. Visto que o segmento entre T e S tem comprimento fixo, e o segmento entre P' e C' está do lado oposto do paralelogramo, ele possui um comprimento igualmente fixo, de modo que o planeta permanece a uma distância fixa de C', igual à distância da Terra ao Sol. Da mesma forma, uma vez que o segmento entre S e P' tem comprimento fixo, e o segmento entre T e C' está do lado oposto do paralelogramo, ele tem um comprimento igualmente fixo, e assim o ponto C' permanece a uma distância fixa da Terra, igual à distância do planeta ao Sol. Esse é um caso especial da teoria de Ptolomeu, ainda que nunca considerado por ele, em que o deferente é nada mais que a órbita do ponto C' ao redor da Terra, e o epiciclo é a órbita de Marte, Júpiter ou Saturno em torno de C'.

Mais uma vez, se o que importa é a posição celeste aparente do Sol e dos planetas, podemos multiplicar por uma constante a

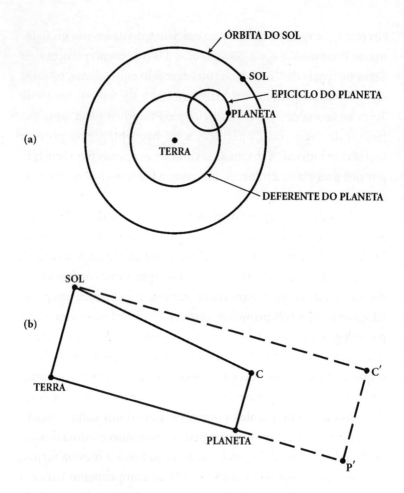

Figura 7. Uma versão simples da teoria dos epiciclos descrita por Ptolomeu. A figura 7a mostra o suposto movimento de um dos planetas internos, Mercúrio ou Vênus. A figura 7b mostra o suposto movimento de um dos planetas externos, Marte, Júpiter ou Saturno. O planeta segue um epiciclo em torno do ponto C no decorrer de um ano, com a linha de C ao planeta sempre paralela à linha da Terra ao Sol, enquanto o ponto C gira em torno da Terra no deferente durante um período mais longo. As linhas tracejadas indicam um caso especial da teoria ptolomaica, para o qual ela é equivalente à de Copérnico.

distância variável da Terra a um planeta, sem que as aparências se alterem, e de novo multiplicamos por um fator constante os raios do epiciclo e do deferente, escolhidos de forma independente para cada planeta exterior. Embora não tenhamos mais um paralelogramo, a reta que liga o planeta a C permanece paralela à reta que liga a Terra ao Sol. O movimento celeste aparente de cada planeta exterior não será alterado por essa transformação, conquanto não alteremos a razão entre os raios do deferente e do epiciclo de cada planeta. Essa é uma versão simplificada da teoria proposta por Ptolomeu para os planetas exteriores. Segundo essa teoria, o planeta, em seu epiciclo, gira em torno de C em um ano, ao passo que C completa uma volta no deferente em tempo igual ao que o planeta de fato leva para girar ao redor do Sol: 1,9 ano para Marte, 12 anos para Júpiter e 29 anos para Saturno.

Especificamente, visto que não mudamos a razão entre os raios do deferente e do epiciclo, devemos ter agora:

$$r_{EPI}/r_{DEF} = r_T/r_P$$

em que r_{EPI} e r_{DEF} são novamente os raios do epiciclo e do deferente no sistema de Ptolomeu, e r_P e r_T são os raios das órbitas do planeta e da Terra na teoria de Copérnico (ou, de forma equivalente, os raios das órbitas do planeta em torno do Sol e do Sol em torno da Terra na teoria de Tycho). Uma vez mais, as considerações acima não descrevem como Ptolomeu obteve sua teoria, mas somente por que essa teoria funcionou tão bem.

14. PARALAXE LUNAR

Suponha que a Lua seja observada de um ponto O na superfície da Terra, numa direção que forma um ângulo ζ' (dzeta) com o zênite em O. A Lua se movimenta de maneira suave e regular em torno do centro da Terra, e assim, usando os resultados de observações repetidas da Lua, é possível calcular a direção do centro C da Terra à Lua L nesse exato momento, e, em particular, calcular o ângulo ζ entre a direção que vai de C à Lua e a direção do zênite em O, que é a mesma direção da reta que liga o centro da Terra a O. Os ângulos ζ e ζ' diferem ligeiramente em razão de o raio r_t da Terra não ser completamente desprezível em comparação com a distância d do centro da Terra à Lua, e a partir dessa diferença Ptolomeu pôde calcular a razão d/r_t.

Os pontos C, O e L formam um triângulo, no qual o ângulo em C é ζ, o ângulo em O é $180^\circ - \zeta'$ e (dado que a soma dos ângulos de qualquer triângulo é 180°) o ângulo em L é $180^\circ - \zeta - (180^\circ - \zeta') = \zeta' - \zeta$. (Veja a figura 8.) De posse desses ângulos, podemos calcular a razão d/r_t muito mais facilmente do que Ptolomeu o fez, se usarmos um teorema da trigonometria moderna que diz que, em todo triângulo, os comprimentos dos lados são proporcionais aos senos dos ângulos opostos. (Os senos serão discutidos na próxima nota.) O ângulo oposto ao lado de comprimento r_t, que liga C a O, é $\zeta' - \zeta$, e o ângulo oposto ao lado de comprimento d, que liga C a L, é $180^\circ - \zeta'$; logo:

$$\frac{d}{r_t} = \frac{\text{sen}(180^\circ - \zeta')}{\text{sen}(\zeta' - \zeta)} = \frac{\text{sen}(\zeta')}{\text{sen}(\zeta' - \zeta)}$$

Em 1° de outubro de 135 d.C., Ptolomeu observou que o ângulo zenital da Lua, como visto de Alexandria, era de $\zeta' = 50^\circ 55'$, e seus cálculos mostraram que, nesse exato momento, o ângulo correspondente que seria observado a partir do centro da Terra era de $\zeta = 49^\circ 48'$. Os senos relevantes são:

$$\text{sen}\,\zeta' = 0{,}776 \qquad \text{sen}\,(\zeta' - \zeta) = 0{,}0195$$

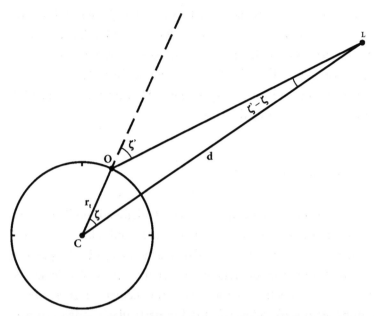

Figura 8. Uso da paralaxe para medir a distância até a Lua. Aqui ζ' é o ângulo observado entre a linha de visada até a Lua e a direção vertical, e ζ é o valor que esse ângulo teria se a Lua fosse observada do centro da Terra.

Disso Ptolomeu pôde concluir que a distância do centro da Terra à Lua, em unidades do raio da Terra, seria:

$$\frac{d}{r_t} = \frac{0,776}{0,0195} = 39,8$$

Esse resultado é consideravelmente menor que a razão verdadeira, que é, em média, cerca de sessenta. O problema residia em que a diferença $\zeta' - \zeta$ não era, na realidade, conhecida com precisão por Ptolomeu, mas pelo menos proporcionou uma boa ideia da ordem de grandeza da distância até a Lua.

De toda forma, Ptolomeu foi mais eficaz que Aristarco, a partir de cujos valores para a razão entre os diâmetros da Terra e da Lua e entre a distância e o diâmetro da Lua pôde inferir tão somente que d/r_t está entre $^{215}/_9 = 23,9$ e $^{57}/_4 = 14,3$. Entretanto, se Aristarco tivesse usado um valor correto, de cerca de $^1/_2$°, em vez de seu valor de 2°, para o diâmetro angular do disco da Lua, ele teria encontrado uma razão d/r_t quatro vezes maior, entre 57,2 e 95,6, que encerra o valor verdadeiro.

15. SENOS E CORDAS

Os matemáticos e astrônomos da Antiguidade podiam ter feito alentado uso de um ramo da matemática conhecido como trigonometria, que é ministrado hoje no ensino médio. Dado qualquer ângulo de um triângulo retângulo (que não seja o próprio ângulo reto), a trigonometria nos informa como calcular as razões entre os comprimentos de todos os lados. Em particular, o lado oposto ao ângulo, quando dividido pela hipotenusa, é uma quantidade conhecida como "seno" daquele ângulo, que pode ser encontrado por meio de consulta a tabelas matemáticas ou digitando o ângulo numa calculadora de mão e pressionando "sen". (O lado do triângulo adjacente a um ângulo, quando dividido pela hipotenusa, é o "cosseno" do ângulo, e o lado oposto dividido pelo lado adjacente é a "tangente" do ângulo, mas aqui os senos nos serão suficientes.) Embora a noção de seno não apareça em parte alguma da matemática helenística, o *Almagesto* de Ptolomeu faz uso de uma quantidade relacionada, conhecida como "corda" de um ângulo.

Para definir a corda de um ângulo θ (teta), desenhe um círculo de raio unitário (em qualquer unidade de comprimento que você achar conveniente) e trace dois segmentos radiais do centro à circunferência, separados por aquele ângulo. A corda do ângulo é o comprimento do segmento de reta, ou corda, que conecta os pontos em que os dois segmentos radiais intersectam a circunferência. (Veja a figura 9.) O *Almagesto* fornece uma tabela de cordas* em notação sexagesimal babilônica, com ângulos expressos em graus de arco, que vão de $1/2^\circ$ a 180°. Por exemplo, a corda de 45° é representada por 45 15 19, ou, em notação moderna,

$$\frac{45}{60} + \frac{55}{60^2} + \frac{19}{60^3} = 0,7653658...$$

enquanto o valor real é 0,7653669...

A corda encontra uma aplicação natural em astronomia. Se imaginarmos que as estrelas estão localizadas numa esfera de raio unitário, centrada na Terra, e se as linhas de visão de duas estrelas estão separadas por um ângulo θ, a distância retilínea aparente entre as estrelas será a corda de θ.

Para ver o que essas cordas têm a ver com a trigonometria, volte à figura usada para definir a corda de um ângulo θ e trace uma reta (a linha tracejada na figura 9), a partir do centro do círculo, que exatamente biparta a corda. Temos então dois triângulos retângulos, cada um com um ângulo igual a $\theta/2$ no centro do círculo, e um lado oposto a esse ângulo cujo comprimento é metade da corda. A hipotenusa de cada um desses triângulos é o raio do círculo, que estamos tomando como unitário, de modo que o seno de $\theta/2$, em notação matemática sen($\theta/2$), é metade da corda de θ, ou, em outras palavras,

$$\text{corda de } \theta = 2\text{sen}(\theta/2)$$

Consequentemente, todo cálculo que pode ser feito com senos também pode ser feito com cordas, mas na maioria dos casos isso é menos conveniente.

---

* Essa tabela aparece nas pp. 57-60 da tradução [inglesa] do *Almagesto* realizada por G. J. Toomer, *Ptolemy's Almagest* (Londres: Duckworth, 1984). (N. A.)

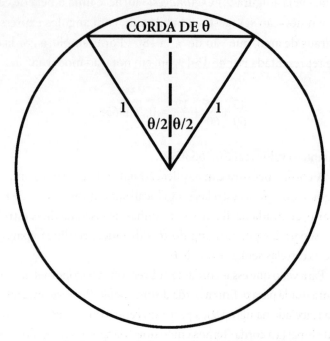

Figura 9. A corda de um ângulo θ. *O círculo aqui tem raio igual a 1. As linhas radiais cheias formam um ângulo* θ *no centro do círculo; a linha horizontal corre entre as interseções dessas linhas com o círculo, e seu comprimento é a corda desse ângulo.*

16. HORIZONTES

Quando estamos fora de casa, normalmente nossa visão é obstruída por árvores, casas ou outros obstáculos que se coloquem à nossa frente. Do alto de uma montanha, num dia claro, conseguimos enxergar bem mais longe, mas nosso alcance visual ainda é limitado por um horizonte, além do qual as linhas de visão são bloqueadas pela própria Terra. O astrônomo árabe Al-Biruni descreveu um método perspicaz que se vale desse fenômeno familiar para medir o raio da Terra, sem a necessidade de conhecer outras distâncias além da altura da montanha.

Um observador O no topo de uma montanha pode avistar um ponto H na superfície da Terra onde a linha de visão é tangente à superfície.

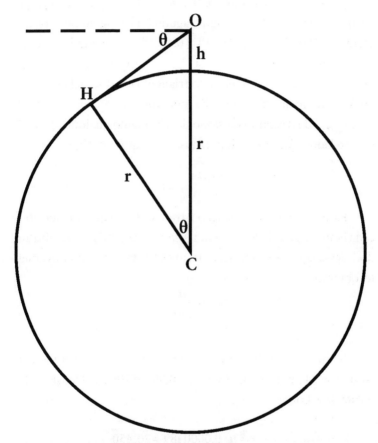

Figura 10. O uso de horizontes por Al-Biruni para medir o tamanho da Terra. O é um observador no monte de altura h; H é o horizonte visto por esse observador; a linha de H a O é tangente à superfície da Terra em H e, portanto, forma um ângulo reto com a linha do centro C da Terra até H.

(Veja a figura 10.) Essa linha de visão forma um ângulo reto com a reta que une H ao centro C da Terra, de modo que o triângulo OCH é um triângulo retângulo. A linha de visão não está na direção horizontal, mas abaixo da direção horizontal por certo ângulo θ, o qual é pequeno em virtude de a Terra ser vasta e o horizonte estar distante. O ângulo entre a linha de visão e a direção vertical junto à montanha é de $90^\circ - \theta$, e assim, como a soma dos ângulos de qualquer triângulo deve ser 180°, o ângulo agudo do triângulo no centro da Terra é de $180^\circ - 90^\circ - (90^\circ - \theta) = \theta$. O lado do triângulo adjacente a esse ângulo é o segmento de C a H, cujo comprimento é o raio r da Terra, enquanto a hipotenusa do triângulo é a distância de C a O, que é $r + h$, em que h é a altura da montanha. De acordo com a definição geral de cosseno, o cosseno de um ângulo qualquer é a razão entre o lado adjacente e a hipotenusa, que aqui nos dá:

$$\cos\theta = \frac{r}{r+h}$$

Para resolver essa equação para r, observe que a inversão de cada lado da igualdade acarreta $1 + h/r = 1/\cos\theta$, e assim, subtraindo 1 dessa equação e, em seguida, invertendo cada lado novamente, obtemos:

$$r = \frac{h}{1/\cos\theta - 1}$$

Numa montanha da Índia, por exemplo, Al-Biruni encontrou $\theta = 34'$, para o qual $\cos\theta = 0{,}999951092$ e $1/\cos\theta - 1 = 0{,}0000489$. Logo:

$$r = h / 0{,}0000489 = 20{,}450$$

Al-Biruni relatou que a altura dessa montanha era de 652,055 cúbitos (uma precisão muito maior do que ele possivelmente teria obtido), que, portanto, resulta efetivamente em $r = 13,3$ milhões de cúbitos, enquanto o resultado que ele relatou foi de 12,8 milhões de cúbitos. Não sei qual a origem do erro de Al-Biruni.

17. DEMONSTRAÇÃO GEOMÉTRICA DO TEOREMA DA VELOCIDADE MÉDIA

Suponha que tracemos um gráfico da velocidade em função do tempo em regime de aceleração uniforme, com velocidade no eixo vertical e tempo no eixo horizontal. O gráfico será uma linha reta, ascendendo da velocidade zero no momento zero à velocidade final no momento final. Em cada minúsculo intervalo de tempo, a distância percorrida é o produto da velocidade naquele momento (que se altera em quantidade desprezível naquele intervalo se ele for suficientemente curto) pelo intervalo de tempo. Ou seja, a distância percorrida é igual à área de um retângulo estreito, cuja altura é a altura do gráfico naquele momento e cuja largura é o minúsculo intervalo de tempo. (Veja a figura 11a.) Podemos preencher a área sob o gráfico, do momento inicial ao final, com esses retângulos estreitos, e a distância total percorrida será então a área total de todos esses retângulos — isto é, a área sob o gráfico. (Veja a figura 11b.)

É claro que, por mais estreitos que desenhemos os retângulos, é apenas por aproximação que a área sob o gráfico iguala a área total dos retângulos. Mas podemos conceber os retângulos tão estreitos quanto quisermos, e dessa maneira tornar a aproximação tão boa quanto nos aprouver. É imaginando o limite de um número infinito de retângulos infinitamente estreitos que podemos concluir que a distância percorrida iguala a área sob o gráfico da velocidade em função do tempo.

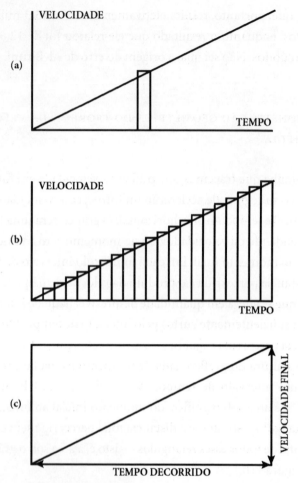

Figura 11. Prova geométrica do Teorema da Velocidade Média. A linha oblíqua é o gráfico da velocidade versus tempo para um corpo uniformemente acelerado a partir do repouso. A figura 11a mostra um pequeno retângulo, cuja largura é um pequeno intervalo de tempo e cuja área é próxima da distância percorrida naquele intervalo. A figura 11b mostra o tempo durante um período de aceleração uniforme dividido em intervalos curtos; conforme o número de retângulos aumenta, a soma das áreas dos retângulos se torna arbitrariamente próxima da área sob a linha oblíqua. A figura 11c mostra que a área sob a linha oblíqua é metade do produto do tempo decorrido e da velocidade final.

Até agora, esse argumento permaneceria inalterado se a aceleração não fosse uniforme, caso em que o gráfico não seria uma linha reta. Na verdade, acabamos de deduzir um princípio fundamental do cálculo integral, de que, se traçarmos um gráfico da taxa de variação de qualquer quantidade em função do tempo, a variação da quantidade em qualquer intervalo de tempo é a área sob a curva. No entanto, para uma taxa de variação uniformemente crescente, como é o caso da aceleração uniforme, essa área é fornecida por um teorema geométrico elementar.

O teorema estabelece que a área de um triângulo retângulo é metade do produto dos dois lados adjacentes ao ângulo reto — isto é, dos dois lados que não são a hipotenusa. Isso segue diretamente do fato de que podemos juntar dois desses triângulos para formar um retângulo, cuja área é o produto de seus dois lados. (Veja a figura 11c.) Em nosso caso, os dois lados adjacentes ao ângulo reto são a velocidade final e o tempo total decorrido. A distância percorrida é a área de um triângulo retângulo com aquelas dimensões, ou metade do produto entre a velocidade final e o tempo total decorrido. Entretanto, como a velocidade está aumentando a uma taxa constante a partir de zero, seu valor médio é metade de seu valor final, de modo que a distância percorrida é a velocidade média multiplicada pelo tempo decorrido. Esse é o teorema da velocidade média.

18. ELIPSES

Uma elipse é um certo tipo de curva fechada definida sobre uma superfície plana. Existem pelo menos três maneiras diferentes de apresentar uma descrição precisa dessa curva.

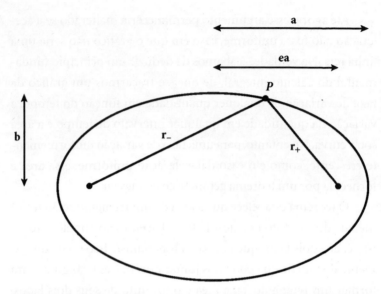

Figura 12. Os elementos de uma elipse. Os pontos marcados dentro da elipse são seus dois focos; a e b são metade do comprimento dos eixos mais longo e mais curto da elipse; a distância de cada foco até o centro da elipse é ea. A soma dos comprimentos r_+ e r_- das duas linhas tracejadas desde os focos até um ponto P é igual a 2a, onde quer que P esteja na elipse. A elipse mostrada nesta figura tem elipticidade $e \simeq 0,8$.

PRIMEIRA DEFINIÇÃO

Uma elipse é o conjunto de pontos do plano que satisfaz a equação:

$$\frac{x^2}{a^2} + \frac{y^2}{b^2} = 1 \qquad (1)$$

em que x é a distância, ao longo de um dos eixos, do centro da elipse a um ponto qualquer pertencente à elipse, y é a distância, ao longo de um eixo perpendicular ao primeiro, daquele mesmo ponto ao centro, e a e b são números positivos que caracterizam o tamanho e a forma da elipse, convencionalmente definidos de maneira que $a \geq b$. Por uma questão de clareza, é conveniente pensar no eixo x como horizontal e no eixo y como vertical, embora, naturalmente, eles possam ser posicionados ao longo de duas direções perpendiculares quaisquer. De (1) segue que a distância $r = \sqrt{x^2 + y^2}$ de qualquer ponto da elipse ao centro em $x = 0$, $y = 0$ satisfaz:

$$\frac{r^2}{a^2} \leq \frac{x^2}{a^2} + \frac{y^2}{b^2} = 1 \text{ e } \frac{r^2}{b^2} \geq \frac{x^2}{a^2} + \frac{y^2}{b^2} = 1$$

e assim, em todos os pontos pertencentes à elipse:

$$b \leq r \leq a \qquad\qquad (2)$$

Observe que no ponto onde a elipse intersecta o eixo horizontal temos $y = 0$, de modo que $x^2 = a^2$ e, portanto, $x = \pm a$; logo, a equação (1) descreve uma elipse cujo diâmetro maior vai de $-a$ a $+a$ ao longo da direção horizontal. Além disso, no ponto onde a elipse intersecta o eixo vertical temos $x = 0$, de maneira que $y^2 = b^2$ e, por conseguinte, $y = \pm b$; logo, (1) descreve uma elipse cujo diâmetro menor vai, ao longo da direção vertical, de $-b$ a $+b$. (Veja a figura 12.) O parâmetro a é chamado de "semieixo maior" da elipse. É uma convenção definir a excentricidade de uma elipse como:

$$e \equiv \sqrt{1 - \frac{b^2}{a^2}} \qquad\qquad (3)$$

A excentricidade está, de maneira geral, entre 0 e 1. Uma elipse com $e = 0$ é um círculo de raio $a = b$. Uma elipse com $e = 1$ é tão achatada que consiste tão somente num segmento do eixo horizontal, com $y = 0$.

SEGUNDA DEFINIÇÃO

Outra definição clássica de elipse é que ela consiste num conjunto de pontos do plano para os quais a soma das distâncias a dois pontos fixos (os focos da elipse) é constante. Para a elipse definida pela equação (1), esses dois pontos estão em $x = \pm ea$, $y = 0$, em que e é a excentricidade definida pela equação (3). As distâncias desses dois pontos a um ponto pertencente à elipse, com x e y satisfazendo a equação (1), são:

$$r_\pm = \sqrt{(x \mp ea)^2 + y^2} = \sqrt{(x \mp ea)^2 + (1 - e^2)(a^2 - x^2)}$$
$$= \sqrt{e^2 x^2 \mp 2eax + a^2} = a \mp ex \qquad (4)$$

e assim a soma deles é, de fato, constante:

$$r_+ + r_- = 2a \qquad (5)$$

Essa definição pode ser considerada uma generalização da definição clássica de círculo, de que ele é o conjunto dos pontos que estão, todos, a uma igual distância de um único ponto determinado.

Como existe uma simetria perfeita entre os dois focos da elipse, as distâncias médias e entre pontos da elipse (em que cada segmento de reta de determinado comprimento da elipse recebe o mesmo peso na média) e os dois focos devem ser iguais: $\overline{r}_+ = \overline{r}_-$, e, portanto, a equação (5) implica:

$$\overline{r}_+ = \overline{r}_- = \frac{1}{2}(\overline{r}_+ + \overline{r}_-) = a \qquad (6)$$

Essa é também a média das maiores e menores distâncias de pontos da elipse a qualquer dos focos:

$$\frac{1}{2}[(a + ea) + (a - ea)] = a \qquad (7)$$

TERCEIRA DEFINIÇÃO

A definição original de elipse, por Apolônio de Perga, estabelece que ela é uma seção cônica, a interseção de um cone com um plano oblíquo ao eixo do cone. Em termos modernos, um cone com eixo na direção vertical é o conjunto de pontos em três dimensões que satisfaz a condição de que os raios das seções transversais circulares do cone são proporcionais à distância na direção vertical:

$$\sqrt{u^2 + y^2} = \alpha z \tag{8}$$

em que u e y medem distâncias ao longo das duas direções horizontais perpendiculares, z mede distâncias na direção vertical e α é um número positivo que determina a forma do cone. (O motivo que nos levou a usar u em vez de x para uma das coordenadas horizontais ficará claro em breve.) O vértice desse cone, que é onde $u = y = 0$, está em $z = 0$. Um plano que secciona o cone através de um ângulo oblíquo pode ser definido como o conjunto de pontos que satisfaz a condição de que

$$z = \beta u + \gamma \tag{9}$$

em que β (beta) e γ (gama) são mais dois números, os quais especificam a inclinação e a altura do plano, respectivamente. (Estamos definindo as coordenadas de maneira que o plano seja paralelo ao eixo y.) Combinando a equação (9) com o quadrado da equação (8), obtemos:

$$u^2 + y^2 = \alpha^2 (\beta u + \gamma)^2$$

ou, de forma equivalente,

$$(1-\alpha^2\beta^2)\left(u-\frac{\alpha^2\beta\gamma}{1-\alpha^2\beta^2}\right)^2 + \gamma^2 = \alpha^2\gamma^2\left(\frac{1}{1-\alpha^2\beta^2}\right)$$

Essa equação é a mesma que a da definição (1), já que podemos identificar:

$$x = u - \frac{\alpha^2\beta\gamma}{1-\alpha^2\beta^2} \qquad a = \frac{\alpha\gamma}{1-\alpha^2\beta^2} \qquad b = \frac{\alpha\gamma}{\sqrt{1-\alpha^2\beta^2}} \qquad (10)$$

Observe que essas equações determinam que $e = \alpha\beta$, e, portanto, a excentricidade depende da forma do cone e da inclinação do plano que o secciona, mas não da altura do plano.

19. ELONGAÇÕES E ÓRBITAS DOS PLANETAS INTERIORES

Uma das grandes realizações de Copérnico foi a obtenção de valores definitivos para dimensões relativas de órbitas planetárias. Um exemplo particularmente simples é o cálculo dos raios das órbitas dos planetas interiores por intermédio da distância máxima aparente desses planetas ao Sol.

Considere a órbita de um dos planetas interiores, Mercúrio ou Vênus, com a simplificação de que essa órbita e a da Terra sejam circulares com o Sol no centro delas. Na chamada "elongação máxima", o planeta é avistado em sua maior distância angular $\theta_{máx}$ (teta$_{máx}$) com o Sol. Nesse momento, a reta que liga a Terra ao planeta é tangente à órbita do planeta, de forma que o ângulo entre essa reta e a reta entre o Sol e o planeta é um ângulo reto. Essas duas retas e a reta que liga o Sol à Terra formam, por conseguinte, um triângulo retângulo. (Veja a figura 13.) A hipotenusa desse triângulo é o segmento entre a Terra e o Sol; dessa forma, a razão

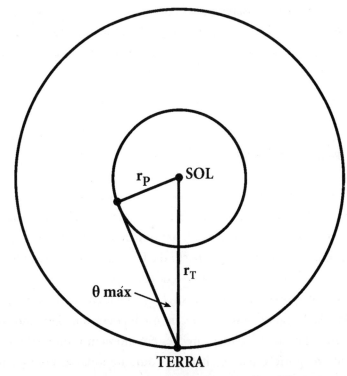

Figura 13. As posições da Terra e de um planeta interno (Mercúrio ou Vênus) quando o planeta está em sua maior distância aparente do Sol. Os círculos são as órbitas da Terra e do planeta.

entre a distância r_P, do planeta ao Sol, e a distância r_T, da Terra ao Sol, é o seno de $\theta_{máx}$. Eis aqui uma tabela dos ângulos de elongação máxima, seus senos e o raio orbital real r_P de Mercúrio e Vênus, em unidades do raio r_T da órbita da Terra:

	Elongação máxima $\theta_{máx}$	seno de $\theta_{máx}$	r_P/r_T
Mercúrio	24°	0,41	0,39
Vênus	45°	0,71	0,72

As pequenas discrepâncias entre o seno de $\theta_{máx}$ e as razões observadas r_p/r_T entre os raios orbitais dos planetas interiores e da Terra são devidas ao afastamento dessas órbitas de círculos perfeitos centrados no Sol, e ao fato de as órbitas não se situarem exatamente no mesmo plano.

20. PARALAXE DIURNA

Considere uma "nova estrela" ou outro objeto que esteja em repouso em relação às estrelas fixas, ou então se desloque muito pouco, em relação às estrelas, no período de um dia. Suponha que esse objeto esteja bem mais perto da Terra que as estrelas. Quer assumamos que a Terra sofra rotações diárias em seu eixo, de leste a oeste, ou que esse objeto e as estrelas transladem diariamente ao redor da Terra, de oeste a leste, na medida em que flagramos o objeto seguindo diferentes direções em momentos diferentes da noite, sua posição parece alterar-se, durante todas as noites, em relação às estrelas. Esse fenômeno é chamado de "paralaxe diurna" do objeto. A medição da paralaxe diurna possibilita a determinação da distância do objeto, ou, se for constatado que a paralaxe diurna é demasiado pequena para ser mensurada, ela fornece um limite inferior para essa distância.

Para calcular a quantidade dessa variação angular, considere a posição aparente do objeto em relação às estrelas, assim como vista de um observatório fixo na Terra, primeiro quando o objeto surge acima do horizonte, e depois quando ele está em sua posição mais alta no céu. Para facilitar os cálculos, vamos considerar o caso geometricamente mais simples, em que o observatório está na linha do equador e o objeto está no mesmo plano que o equador. Naturalmente, essa simplificação não determina com exatidão a paralaxe diurna da nova estrela observada por Tycho; entretanto, indicará a ordem de grandeza daquela paralaxe.

A reta que liga o objeto ao observatório, quando o objeto surge detrás do horizonte, é tangente à superfície da Terra, de maneira que o ângulo entre essa reta e a reta que liga o observatório ao centro da Terra é um ângulo reto. Portanto, essas duas retas, junto com a reta que liga o objeto ao centro da Terra, formam um triângulo retângulo. (Veja a figura 14.) O ângulo θ (teta) desse triângulo, no vértice do objeto, tem seno igual à razão entre o lado oposto, o raio r_T da Terra, e a hipotenusa, a distância d do objeto ao centro da Terra. Como mostrado na figura, esse ângulo é também a mudança aparente da posição do objeto, em relação às estrelas, entre o momento em que ele surge acima do horizonte e o momento em que ele ocupa sua posição mais alta no céu. A variação total em sua posição desde o momento em que ele aparece acima do horizonte até o momento em que ele desaparece atrás do horizonte é de 2θ.

Por exemplo, se considerarmos um objeto que esteja à distância da Lua, então $d \simeq 250\,000$ milhas, enquanto $r_T \simeq 4000$ milhas, e então sen $\theta \simeq 4/250$, e portanto, $\theta \simeq 0,9°$, e a paralaxe diurna é de $1,8°$. De um típico ponto de referência na Terra, como Hven, a um objeto numa típica posição celeste, como a nova estrela de 1572, a paralaxe diurna é menor que isso, mas ainda assim da mesma ordem de grandeza, em torno de $1°$, extensão mais que suficiente para ela ser detectada a olho nu por um astrônomo experiente como Tycho Brahe; contudo, ele não conseguiu detectar uma paralaxe diurna, e nisso foi hábil para concluir que a nova estrela de 1572 era mais distante que a Lua. Por outro lado, não houve dificuldade para medir a paralaxe diurna da própria Lua, e dessa forma encontrar a distância da Lua à Terra.

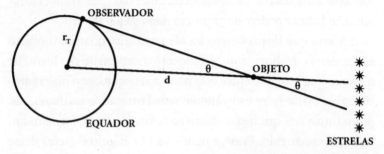

Figura 14. Uso da paralaxe diurna para medir a distância d *da Terra até qualquer objeto. Aqui, tem-se a visada a partir de um ponto no Polo Norte terrestre. Por simplicidade, supõe-se o observador no equador e o objeto está no mesmo plano do equador. As duas linhas separadas por um ângulo* θ *são as linhas de visada até o objeto quando acaba de surgir no horizonte e seis horas mais tarde, quando está diretamente acima do observador.*

21. A REGRA DAS ÁREAS IGUAIS E O EQUANTE

De acordo com a primeira lei de Kepler, cada um dos planetas, entre os quais a Terra, gira em torno do Sol numa órbita elíptica, mas o Sol não está situado no centro da elipse; está em outro ponto do eixo maior, num dos dois focos da elipse. (Veja a nota técnica 18.) A excentricidade *e* da elipse é definida de tal maneira que a distância de cada foco ao centro da elipse seja *ea*, em que *a* é metade do comprimento do eixo maior da elipse. Além disso, de acordo com a segunda lei de Kepler, a velocidade do planeta em sua órbita não é constante, mas varia de tal modo que o segmento que liga o Sol ao planeta varra áreas iguais em tempos iguais.

Existe uma maneira aproximada, diferente da original, de enunciar a segunda lei, estreitamente relacionada com a antiga ideia de equante usada na astronomia de Ptolomeu. Em vez de considerar o segmento do Sol ao planeta, considere o segmento do planeta ao *outro* foco da elipse, o foco que está vazio. A excentricidade *e* de algumas órbitas planetárias não é desprezível, mas e^2 é um valor bem pequeno para todos os planetas. (A órbita mais excêntrica é a de Mercúrio, com $e = 0,206$ e $e^2 = 0,042$; para a Terra, $e^2 = 0,00028$.) Por essa razão, para cálculos envolvendo o movimento dos planetas, conseguimos uma boa aproximação se mantivermos apenas os termos que sejam independentes da excentricidade e ou que sejam proporcionais a e, desprezando todos os termos proporcionais a e^2 ou a potências maiores de e. Nessa aproximação, a segunda lei de Kepler é equivalente à asserção de que o segmento do foco vazio ao planeta varre ângulos iguais em tempos iguais. Ou seja, o segmento que liga o foco vazio da elipse ao planeta gira ao redor desse foco a uma taxa constante de variação angular.

Especificamente, mostraremos a seguir que, se $\dot{A}$ representa a taxa de varredura de área pelo segmento do Sol ao planeta, e $\dot{\phi}$ (fi pontilhado) representa a taxa de variação do ângulo entre o eixo maior da elipse e o segmento do foco vazio ao planeta, então:

$$\dot{\phi} = 2R\,\dot{A}/a^2 + O(e^2) \tag{1}$$

em que $O(e^2)$ denota os termos proporcionais a e^2 ou a potências maiores de e, e R é um número cujo valor depende das unidades que empregamos ao medir os ângulos. Se os ângulos são medidos em graus, então $R = 360°/2\pi = 57,293...°$, um ângulo conhecido como *radiano*. Podemos também medir os ângulos em radianos, caso em que temos $R = 1$. A segunda lei de Kepler nos revela que, num dado intervalo de tempo, a área varrida pelo segmento do Sol ao planeta é sempre a mesma, o que significa que $\dot{A}$ é constante, e portanto $\dot{\phi}$ é constante, ao menos em termos proporcionais a e^2. Assim, com boa aproximação, num dado intervalo de tempo, o ângulo varrido pelo segmento do foco vazio da elipse ao planeta também é sempre o mesmo.

Agora, na teoria descrita por Ptolomeu, o centro do epiciclo de cada planeta gira em torno da Terra numa órbita circular, o deferente, mas a Terra não está no centro do deferente. Em vez disso, a órbita é excêntrica — a Terra está num ponto a uma pequena distância do centro. Além disso, o centro do epiciclo não gira ao redor da Terra a uma velocidade constante, e o segmento entre a Terra e esse centro não roda a uma taxa constante. Para explicar corretamente o movimento aparente dos planetas, foi introduzido o artifício do equante. Ele é um ponto situado no lado oposto, em relação à Terra, do centro do deferente, e a igual distância do centro. O segmento entre o equante e o centro do epiciclo, em vez de aquele entre a Terra e o centro do epiciclo, varreria, por hipótese, ângulos iguais em tempos iguais.

Não passaria despercebida ao leitor a forte semelhança entre essa abordagem e aquela adotada pelas leis de Kepler. Naturalmente, os papéis representados pelo Sol e pela Terra estão invertidos na astronomia ptolomaica e coperniciana, mas o foco vazio da elipse na teoria de Kepler desempenha o mesmo papel que o equante na astronomia ptolomaica, e a segunda lei de Kepler explica por que a introdução do equante funcionou tão bem para descrever o movimento aparente dos planetas.

Por alguma razão, ainda que Ptolomeu tenha introduzido um excêntrico para descrever o movimento do Sol ao redor da Terra, ele não empregou um equante nesse caso. Se Ptolomeu tivesse incluído esse equante final (e alguns epiciclos adicionais que esclarecessem o elevado afastamento da órbita de Mercúrio de um círculo), sua teoria poderia descrever de maneira bastante satisfatória o movimento aparente dos planetas.

Eis aqui a demonstração da equação (1). Defina θ como o ângulo entre o eixo maior da elipse e o segmento do Sol ao planeta, e recorde que ϕ é definido como o ângulo entre o eixo maior e o segmento do foco vazio ao planeta. Assim como na nota técnica 18, defina r_+ e r_- como os comprimentos desses segmentos — ou seja, as distâncias do Sol ao planeta e do foco vazio ao planeta, respectivamente, calculados, conforme a nota técnica 18, por:

$$r_\pm = a \mp ex \qquad (2)$$

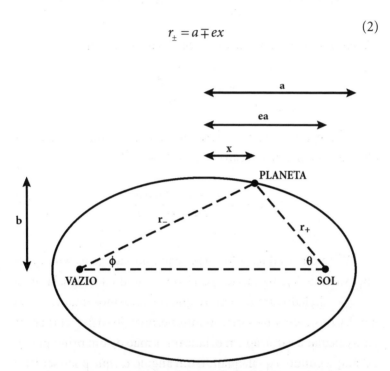

Figura 15. O movimento elíptico dos planetas. Aqui, a forma da órbita é uma elipse que (como na figura 12) tem elipticidade 0,8, muito maior que a elipticidade de qualquer órbita planetária no sistema solar. As linhas marcadas r_- *e* r_+ *vão respectivamente do Sol e do foco vazio da elipse até o planeta.*

em que x é a coordenada horizontal do ponto da elipse — isto é, a distância desse ponto a uma reta que intersecta a elipse ao longo de seu eixo menor. O cosseno de um ângulo (simbolizado por cos) é definido em trigonometria por meio de um triângulo retângulo com aquele ângulo num dos vértices; o cosseno do ângulo é a razão entre o lado adjacente ao ângulo e a hipotenusa do triângulo. Assim, com base na figura 15,

$$\cos\theta = \frac{ea-x}{r_+} = \frac{ea-x}{a-ex} \qquad\qquad \cos\phi = \frac{ea+x}{r_-} = \frac{ea+x}{a+ex} \qquad (3)$$

podemos resolver a primeira equação para x, que fornece:

$$x = a\frac{e-\cos\theta}{1-e\cos\theta} \qquad (4)$$

Em seguida, inserimos esse resultado na fórmula para cos ϕ, obtendo assim uma relação entre os θ e ϕ:

$$\cos\phi = \frac{2e-(1+e^2)\cos\theta}{1+e^2-2e\,\cos\theta} \qquad (5)$$

Visto que os dois lados dessa equação são iguais para qualquer valor de θ, uma variação do lado esquerdo deve igualar uma variação do lado direito sempre que provocarmos uma variação em θ. Considere uma variação infinitesimal $\delta\theta$ (delta teta) em θ. Para calcular a variação em ϕ, lançamos mão de um princípio do cálculo segundo o qual, quando um ângulo α (que pode ser θ ou ϕ) varia numa quantidade $\delta\alpha$ (delta alfa), a variação de cos α é $-(\delta\alpha/R)$ sen α. Além disso, quando uma quantidade qualquer f, que pode ser o denominador da equação (5), varia numa quantidade infinitesimal δf, a variação em $1/f$ é $-\delta f/f^2$. Equacionando as variações nos dois lados da equação (5), obtemos:

$$\delta\phi\,\mathrm{sen}\,\phi = -\delta\theta\,\mathrm{sen}\,\theta\,\frac{(1-e^2)^2}{(1+e^2-2e\cos\theta)^2} \qquad (6)$$

Precisamos agora de uma fórmula para a razão entre sen ϕ e sen θ. Para isso, observe pela figura 15 que a coordenada vertical y de um ponto da elipse é calculada por $y = r_+$ sen θ e também por $y = r_-$ sen ϕ; logo, eliminando y,

$$\frac{sen\theta}{sen\phi} = \frac{r_-}{r_+} = \frac{a+ex}{a-ex} = \frac{1-2e\cos\theta+e^2}{1-e^2} \qquad (7)$$

Substituindo na equação (6), encontramos:

$$\delta\phi = -\delta\theta\frac{1-e^2}{1+e^2-2e\cos\theta} \qquad (8)$$

Agora, qual é a área varrida pelo segmento que liga o Sol ao planeta quando o ângulo θ varia em $\delta\theta$? Se os ângulos forem medidos em graus, é a área de um triângulo isósceles com dois lados iguais a r_+ e o terceiro lado igual à fração $2\pi r_+ \times \delta\theta/360°$ da circunferência $2\pi r_+$ de um círculo de raio r_+. Essa área é:

$$\delta A = -\frac{1}{2}\times r_+ \times 2\pi r_+ \times \delta\theta / 360° = -\frac{1}{2R}r_+^2\delta\theta$$
$$= -\frac{a^2}{2R}\left(\frac{1-e^2}{1-e\cos\theta}\right)^2 \delta\theta \qquad (9)$$

(Um sinal de menos foi inserido na fórmula acima porque queremos que δA seja positiva quando ϕ aumentar, mas, da maneira como foram definidos, ϕ aumenta conforme θ diminui, de modo que $\delta\phi$ é positiva quando $\delta\theta$ é negativa.) Dessa forma, a equação (8) pode ser reescrita como:

$$\delta\phi = \frac{2R}{a^2}\delta A\frac{(1-e\cos\theta)^2}{(1-e^2)(1+e^2-2e\cos\theta)} \qquad (10)$$

Tomando δA e $\delta\phi$ como a área e o ângulo varridos durante um intervalo infinitesimal de tempo δt, e dividindo a equação (10) por δt, encontramos uma relação de correspondência entre as taxas de varredura de áreas e ângulos:

$$\dot{\phi} = \frac{2R}{a^2}\dot{A}\frac{(1-e\cos\theta)^2}{(1-e^2)(1+e^2-2e\cos\theta)} \qquad (11)$$

Até então, tudo foi feito de maneira exata. Vamos analisar agora como essa expressão ficaria no caso em que e assumisse valores muito pequenos. O numerador da segunda fração da equação (11) é $(1 - e\cos\theta)^2 = 1 - 2e\cos\theta + e^2\cos^2\theta$, de forma que os termos de ordens zero e um do numerador e do denominador dessa fração são os mesmos, e a diferença entre o numerador e o denominador aparece apenas nos termos proporcionais a e^2. Por conseguinte, a equação (11) reproduz, de imediato, o resultado desejado, que é a equação (1). Se desejarmos um pouco mais de rigor, podemos manter os termos de ordem e^2 da equação (11):

$$\dot{\phi} = \frac{2R\dot{A}}{a^2}[1+e^2\cos^2\theta+O(e^3)] \qquad (12)$$

em que $O(e^3)$ denota os termos proporcionais a e^3 ou a potências maiores do e.

22. DISTÂNCIA FOCAL

Considere uma lente vertical de vidro, com uma superfície curva convexa na frente e uma superfície plana atrás, assim como a lente que Galileu e Kepler usaram na extremidade dianteira de seus telescópios. As superfícies curvas de mais fácil polimento são os segmentos de esfera, e assim vamos assumir que a superfície convexa anterior das lentes é um segmento de uma esfera de raio r. Também assumiremos aqui que a lente é delgada, com uma espessura máxima muito menor que r.

Suponha que um raio de luz que viaja na direção horizontal, paralela ao eixo da lente, incida sobre ela no ponto P, e que a reta que liga o centro C de curvatura (atrás da lente) a P forme um ângulo θ (teta) com o eixo central da lente. A lente irá desviar o raio de luz de tal maneira que, quando a luz emergir da parte de trás da lente, irá formar um diferente ângulo ϕ com o eixo da lente. O raio atingirá então o eixo central da lente em algum ponto F. (Veja a figura 16a.) Vamos calcular a distância f entre esse ponto e a lente, e mostrar que ele independe de θ, como consequência, todos os raios de luz horizontais que incidem sobre a lente atingem o eixo central no mesmo ponto F. E assim poderemos afirmar que a luz incidente sobre a lente é focalizada no ponto F; a distância f desse ponto à lente é conhecida como "distância focal" da lente.

Primeiramente, observe que o arco, traçado sobre a superfície anterior da lente, que liga o eixo central a P é uma fração $\theta/360°$ da circunferência completa $2\pi r$ de um círculo de raio r. Por outro lado, o mesmo arco é uma fração $\phi/360°$ da circunferência completa $2\pi f$ de um círculo de raio f. Como esses arcos são idênticos, temos:

$$\frac{\theta}{360°} \times 2\pi r = \frac{\phi}{360°} \times 2\pi f$$

e, portanto, cancelando fatores de $360°$ e 2π,

$$\frac{f}{r} = \frac{\theta}{\phi}$$

Dessa forma, para calcular a distância focal, precisamos calcular a razão entre ϕ e θ.

Para isso, precisamos observar mais de perto o que acontece com o raio de luz dentro da lente. (Veja a figura 16b.) A reta que liga o centro de curvatura C ao ponto P, que é onde um raio de luz horizontal incide sobre a lente, é perpendicular, em P, à superfície esférica convexa da lente, de modo que o ângulo formado entre essa perpendicular e o raio de luz (isto é, o ângulo de incidência) é justamente θ. Como era do conhecimento de Cláudio Ptolomeu, se θ for um ângulo pequeno (e assim será se a lente for delgada), o ângulo α (alfa) entre o raio de luz no interior do vidro e a perpendicular (isto é, o ângulo de refração) será proporcional ao ângulo de incidência, de tal forma que:

$$\alpha = \theta / n$$

em que $n > 1$ é uma constante conhecida como "índice de refração", que depende das propriedades do vidro e do meio circundante, normalmente o ar. (Fermat demonstrou que n é a velocidade da luz no ar dividida pela velocidade da luz no vidro, mas essa informação é desnecessária aqui.) O ângulo β (beta) entre o raio de luz no interior do vidro e o eixo central da lente é então:

$$\beta = \theta - \alpha = (1 - 1/n)\theta$$

Esse é o ângulo entre o raio de luz e a reta normal à superfície plana atrás da lente quando o raio de luz atinge essa superfície. Por outro lado, quando o raio de luz emerge detrás da lente, ele forma um ângulo ϕ (fi), diferente de β, com a normal à superfície. A relação entre ϕ e β seria a mesma se a luz incidisse na direção oposta, caso em que ϕ seria o ângulo de incidência e β o ângulo de refração, de modo que $\beta = \phi/n$, e portanto:

$$\phi = n\beta = (n - 1)\theta$$

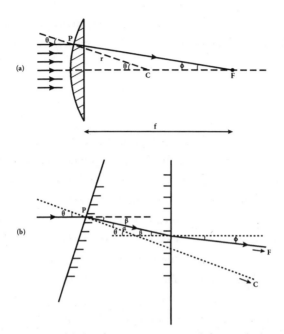

Figura 16. Distância focal. A figura 16a mostra a definição de distância focal. A linha tracejada horizontal é o eixo da lente. As linhas horizontais marcadas com setas indicam raios de luz que entram na lente paralelos a esse eixo. Mostra-se um raio entrando na lente no ponto P, onde forma um pequeno ângulo θ com uma linha do centro da curvatura C que é perpendicular à superfície esférica convexa em P; a lente dobra esse raio para formar um ângulo φ com o eixo da lente, e atinge esse eixo no ponto focal F, a uma distância f da lente. Essa é a distância focal. Com φ proporcional a θ, todos os raios horizontais são focalizados para esse ponto. A figura 16b ilustra o cálculo da distância focal. Aqui se mostra uma pequena parte da lente, com a linha cheia hachurada inclinada, na esquerda, indicando um segmento curto da superfície convexa da lente. A linha cheia marcada com uma seta mostra o trajeto de um raio de luz que entra na lente em P, onde forma um pequeno ângulo θ com a perpendicular à superfície convexa. Essa perpendicular é mostrada como uma linha tracejada oblíqua, um segmento da linha de P até o centro de curvatura da lente, que fica fora das margens dessa figura. Dentro da lente, esse raio é refratado formando um ângulo α com essa perpendicular e então é novamente refratado ao sair da lente, assim formando um ângulo φ com a perpendicular à superfície plana posterior da lente. Essa perpendicular é mostrada como uma linha tracejada paralela ao eixo da lente.

Com isso percebemos que ϕ é, simplesmente, proporcional a θ, e assim, usando nossa fórmula anterior para f/r, obtemos:

$$f = \frac{r}{n-1}$$

Essa expressão é independente de θ, e então, conforme anunciado, todos os raios de luz horizontais que adentram a lente são focalizados no mesmo ponto do eixo central da lente.

Se o raio de curvatura r for muito grande, a curvatura da superfície dianteira da lente será muito pequena, de tal forma que a lente terá, praticamente, o aspecto de uma placa plana de vidro, com o desvio da luz que adentra a lente sendo quase cancelado pelo desvio dela ao deixar a lente. Do mesmo modo, qualquer que seja a forma da lente, se o índice de refração n é próximo de 1, a lente desvia muito pouco o raio de luz. Nas duas situações, a distância focal é muito grande, e dizemos que a lente é *fraca*. Uma lente *forte* é a que possui um raio de curvatura moderado e um índice de refração sensivelmente diferente de 1, como por exemplo uma lente feita de vidro, que possui $n \simeq 1,5$.

Um resultado semelhante é obtido se a superfície posterior da lente não é plana, mas um segmento de uma esfera de raio r'. Nesse caso, a distância focal é:

$$f = \frac{rr'}{(r+r')(n-1)}$$

Essa relação produz o mesmo resultado de antes se r' for muito maior que r, caso em que a superfície posterior é quase plana.

O conceito de distância focal pode também ser estendido a lentes côncavas, como a lente ocular que Galileu usou em seu telescópio. Uma lente côncava pode receber raios de luz convergentes e dispersá-los para que eles fiquem paralelos, ou mesmo divergentes. Podemos definir a distância focal desse tipo de lente considerando raios de luz convergentes que são posicionados paralelos à lente; a distância focal é a distância, atrás da lente, do ponto para o qual os raios *iriam* convergir se não estivessem posicionados paralelos à lente. Embora seu significado seja diferente, a distância focal de uma lente côncava é determinada por uma fórmula como a que deduzimos para uma lente convexa.

23. TELESCÓPIOS

Conforme vimos na nota técnica 22, uma lente delgada convexa irá focalizar, num ponto F do eixo central, os raios de luz que incidem sobre a lente paralelamente a esse eixo, a uma distância atrás da lente conhecida como distância focal f da lente. Raios de luz paralelos que incidem sobre a lente por um ângulo pequeno γ (gama) em relação ao eixo central também serão focalizados pela lente, mas num ponto que fica um pouco fora do eixo central. Para ver o quanto esse ponto está fora, podemos imaginar a trilha percorrida pelo raio sendo girada em torno da lente num ângulo γ, conforme a figura 16a. A distância d do ponto focal ao eixo central da lente será, então, uma fração da circunferência de um círculo de raio f que equivale à fração γ de 360°:

$$\frac{d}{2\pi f} = \frac{\gamma}{360°}$$

e, portanto,

$$d = \frac{2\pi f \gamma}{360°}$$

(Essa dedução funciona apenas para lentes delgadas; caso contrário, d também vai depender do ângulo θ apresentado na nota técnica 22.) Se os raios de luz emanados de algum objeto distante incidem sobre a lente por ângulos compreendidos no intervalo $\Delta\gamma$ (delta gama), eles serão focalizados numa faixa de altura Δd, dada por:

$$\Delta d = \frac{2\pi f \Delta\gamma}{360^\circ}$$

(Como de hábito, essa fórmula será simplificada se $\Delta\gamma$ for medido em radianos, convertidos por $360^\circ/2\pi$, em vez de graus; nesse caso, a expressão acima é escrita simplesmente como $\Delta d = f\Delta\gamma$.) Essa faixa de luz focalizada é conhecida como "imagem virtual". (Veja a figura 17a.)

Não conseguimos enxergar a imagem virtual apenas olhando para ela, visto que, depois de atingir essa imagem, os raios de luz divergem novamente. Para que sejam focalizados num ponto da retina de um olho humano relaxado, os raios de luz devem adentrar a lente do olho em direções mais ou menos paralelas. O telescópio de Kepler incluía uma segunda lente convexa, conhecida como *ocular*, para focalizar os raios de luz divergentes que emanavam da imagem virtual, de tal maneira que eles deixavam o telescópio por direções paralelas. Repetindo a análise acima, mas com a direção dos raios de luz invertida, constatamos que, para que os raios de luz provenientes de um ponto da fonte de luz deixem o telescópio por direções paralelas, a lente ocular deve ser colocada a uma distância f' da imagem virtual, em que f' é a distância focal da ocular. (Veja a figura 17b.) Ou seja, o comprimento L do telescópio deverá ser a soma dos comprimentos focais:

$$L = f + f'$$

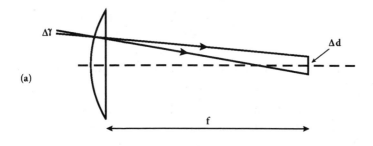

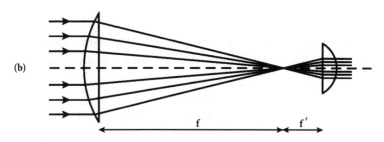

Figura 17. Telescópios. A figura 17a mostra a formação de uma imagem virtual. As duas linhas cheias marcadas com setas são raios de luz que entram na lente em linhas separadas por um pequeno ângulo $\Delta\gamma$. Essas linhas (e outras paralelas a elas) focalizam pontos a uma distância f da lente, com uma separação vertical Δd proporcional a $\Delta\gamma$. A figura 17b mostra as lentes no telescópio de Kepler. As linhas marcadas com setas indicam os trajetos dos raios de luz que entram numa lente convexa fraca a partir de um objeto distante, em direções essencialmente paralelas, são focalizados pela lente a um ponto a uma distância f da lente, divergem a partir desse ponto e então são dobrados por uma lente convexa forte, de modo que entrem no olho em direções paralelas.

A razão entre o intervalo $\Delta\gamma'$ de direções dos raios de luz que adentram o olho, raios esses provenientes de diferentes pontos da fonte, e o tamanho da imagem virtual é dada por:

$$\Delta d = \frac{2\pi f' \Delta\gamma'}{360°}$$

A dimensão aparente de qualquer objeto é proporcional ao ângulo subtendido pelos raios de luz emanados do objeto, de forma que a ampliação produzida pelo telescópio é a razão entre o ângulo subtendido pelos raios que adentram o olho e o ângulo que esses raios subtenderiam sem a interferência do telescópio:

$$\text{ampliação} = \frac{\Delta y'}{\Delta\gamma}$$

Tomando a razão entre as duas fórmulas que deduzimos para o tamanho Δd da imagem virtual, verificamos que a ampliação é:

$$\frac{\Delta y'}{\Delta y} = \frac{f}{f'}$$

Para obter um grau de ampliação significativo, é necessário que a lente anterior do telescópio seja muito mais fraca que a ocular, isto é, $f \gg f'$.

Chegar a essa configuração não é tão simples. De acordo com a fórmula para a distância focal apresentada na nota técnica 22, para obter uma lente ocular forte com distância focal curta f', é necessário que ela tenha um raio de curvatura pequeno, o que significa que ela precisa ser bem pequena, ou então não ser delgada (isto é, com espessura muito menor que o raio de curvatura), situação em que ela não focaliza adequadamente a luz. Podemos, em vez disso, providenciar para que a lente da frente seja fraca, com grande distância focal f, mas para isso o comprimento $L = f + f' \simeq f$ do telescópio precisa ser grande, o que o torna desajeitado. Levou algum tempo para que Galileu aperfeiçoasse seu telescópio de modo a dotá-lo de uma ampliação suficiente para fins astronômicos.

Galileu adotou um projeto um tanto diferente em seu telescópio, empregando uma lente ocular côncava. Conforme mencionado na nota técnica 22, se uma lente côncava é posicionada de maneira correta, raios de luz convergentes que entram nela vão deixá-la por direções paralelas; a distância focal é a distância atrás da lente a que os raios convergiriam na ausência da lente. No telescópio de Galileu havia, na frente, uma lente convexa fraca com distância focal f, e atrás uma lente côncava forte com distância focal f', a uma distância f' à *frente* do local onde haveria uma imagem virtual não fosse pela lente côncava. A ampliação de um telescópio desse tipo é, novamente, a razão f/f', mas seu comprimento é de apenas $f - f'$ em vez de $f + f'$.

24. MONTANHAS NA LUA

Os lados claro e escuro da Lua são divididos por uma linha conhecida como "terminador", lugar onde os raios solares são tangentes à superfície lunar. Quando Galileu apontou seu telescópio para a Lua, notou que havia manchas brilhantes no lado escuro da Lua, próximas ao terminador, e interpretou-as como reflexões vindas de montanhas suficientemente altas para capturar os raios solares provenientes do outro lado do terminador. Ele pôde inferir a altura dessas montanhas mediante uma construção geométrica semelhante à utilizada por Al-Biruni para medir a dimensão da Terra. Desenhe um triângulo cujos vértices são o centro C da Lua, o topo de uma montanha M, no lado escuro da Lua, que consiga captar um raio solar, e o ponto T do terminador onde esse raio resvale na superfície lunar. (Veja a figura 18.) Trata-se de um triângulo retângulo; o segmento de reta TM de T a M é tangente à superfície lunar em T, pelo que essa reta deve ser perpendicular ao segmento CT de C a T. O comprimento de CT é simplesmente o raio r da Lua, enquanto o comprimento do segmento de TM é a distância d da montanha ao terminador. Se a montanha tem altura h, o comprimento do segmento CM (a hipotenusa do triângulo) é $r + h$. Pelo teorema de Pitágoras, devemos ter:

$$(r+h)^2 = r^2 + d^2$$

e, por conseguinte,

$$d^2 = (r+h)^2 - r^2 = 2rh + h^2$$

Sendo a altura de qualquer montanha sobre a Lua muito menor que o tamanho da Lua, podemos desprezar h^2 em comparação com $2rh$. Dividindo ambos os lados da equação por $2r^2$, obtemos:

$$\frac{h}{r} = \frac{1}{2}\left(\frac{d}{r}\right)^2$$

Dessa forma, medindo a razão entre a distância aparente do topo de uma montanha do terminador e o raio aparente da Lua, Galileu pôde encontrar a razão entre a altura da montanha e o raio da Lua.

Galileu, no *Sidereus Nuncius*, relatou que às vezes enxergava pontos brilhantes no lado escuro da Lua situados a uma distância aparente do terminador que superava $^1/_{20}$ do diâmetro aparente da Lua, de forma que, para essas montanhas, $d/r > {}^1/_{10}$ e, portanto, pela fórmula acima, $h/r > (^1/_{10})^2/2 = {}^1/_{200}$. Galileu estimou que o raio da Lua era de 1000 milhas,* e assim essas montanhas alcança-

---

* Galileu adotou uma definição de "milha" que não destoa muito da moderna milha inglesa. Em unidades modernas, o raio da Lua mede de fato 1080 milhas (1738 quilômetros). (N. A.)

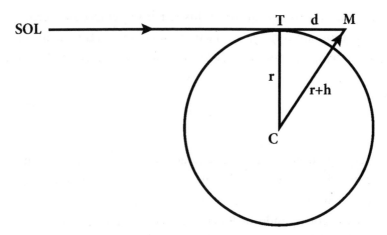

Figura 18. A medição de Galileu da altura das montanhas na Lua. A linha horizontal marcada com uma seta indica um raio de luz que roça a Lua no terminador T, marcando o limite entre o lado claro e o lado escuro da Lua, e então atinge o topo M de uma montanha de altura h a uma distância d do terminador.

riam pelo menos cinco milhas de altura. (Por razões que não ficam claras, Galileu apresentou uma cifra de quatro milhas, mas como ele estava tentando simplesmente estabelecer um limite inferior para a altura da montanha, talvez estivesse sendo apenas conservador.) Galileu acreditava que essas montanhas eram maiores que qualquer uma na Terra, mas hoje sabemos que existem montanhas na Terra que alcançam quase seis milhas de altura, de maneira que as observações de Galileu revelaram que as alturas das montanhas lunares não são muito diferentes das alturas das montanhas terrestres.

25. ACELERAÇÃO GRAVITACIONAL

Galileu mostrou que um corpo em queda está submetido a uma aceleração uniforme — isto é, sua velocidade aumenta em quantidades iguais em intervalos iguais de tempo. Em termos modernos, um corpo que cai a partir do repouso atingirá, depois de um tempo t, uma velocidade v dada por uma quantidade proporcional a t:

$$v = gt$$

em que g é uma constante que caracteriza o campo gravitacional na superfície da Terra. Ainda que g sofra alguma variação de lugar para lugar na superfície da Terra, ela nunca difere muito de 32 pés/segundo por segundo, ou 9,8 metros/segundo por segundo.

Segundo o Teorema da Velocidade Média, a distância percorrida por um corpo nas condições acima, durante um tempo t de queda, a partir do repouso, é $v_{média} t$, em que $v_{média}$ é a média entre gt e zero; em outras palavras, $v_{média} = {gt}/{2}$. Por conseguinte, a distância de queda é:

$$d = v_{média} t = \frac{1}{2} g t^2$$

Em particular, no primeiro segundo de queda o corpo percorre uma distância $g(1 \text{ segundo})^2 / 2 = 4{,}9$ metros. O tempo de queda necessário para percorrer uma distância d é, genericamente,

$$t = \sqrt{\frac{2d}{g}}$$

Há ainda uma maneira mais moderna de olhar para esse resultado. O corpo em queda possui uma energia igual à soma de duas parcelas, uma de *energia cinética* e uma de *energia potencial*. A energia cinética é:

$$E_{\text{cinética}} = \frac{mv^2}{2} = \frac{mg^2t^2}{2}$$

em que m é a massa do corpo. A energia potencial é mg vezes a altura (medida a partir de qualquer altitude arbitrária), e assim, se o corpo é solto, a partir do repouso, de uma altura inicial h_0 e percorre uma distância d de queda, então:

$$E_{\text{potential}} = mgh = mg(h_0 - d)$$

Dessa forma, como $d = gt^2/2$, a energia total é uma constante:

$$E = E_{\text{cinética}} + E_{\text{potencial}} = mgh_0$$

Podemos inverter as coisas e deduzir a relação entre velocidade e distância de queda *assumindo* a conservação de energia. Se fixarmos para E o valor mgh_0, o qual ele detém em $t = 0$, quando $v = 0$ e $h = h_0$, então a conservação de energia acarreta, em cada momento,

$$\frac{mv^2}{2} + mg(h_0 - d) = mgh_0$$

de que segue que $v^2/2 = gd$. Dado que v é a taxa de variação de d, essa é uma equação diferencial que determina a relação entre d e t. Conhecemos, naturalmente, a solução dessa equação — ela é $d = gt^2/2$, para a qual $v = gt$. Então, usando a conservação de energia, podemos obter esses resultados sem saber de antemão que a aceleração é uniforme.

Esse é um exemplo elementar de conservação de energia, que demonstra a utilidade do conceito de energia numa ampla variedade de contextos. Em particular, a conservação de energia demonstra a relevância, para o problema de queda livre, dos experimentos de Galileu com esferas rolando sobre planos inclinados, embora o próprio Galileu não tenha se servido desse argumento. Para uma esfera de massa m rolando sobre um plano, a energia cinética é $mv^2/2$, em que v é, agora, a velocidade *ao longo* do plano, e a energia potencial é mgh, em que h é novamente a altura. Além disso, há uma energia de rotação da esfera, que assume a forma:

$$E_{\text{rotação}} = \frac{\zeta}{2}mr^2(2\pi v)^2$$

em que r é o raio da esfera, v é o número de voltas completas da esfera por segundo e ζ (dzeta) é um número que depende da forma e da distribuição de massa da esfera. No caso que é provavelmente relevante para os experimentos de Galileu, o de uma esfera sólida uniforme, ζ tem valor $\zeta = {}^2/_5$. (Se a esfera fosse oca, teríamos $\zeta = {}^2/_3$.) Agora, quando a esfera perfaz uma volta completa, ela percorre uma distância igual à sua circunferência $2\pi r$, de modo que num tempo t, durante o qual ela perfaz vt voltas, percorre uma distância $d = 2\pi rvt$, e, portanto, sua velocidade é $d/t = 2\pi vr$. Substituindo essa expressão na fórmula para a energia de rotação, vemos que:

$$E_{\text{rotação}} = \frac{\zeta}{2}mv^2 = \zeta E_{\text{cinética}}$$

Dividindo por m e por $1 + \zeta$, a conservação de energia requer então que:

$$\frac{v^2}{2} + \frac{gh}{1+\zeta} = \frac{gh_0}{1+\zeta}$$

Essa é a mesma relação entre velocidade e o deslocamento em queda $d = h_0 - h$ que vale para um corpo em queda livre, exceto que g foi substituída por $g/(1 + \zeta)$. Salvo essa alteração, a dependência entre a velocidade da esfera que rola sobre o plano inclinado e a distância vertical percorrida é a mesma que para um corpo em queda livre. Por isso, o estudo de esferas rolando sobre planos inclinados pode ser adotado para verificar que corpos em queda livre se submetem a aceleração uniforme, mas, a menos que o fator $1/(1 + \zeta)$ seja levado em consideração, aquele estudo não servirá para medir a aceleração.

Por um argumento complicado, Huygens foi capaz de mostrar que o tempo que um pêndulo de comprimento L leva para oscilar, de um lado para outro, através de um ângulo pequeno, é:

$$\tau = \pi \sqrt{\frac{L}{g}}$$

Esse tempo equivale a π vezes o tempo necessário para um corpo percorrer uma distância de queda $d = L/2$, que é o resultado estabelecido por Huygens.

26. TRAJETÓRIAS PARABÓLICAS

Suponha que um projétil seja disparado horizontalmente a uma velocidade v. Se a resistência do ar for desprezada, ele manterá essa componente horizontal de velocidade, mas estará sujeito a uma aceleração descendente. Portanto, depois de um tempo t, ele terá percorrido uma distância horizontal $x = vt$ e uma distância descendente z proporcional ao quadrado do tempo, convencionalmente escrita como $z = gt^2/2$, com $g = 9,8$ metros/segundo por segundo, uma constante mensurada pela primeira vez por Huygens depois da morte de Galileu. Com $t = x/v$, segue que:

$$z = gx^2 / 2v^2$$

Essa equação, que expressa uma coordenada como proporcional ao quadrado de outra, define uma parábola.

Observe que, se o projétil for disparado de uma arma a uma altura h acima do chão, quando o projétil perfizer uma distância $z = h$ de queda e atingir o chão, a distância horizontal percorrida x terá sido igual a $\sqrt{2v^2h/g}$. Mesmo sem saber os valores de v ou g, Galileu podia ter verificado que o trajeto do projétil era uma parábola, medindo a distância percorrida d para várias alturas de queda h e averiguando que d é proporcional à raiz quadrada de h. Não há comprovação de que Galileu alguma vez assim o fez, mas há evidências de que em 1608 ele realizou um experimento estreitamente relacionado, mencionado brevemente no capítulo 12. Uma esfera é posta a rolar sobre um plano inclinado a partir de várias alturas iniciais H, depois ao longo do tampo horizontal da mesa em que o plano inclinado se apoia, e finalmente disparada ao ar a partir da borda da mesa. Como foi demonstrado na nota técnica 25, a velocidade da esfera na base do plano inclinado é:

$$v = \sqrt{\frac{2gH}{1+\zeta}}$$

em que, como de costume, $g = 9,8$ metros/segundo por segundo, e ζ (dzeta) é a razão entre a energia rotacional e a cinética da esfera, um número que depende da distribuição de massa na esfera posta a rolar. Para uma esfera sólida de densidade uniforme, $\zeta = {}^2/_5$. Essa é também a velocidade da esfera quando ela é disparada horizontalmente da borda da mesa ao espaço, de maneira que a distância horizontal que a esfera percorre até o momento em que ela decai uma altura h será:

$$d = \sqrt{2v^2\,h\,g} = 2\sqrt{\frac{Hh}{1+\zeta}}$$

Galileu não mencionou a correção, representada por ζ, para o movimento de rotação, mas pode ter suspeitado que alguma correção desse gênero seria capaz de reduzir a distância horizontal percorrida, porque em vez de comparar essa distância com o valor $d = 2\sqrt{Hh}$, que era o esperado na ausência de ζ, ele verificou tão somente que, para uma altura de mesa fixa h, a distância d era de fato proporcional a $\sqrt{H}$, com baixo percentual de discrepância. Por uma razão ou outra, Galileu nunca publicou o resultado desse experimento.

Para muitos propósitos da astronomia e da matemática, é conveniente definir uma parábola como um caso-limite de elipse, quando um foco se afasta muito do outro. A equação para uma elipse de eixo maior $2a$ e eixo menor $2b$ foi apresentada na nota técnica 18 como:

$$\frac{(z-z_0)^2}{a^2} + \frac{x^2}{b^2} = 1$$

na qual, por conveniência da exposição subsequente, substituímos as coordenadas x e y usadas na nota técnica 18 por $z - z_0$ e x, sendo z_0 uma constante a nossa escolha. O centro dessa elipse está em $z = z_0$, $x = 0$. Como vimos na nota técnica 18, há um foco em $z - z_0 = -ae$, $x = 0$, sendo e a excentricidade, com $e^2 \equiv 1 - b^2/a^2$, e o ponto da curva mais próximo desse foco está em $z - z_0 = -a$ e $x = 0$. Será conveniente dar a esse ponto de máxima aproximação as coordenadas $z = 0$ e $x = 0$, escolhendo $z_0 = a$, caso em que o foco próximo a ele ficaria em $z = z_0 - ea = (1 - e)a$. Queremos que a e b se tornem infinitamente grandes, de modo que o outro foco tenda ao infinito e a curva não apresente uma coordenada x de valor máximo, mas queremos manter finita a distância $(1 - e)a$ de máxima aproximação do foco, e assim estipulamos:

$$1 - e = \ell/a$$

com ℓ mantido fixo conforme a tende a infinito. Dado que e se aproxima da unidade nesse limite, o semieixo menor b é dado por:

$$b^2 = a^2(1 - e^2) = a^2(1 - e)(1 + e) \rightarrow 2a^2(1 - e) = 2\ell a$$

Usando $z_0 = a$ e a fórmula acima para b^2, a equação para a elipse torna-se:

$$\frac{z^2 - 2za + a^2}{a^2} + \frac{x^2}{2\ell a} = 1$$

O termo a^2/a^2 à esquerda cancela o 1 à direita. Multiplicando o que resta da equação por a, obtemos:

$$\frac{z^2}{a} - 2z + \frac{x^2}{2\ell} = 0$$

Para a muito maior que x, y ou ℓ, o primeiro termo pode ser eliminado, de modo que essa equação se torna:

$$z = \frac{x^2}{4\ell}$$

Essa é a mesma equação que deduzimos para o movimento de um projétil disparado horizontalmente, caso tomemos:

$$\frac{1}{4\ell} = \frac{g}{2v^2}$$

e assim o foco F da parábola está a uma distância $\ell = v^2/2g$ abaixo da posição inicial do projétil. (Veja a figura 19.)

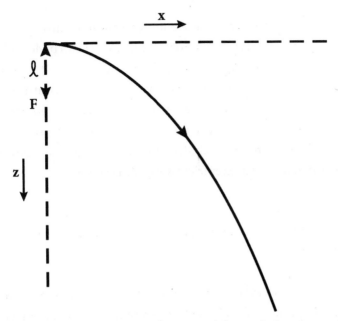

Figura 19. O trajeto parabólico de um projétil disparado de um monte em direção horizontal. O ponto F é o foco dessa parábola.

Parábolas, como elipses, podem ser consideradas como seções cônicas, mas no caso das parábolas o plano de interseção do cone é paralelo à superfície do cone. Tomando a equação de um cone centrado no eixo z como $\sqrt{x^2 + y^2} = \alpha(z + z_0)$, e a equação de um plano paralelo ao cone como, simplesmente, $y = \alpha(z - z_0)$, com z_0 arbitrário, a interseção do cone com o plano satisfaz:

$$x^2 + \alpha^2(z^2 - 2zz_0 + z_0^2) = \alpha^2(z^2 + 2zz_0 + z_0^2)$$

Depois de cancelar os termos $\alpha^2 z^2$ e $\alpha^2 z_0^2$, ficamos com:

$$z = \frac{x^2}{4\alpha^2 z_0}$$

que é igual ao nosso resultado anterior, caso tomemos $z_0 = \ell/\alpha^2$. Observe que uma parábola de determinado formato pode ser obtida de um cone qualquer, com qualquer valor do parâmetro angular α (alfa), pois o formato de uma parábola (ao contrário de sua localização e orientação) é inteiramente determinado por um parâmetro ℓ, junto com as unidades de comprimento, sem a necessidade de conhecer separadamente algum parâmetro adimensional, como α, ou a excentricidade de uma elipse.

27. DERIVAÇÃO DA LEI DE REFRAÇÃO COM UMA BOLA DE TÊNIS

Descartes tentou derivar a lei de refração partindo do pressuposto de que um raio de luz sofre um desvio ao passar de um meio a outro da mesma forma que a trajetória de uma bola de tênis é desviada quando ela penetra um tecido fino. Suponha que uma bola de tênis a uma velocidade v_A atinja obliquamente uma tela de tecido fino. Ela irá perder um pouco de velocidade, de modo que, depois de penetrar a tela, sua velocidade será $v_B < v_A$; no entanto, não seria presumível que a passagem da bola pela tela provocasse alguma alteração na componente de velocidade da bola *ao longo* da tela. Podemos desenhar um triângulo retângulo cuja hipotenusa é v_A e cujos lados restantes são as componentes da velocidade inicial da bola nas direções perpendicular e paralela à tela. Se a trajetória original da bola forma um ângulo i com a perpendicular à tela, a componente de sua velocidade na direção paralela à tela é v_A sen i. (Veja a figura 20.) Da mesma forma, se, depois de penetrar a tela, a trajetória da bola formar um ângulo r com a perpendicular à tela, a componente de sua velocidade na direção paralela à tela será v_B sen r. Usando a hipótese de Descartes de que a passagem da bola através da tela modificaria apenas a componente de velocidade perpendicular à interface, não a paralela, temos:

$$v_A \operatorname{sen} i = v_B \operatorname{sen} r$$

e, por conseguinte,

$$\frac{\operatorname{sen} i}{\operatorname{sen} r} = n \tag{1}$$

em que n é a quantidade obtida pela razão:

$$n = v_B \, v_A \tag{2}$$

A equação (1) é conhecida como Lei de Snell, e expressa corretamente a lei de refração para a luz. Infelizmente, a analogia entre luz e bolas de tênis cai por terra quando analisamos o resultado (2) para n. Dado que, para bolas de tênis, v_B é inferior a v_A, a equação (2) implica que $n < 1$; por outro lado, quando a luz passa do ar para o vidro ou água, temos $n > 1$. Além do mais, não há razão para supor que, para bolas de tênis, v_B/v_A é efetivamente independente dos ângulos i e r, de forma que a equação (1) não estabelece uma relação útil.

Conforme demonstrado por Fermat, quando a luz passa de um meio onde sua velocidade é v_A a outro onde sua velocidade é v_B, o índice de refração n é, na verdade, igual a v_A/v_B, e não v_B/v_A. Descartes não tinha conhecimento de que a velocidade da luz era finita, e ofereceu um argumento qualitativo para explicar por que n é maior que a unidade quando o meio A é o ar e B a água. Para aplicações realizadas no século XVII, como a teoria do arco-íris de Descartes, isso não era relevante, já que se assumia que n era independente de quaisquer ângulos, afirmação que é verdadeira para a luz, mas não para bolas de tênis, e seu valor foi extraído de observações do fenômeno da refração, e não de medições da velocidade da luz em vários meios.

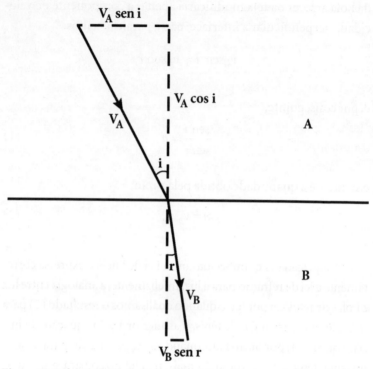

Figura 20. Velocidades da bola de tênis. A linha horizontal marca uma tela penetrada por uma bola de tênis com velocidade inicial V_A e velocidade final V_B. As linhas cheias marcadas com setas indicam a magnitude e a direção das velocidades da bola antes e depois de penetrar a tela. As linhas tracejadas horizontais mostram os componentes V_A sen i e V_B sen r dessas velocidades em paralelo à tela, com ângulos i e r medidos entre a direção da bola e a linha vertical tracejada perpendicular à interface.

28. DERIVAÇÃO DA LEI DE REFRAÇÃO PELO PRINCÍPIO DO TEMPO MÍNIMO

Heron de Alexandria apresentou uma derivação da lei de reflexão, de que o ângulo de reflexão é igual ao ângulo de incidência, partindo do pressuposto de que o percurso do raio de luz de um objeto ao espelho e depois ao olho é o mais curto possível. Ele podia ter assumido sem distinção que o tempo é o mais curto possível, uma vez que o tempo que a luz leva para viajar uma distância qualquer é essa distância dividida pela velocidade da luz, e em reflexão a velocidade da luz não varia. Por outro lado, na refração, um raio de luz atravessa a fronteira entre meios (tais como ar e vidro) onde a velocidade da luz é diferente, e nesse caso temos de distinguir um princípio de distância mínima de um princípio de tempo mínimo. Pelo simples fato de um raio de luz sofrer um desvio ao passar de um meio a outro, percebemos que a luz refratada não toma o caminho de distância mínima, que seria uma linha reta. Em vez disso, conforme demonstrou Fermat, a correta lei de refração pode ser deduzida mediante a hipótese de que a luz toma o caminho de tempo mínimo.

Para realizar essa derivação, suponha que um raio de luz viaje de um ponto P_A, num meio A onde a velocidade da luz é v_A, a um ponto P_B, num meio B onde a velocidade da luz é v_B. Para facilitar a descrição, suponha que a superfície que separa os dois meios seja horizontal. Chame os ângulos entre os raios de luz nos meios A e B e a direção vertical de i e r, respectivamente. Se os pontos P_A e P_B estão a distâncias verticais d_A e d_B da superfície limítrofe, a distância horizontal desses pontos ao ponto onde os raios intersectam aquela superfície são $d_A \tan i$ e $d_B \tan r$, respectivamente, em que tan denota a tangente de um ângulo, a razão entre o lado oposto e o lado adjacente num triângulo retângulo. (Veja a figura 21.) Ainda que essas distâncias não sejam fixadas previamente, a soma delas é a distância fixa horizontal L entre os pontos de P_A e P_B:

$$L = d_A \tan i + d_B \tan r$$

Para calcular o tempo t decorrido no percurso da luz de P_A a P_B, devemos notar que as distâncias percorridas nos meios A e B

são $d_A/\cos i$ e $d_B/\cos r$, respectivamente, em que cos indica o cosseno de um ângulo, a razão entre o lado adjacente e a hipotenusa num triângulo retângulo. Tempo decorrido é distância dividida por velocidade, de modo que, aqui, o tempo total decorrido é:

$$t = \frac{d_A}{v_A \cos i} + \frac{d_B}{v_B \cos r}$$

Precisamos achar uma relação geral entre os ângulos i e r (independente de L, d_A e d_B) que seja respeitada por um ângulo i que minimiza o tempo t, e por um r que dependa de i de forma a manter a distância L fixa. Para isso, considere uma variação infinitesimal δi do ângulo de incidência i. A distância horizontal entre P_A e P_B é fixa, e assim, quando i varia numa quantidade δi, o ângulo de refração r deve variar também, digamos numa quantidade δr, delimitada pela condição de que L permaneça invariável. Além disso, no ponto em que t é mínimo, o gráfico de t em função de i deve ser horizontal, pois, caso t estivesse aumentando ou diminuindo em algum i, o mínimo deveria estar em algum outro valor de i em que t fosse menor. Isso significa que a variação de t provocada por uma diminuta variação δi deve ser nula, pelo menos em primeira ordem em δi. Então, para encontrar o percurso de tempo mínimo, podemos impor a condição de que, quando i e r variam, as variações δL e δt devem ser nulas, pelo menos em primeira ordem em δi e δr.

Para implementar essa condição, precisamos de fórmulas elementares de cálculo diferencial para as variações $\delta \tan \theta$ (teta) e $\delta(1/\cos\theta)$ ao provocarmos uma variação infinitesimal $\delta\theta$ no ângulo θ:

$$\delta \tan\theta = \frac{\delta\theta/R}{\cos^2 \theta}$$

$$\delta(1/\cos\theta) = \frac{\operatorname{sen}\theta \; \delta\theta/R}{\cos^2 \theta}$$

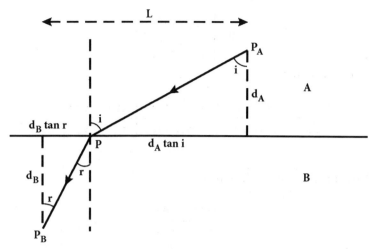

Figura 21. Trajeto de um raio de luz durante a refração. A linha horizontal marca a interface entre dois meios transparentes A e B, em que a luz tem velocidades diferentes v_A e v_B, e os ângulos i e r são medidos entre o raio de luz e a linha vertical tracejada perpendicular à interface. A linha cheia marcada com setas representa o trajeto de um raio de luz que viaja de um ponto P_A no meio A a um ponto P na interface entre os meios e então a um ponto P_B no meio B.

em que $R = 360°/2\pi = 57,293...°$ se θ for medido em graus. (Esse ângulo é chamado de radiano. Se θ for medido em radianos, $R = 1$.) Usando essas fórmulas, encontramos as variações de L e t ao provocarmos variações infinitesimais δi e δr nos ângulos i e r:

$$\delta L = \frac{1}{R}\left(\frac{d_A}{\cos^2 i}\delta i + \frac{d_B}{\cos^2 r}\delta r\right)$$

$$\delta t = \frac{1}{R}\left(\frac{d_A \operatorname{sen} i}{v_A \cos^2 i}\delta i + \frac{d_B \operatorname{sen} r}{v_B \cos^2 r}\delta r\right)$$

A condição $\delta L = 0$ nos informa que:

$$\delta r = -\frac{d_A/\cos^2 i}{d_B/\cos^2 r}\delta i$$

de maneira que:

$$\delta t = \left[\frac{d_A \operatorname{sen} i}{v_A \cos^2 i} - \frac{d_B \operatorname{sen} r}{v_B \cos^2 r}\frac{d_A/\cos^2 i}{d_B/\cos^2 r}\right]\frac{\delta i}{R} = \left[\frac{\operatorname{sen} i}{v_A} - \frac{\operatorname{sen} r}{v_B}\right]\frac{d_A}{\cos^2 i}\frac{\delta i}{R}$$

Para que δt se anule, devemos ter:

$$\frac{\operatorname{sen} i}{v_A} = \frac{\operatorname{sen} r}{v_B}$$

ou, em outras palavras,

$$\frac{\operatorname{sen} i}{\operatorname{sen} r} = n$$

sendo o índice de refração n determinado pela razão entre velocidades:

$$n = v_A/v_B$$

Eis a correta lei de refração, acompanhada da fórmula correta para n.

29. A TEORIA DO ARCO-ÍRIS

Suponha que um raio de luz atinja uma gota esférica de chuva num ponto P, onde ele forme um ângulo i com a normal à superfície da gota. Se não houvesse refração, o raio de luz prosseguiria em linha reta através da gota. Nesse caso, a reta que liga o centro C da gota ao ponto Q, de máxima aproximação do raio de luz ao centro, formaria um ângulo reto com o raio de luz, e assim o triângulo PCQ seria um triângulo retângulo com hipotenusa igual ao raio R da gota e com o ângulo em P igual a i. (Veja a figura 22a.) O parâmetro de impacto b é definido como a distância de máxima aproximação do raio de luz não refratado ao centro, sendo aqui o comprimento do lado CQ do triângulo, que em trigonometria básica é calculado por:

$$b = R \operatorname{sen} i$$

Podemos, com igual proveito, caracterizar individualmente os raios de luz por meio de seus valores para b/R, como procedido por Descartes, ou pelo valor do ângulo de incidência i.

Devido à refração, o raio de luz irá, na verdade, adentrar a gota por um ângulo r com a direção normal, fornecido pela lei de refração:

$$\operatorname{sen} r = \frac{\operatorname{sen} i}{n}$$

em que $n \simeq {}^4/_3$ é a razão entre as velocidades da luz no ar e na água. O raio irá atravessar a gota e atingir a parte traseira dela num ponto P'. Uma vez que as distâncias do centro C da gota a P e a P' são ambas iguais ao raio R da gota, o triângulo de vértices C, P e P' é isósceles, de maneira que os ângulos entre o raio de luz e as normais à superfície em P e em P' devem ser iguais, e portanto iguais a r. Uma parcela de luz será refletida da superfície traseira e, pela lei de reflexão, o ângulo entre o raio refletido e a normal à superfície em P' será, novamente, igual a r. O raio refletido irá cruzar a gota e atingir a superfície dianteira dela num ponto P'', formando de novo um ângulo r com a normal à superfície no ponto P''. Uma outra parcela de luz irá então emergir da gota, e, pela lei de refração, o ângulo entre o raio emergente e a normal à superfície no ponto P'' será igual ao ângulo incidente original i. (Veja a figura 22b, que mostra o percurso do raio de luz ao longo de um plano paralelo à direção original do raio que contém o centro da gota de chuva e o observador. Somente os raios que incidem sobre a superfície da gota nos pontos onde ela intersecta esse plano têm chance de alcançar o observador.)

Durante esse vaivém, o raio de luz terá sido desviado em direção ao centro da gota por um ângulo $i - r$ duas vezes, ao entrar na gota e ao sair dela, e por um ângulo de $180° - 2r$ quando refletido pela superfície traseira da gota, e portanto por um ângulo total de:

$$2(i-r) + 180° - 2r = 180° - 4r + 2i$$

Se o raio de luz voltasse direto da gota (como no caso em que $i = r = 0$), esse ângulo seria de $180°$, e os raios de luz inicial e final ficariam na mesma reta; por conseguinte, o ângulo entre os raios de luz inicial e final é, na verdade,

$$\varphi = 4r - 2i$$

Podemos expressar r em função de i como:

$$r = \text{arcsen}\left(\frac{\text{sen}\,i}{n}\right)$$

em que, para uma quantidade x qualquer, o valor arcsen$x$ é o ângulo (usualmente escolhido entre $-90°$ e $+90°$) cujo seno é x. O cálculo numérico para $n = {}^4/_3$, apresentado no capítulo 13, mostra

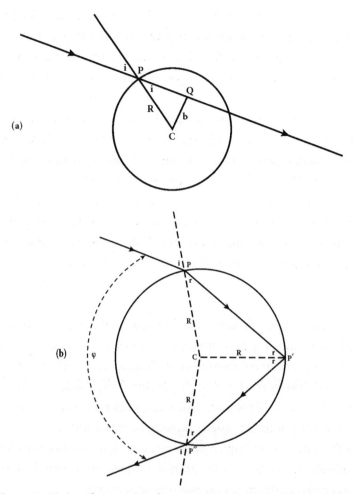

Figura 22. Trajeto de um raio solar numa gota de água esférica. O raio é indicado por linhas cheias marcadas com setas e entra na gota num ponto P, onde forma um ângulo i com a perpendicular à superfície. A figura 22a mostra o trajeto do raio se não houvesse refração, com Q sendo, nesse caso, o ponto de maior aproximação do raio até o centro C da gota. A figura 22b mostra o raio refratado entrando na gota em P, refletido da superfície posterior da gota em P' e então novamente refratado ao sair da gota em P". As linhas tracejadas vão do centro C da gota aos pontos onde o raio encontra a superfície da gota.

que φ cresce de zero, em $i = 0$, a um valor máximo de aproximadamente 42°, para em seguida cair para cerca de 14°, em $i = 90°$. O gráfico de φ em função de i é horizontal em seu valor máximo, e assim a luz tende a emergir da gota por um ângulo de deflexão φ próximo de 42°.

Se olharmos para um céu nublado com o Sol atrás de nós, veremos que a luz que volta refletida advém essencialmente de direções no céu onde o ângulo entre nossa linha de visão e os raios solares é de aproximadamente 42°. Essas direções formam um arco, que em geral se estende da superfície da Terra para o céu, e depois de novo para a superfície. Como n depende ligeiramente da cor da luz, o mesmo acontece com o valor máximo do ângulo de deflexão φ, fazendo com que esse arco se espalhe em diferentes cores. É o arco-íris.

Não é difícil deduzir uma fórmula analítica que expresse o valor máximo de φ para um valor qualquer do índice de refração n. Para encontrar o φ máximo, trabalhamos com a informação de que esse máximo ocorre a um ângulo incidente i onde o gráfico de φ em função de i é horizontal, de maneira que a variação $\delta\varphi$ em φ, produzida por uma pequena variação δi em i, é nula em primeira ordem em δi. Para implementar essa condição, usamos uma fórmula elementar do cálculo, que nos diz que, quando produzimos uma variação δx em x, a variação em arcseno x é:

$$\delta \arcsin x = R \frac{\delta x}{\sqrt{1 - x^2}}$$

em que, se arcsen x for medido em graus, então $R = 360°/2\pi$. Assim, quando o ângulo de incidência varia numa quantidade δi, o ângulo de deflexão varia em:

$$\delta\varphi = 4R\frac{\delta\,\mathrm{sen}\,i}{n\sqrt{1-(\mathrm{sen}^2\,i)/n^2}} - 2\delta i$$

ou, como $\delta\,\mathrm{sen}\,i = \cos i\,\delta i\,/\,R$,

$$\delta\varphi = \left[4\frac{\cos i}{n\sqrt{1-(\mathrm{sen}^2\,i)/n^2}} - 2\right]\delta i$$

Portanto, a condição para o valor máximo de φ é que:

$$4\frac{\cos i}{n\sqrt{1-(\mathrm{sen}^2\,i)/n^2}} = 2$$

Elevando ao quadrado ambos os lados da equação e usando $\cos^2 i = 1 - \mathrm{sen}^2 i$ (que segue do teorema de Pitágoras), podemos então resolver a equação para sen i e encontrar:

$$\mathrm{sen}\,i = \sqrt{\frac{1}{3}\,(4-n^2)}$$

Nesse ângulo, φ assume seu valor máximo:

$$\varphi_{\mathrm{máx}} = 4\,\mathrm{arcsen}\left(\frac{1}{n}\sqrt{\frac{1}{3}(4-n^2)}\right) - 2\,\mathrm{arcsen}\left(\sqrt{\frac{1}{3}(4-n^2)}\right)$$

Para $n = \,^4/_3$, o valor máximo de φ é alcançado quando $b/R = $ sen $i = 0{,}86$, e para isso $i = 59{,}4°$, com $r = 40{,}2°$, e $\varphi_{\mathrm{máx}} = 42{,}0°$.

30. DERIVAÇÃO DA LEI DE REFRAÇÃO PELA TEORIA ONDULATÓRIA DA LUZ

A lei de refração, que pode ser deduzida, conforme foi exposto na nota técnica 28, mediante a hipótese de que os raios de luz refratados tomam o caminho de tempo mínimo, pode ser deduzida também com base na teoria ondulatória da luz. Segundo Huygens, a luz é uma perturbação num meio, o qual pode ser algum material transparente ou o espaço, que é aparentemente vazio. A dianteira da perturbação é uma reta que se desloca para a frente, a uma velocidade característica do meio, numa direção que forma ângulos retos com essa dianteira.

Considere um segmento da reta que representa a dianteira da perturbação, de comprimento L, no meio 1, viajando em direção a uma interface com o meio 2. Vamos supor que a direção do movimento de perturbação, que forma um ângulo reto com a dianteira, forme um ângulo i com a perpendicular a essa interface. Quando o bordo de ataque da perturbação atinge a interface no ponto A, o bordo de fuga B ainda está a uma distância (ao longo da direção em que a perturbação se desloca) igual a $L \tan i$. (Veja a figura 23.) Assim, o tempo necessário para que o bordo de fuga atinja a interface no ponto D é $L \tan i/v_1$, em que v_1 é a velocidade da perturbação no meio 1. Durante esse tempo, o bordo de ataque da dianteira terá transitado pelo meio 2 segundo um ângulo r com a perpendicular, atingindo um ponto C a uma distância $v_2 L \tan i/v_1$ de A, em que v_2 é a velocidade no meio 2. Nesse momento, a dianteira da onda, que forma um ângulo reto com a direção do movimento no meio 2, estende-se de C para D, de modo que o triângulo com vértices A, C e D é um triângulo retângulo, com ângulo de 90º em C. A distância $v_2 L \tan i/v_1$ de A a C é o lado oposto ao ângulo r nesse triângulo retângulo, ao passo que a hipotenusa é o segmento que une A a D, com comprimento $L/\cos i$. (Veja novamente a figura 23.) Logo:

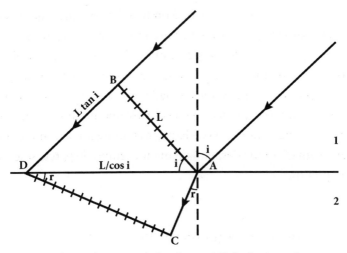

Figura 23. Refração de uma onda luminosa. A linha horizontal marca mais uma vez a interface entre dois meios transparentes, em que a luz tem velocidades diferentes. As linhas hachuradas mostram um segmento de uma frente de onda em dois tempos diferentes — quando a parte dianteira e a parte traseira da frente ondulatória apenas tocam a interface. As linhas cheias marcadas com setas mostram os trajetos tomados pela parte dianteira e pela parte traseira da frente ondulatória.

$$\operatorname{sen} r = \frac{v^2 L \tan i / v_1}{L / \cos i}$$

Recordando que tan i = sen i/cos i, notamos que os fatores cos i e L podem ser cancelados, de tal forma que:

$$\operatorname{sen} r = v_2 \operatorname{sen} i / v_1$$

ou, em outras palavras,

$$\frac{\operatorname{sen} i}{\operatorname{sen} r} = \frac{v_1}{v_2}$$

que é a correta lei de refração.

Não é por acaso que a teoria ondulatória, assim como desenvolvida por Huygens, produz os mesmos resultados para a refração que o princípio do tempo mínimo de Fermat. É possível demonstrar que, mesmo para ondas que atravessem meios não homogêneos, nos quais a velocidade da luz varia gradualmente em várias direções, e não apenas bruscamente numa interface plana, a teoria ondulatória de Huygens sempre irá determinar um trajeto em que a luz despenda o menor tempo de percurso entre dois pontos.

31. MEDINDO A VELOCIDADE DA LUZ

Suponha que observemos algum processo periódico ocorrendo a uma certa distância de nós. Para restringir nosso objeto, vamos considerar uma lua girando em torno de um planeta distante, mas a análise abaixo aplica-se a qualquer processo que se repita periodicamente. Suponha que a lua atinja o mesmo estágio em sua órbita em dois momentos consecutivos t_1 e t_2; esses podem ser, por exemplo, os momentos em que a lua apareça consecutivamente de trás do planeta. Se o período orbital intrínseco da lua é T, então $t_2 - t_1 = T$. Esse é o período que observamos com a condição de que a distância entre nós e o planeta seja fixa. Todavia, se essa distância está variando, o período que observamos será deslocado de T por uma quantidade que depende da velocidade da luz.

Sejam d_1 e d_2 as distâncias entre nós e o planeta em dois momentos sucessivos em que a lua esteja na mesma fase em sua órbita. Assim, os momentos em que observamos esses estágios na órbita são dados por:

$$t'_1 = t_1 + d_1/c \qquad t'_2 = t_2 + d_2/c$$

em que c é a velocidade da luz. (Aqui estamos assumindo que a distância entre o planeta e sua lua pode ser desprezada.) Se a distância entre nós e esse planeta está variando a uma velocidade v, seja por ele estar em movimento, seja por estarmos nós, ou ambos, então $d_2 - d_1 = vT$, e assim o período observado é:

$$T' \equiv t'_2 - t'_1 = T + \frac{Tv}{c} = T\left[1 + \frac{v}{c}\right]$$

(Essa dedução depende da hipótese de que v varia muito pouco durante o tempo T, o que é tipicamente verdadeiro no sistema solar, ainda que v possa mudar significativamente ao longo de escalas maiores de tempo.) Quando o planeta distante desloca-se em direção a nós, ou para longe de nós, caso em que v é, respectivamente, negativa ou positiva, o período aparente de sua lua será diminuído ou aumentado, respectivamente. Podemos medir T através da observação do planeta no momento em que $v = 0$, e em seguida medir a velocidade da luz por meio de nova observação do período no momento em que v assume algum valor conhecido e não nulo.

Esse é o fundamento da determinação da velocidade da luz por Huygens, com base na observação, realizada por Rømer, da variação do período orbital aparente da lua Io, de Júpiter. Mas, conhecida a velocidade da luz, o mesmo cálculo pode informar a velocidade relativa v de um objeto distante. Em particular, as ondas de luz de uma raia específica do espectro de uma galáxia distante oscilarão em algum período característico T, relacionado com sua frequência v(nu) e com o comprimento de onda λ (lambda) por $T = 1/v = \lambda/c$. Esse período intrínseco é conhecido por meio de observações de espectros em laboratórios terrestres. Desde o início do século xx tem sido observado que as raias espectrais provenientes de galáxias muito distantes possuem maiores comprimentos de onda, e, portanto, períodos mais longos, e disso podemos inferir que essas galáxias estão se afastando de nós.

32. ACELERAÇÃO CENTRÍPETA

Aceleração é a taxa de variação da velocidade, porém a velocidade de um objeto é composta de uma magnitude, conhecida como velocidade escalar,* e de uma direção. A velocidade de um corpo que se desloca ao longo de um círculo está continuamente mudando sua direção, voltando-se para o centro do círculo, de forma que, mesmo a uma velocidade escalar constante, ele sofre uma aceleração contínua em direção ao centro, conhecida como sua aceleração centrípeta.

Vamos calcular a aceleração centrípeta de um corpo percorrendo um círculo de raio r, com velocidade constante v. Durante um curto intervalo de tempo entre t_1 e t_2, o corpo irá mover-se ao longo do círculo por uma pequena distância $v\Delta t$, em que Δt (delta t)$= t_2 - t_1$, e o vetor radial (a seta do centro do círculo ao corpo) irá volutear em um pequeno ângulo $\Delta\theta$ (delta teta). O vetor velocidade (uma seta com magnitude v na direção do movimento do corpo) é sempre tangente ao círculo, e, portanto, forma ângulos retos com o vetor radial, e assim, enquanto a direção do vetor radial se altera por um ângulo $\Delta\theta$, a direção do vetor velocidade irá alterar-se pelo mesmo pequeno ângulo. Logo, temos dois triângulos: um cujos lados são os vetores radiais nos tempos t_1 e t_2 e a corda que conecta as posições do corpo nesses dois tempos, e outro cujos lados são os vetores velocidade nos tempos t_1 e t_2 e a variação Δv da velocidade entre esses dois tempos. (Veja a figura 24.) Para peque-

---

* Em inglês, a magnitude do vetor velocidade (*velocity*) também é referida como *speed*. (N. T.)

nos ângulos $\Delta\theta$, a diferença de comprimento entre a corda e o arco que liga as posições dos corpos nos tempos t_1 e t_2 é desprezível, de modo que podemos tomar o comprimento da corda como $v\Delta t$.

Ora, esses triângulos são semelhantes (isto é, eles diferem em tamanho, mas não na forma) porque ambos são triângulos isósceles (cada um tem dois lados iguais) com o mesmo pequeno ângulo $\Delta\theta$ entre os dois lados iguais. Assim, as razões entre os lados curto e longo de cada triângulo devem ser as mesmas. Ou seja:

$$\frac{v\Delta t}{r} = \frac{\Delta v}{v}$$

e consequentemente:

$$\frac{\Delta v}{\Delta t} = \frac{v^2}{r}$$

Essa é a fórmula de Huygens para a aceleração centrípeta.

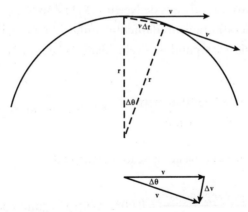

Figura 24. Cálculo da aceleração centrípeta. A figura de cima mostra as velocidades de uma partícula se movendo num círculo em dois momentos, separados por um curto intervalo Δt. A figura de baixo reúne essas duas velocidades num triângulo, cujo lado curto é a mudança de velocidade nesse intervalo de tempo.

33. COMPARANDO A LUA COM UM CORPO EM QUEDA

A antiga suposta distinção entre fenômenos celestes e terrestres foi definitivamente contraposta pela comparação de Newton entre a aceleração centrípeta da Lua em sua órbita e a aceleração da queda de um corpo nas proximidades da superfície da Terra.

Graças às medições da paralaxe diurna da Lua, sua distância média da Terra era acuradamente conhecida no tempo de Newton, de 60 vezes o raio da Terra. (A razão verdadeira é de 60,27.) Para calcular o raio da Terra, Newton adotou um minuto de arco na posição do equador como sendo uma milha de 5 mil pés,* de maneira que, com um círculo compreendendo 360 graus e um grau 60 minutos, o raio da Terra era de:

$$\frac{360 \times 60 \times 1524 \text{ metros}}{2\pi} = 5239000 \text{ metros}$$

(O raio médio é de fato 6378300 metros. Essa foi a maior fonte de erro nos cálculos de Newton.) O período orbital da Lua (o mês sideral) era acuradamente conhecido, no valor de 27,3 dias, ou 2360000 segundos. A velocidade da Lua em sua órbita era, então, de:

$$\frac{60 \times 2\pi \times 5239000 \text{ metros}}{2360000 \text{ segundos}} = 837 \text{ metros por segundos}$$

Isso implica uma aceleração centrípeta de:

$$\frac{(837 \text{ metros por segundos})^2}{60 \times 5239000 \text{ metros}} = 0,0022 \text{ metros/segundo por segundo}$$

---

* Cinco mil pés equivalem a 1524 metros. (N. T.)

Pela lei do inverso do quadrado, esse valor deveria coincidir com a aceleração de corpos em queda sobre a superfície da Terra, 9,8 metros/segundo por segundo, dividida pelo quadrado da razão entre o raio da órbita da Lua e o raio da Terra:

$$\frac{9,8 \text{ metros/segundo por segundo}}{60^2} = 0,0027 \text{ metros/segundo por segundo}$$

É essa comparação, de uma aceleração centrípeta lunar "observada" de 0,0027 metros/segundo por segundo com o valor esperado pela lei do inverso do quadrado, de 0,0022 metros/segundo por segundo, a que Newton estava se referindo quando afirmou que eles "dão respostas bem próximas".

34. CONSERVAÇÃO DE MOMENTO

Suponha que dois objetos em movimento, de massas m_1 e m_2, colidam de frente. Se num curto intervalo de tempo δt o objeto 1 exercer uma força F sobre o objeto 2, então, nesse intervalo, o objeto 2 irá experimentar uma aceleração a_2 que, de acordo com a segunda lei de Newton, obedece à relação $m_2 a_2 = F$. Sua velocidade será então alterada de uma quantidade

$$\delta v_2 = a_2 \delta t = F \delta t / m_2$$

De acordo com a terceira lei de Newton, a partícula 2 irá exercer sobre a partícula 1 uma força $-F$ que é igual em magnitude, mas (como indicado pelo sinal de menos) oposta em sentido, e assim, no mesmo intervalo de tempo, a velocidade do objeto 1 sofrerá uma mudança na direção oposta a δv_2, dada por:

$$\delta v_1 = a_1 \delta t = -F\,\delta t/m_1$$

A variação líquida no momento total $m_1 v_1 + m_2 v_2$ é, então,

$$m_1 \delta v_1 + m_2 \delta v_2 = 0$$

Naturalmente, os dois objetos podem permanecer em contato por um período prolongado, durante o qual a força pode não ser constante, mas, como o momento é conservado em cada curto intervalo de tempo, ele é conservado durante o período inteiro.

35. MASSAS PLANETÁRIAS

Na época de Newton, sabia-se que quatro corpos do sistema solar possuíam satélites: sabia-se que Júpiter e Saturno possuíam luas, tal como a Terra, e que todos os planetas eram satélites do Sol. Segundo a lei da gravitação de Newton, um corpo de massa M exerce uma força $F = GMm/r^2$ sobre um satélite de massa m a uma distância r (em que G é uma constante da natureza), e assim, de acordo com a segunda lei do movimento de Newton, a aceleração centrípeta do satélite será $a = F/m = GM/r^2$. O valor da constante G e a escala geral do sistema solar não eram conhecidos na época de Newton, mas essas quantidades desconhecidas não aparecem nas razões entre as massas calculadas por meio das razões entre distâncias e entre acelerações centrípetas. Se dois satélites pertencentes a corpos de massas M_1 e M_2 são encontrados a distâncias desses corpos cuja razão r_1/r_2 é conhecida, e a acelerações centrípetas cuja razão a_1/a_2 é também conhecida, então a razão entre as massas pode ser encontrada a partir da fórmula:

$$\frac{M_1}{M_2} = \left(\frac{r_1}{r_2}\right)^2 \frac{a_1}{a_2}$$

Em particular, para um satélite movendo-se a uma velocidade constante v numa órbita circular de raio r, o período orbital é $T = 2\pi r/v$, de modo que a aceleração centrípeta v^2/r é $a = 4\pi^2 r/T^2$, a razão entre as acelerações é $a_1/a_2 = (r_1/r_2)/(T_2/T_1)^2$, e a razão entre as massas, em função dos períodos orbitais e da razão entre distâncias, é:

$$\frac{M_1}{M_2} = \left(\frac{r_1}{r_2}\right)^3 \left(\frac{T_2}{T_1}\right)^2$$

Em torno de 1687, todas as *razões* entre as distâncias dos planetas ao Sol eram bem conhecidas, e desde a observação da separação angular de Júpiter e Saturno de suas luas Calisto e Titã (que Newton chamava de "satélite huygeniano"), também foi possível determinar a razão entre a distância de Calisto a Júpiter e a distância de Júpiter ao Sol, e a razão entre a distância de Titã a Saturno e a distância de Saturno ao Sol. A distância da Lua à Terra era bastante conhecida como um múltiplo da dimensão da Terra, mas *não* como uma fração da distância da Terra ao Sol, que até então não era conhecida. Newton utilizou uma estimativa rudimentar da razão entre a distância da Lua à Terra e a distância da Terra ao Sol, o que acabou por degenerar em erro. Afora esse problema, as razões entre velocidades e acelerações centrípetas podiam ser calculadas mediante períodos orbitais conhecidos de planetas e luas. (Na verdade, Newton usou o período de Vênus no lugar do de Júpiter ou Saturno, mas com o mesmo proveito, pois as razões entre as distâncias de Vênus, Júpiter e Saturno ao Sol era todas bem conhecidas.) Como foi mencionado no capítulo 14, as estimativas de

Newton para as razões entre as massas de Júpiter e Saturno e para a massa do Sol foram razoavelmente corretas, ao passo que seu resultado para a razão entre a massa da Terra e a massa do Sol mostrou-se errôneo.

Notas

PARTE I: A FÍSICA GREGA

1. MATÉRIA E POESIA [pp. 23-36]

1. Aristóteles, *Metafísica*. Livro I, cap. 3, 983b 6, 20. Tradução de Oxford. Aqui e nas demais passagens, adoto a prática padronizada de citar as passagens de Aristóteles remetendo à sua localização na edição grega de I. Bekker de 1831. Por "tradução de Oxford" refiro-me à versão em inglês *The Complete Works of Aristotle: The Revised Oxford Translation* (Org. de J. Barnes. Princeton: Princeton University Press, 1984), que usa essa convenção na citação de passagens de Aristóteles.

2. Diógenes Laércio, *Lives of Eminent Philosophers*. Livro I. Tradução de R. D. Hicks. Cambridge, MA: Loeb Classical Library, Harvard University Press, 1972, p. 27.

3. Extraído de J. Barnes, *The Presocratic Philosophers* (Ed. rev. Londres: Routledge & Kegan Paul, 1982), p. 29. As citações nesta obra são traduções para o inglês das citações fragmentárias da obra-padrão de referência de Hermann Diels e Walter Kranz, *Die Fragmente der Vorsokratiker* (10. ed., Berlim, 1952), doravante citada como *Presocratic Philosophers*.

4. *Presocratic Philosophers*, p. 53.

5. Extraído de J. Barnes, *Early Greek Philosophy* (Londres: Penguin, 1987),

p. 97, doravante citado como *Early Greek Philosophy*. Tal como *Presocratic Philosophers*, essas citações foram extraídas da 10ª edição de Diels e Kranz.

6. Extraído de K. Freeman, *The Ancilla to the Pre-Socratic Philosophers* (Cambridge: Harvard University Press, 1966), p. 26. Essa é uma tradução para o inglês das citações na 5ª edição de Diels, *Fragmente der Vorsokratiker*, doravante citado como *Ancilla*.

7. *Ancilla*, p. 59.

8. *Early Greek Philosophy*, p. 166.

9. Ibid., p. 243.

10. *Ancilla*, p. 93.

11. Aristóteles, *Física*. Livro VI, cap. 9, 239b 5. Tradução de Oxford.

12. Platão, *Fédon*. 97C-98C. [Aqui sigo a prática padronizada de citar as passagens de Platão dando os números das páginas na edição grega Stephanos de 1578 das obras de Platão.]

13. Platão, *Timeu*. 54 A-B. Tradução do inglês de Desmond Lee. *Timaeus and Critias*. Baltimore: Penguin, 1965.

14. Por exemplo, na tradução de Oxford da *Física* de Aristóteles (Livro IV, cap. 6, 213b 1-2).

15. *Ancilla*, p. 24.

16. *Early Greek Philosophy*, p. 253.

17. Escrevi mais extensamente a esse respeito no capítulo "Beautiful Theories", em *Dreams of a Final Theory* (Nova York: Pantheon, 1992; reed. com um novo posfácio, Vintage, 1994).

2. MÚSICA E MATEMÁTICA [pp. 37-44]

1. Para a proveniência desses casos, veja Alberto A. Martínez, *The Cult of Pythagoras: Man and Myth* (University of Pittsburgh Press, Pittsburgh, 2012).

2. Aristóteles, *Metafísica*. Livro I, cap. 5, 985b 23-6. Tradução de Oxford.

3. Aristóteles, *Metafísica*. Livro I, cap. 5, 986a 2. Tradução de Oxford.

4. Aristóteles, *Prior Analytics*. Livro I, cap. 23, 41a 23-30.

5. Platão, *Theaetetus*. 147 D-E. Tradução de Oxford.

6. Aristóteles, *Física*. 215p 1-5. Tradução de Oxford.

7. Platão, *A república*. 529E. Tradução de Robin Wakefield. Oxford: Oxford University Press, 1993, p. 261.

8. E. P. Wigner, "The Unreasonable Effectiveness of Mathematics". *Communications in Pure and Applied Mathematics* 13 (1960), pp. 1-14.

3. MOVIMENTO E FILOSOFIA [pp. 45-54]

1. J. Barnes, *The Complete Works of Aristotle: The Revised Oxford Translation*. Princeton: Princeton University Press, 1984.

2. R. J. Hankinson, *The Cambridge Companion to Aristotle*. Org. de J. Barnes. Cambridge: Cambridge University Press, 1995, p. 165.

3. Aristóteles, *Física*. Livro II, cap. 2, 194a 29-31. Tradução de Oxford, p. 331.

4. Aristóteles, *Física*. Livro II, cap. 1, 192a, 9. Tradução de Oxford, p. 329.

5. Aristóteles, *Meteorologia*. Livro II, cap. 9, 396b 7-11. Tradução de Oxford, p. 596.

6. Aristóteles, *Do céu*. Livro I, cap. 6, 273b 30-1, 274a 1. Tradução de Oxford, p. 455.

7. Aristóteles, *Física*. Livro IV, cap. 8, 214b 12-3. Tradução de Oxford, p. 365.

8. Aristóteles, *Física*. Livro IV, cap. 8, 214b 32-4. Tradução de Oxford, p. 365.

9. Aristóteles, *Física*. Livro VII, cap. 1, 242a 50-4. Tradução de Oxford, p. 408.

10. Aristóteles, *Do céu*. Livro III, cap. 3, 301b, 25-6. Tradução de Oxford, p. 494.

11. Thomas Kuhn, "Remarks on Receiving the Laurea". In: *L'Anno Galileiano*. Trieste: LINT, 1995.

12. David C. Lindberg, *The Beginnings of Western* Science. Chicago: University of Chicago Press, 1992, pp. 53-4.

13. David C. Lindberg, *The Beginnings of Western Science*. 2. ed. Chicago: University of Chicago Press, 2007, p. 65.

14. Michael R. Matthews, "Introdução". In: *The Scientific Background to Modern Philosophy*. Indianápolis: Hackett, 1989.

4. A FÍSICA E A TECNOLOGIA HELENÍSTICAS [pp. 55-69]

1. Aqui utilizo o título do principal estudo moderno sobre aquela época, *Alexander to Actium*, de Peter Green (Berkeley: University of California Press, 1990).

2. Creio que essa observação foi feita originalmente por George Sarton.

3. A descrição de Simplício sobre a obra de Estratão se encontra numa tradução inglesa de M. R. Cohen e I. E. Drabkin, *A Source Book in Greek Science* (Cambridge: Harvard University Press, 1948), pp. 211-2.

4. H. Floris Cohen, *How Modern Science Came into the World*. Amsterdam: Amsterdam University Press, 2010, p. 17.

5. Sobre a interação da tecnologia com a pesquisa em física nos tempos modernos, veja Bruce J. Hunt, *Pursuing Power and Light: Technology and Physics from James Watt to Albert Einstein* (Baltimore: Johns Hopkins Press, 2010).

6. Os experimentos de Filo se encontram descritos numa carta citada por G. I. Irby-Massie e P. T. Keyser, *Greek Science of the Hellenistic Era* (Londres: Routledge, 2002), pp. 216-9.

7. A tradução-padrão em inglês é Euclides, *The Thirteen Books of the Elements*. 2. ed. Trad. de Thomas L. Heath (Cambridge, UK: Cambridge University Press, 1925).

8. Citado num manuscrito grego do século VI e apresentado numa tradução em inglês por Georgia L. Ibry-Massie e Paul T. Keyser, *Greek Science of the Hellenistic Era* (Londres: Routledge, 2002).

9. Ver tabela V.1 à p. 233 da tradução da *Óptica* de Ptolomeu feita por A. Mark Smith. In: *Ptolemy's Theory of Visual Perception*, Transactions of the American Philosophical Society, 86, Parte 2 (1996).

10. Essas citações foram extraídas de T. L. Heath, *The Works of Archimedes* (Cambridge, UK: Cambridge University Press, 1897).

5. A CIÊNCIA E A RELIGIÃO ANTIGAS [pp. 70-9]

1. Platão, *Timaeus* 30A. Trad. de R. G. Bury in *Plato*, v. IX (Cambridge, MA: Loeb Classical Library, Harvard University Press, 1929), p. 55.

2. Erwin Schrödinger, "Shearman Lectures at University College London", maio 1948, publicadas como *Nature and the Greeks* (Cambridge, UK: Cambridge University Press, 1954).

3. Alexander Koyré, *From the Closed World to the Infinite Universe*. Baltimore: Johns Hopkins, 1957, p. 159.

4. *Ancilla*, p. 22.

5. Tucídides, *History of the Peloponnesian War*. Trad. de Rex Warner. Nova York: Penguin, 1954; 1972, p. 511.

6. S. Greenblatt, *The New Yorker*, 8 ago. 2011, pp. 28-33.

7. Edward Gibbon, *The Decline and Fall of the Roman Empire*. Nova York: Everyman's Library Edition, 1991. Cap. XXIII, p. 412.

8. Idem, cap. II, p. 34.

9. Nicolau Copérnico, *On the Revolutions of Heavenly Spheres*. Trad. de Charles Glenn Wallis. Amherst, NY: Prometheus, 1995, p. 7.

10. Lactâncio, *Divine Institutes*. Livro 3, seção 24. Trad. de A. Bowen e P. Garnsey. Liverpool: Liverpool University Press, 2003.

11. São Paulo, Cl 2,8.

12. Agostinho, *Confessions*. Livro IV. Trad. de A. C. Outler. Nova York: Dover, 2002, p. 63.

13. Agostinho, *Retractions*. Livro I, cap. 1. Trad. de M. I. Bogan. Washington: Catholic University of America Press, 1968, p. 10.

14. Gibbon, op. cit., cap. XL, p. 231.

PARTE II: A ASTRONOMIA GREGA

6. OS USOS DA ASTRONOMIA [pp. 85-93]

1. Este capítulo se baseia parcialmente em meu artigo "The Missions of Astronomy", *New York Review of Books* LVI, n. 16 (22 out. 2009), pp. 19-22; reed. em *The Best American Science and Nature Writing* (Org. de Freeman Dyson. Boston: Houghton Miflin Harcourt, 2010), pp. 23-31; e em *The Best American Science Writing* (Org. de Jerome Groopman. Nova York: Harper Collins, 2010), pp. 272-81.

2. Homero, *Ilíada*. Livro 22, 26-9. Essa citação foi extraída da tradução de Richmond Lattimore, *The Iliad of Homer* (Chicago: University of Chicago Press, 1951), p. 458.

3. Homero, *Odisseia*. Livro V, 280-7. Essas citações foram extraídas da tradução de Robert Fitzgerald, *The Odyssey* (Nova York: Farrar, Strauss, and Giroux, 1961), p. 89.

4. Diógenes Laércio, *Lives of the Eminent Philosophers*. Livro I, 23.

5. Essa é a interpretação de algumas linhas de Heráclito defendida por D. R. Dicks, *Early Greek Astronomy to Aristotle* (Ithaca, NY: Cornell University Press, 1970).

6. Platão, *Republic*, 527 D-E. Trad. de Robin Wakefield. Oxford: Oxford University Press, 1993.

7. Filo, *On the Eternity of the World* I (1). Essa citação foi extraída da tradução de C. D. Yonge, *The Works of Philo* (Peabody, MA: Hendrickson, 1993), p. 707.

7. MEDINDO O SOL, A LUA E A TERRA [pp. 94-109]

1. A importância de Parmênides e Anaxágoras como fundadores da astronomia científica grega é destacada por Daniel W. Graham, *Science Before Socrates*

— *Parmenides, Anaxagoras, and the New Astronomy* (Oxford: Oxford University Press, 2013).

2. *Ancilla*, p. 18.

3. Aristóteles, *On the Heavens*. Livro II, cap. 14, 297b 26-298a 5. Trad. de Oxford, pp. 488-9.

4. *Ancilla*, p. 23.

5. Aristóteles, *On the Heavens*. Livro II, cap. 11.

6. Arquimedes, *On Floating Bodies*. In: T. L. Heath, *The Works of Archimedes* Cambridge: Cambridge University Press, 1897, p. 254. Doravante esta obra será citada como "Arquimedes, trad. de Heath".

7. Há uma tradução de Thomas Heath in *Aristarchus of Samos* (Oxford: Clarendon, 1923).

8. Arquimedes, *The Sand Reckoner*. Trad. de Heath, p. 222.

9. Aristóteles, *On the Heavens*. Livro II, 14, 296b 4-6. Trad. de Oxford.

10. Aristóteles, *On the Heavens*. Livro II, 14, 296b 23-4. Trad. de Oxford.

11. Cícero, *De Re Publica*, 1.xiv §21-22. In: *Cicero, On the Republic & On the Laws*. Trad. de Clinton W. Keys. Cambridge: Loeb Classical Library, Harvard University Press, 1928, pp. 41 e 43.

12. Esse trabalho tem sido reconstituído por estudiosos modernos; veja Albert van Helden, *Measuring the Universe: Cosmic Dimensions from Aristarchus to Halley* (Chicago: University of Chicago Press, 1983), pp. 10-3.

13. *Ptolemy's Almagest*. Trad. e notas de J. Toomer (Londres: Duckworth, 1984). O catálogo de estrelas de Ptolomeu está às pp. 341-99.

14. Para uma visão contrária, veja O. Neugebauer, *A History of Ancient Mathematical Astronomy* (Nova York: Springer-Verlag, 1975), pp. 288 e 577.

15. Ptolomeu, *Almagest*. Livro VII, cap. 2.

16. *Cleomedes Lectures on Astronomy*. Org. e trad. de A. C. Bowen e R. B. Todd. Berkeley e Los Angeles: University of California Press, 2004.

8. O PROBLEMA DOS PLANETAS [pp. 110-35]

1. G. W. Burch, *Osiris* 11, 267 (1954).

2. Aristóteles, *Metaphysics*. Livro I, parte 5, 986a 1. Trad. de Oxford. Mas no Livro II de *Do céu*, em 293b 23-5, Aristóteles afirma que a contraTerra explicaria por que os eclipses lunares são mais frequentes que os eclipses solares.

3. O parágrafo aqui citado segue Pierre Duhem em *To Save the Phenomena: An Essay on the Idea of Physical Theory from Plato to Galileo* (Trad. de E. Dolan e C. Machler. Chicago: University of Chicago Press, 1969), p. 5. Há uma tradução mais recente dessa passagem de Simplício em I. Mueller, *Simplicius, On Aristotle's "On*

the Heavens 2,10-14". (Ithaca, NY: Cornell University Press, 2005), 492.31-493.4, p. 33. Não sabemos se algum dia Platão chegou de fato a propor esse problema. Simplício estava citando Sosígenes, o Peripatético, filósofo do século II d.C.

4. Para ilustrações muito claras mostrando o modelo de Eudoxo, veja James Evans, *The History and Practice of Ancient Astronomy* (Oxford: Oxford University Press, 1998), pp. 307-9.

5. Aristóteles, *Metaphysics*. Livro XII, cap. 8, 1073b 1-1074a 1.

6. Para uma tradução, veja I. Mueller, op. cit., 493.1-497.8, pp. 33-6.

7. Esse foi o trabalho dos físicos Tsung-Dao Lee e Chen-Ning Yang em 1956.

8. Aristóteles, *Metaphysics*. Livro XII, seção 8, 1073b 18-1074a 14. Trad. de Oxford.

9. Essas referências estão em D. R. Dicks, *Early Greek Astronomy to Aristotle* (Ithaca, NY: Cornell University Press, 1970), p. 202. Dicks tem outra posição sobre o que Aristóteles estava tentando realizar.

10. I. Mueller, op. cit., 519.9-11, p. 59.

11. Simplício, *On Aristotle's "On the Heavens 2.10-14."* 504.19-30. Essa tradução foi extraída de I. Mueller, op. cit., p. 43.

12. Sobre isso, ver Livro I de Otto Neugebauer, *A History of Ancient Mathematical Astronomy* (Nova York: Springer-Verlag, 1975).

13. G. Smith, comunicação pessoal.

14. *Ptolemy's Almagest*. Livro V, cap. 13. Trad. de G. J. Toomer. Londres: Duckworth, 1984, pp. 247-51. Veja também O. Neugebauer, *A History of Ancient Mathematical Astronomy, Part One*. Berlim: Springer-Verlag, 1975, pp. 100-3.

15. Barrie Fleet, *Simplicius on Aristotle Physics 2*. Londres: Gerald Duckworth & Co., 1997, 291.23-292.29 pp. 47-8.

16. Conforme citado por Pierre Duhem, op. cit., pp. 20-1.

17. P. Duhem, op. cit.

18. Para comentários sobre o significado de explicação em ciência e referências a outros artigos sobre esse tema, veja S. Weinberg, "Can Science Explain Everything? Anything?". *New York Review of Books*, XLVIII, n. 9, 47-50 (31 maio 2001); reed. em *The Australian Review* (2001); reed. em português em *Folha de S. Paulo* (2001); reed. em francês em *La Recherche* (2001); reed. em *The Best American Science Writing 2002* (Org. de M. Ridley e A. Lightman. HarperCollins, 2002); reed. em *The Norton Reader* (Nova York: W. W. Norton, dez. 2003); reed. em *Explanations: Styles of Explanation in Science* (Org. de John Cornwell. Londres: Oxford University Press, 2004), pp. 23-38; reed. em húngaro em *Akadeemia* 176, n. 8, 1734-49 (2005); reed. em S. Weinberg, *Lake Views: This World and the Universe* (Cambridge, MA: Harvard University Press, 2009).

19. Está não no *Almagesto*, mas na *Antologia grega*, uma coletânea de versos compilados no Império Bizantino por volta de 900 d.C. Essa tradução foi extraída de Thomas L. Heath, *Greek Astronomy* (Mineola, NY: Dover, 1991), p. LVII.

PARTE III: A IDADE MÉDIA

9. OS ÁRABES [pp. 141-64]

1. Essa carta é citada por Eutíquio, então Patriarca de Alexandria. A tradução aqui apresentada foi extraída de E. M. Forster, *Pharos and Pharillon* (Nova York: Alfred Knopf, 1962), pp. 21-2. Há uma tradução menos incisiva em Edward Gibbon, op. cit., cap. 51.

2. P. K. Hitti, *History of the Arabs*. Londres: Macmillan, 1937, p. 315.

3. D. Gutas, *Greek Thought, Arabic Culture: The Graeco-Arabic Translation Movement in Baghdad and Early 'Abbāsid Society*. Londres: Routledge, 1998, pp. 53-60.

4. Al-Biruni, *Book of the Determination at Coordinates of Localities,* cap. 5. Sel. e trad. de Lennart Berggren. Org. de Victor Katz. *The Mathematics of Egypt, Mesopotamia, China, India, and Islam*. Princeton, NJ: Princeton University Press, 2007.

5. Cit. in P. Duhem, op. cit., p. 29.

6. Cf. cit. R. Arnaldez e A. Z. Iskandar em *The Dictionary of Scientific Biography* (Nova York: Charles Scribner's Sons, 1975), V. XII, p. 3.

7. G. J. Toomer, *Centaurus* 14, 306 (1969).

8. Moisés Maimônides, *Guide to the Perplexed*. Parte 2, cap. 24. Trad. de M. Friedländer. 2. ed. Londres: George Routledge, 1919, pp. 196 e 198.

9. Aqui Maimônides está citando o Salmo 115, versículo 16.

10. Sobre isso, veja E. Masood, *Science and Islam* (Londres: Icon, 2009).

11. N. M. Swerdlow, *Proc. Amer. Phil. Soc.* 117, 423 (1973).

12. O argumento de que Copérnico soube desse recurso por fontes árabes é apresentado por F. J. Ragep, *Hist. Sci.* XIV, 65 (2007).

13. Isso está documentado por Toby E. Huff, *Intellectual Curiosity and the Scientific Revolution* (Cambridge: Cambridge University Press, 2011), cap. 5.

14. São as quadras 13, 29 e 30 da segunda versão da tradução de Fitzgerald.

15. Cit. de Jim al-Khalili, em *The House of Wisdom* (Nova York: Penguin, 2011), p. 188.

16. *Al-Ghazali's Tahafut al-Falasifah*. Trad. de Sabih Ahmad Kamali. Lahore: Pakistan Philosophical Congress, 1958.

17. Al-Ghazali, *Fatihat al-'Ulum*. Trad. e cit. de I. Goldheizer em *Studies on Islam*. Org. de Merlin L. Swartz. Oxford: Oxford University Press, 1981, p. 195.

10. A EUROPA MEDIEVAL [pp. 165-87]

1. Veja, por exemplo, Lynn White, Jr., *Medieval Technology and Social Change* (Oxford: Oxford University Press, 1962), cap. II.

2. Peter Dear, *Revolutionizing the Sciences: European Knowledge and its Ambitions, 1500-1700*. 2. ed. Princeton e Oxford: Princeton University Press, 2009, p. 15.

3. Os artigos da condenação se encontram em tradução de Edward Grant em *A Source Boedwok in Medieval Science* (Org. de E. Grant. Cambridge, MA: Harvard University Press, 1974), pp. 48-50.

4. E. Grant, op. cit., p. 47.

5. Cit. de David C. Lindberg em *The Beginnings of Western Science* (Chicago: University of Chicago Press, 1992), p. 241.

6. D. C. Lindberg, op. cit., p. 241.

7. Nicole Oresme, *Le Livre du ciel et du monde*, com o original em francês e numa tradução em inglês de A. D. Menut e A. J. Denomy (Madison: University of Wisconsin Press, 1968), p. 369.

8. Cit. no artigo sobre Buridan em *Dictionary of Scientific Biography* (Org. de Charles Coulston Gillespie. Nova York: Charles Scribner's Sons, 1973), v. II, pp. 604-5.

9. Veja o artigo de Piaget em *The Voices of Time* (Org. de J. T. Fraser. Nova York: G. Braziller, 1966).

10. N. Oresme, op. cit.

11. Ibid., pp. 537-9.

12. A. C. Crombie, *Robert Grosseteste and the Origins of Experimental Science: 1100-1700* (Oxford: Clarendon Press, 1953).

13. Ver, por exemplo, T. C. R. McLeish, *Nature* 507, 161-3 (13 mar. 2014).

14. Cit. em A. C. Crombie, *Medieval and Early Modern Science* (Garden City, NY, Doubleday Anchor, 1959), v. I, p. 53.

15. Tradução de Ernest A. Moody. In: *A Source Book in Medieval Science*. Org. de E. Grant. Cambridge, MA: Harvard University Press, 1974, p. 239. Tomei a liberdade de trocar a palavra "latitude" na tradução de Moody por "incremento da velocidade", que penso indicar mais precisamente o sentido de Heytesbury.

16. De Soto é citado numa tradução em inglês de W. A. Wallace, *Isis* 59, 384 (1968).

17. Cit. de Pierre Duhem, *To Save the Phenomena: An Essay on the Idea of a*

Physical Theory from Plato to Galileo. Trad. de Edmund Dolan e Chaninah Maschler. Chicago: University of Chicago Press, 1969, pp. 49-50.

PARTE IV: A REVOLUÇÃO CIENTÍFICA

1. Herbert Butterfield, *The Origins of Modern Science*. Ed. rev. Nova York: The Free Press, 1957, p. 7.

2. Para coletâneas de ensaios sobre este tema, veja *Reappraisals of the scientific revolution* (Org. de D. C. Lindberg e R. S. Westfall. Cambridge: Cambridge University Press, 1990), e *Rethinking the Scientific Revolution* (Org. de M. J. Osler. Cambridge: Cambridge University Press, 2000).

3. Steven Shapin, *The Scientific Revolution*. Chicago: University of Chicago Press, 1996, p. 1.

4. Pierre Duhem, *The System of World: A History of Cosmological Doctrines from Plato to Copernicus*. Paris: Hermann, 1913.

11. O SISTEMA SOLAR SOLUCIONADO [pp. 193-240]

1. Para uma tradução em inglês, veja Edward Rosen, *Three Copernican Treatises* (Nova York: Farrar, Strauss, and Giroux, 1939), ou Noel M. Swerdlow, *Proc. Amer. Phil. Soc.* 117, 423 (1973).

2. Para um levantamento, veja N. Jardine, *Journal of the History of Astronomy* 13, 168 (1982).

3. O. Neugebauer, *Astronomy and History: Selected Essays*. Nova York: Springer-Verlag, 1983. Ensaio 40.

4. A importância dessa correlação para Copérnico é ressaltada por Bernard R. Goldstein, *Journal of the History of Astronomy* 33, 219 (2002).

5. Para uma tradução em inglês, veja *Nicolas Copernicus On the Revolutions* (Trad. de Edward Rosen. Varsóvia: Polish Scientific, 1978; reed. Baltimore: Johns Hopkins, 1978), ou *Copernicus: On the Revolutions of the Heavenly Spheres* (Trad. de A. M. Duncan. Nova York: Barnes & Noble, 1976). Todas as citações de *De revolutionibus* aqui feitas foram extraídas da tradução de Rosen.

6. A. D. White, *A History of the Warfare of Science and Theology in Christendom*. Nova York: D. Appleton, 1895. V. 1, pp. 126-8. Para uma crítica a White, veja D. C. Lindberg e R. L. Numbers, *Church History* 58, n. 3 (set. 1986), p. 338.

7. Este parágrafo foi citado por Lindberg e Numbers, "Beyond War and Peace", e por T. Kuhn, *The Copernican Revolution* (Cambrigde, MA: Harvard University Press, 1957), p. 191. A fonte de Kuhn é White, *A History of the Warfare*

of Science with Theology... (op. cit.). O original em alemão é *Sämtliche Schriften*, ed. J. G. Walch (Halle: J. J. Gebauer, 1743), v. 22, p. 2260.

8. Js 10,12.

9. Essa tradução em inglês do prefácio de Osiander foi extraída de Rosen (trad.), *Nicolas Copernicus on the Revolutions*, op. cit.

10. Cit. de R. Christianson, *Tycho's Island* (Cambridge: Cambridge University Press, 2000), p. 17.

11. Sobre a história da ideia das esferas celestes sólidas, ver Edward Rosen, *Journal of the History of Ideas* 46, 13 (1985). Rosen sustenta que Tycho exagerou o grau de aceitação dessa ideia antes de sua época.

12. Para as remissões ao sistema de Tycho e suas variações, veja C. Schofield, "The Tychonic and Semi-Tychonic World Systems". In: *Planetary Astronomy from the Renaissance to the Rise of Astrophysics: Part A: Tycho Brahe to Newton.* (Org. de R. Taton e C. Wilson. Cambridge, UK: Cambridge University Press, 1989).

13. Para uma fotografia dessa estátua, tirada por Owen Gingerich, veja o frontispício de minha coletânea de ensaios *Facing Up: Science and its Cultural Adversaries* (Cambridge: Harvard University Press, 2001).

14. S. Weinberg, *Phys. Rev. Lett.* 59, 2607 (1987); H. Martel, P. Shapiro e S. Weinberg, *Astrophys. J.* 492, 29 (1998).

15. J. R. Voelkel e O. Gingerich, *J. Hist. Astron.* xxxii, 237 (2001).

16. Cit. de Robert S. Westfall em *The Construction of Modern Science: Mechanism and Mechanics* (Cambridge, UK: Cambridge University Press, 1977), p. 10.

17. Essa é a tradução de William H. Donahue, em *Johannes Kepler: New Astronomy* (Cambridge, UK: Cambridge University Press, 1992), p. 65.

18. Johannes Kepler, *Epitome of Copernican Astronomy & Harmonies of the World.* Trad. de Charles Glenn Wallis. Amherst, NY: Prometheus, 1995, p. 180.

19. Cit. de Owen Gingerich em *Tribute to Galileo in Padua, International Symposium a cura dell'Universita di Padova, 2-6 dicembre 1992* (V. IV. Trieste: LINT, 1995).

20. As citações de *Sidereus Nuncius* foram extraídas da tradução de Albert Van Helden, *Sidereus Nuncius or the Sidereal Messenger, Galileo Galilei* (Chicago: University of Chicago Press, 1989).

21. Galileu Galilei, *Discorse e Dimostrazione Matematiche...* Para um fac-símile da tradução de 1663 por Thomas Salisbury, veja Galileu Galilei, *Discourse on Bodies in Water*, com intr. e notas de Stillman Drake (Urbana: University of Illinois Press, 1960).

22. Para uma edição moderna de uma tradução do século XVII, veja Galileu Galilei, *Discourse on Bodies in Water* (Trad. de Thomas Salisbury, com intr. e notas de Stillman Drake. Urbana, Illinois: University of Illinois Press, 1960).

23. Para detalhes desse conflito, veja J. L. Heilbron, *Galileo* (Oxford: Oxford University Press, 2010).

24. Essa carta é muito citada. A tradução aqui utilizada foi extraída de Duhem, *To Save the Phenomena: An Essay in the Idea of Physical Theory from Plato to Galileo* (Chicago: University of Chicago Press, 1969), p. 107. Há uma tradução mais completa de Stillman Drake em *Discoveries and Opinions of Galileo* (Nova York: Anchor, 1957), pp. 162-4.

25. Há uma tradução integral dessa carta em Stillman Drake, op. cit., pp. 175-216.

26. Cit. de Stillman Drake em *Galileo* (Oxford: Oxford University Press, 1980), p. 64.

27. Por sorte, as cartas de Maria Celeste a seu pai sobreviveram. Muitas são citadas por Dava Sobel em *Galileo's Daughter* (Nova York: Walker, 1999). Infelizmente, as cartas de Galileu a suas filhas se perderam.

28. Sobre isso, veja Annabelle Fantoli, *Galileo: For Copernicanism and For the Church* (2. ed. Trad. de G. V. Coyne. South Bend, Indiana: University of Notre Dame Press, 1996); Maurice A. Finocchiaro, *Retrying Galileo, 1633-1992.* Berkeley e Los Angeles: University of California Press, 2005.

29. Cit. de Drake, op. cit., p. 90.

30. Cit. de Gingerich, op. cit., p. 343.

31. Fiz uma declaração a esse respeito no mesmo congresso em Pádua em que Kuhn apresentou os comentários sobre Aristóteles citados no capítulo 4 e Gingerich deu a palestra sobre Galileu, que aqui citei. Veja S. Weinberg, *L'Anno Galileiano* (Trieste: LINT, 1995), p. 129.

12. COMEÇAM OS EXPERIMENTOS [pp. 241-54]

1. Sobre essa questão, veja G. E. R. Lloyd, *Proc. Camb. Phil. Soc.* n. 10, 50 (1972), reed. em *Methods and Problems in Greek Science* (Cambridge, UK: Cambridge University Press, 1991).

2. Galileu Galilei, *Two New Sciences.* Trad. de Stillman Drake. Madison, WI: University of Wisconsin Press, 1974, p. 68.

3. Stillman Drake, *Galileo.* Oxford: Oxford University Press, 1980, p. 33.

4. T. B. Settle, *Science* 133, 19 (1961).

5. É a conclusão de Stillman Drake na nota à p. 259 de Galileu Galilei, *Dialogue Concerning the Two Chief World Systems: Ptolemaic and Copernican.* Trad. de Stillman Drake. Nova York: Modern Library, 2001.

6. O que sabemos sobre esse experimento se baseia num documento inédito, fólio 116v, na Biblioteca Nazionale Centrale em Florença. Veja Stillman Drake, *Galileo at Work: His Scientific Biography* (Chicago: University of Chicago Press,

1978), pp. 128-32; A. J. Hahn, *Arch. Hist. Exact Sci.*56, 339 (2002), com uma reprodução do fólio à p. 344.

7. Carlo M. Cipolla, *Clocks and Culture 1300-1700*. Nova York: W. W. Norton, 1978, pp. 59 e 138.

8. Christiaan Huygens, *The Pendulum Clock or Geometrical Demonstrations Concerning the Motion of Pendula as Applied to Clocks*. Trad. de Richard J. Blackwell. Ames, Iowa: Iowa State University Press, 1986, p. 171.

9. Essa medição é descrita detalhadamente por Alexandre Koyré, *Proc. Am. Philos. Soc.* 97, 222 (1953); *Trans. Am. Philos. Soc.* 45, 329 (1955). Veja também Christopher M. Graney, *Physics Today*, set. 2012, pp. 36-40.

10. Sobre a controvérsia acerca dessas leis de conservação, veja G. E. Smith, *Physics Today*, out. 2006, p. 31.

11. Christiaan Huygens, *Treatise on Light*. Trad. de Silvanus P. Thompson. Chicago: University of Chicago Press, 1945, p. vi.

12. Cit. de Steven Shapin em *The Scientific Revolution* (Chicago: University of Chicago Press, 1996), p. 105.

13. Ibid., p. 185.

13. A RECONSIDERAÇÃO DO MÉTODO [pp. 255-70]

1. Veja artigos sobre Leonardo em *Dictionary of Scientific Biography* (Org. de C. C. Gillispie. Nova York: Charles Scribner's Sons, 1973), v. VIII, pp. 192-245.

2. Essas citações provêm da tradução de *Principles of Philosophy* por V. R. Miller e R. P. Miller (Dordrecht: D. Reidel, 1983), p. 15.

3. Voltaire, *Philosophical Letters*. Trad. de E. Dilworth. Indianápolis: Bobbs-Merrill Educational Publishing, 1961, p. 64.

4. É estranho que muitas edições em inglês do *Discurso sobre o método* não tragam esses suplementos, como se não fossem de interesse para os filósofos. Para uma edição que os inclui, ver René Descartes, *Discourse on Method, Optics, Geometry, and Meteorology* (Trad. de Paul J. Olscamp. Indianápolis: Bobbs-Merrill, 1965). A citação e os resultados numéricos abaixo foram extraídos dessa edição.

5. Argumenta-se que a analogia da bola de tênis se ajusta à teoria cartesiana da luz como resultado da dinâmica dos pequenos corpúsculos que preenchem o espaço; veja John A. Schuster, "Descartes *Opticien*: The Construction of the Law of Refraction and the Manufacture of its Physical Rationales, 1618-29". In: S. Graukroger; J. Schuster; J. Sutton (Orgs.). *Descartes Natural Philosophy*. Londres e Nova York: Routledge, 2000, pp. 258-312.

6. Aristóteles, *Meteorology*. Livro III, cap. 4, 374a 30-1. Trad. de Oxford, p. 603.

7. René Descartes, *Principles of Philosophy*. Trad. de V. R. Miller e R. P. Miller. Dordrecht: D. Reidel, 1983, pp. 60 e 114.

8. Sobre esse ponto, veja Peter Dear, *Revolutionizing the Sciences: European Knowledge and its Ambitions, 1500-1700* (2. ed. Princeton e Oxford: Princeton University Press, 2009), cap. 8.

9. L. Laudan, "The Clock Metaphor and Probabilism: The Impact of Descartes on English Methodological Thought". *Annals of Science* 22, 73 (1966). Encontram-se as conclusões contrárias em A. J. Rogers, "Descartes and the Method of English Science", *Annals of Science* 29, 237 (1972).

10. Richard Watson, *Cogito Ergo Sum: The Life of René Descartes*. Boston: David R. Godine, 2002.

14. A SÍNTESE NEWTONIANA [pp. 271-318]

1. Vem descrito por D. T. Whiteside na Introdução Geral ao v. II de *The Mathematical Papers of Isaac Newton* (Cambridge, UK: Cambridge University Press, 1968), pp. xi-xii.

2. Sobre isso, veja D. T. Whiteside, op. cit., na nota de rodapé às pp. 206-7 do v. II e pp. 6-7 do v. III.

3. Veja, por exemplo, o capítulo 14 de Richard S. Westfall, *Never at Rest: A Biography of Isaac Newton* (Cambridge, UK: Cambridge University Press, 1980).

4. Peter Galison, *How Experiments End*. Chicago: University of Chicago Press, 1987.

5. Cit. de Richard S. Westfall, op. cit., p. 143.

6. Cit. em *Dictionary of Scientific Biography* (Org. de C. C. Gillespie. Nova York: Charles Scribner's Sons, 1972), v. VI, p. 485.

7. Cit. de James Gleick, *Isaac Newton* (Nova York: Pantheon, 2003), p. 120.

8. Todas as citações dos *Principia* aqui feitas foram extraídas da tradução da 3ª edição por I. Bernard Cohen e Anne Whitman, *Isaac Newton: The Principia* (Berkeley e Los Angeles: University of California Press, 1999). Antes dessa versão, a tradução de referência era a de Florian Cajori (Berkeley e Los Angeles: University of California Press, 1962), uma revisão da tradução de 1729 da 3ª edição por Andrew Motte.

9. G. E. Smith, "Newton's Study of Fluid Mechanics", *Int. J. Engineering Sci.* 36, 1377 (1998).

10. Os dados astronômicos modernos neste capítulo foram extraídos de C. W. Allen, *Astrophysical Quantities* (2. ed. Londres: Athlone, 1963).

11. A obra de referência sobre a história da medição do tamanho do sistema solar é Albert van Helden, *Measuring the Universe: Cosmic Dimensions from Aristarchus to Halley* (Chicago: University of Chicago Press, 1985).

12. Sobre isso, veja Robert P. Crease, *World in the Balance: The Historic Quest for an Absolute System of Measurement* (Nova York: W. W. Norton, 2011).

13. Veja J. Z. Buchwald e M. Feingold, *Newton and the Origin of Civilization* (Princeton: Princeton University Press, 2014).

14. Sobre isso, veja S. Chandrasekhar, *Newton's* Principia *for the Common Reader* (Oxford: Clarendon, 1995), pp. 472-6; Richard S. Westfall, *Never at Rest* (Cambridge, UK: Cambridge University Press, 1980), pp. 736-9.

15. R. S. Westfall, "Newton and the Fudge Factor", *Science* 179, 751 (1973).

16. Sobre isso, veja G. E. Smith, "How Newton's *Principia* Changed Physics", *Interpreting Newton: Critical Essays* (Org. de A. Janiak e E. Schliesser. Cambridge, UK: Cambridge University Press, 2012), pp. 360-95.

17. Voltaire, op. cit., p. 61.

18. A oposição ao newtonianismo é apresentada em artigos de A. B. Hall, E. A. Fellmann e P. Casini em *Newton's Principia*, debate organizado e editado por D. G. King-Hele e A. R. Hall, *Mon. Not. Royal Soc. London* 42, 1 (1988).

19. Christiaan Huygens, *Discours de la Cause de la Pesanteur* (1690). Trad. de Karen Bailey e notas de Bailey e G. E. Smith, disponíveis com Smith na Tufts University (1997).

20. Steven Shapin sustenta que esse conflito chegou a ter implicações políticas, em "Of Gods and Kings: Natural Philosophy and Politics in the Leibniz-Clarke Disputes", *Isis* 72, 187 (1981).

21. S. Weinberg, *Gravitation and Cosmology*. Nova York: Wiley, 1972. Cap. 15.

22. G. E. Smith, a sair.

23. Cit. em *A Random Walk in Science* (Org. de R. L. Weber e E. Mendoza. Londres: Taylor & Francis, 2000).

24. Robert K. Merton, "Motive Forces of the New Science", *Osiris* IV, parte 2 (1938); reed. em *Science, Technology, and Society in Seventeenth Century England* (Nova York: Howard Fertig, 1970); e em *On Social Structure and Science* (Org. de Piotry Sztompka. Chicago: University of Chicago Press, 1996), pp. 223-40.

15. EPÍLOGO: A GRANDE REDUÇÃO [pp. 319-33]

1. Fiz uma exposição mais detalhada de uma parte desse progresso em *The Discovery of Subatomic Particles* (Ed. rev. Cambridge: Cambridge University Press, 2003).

2. Isaac Newton, *Opticks, or A Treatise of the Reflections, Refractions, Inflections, and Colours of Light*. Nova York: Dover Publications, 1952 (baseada na 4. ed. Londres, 1730), p. 394.

3. Ibid., p. 376.

4. Está em Ostwald, *Outlines of General Chemistry*, e é citado tanto por G. Holton, em *Historical Studies in the Physical Sciences* 9, 161 (1979), quanto por I. B. Cohen, em *Critical Problems in the History of Science* (Org. de M. Clagett. Madison: University of Wisconsin Press, 1959).

5. P. A. M. Dirac, "Quantum Mechanics of Many-Electron Systems", *Proceedings of the Royal Society* A123, 713 (1929).

6. Para prevenir acusações de plágio, aponto aqui que este último parágrafo é uma variação sobre o último parágrafo da *Origem das espécies* de Darwin.

Referências bibliográficas

Esta bibliografia arrola as fontes secundárias modernas sobre a história da ciência nas quais me baseei, bem como obras originais de cientistas do passado que consultei, desde os fragmentos dos pré-socráticos até os *Princípios* de Newton e, mais esquematicamente, até o presente. Todas as obras listadas estão em inglês ou em traduções para o inglês; infelizmente, não sei latim nem grego, muito menos árabe. Não pretende ser uma listagem das fontes mais autorizadas nem das melhores edições de cada fonte. São apenas os livros que consultei quando escrevia *Para explicar o mundo*, nas melhores edições disponíveis naquele momento para mim.

FONTES ORIGINAIS

AGOSTINHO, *Confessions*. Trad. de Albert Cook Outler. Filadélfia: Westminster, 1955.

_____. *Retractions*. Trad. de M. I. Bogan. Washington: Catholic University of America Press, 1968.

ARISTARCO. *Aristarchus of Samos*. Trad. de T. L. Heath. Oxford: Clarendon, 1923.

ARISTÓTELES. *The Complete Works of Aristotle: The Revised Oxford Translation*. Org. de J. Barnes. Princeton: Princeton University Press, 1984.

ARQUIMEDES. *The Works of Archimedes*. Trad. de T. L. Heath. Cambridge: Cambridge University Press, 1897.

CÍCERO. *On the Republic and On the Laws*. Trad. de Clinton W. Keys. Cambridge, MA: Loeb Classical Library, Harvard University Press, 1928.

CLEOMEDES. *Lectures on Astronomy*. Trad. de A. C. Bowen e R. B. Todd. Berkeley e Los Angeles: University of California Press, 2004.

COPÉRNICO. *Nicolas Copernicus On the Revolutions*. Trad. de Edward Rosen. Varsóvia: Polish Scientific Publishers, 1978 (reed. Baltimore: Johns Hopkins Press, 1978).

_____. *Copernicus: On the Revolutions of the Heavenly Spheres*. Trad. de A. M. Duncan. Nova York: Barnes & Noble, 1976.

_____. *Three Copernican Treatises*. Trad. de E. Rosen. Nova York: Farrar, Strauss, and Giroux, 1939. Contém *Commentariolus, Letter against Werner* e *Narratio prima of Rheticus*.

DARWIN, Charles. *The Origin of Species by Means of Natural Selection*. 6. ed. Londres: John Murray, 1885.

DESCARTES, René. *Discourse on Method, Optics, Geometry, and Meteorology*. Trad. de Paul J. Olscamp. Indianápolis: Bobbs-Merrill, 1965.

_____. *Principles of Philosophy*. Trad. de V. R. Miller e R. P. Miller. Dordrecht: D. Reidel, 1983.

DIÓGENES LAÉRCIO. *Lives of the Eminent Philosophers*. Trad. de R. D. Hicks. Cambridge, MA: Loeb Classical Library, Harvard University Press, 1925.

EUCLIDES. *The Thirteen Books of the Elements*. 2. ed. Trad. de Thomas L. Heath. Cambridge, UK: Cambridge University Press, 1925.

FILO. *The Works of Philo*. Trad. de C. D. Yonge. Hendrickson, 1993.

GALILEU GALILEI. *Discourse on Bodies in Water*. Trad. de Thomas Salusbury. Urbana: University of Illinois Press, 1960.

_____. *Sidereus Nuncius, or The Sidereal Messenger*. Trad. de Albert van Helden. Chicago: University of Chicago Press, 1989.

_____. *Dialogue Concerning the Two Chief World Systems: Ptolemaic and Copernican*. Trad. de Stillman Drake. Nova York: Modern Library, 2001.

_____. *Discoveries and Opinions of Galileo*. Trad. de Stillman Drake. Nova York: Anchor, 1957. Inclui *The Starry Messenger, Letter to Christina* e excertos de *Letters on Sunspots* e *The Assayer*.

_____. *The Essential Galileo*. Trad. de Maurice A. Finocchiaro. Indianápolis: Hackett, 2008. Inclui *The Sidereal Messenger, Letter to Castelli, Letter to Christina, Reply to Cardinal Bellarmine* etc.

_____. *Two New Sciences, Including Centers of Gravity and Force of Percussion*. Trad. de Stillman Drake. Madison, WI: University of Wisconsin Press, 1974.

_____; SCHEINER, Christoph. *On Sunspots*. Trad. e org. Albert van Helden e Eileen Reeves. Chicago: University of Chicago Press, 2010.

HAMID AL-GHAZALI, Abu. *The Incoherence of the Philosophers*. Trad. de Sabih Ahmad Kamali. Lahore: Pakistan Philosophical Congress, 1958.

_____. *The Beginnings of Sciences*. Trad. de I. Goldheizer. In: SWARTZ, Merlin L. (Org.). *Studies on Islam*. Oxford: Oxford University Press, 1981.

HERÓDOTO. *The Histories*. Trad. de Aubery de Selincourt. Londres: Penguin, 2003.

HOMERO. *The Iliad*. Trad. de Richmond Lattimore. Chicago: University of Chicago Press, 1951.

_____. *The Odyssey*. Trad. de Robert Fitzgerald. Nova York: Farrar, Straus, and Giroux, 1961.

HORÁCIO, *Odes and Epodes*. Trad. de Niall Rudd. Cambridge, MA: Loeb Classical Library, Harvard University Press, 2004.

HUYGENS, Christiaan. *The Pendulum Clock or Geometrical Demonstrations Concerning the Motion of Pendula as Applied to Clocks*. Trad. de Richard J. Blackwell. Ames, Iowa: Iowa State University Press, 1986.

_____. *Treatise on Light*. Trad. de Silvanus P. Thompson. Chicago: University of Chicago Press, 1945.

KEPLER, Johannes. *New Astronomy (Astronomia Nova)*. Trad. de W. H. Donahue. Cambridge, UK: Cambridge University Press, 1992.

_____. *Epitome of Copernican Astronomy & Harmonies of the World*. Trad. de C. G. Wallis. Amherst, NY: Prometheus, 1995.

KHAYYAM, Omar. *The Rubáiyát, the Five Authorized Editions*. Trad. de Edward Fitzgerald. Nova York: Walter J. Black, 1942.

_____. *The Rubáiyát, a Paraphrase from Several Literal Translations*. De Richard Le Gallienne. Londres: John Lan, 1928.

LACTÂNCIO. *Divine Institutes*. Trad. de A. Bowen e P. Garnsey. Liverpool: Liverpool University Press, 2003.

LEIBNIZ, Gottfried Wilhelm. *The Leibniz-Clarke Correspondence*. Org. de H. G. Alexander. Manchester, UK: Manchester University Press, 1956.

LUTERO, Martinho. *Table Talk*. Trad. de W. Hazlitt. Londres: H. G. Bohn, 1857.

MAIMÔNIDES, Moisés. *Guide to the Perplexed*. Trad. de M. Friedländer. 2. ed. Londres: George Routledge, 1919.

NEWTON, Isaac. *The Principia: Mathematical Principles of Natural Philosophy*. Trad. de I. Bernard Cohen e Anne Whitman, com "A Guide to Newton's *Principia*", por I. Bernard Cohen. Berkeley e Los Angeles: University of California Press, 1999.

_____. *Mathematical Principles of Natural Philosophy*. Trad. de Florian Cajori. Rev. de Andrew Motte. Berkeley e Los Angeles: University of California Press, 1962.

_____. *Opticks, or a Treatise of the Reflections, Refractions, Inflections, and Colours of Light*. Nova York: Dover, 1952. Baseado na 4. ed., Londres, 1730.

NEWTON, Isaac. *The Mathematical Papers of Isaac Newton*. Org. de D. Thomas Whiteside. Cambridge, UK: Cambridge University Press, 1968.

ORESME, Nicole. *The Book of the Heavens and the Earth*. Trad. de A. D. Menut e A. J. Denomy. Madison: University of Wisconsin Press, 1968.

PLATÃO. *The Works of Plato*. Trad. de Benjamin Jowett. Nova York: Modern Library, 1928. Inclui *Phaedo, Republic, Theaetetus* etc.

_____. *Phaedo*. Trad. de Alexander Nehamas e Paul Woodruff. Indianápolis: Hackett, 1995.

_____. *Republic*. Trad. de Robin Wakefield. Oxford: Oxford University Press, 1993.

_____. *Timaeus and Critias*. Trad. de Desmond Lee. Nova York: Penguin, 1965.

_____. *Plato*. V. IX. Cambridge: Loeb Classical Library, Harvard University Press, 1929 [*Phaedo* etc.].

PTOLOMEU. *Almagest*. Trad. de G. J. Toomer. Londres: Duckworth, 1984.

_____. *Optics*. Trad. de A. Mark Smith. In: *Ptolemy's Theory of Visual Perception — An English Translation of the* Optics *with Commentary. Transactions of the American Philosophical Society*, v. 86, parte 2, Filadélfia, 1996.

SIMPLÍCIO. *On Aristotle "On the Heavens 2.10-14"*. Trad. de I. Mueller. Ithaca, NY: Cornell University Press, 2005.

_____. *On Aristotle "On the Heavens 3.1-7"*. Trad. de I. Mueller. Ithaca, NY: Cornell University Press, 2005.

_____. *On Aristotle "Physics 2"*. Trad. de Barrie Fleet. Londres: Duckworth, 1997.

TUCÍDIDES. *History of the Peloponnesian War*. Trad. de Rex Warner. Nova York: Penguin, 1954; 1972.

COLETÂNEAS DE FONTES ORIGINAIS

BARNES, J. *Early Greek Philosophy*. Londres: Penguin, 1987.

_____. *The Presocratic Philosophers*. Ed. rev. Londres: Routledge & Kegan Paul, 1982.

BERGGREN, J. Lennart. "Mathematics in Medieval Islam". In: KATZ, Victor (Org.). *The Mathematics of Egypt, Mesopotamia, China, India, and Islam*. Princeton, NJ: Princeton University Press, 2007.

CLAGETT, Marshall. *The Science of Mechanics in the Middle Ages*. Madison: University of Wisconsin Press, 1959.

COHEN, M. R.; DRABKIN, I. E. *A Source Book in Greek Science*. Cambridge, MA: Harvard University Press, 1948.

DRAKE, Stillman; DRABKIN, I. E. *Mechanics in Sixteenth-Century Italy*. Madison: University of Wisconsin Press, 1969.

_____; O'MALLEY, C. D. *The Controversy on the Comets of 1618*. Filadélfia: University of Pennsylvania Press, 1960. [Traduções de textos de Galileu, Grassi, Guiducci e Kepler.]

FREEMAN, K. *The Ancilla to the Pre-Socratic Philosophers*. Cambridge: Harvard University Press, 1966.

GRAHAM, D. W. *The Texts of Early Greek Philosophy: The Complete Fragments and Selected Testimonies of the Major Presocratics*. Nova York: Cambridge University Press, 2010.

GRANT, E. *A Source Book in Medieval Science*. Cambridge, MA: Harvard University Press, 1974.

HEATH, T. L. *Greek Astronomy*. Londres: J. M. Dent & Sons, 1932.

IBRY-MASSIE, G. L.; KEYSER, P. T. *Greek Science of the Hellenistic Era*. Londres: Routledge, 2002.

MAGIE, William Francis. *A Source Book in Physics*. Nova York: McGraw-Hill, 1935.

MATTHEWS, Michael. *The Scientific Background of Modern Philosophy*. Indianápolis: Hackett, 1989.

SWARTZ, Merlin L. *Studies in Islam*. Oxford: Oxford University Press, 1981.

FONTES SECUNDÁRIAS

THE DICTIONARY *of Scientific Biography*. Nova York: Charles Scribners Sons, 1975.

BARNES, J. (Org.). *The Cambridge Companion to Aristotle*. Cambridge: Cambridge University Press, 1995. Artigos de Barnes, R. J. Hankinson e outros.

BUTTERFIELD, Herbert. *The Origins of Modern Science*. Ed. rev. Nova York: The Free Press, 1957.

CHANDRASEKHAR, S. *Newton's* Principia *for the Common Reader*. Oxford: Clarendon, 1995.

CHRISTIANSON, R. *Tycho's Island*. Cambridge: Cambridge University Press, 2000.

CIPOLLA, Carlo M. *Clocks and Culture 1300-1700*. Nova York: W. W. Norton, 1978.

CLAGETT, Marshall (Org.). *Critical Studies in the History of Science*. Madison: University of Wisconsin Press, 1959. Artigos de I. B. Cohen e outros.

COHEN, H. Floris. *How Modern Science Came Into the World: Four Civilizations, One 17th Century Breakthrough*. Amsterdam: Amsterdam University Press, 2010.

CRAIG, John. *Newton at the Mint*. Cambridge, UK: Cambridge University Press, 1946.

CREASE, Robert P. *World in the Balance: The Historic Quest for an Absolute System of Measurement*. Nova York: W. W. Norton, 2011.

CROMBIE, A. C. *Medieval and Early Modern Science*. Garden City, NY: Doubleday Anchor, 1959.

_____. *Robert Grosseteste and the Origins of Experimental Science — 1100-1700*. Oxford: Clarendon, 1953.

DARRIGOL, Olivier. *A History of Optics from Greek Antiquity to the Nineteenth Century*. Oxford, UK: Oxford University Press, 2012.

DEAR, Peter. *Revolutionizing the Sciences: European Knowledge and its Ambitions, 1500-1700*. 2. ed. Princeton e Oxford: Princeton University Press, 2009.

DICKS, D. R. *Early Greek Astronomy to Aristotle*. Ithaca, NY: Cornell University Press, 1970.

DRAKE, Stillman. *Galileo at Work: His Scientific Biography*. Chicago: University of Chicago Press, 1978.

DUHEM, Pierre. *To Save the Phenomena: An Essay on the Idea of Physical Theory*. Trad. de E. Dolan e C. Machler. Chicago: University of Chicago Press, 1969.

_____. *Medieval Cosmology: Theories of Infinity, Place, Time, Void, and the Plurality of Worlds*. Trad. de Roger Ariew. Chicago: University of Chicago Press, 1985.

_____. *The Aim and Structure of Physical Theory*. Trad. de Philip K. Weiner. Nova York: Athenaeum, 1982.

EVANS, James. *The History and Practice of Ancient Astronomy*. Oxford: Oxford University Press, 1998.

FANTOLI, Annibale. *Galileo: For Copernicanism and For the Church*. 2. ed. Trad. de G. V. Coyne. South Bend, Indiana: University of Notre Dame Press, 1996.

FINOCCHIARO, Maurice A. *Retrying Galileo, 1633-1992*. Berkeley e Los Angeles: University of California, 2005.

FORSTER, E. M. *Pharos and Pharillon*. Nova York: Alfred Knopf, 1962.

FREEMAN, Kathleen. *The Pre-Socratic Philosophers*. 3. ed. Oxford: Basil Blackwell, 1953.

GALISON, Peter. *How Experiments End*. Chicago: University of Chicago Press, 1987.

GIBBON, Edward. *The Decline and Fall of the Roman Empire*. Nova York: Everyman, 1991.

GLEICK, James. *Isaac Newton*. Nova York: Pantheon, 2003.

GRAHAM, Daniel S. *Science Before Socrates: Parmenides, Anaxagoras, and the New Astronomy*. Oxford, UK: Oxford University Press, 2013.

GRANT, Edward. *The Foundations of Modern Science in the Middle Ages*. Cambridge, UK: Cambridge University Press, 1996.

GRANT, Edward. *Planets, Stars, and Orbs: The Medieval Cosmos, 1200-1687.* Cambridge, UK: Cambridge University Press, 1994.

GRAUKROGER, Stephen (Org.). *Descartes: Philosophy, Mathematics, and Physics.* Brighton, UK: Harvester, 1980.

_____; SCHUSTER, John; SUTTON, John (Orgs.). *Descartes' Natural Philosophy.* Londres e Nova York: Routledge, 2000.

GREEN, Peter. *Alexander to Actium.* Berkeley: University of California Press, 1980.

GUTAS, Dmitri. *Greek Thought, Arabic Culture: The Graeco-arabic Translation Movement in Baghdad and Early 'Abbāsid Society.* Londres: Routledge, 1998.

HALL, Rupert. *Philosophers at War: The Quarrel Between Newton and Leibniz.* Cambridge, UK: Cambridge University Press, 1980.

HASKINS, Charles Homer. *The Rise of Universities.* Ithaca, NY: Cornell University Press, 1957.

HEILBRON, J. L. *Galileo.* Oxford: Oxford University Press, 2010.

HELDEN, Albert van. *Measuring the Universe: Cosmic Dimensions from Aristarchus to Halley.* Chicago, University of Chicago Press, 1983.

HITTI, P. K. *History of the Arabs.* Londres: Macmillan, 1937.

HOGENDIJK, J. P.; SABRA, A. I. (Orgs.). *The Enterprise of Science in Islam: New Perspectives.* Cambridge, MA: MIT Press, 2003.

HUFF, Toby E. *Intellectual Curiosity and the Scientific Revolution.* Cambridge, UK: Cambridge University Press, 2011.

JIM AL-KHALIFI. *The House of Wisdom.* Nova York: Penguin, 2011.

KING, Henry C. *The History of the Telescope.* Toronto: Charles Griffin, 1955. Reed. Nova York: Dover, 1979.

KING-HELE, D. G.; HALE, A. R. (Orgs.). *Newton's Principia and His Legacy.* Notes & Records of the Royal Society of London 42, pp. 1-122, 1988.

KOYRÉ, Alexandre. *From the Closed World to the Infinite Universe.* Baltimore: Johns Hopkins, 1957.

KUHN, Thomas S. *The Copernican Revolution.* Cambridge, MA: Harvard University Press, 1957.

_____. *The Structure of Scientific Revolutions.* Chicago: University of Chicago Press, 1962. 2. ed., 1970.

L'ANNO *Galileiano, International Symposium a cura dell'Universita di Padova, 2-6 dicembre 1992.* V. I. Trieste: LINT, 1995. Apresentações em inglês por Thomas Kuhn e mim.

LINDBERG, David C. *The Beginnings of Western Science.* Chicago: University of Chicago Press, 1992. 2. ed., 2007.

_____; WESTFALL, R. S. (Orgs.). *Reappraisals of the Scientific Revolution*. Cambridge, UK: Cambridge University Press, 2000.

LLOYD, G. E. R. *Methods and Problems in Greek Science*. Cambridge, MA: Cambridge University Press, 1991.

MACHAMER, Peter (Org.). *The Cambridge Companion to Galileo*. Cambridge, UK: Cambridge University Press, 1998.

MARTÍNEZ, Alberto A. *The Cult of Pythagoras: Man and Myth*. Pittsburgh: University of Pittsburgh Press, 2012.

MASOOD, E. *Science and Islam*. Londres: Icon, 2009.

MERTON, Robert K. "Motive Forces of the New Science". In: *Osiris* IV, Parte 2, 1938. Reed. em *Science, Technology, and Society in Seventeenth Century England*. Nova York: Howard Fertig, 1970; e em SZTOMPKA, Piotry (Org.). *On Social Structure and Science*. Chicago: University of Chicago Press, 1996, pp. 223-40.

NEUGEBAUER, Otto. *A History of Ancient Mathematical Astronomy*. Nova York: Springer-Verlag, 1975.

_____. *Astronomy and History: Selected Essays*. Nova York: Springer-Verlag, 1983.

OSLER, M. J. (Org.). *Rethinking the Scientific Revolution*. Cambridge, UK: Cambridge University Press, 2000. Artigos de Osler, B. J. T. Dobbs, R. S. Westfall e outros.

ROWLAND, Ingrid D. *Giordano Bruno: Philosopher & Heretic*. Nova York: Farrar, Strauss, and Giroux, 2008.

SARTON, George. *Introduction to the History of Science, Volume I: From Homer to Omar Khayyam*. Washington: Carnegie Institution of Washington, 1927.

SCHRÖDINGER, Erwin. *Nature and the Greeks*. Cambridge: Cambridge University Press, 1954.

SHAPIN, Steven. *The Scientific Revolution*. Chicago: University of Chicago Press, 1996.

SOBEL, Dava. *Galileo's Daughter*. Nova York: Walker, 1999.

SWARTZ, Merlin L. *Studies in Islam*. Oxford: Oxford University Press, 1981.

SWERDLOW, N. M.; NEUGEBAUER, O. *Mathematical Astronomy in Copernicus's De Revolutionibus*. Nova York: Springer-Verlag, 1984.

TATON, R.; WILSON, C. (Orgs.). *Planetary Astronomy from the Renaissance to the Rise of Astrophysics: Part A: Tycho Brahe to Newton*. Cambridge, UK: Cambridge University Press, 1989.

TRIBUTE *to Galileo in Padua, International Symposium a cura dell'Universita di Padova, 2-6 dicembere 1992*. V. IV. Trieste: LINT, 1995. Artigos em inglês de J. MacLachlan, I. B. Cohen, O. Gingerich, G. A. Tammann, L. M. Lederman, C. Rubbia e de mim mesmo.

VLASTOS, Gregory. *Plato's Universe*. Seattle: University of Washington Press, 1975.

VOLTAIRE. *Philosophical Letters*. Trad. de E. Dilworth. Indianápolis: Bobbs-Merrill Educational Publishing, 1961.

WATSON, Richard. *Cogito Ergo Sum: The Life of René Descartes*. Boston: David R. Godine, 2002.

WEINBERG, Steven. *Discovery of Subatomic Particles*. Ed. rev. Cambridge, UK: Cambridge University Press, 2003.

_____. *Dreams of a Final Theory*. Nova York: Pantheon, 1992. Reed. com novo posfácio, Nova York: Vintage, 1994.

_____. *Facing Up: Science and its Cultural Adversaries*. Cambridge, MA: Harvard University Press, 2001.

_____. *Lake Views: This World and the Universe*. Cambridge, MA: Harvard University Press, 2009.

WESTFALL, Richard S. *The Construction of Modern Science: Mechanism and Mechanics*. Cambridge, UK: Cambridge University Press, 1977.

_____. *Never at Rest: A Biography of Isaac Newton*. Cambridge, UK: Cambridge University Press, 1980.

WHITE, Andrew Dickson. *A History of the Warfare of Science and Theology in Christendom*. Nova York: D. Appleton, 1895.

WHITE, Lynn. *Medieval Technology and Social Change*. Oxford: Oxford University Press, 1962.

Índice remissivo

Abraham, Max, 58
Abu Bakr, califa, 142
Academia (Atenas): de Platão, 40-1, 45-6, 78, 119; neoplatônica, 78, 142
Académie Royale des Sciences, 250
aceleração, 182, 243, 246, 248-50, 284, 292, 296, 312, 355, 413, 415-7; centrípeta, 285-8, 292, 294, 296-8, 300, 302, 438-43
Achillini, Alessandro, 185
acordes, 38, 350
Actium, batalha de (31 a.C.), 55
Adams, John Couch, 311
Adelard de Bath, 167
Adrasto de Afrodísias, 133-4, 149, 207
Aécio, 94, 111, 119
Afeganistão, 142
Afonso x, rei de Castela, 205
água: aceleração da queda, 57; como elemento, 24, 27, 32-3, 95-7, 323; composição química da, 323; cor-

pos submersos em, 60, 63, 361; em queda, 57, 357; Platão sobre, 32-3
ajustes finos, 116, 119-20, 197
Al Qanum (Ibn Sina), 151
alambique, 155
Al-Ashari, 162
Al-Battani (Albatenius), 146, 153, 156-7, 207, 262
Albert da Saxônia, 177
Alberto Magno, 226
Albertus Magnus, 169-70
Al-Biruni, 146-8, 156, 159-61, 180, 299, 382-4, 411, 452n
Al-Bitruji, 151, 157
álcali, 155
álcool, 155
Aldebarã (estrela), 154
Alemanha, 184, 206, 307
Alexandre de Afrodísias, 131
Alexandre, o Grande, 45, 87
Alexandria, 56-7, 59, 61-2, 65, 67, 74, 77-9, 93, 98, 104-8, 142, 263, 358,

371-2, 378, 424, 452n; Biblioteca de, 56, 143; Museu de, 56, 60, 122; *ver também* helenístico, período

Al-Farghani (Alfraganus), 145-6

Al-Farisi, 156, 169, 264

algarismos romanos, 145

álgebra, 37, 66, 145, 154, 261-2, 336

Al-Ghazali (Algazel), 161-3, 168, 172--3, 453n

Algol (estrela), 154

algoritmo, 145, 154

Al-Haitam (Alhazen), 149, 156, 180, 223

Ali, quarto califa, 142

alizarina, 155

al-Khayyam, Omar, 148, 159

Al-Khwarizmi, 145, 153, 168

Al-Kindi (Alkindus), 150-1

Almagesto (Ptolomeu), 78, 106, 122, 126, 129, 135, 145-6, 154, 168, 178, 195, 198, 373, 380-1, 452n

Almagestum novum (Riccioli), 235

Al-Mamun, califa abássida, 143-5, 160

Al-Mansur, califa abássida, 142

Alphecca (estrela), 155

alquimia, 32, 149-50, 155, 271-2, 275

Al-Rashid, Harun, califa abássida, 143

Al-Razi (Rhazes), 150, 159-60, 168

Al-Shirazi, 156

Al-Sufi (Azophi), 146, 160

Altair (estrela), 155

Al-Tusi, 156-7, 160

Al-Zahrawi (Abulcasis), 151

Al-Zarqali (Arzachel), 153, 300

âmbar, eletricidade e, 320-1

Ambrósio de Milão, 78

Ampère, André-Marie, 321

Amrou, general árabe, 142

análise de Fourier, 347

Analíticos primeiros (Aristóteles), 40

Anaxágoras, 31, 74, 94, 97, 450n

Anaximandro, 25, 27, 34, 71, 88, 96, 150

Anaxímenes, 26, 59, 96

Andrômeda, constelação de, 146

ano bissexto, 91

Apolônio, 15, 44, 65, 78, 121, 125-6, 133, 247, 316, 391

ar: como elemento, 26, 32-3, 95, 323; corpos em queda e, 242, 355; densidade e peso do (segundo Galileu), 243; forma dos átomos (segundo Platão), 32-3; gotas caindo e, 358; movimento de projéteis (segundo Aristóteles), 49, 175; nos experimentos de Filo, 59; projéteis e (segundo Galileu), 247

árabes/ ciência árabe, 141-68, 184; Aristóteles e, 51, 184; astrônomos/ matemáticos vs. filósofos/físicos, 144, 167; declínio da, 156-7; era de ouro da, 142-4; Europa medieval e, 154, 166-7; Ptolomeu e, 122, 185; químicos, 149; religião e, 158; teoria dos humores e, 68

Arábia, 141

Arcangela, irmã, 239

arco-íris, 48, 156, 169, 262, 264, 267-8, 275, 423, 428, 432

Arcturus (estrela), 86

Argélia, 142

Aristarco, 78, 98-102, 104, 107, 120, 130, 147, 187, 200, 298-9, 365-7, 370-1, 379

Aristófanes, 31

Aristóteles, 15, 24, 29, 34, 45-54, 184; ar e, 49, 51, 59; árabes e, 51, 143, 150, 161, 184; arco-íris e, 264; banido na Europa medieval, 170, 174, 232; céus imutáveis e, 207, 222; Copérnico e, 194, 200; corpos em queda e, 48-53, 76, 78, 95-7, 102, 170, 175, 222, 243, 247, 355; desafiado no fim do século XVI, 256; Descartes e, 258, 264, 268; elementos e, 32; forma esférica da Terra, 95-7; Galileu e, 222, 232, 237, 243, 247, 251; gravitação e, 97; influência de, 51; julgado pelos padrões modernos, 52; Kepler e, 215, 218*n*, 219; matemática e, 42; modelos ptolomaicos vs., 130, 144, 151, 169, 180, 184; natural vs. artificial e, 48; Newton e, 273, 303, 306; órbitas planetárias e homocentrismo de, 102, 111, 117, 121, 129, 132, 173, 186, 194, 207, 215, 237, 268, 317; período helenístico e, 58; pitagóricos e, 38, 112; primeiros cristãos e, 76; revolução científica e, 256; teleologia e, 47, 49, 61, 329; vácuo e, 170, 177, 251, 258

aritmética, 37, 40, 131, 165, 166, 212, 273

Arquimedes, 42, 44, 62-6, 78, 97, 100, 102-4, 168, 170, 241, 290-1, 361, 363-4, 370-1, 450*n*

Arquitas de Tarento, 39, 350

Arriano, 87

artificial vs. natural, 48

Ásia, 26, 41, 65, 72, 96, 105, 142, 144, 146, 148, 150

astrologia, 68, 135, 147-8, 150, 155, 177, 214

Astronomia nova (Kepler), 215-19

Astronomiae pars optica (Kepler), 215

Ataques (Zenão de Eleia), 28

Atenas, 56-7, 58, 73-5, 78, 93-4, 98, 107

atmosfera, 112, 215, 226, 233, 251, 356

átomos: estrutura e estados energéticos do, 323-7; gregos e, 28, 3-3, 73, 341; mecânica quântica e, 231, 310; núcleo atômico, 302, 310, 326, 328

Áustria, 210, 221

Averróis *ver* Ibn Rushd

Avicena *ver* Ibn Sina

Babilônia, 14, 28, 87

babilônios, 21, 24, 37, 88, 110, 135, 272

Bacon, Francis, 255, 268, 270

Bacon, Nicholas, 255

Bacon, Roger, 180, 223

Bagdá, 79, 142-6, 150, 155-6, 161, 163

Bär, Nicholas Reymers, 208

Barberini, Maffeo *ver* Urbano VIII, papa

Barnes, J., 445*n*, 447*n*

barômetro, 252, 254

Baronius, cardeal, 235

Barrow, Isaac, 273-4, 282

Barton, Catherine, 271*n*

Bayt al-Hikmah (Casa do Saber), 143--5, 160

Bellarmine, Roberto, 232-5

Berkeley, George, 292, 305-6

Betelgeuse (estrela), 155

Bíblia, 74, 76, 171, 178, 192, 203, 234--5, 239; Daniel, 271; Eclesiastes, 203; Gênesis, 167, 178; Josué, 178, 234-5

big bang, 173

biologia, 14, 47, 68, 70, 155, 330-1, 333

Boaventura, santo, 171

Boécio de Dácia, 165-6, 170

Bohr, Niels, 325

Bokhara, sultão de, 151

Bolonha, Universidade de, 169, 193

Boltzmann, Ludwig, 323, 332
bomba de ar, 253
Born, Max, 325
bósons, 327-8
Boyle, Robert, 247, 253-4, 256, 269, 274, 330
Bradwardine, Thomas, 181
Brahe, Tycho *ver* Tycho Brahe
Broglie, Louis de, 309, 325
Bruno, Giordano, 204, 232, 239
Bullialdus, Ismaël, 283
buracos negros, 332
Buridan, Jean, 103, 174-8, 180, 208, 268, 453*n*
Butterfield, Herbert, 191, 454*n*

Calcídio, 120
cálculo, 37, 248, 289, 295, 400; de limites, 295; diferencial, 281, 426; integral, 64, 281, 387
calendários: árabes e, 148, 155; gregoriano, 92, 205; gregos e, 86, 89-91; juliano, 92; Khayyam e, 148; Lua vs. Sol como base de, 90-1; Mecanismo de Anticítera, 103*n*
califado abássida, 142, 143-6, 155, 158, 159
califado almóada, 153, 156
califado omíada, 153, 155
Calímaco, 87
Calipo de Cízico, 115, 117-21, 130, 132, 185
Calisto (lua de Júpiter), 228, 443
calor, 85, 323, 332
Calvino, João, 203
Cambridge, Universidade de, 273, 305
campo gravitacional, 299, 312-4; *ver também* gravitação
campo magnético, 148, 321, 327

campo quântico, teoria do, 327-8
campo, conceito de, 44, 311, 325
característica de Euler, 345
Carlos II, rei da Inglaterra, 274
Carlos Magno, 143, 166
Carlos VII, rei da França, 315
Carta a Cristina (Galileu), 234, 239
Cartas sobre as manchas solares (Galileu), 231, 233
Casa do Saber *ver* Bayt al-Hikmah
Casamento de Mercúrio com a Filologia, O (Martianus Capella), 165
Cassini, Giovanni Domenico, 299
Cassiopeia, constelação de, 206
catálogo estelar, 105, 122, 450*n*
catapultas, 59, 61, 67
católicos, 235, 239, 268; *ver também* cristianismo; Igreja Católica
Catóptrica (Heron), 61
Catóptrica (pseudoeuclidiana), 60
Cavendish, Henry, 299
César, Júlio, 55, 78, 91
Cesarini, Virginio, 65*n*
ceticismo, 73, 159-61, 191, 214, 257
céus, mutabilidade dos, 207, 223, 287
Châtelet, Émilie du, 308
Chaucer, Geoffrey, 52
China, 14, 143, 452*n*
Cícero, 34, 39, 64, 103, 450*n*
ciclo metônico, 92
ciência moderna, 13-5, 17, 21, 32, 47, 53-4, 70, 84, 111, 128, 154, 269, 272, 316; Descartes e, 268; Galileu e, 221, 242; Huygens e, 250; início no século XVII, 241-53; natureza impessoal da, 316; Newton e, 272; primeiros gregos e, 32
cilindro, volume do, 41, 64
Cipião Africano, 39

474

círculo: área do, 64, 363; definição de, 215, 390

Cirilo de Alexandria, 77-9

Clairaut, Alexis-Claude, 296n, 308

Clarke, Samuel, 308

classificação aristotélica, 47, 50n

Clávio, Cristóvão, 205, 229

Cleomedes, 108, 450n

Cleópatra, 55

clepsidra, 59, 246

Cohen, Floris, 58, 448n

Cohen, I. B., 460n

Collins, John, 282

Colombo, Cristóvão, 96n, 146

cometas: distância da Terra, 66n; Encke, 311; Galileu e, 233, 238, 260; Halley, 308, 311; Kepler e, 209; Newton e, 296, 305, 308; Tycho e, 207, 217

Commentariolus (Copérnico), 157, 194-5, 197, 200-1, 204

Concílio de Niceia, 91, 274

cone, volume do, 41

conservação de energia, 415-6

conservação de momentum, 250, 293, 441

Constantino i, imperador romano, 75-6

Constantinopla, 79, 143, 315

constelações, 86-7, 98, 107

Contador de areia, O (Arquimedes), 100, 102, 371

Contos da Cantuária (Chaucer), 52

contraTerra, 111

Conversas à mesa (Lutero) *ver Tischreden* (Lutero)

coordenadas cartesianas, 260

Copérnico, Nicolau, 104, 177, 185, 192, 377; alternativa de Tycho para a teoria de, 206-8; árabes e, 146, 157; Descartes e, 258; Francis Bacon e, 256; Galileu e, 223, 228, 232, 240; Kepler e, 209, 215-23, 317; movimento planetário e, 76, 120, 124, 130, 157, 166, 185n, 194-211, 221, 287; Newton e, 296n, 313; oposição religiosa a, 202-4, 232, 235-40, 268; recepção dos astrônomos às, 204; tamanhos relativos das órbitas planetárias, 392; teoria ptolemaica e, 375, 377

Córdoba, 151, 153, 163

cores, teoria das, 275

Cork, conde de, 253

corpos em queda: Aristóteles e, 48, 78, 95, 102, 170, 175, 222, 242; da Vinci e, 256; Descartes e, 259; Europa medieval e, 183; experimentos com planos inclinados, 245, 254, 416; Galileu e, 222, 242, 254, 269, 300, 413; gotas caindo, 57, 357; gregos e, 48-50, 57; Huygens e, 248, 418; Newton e, 242, 286, 294, 302, 305; órbita da Lua e, 286, 294, 302, 440; Oresme e, 183; teorema da velocidade média e, 183; Tycho e, 208; velocidade terminal e, 49, 355

corpos flutuantes e submersos, 63, 232, 361

Cosme ii dos Médici, 229

cosmo, 26n, 33, 95-7

Cosmogonia (Hesíodo), 74

cosmologia, 11, 26n, 59

cosseno, 99, 366, 380, 384, 399, 426

Crease, R. P., 459n

Cremonini, Cesare, 223, 231-2

cristalino ocular, 223-4

cristianismo, 50-1, 73, 75, 77-9, 140,

142, 158, 162-3, 166, 174, 191, 305; Aristóteles banido pelo, 168-74; Copérnico e, 203; Galileu e, 234--40; primitivo e o impacto na ciência, 75-9; *ver também* Igreja católica; protestantismo

Cristiano IV, rei da Dinamarca, 209

Cristina de Lorena, grã-duquesa da Toscana, 234, 239

Cristina, rainha da Suécia, 268

critérios estéticos (beleza), 197, 317, 329

Crombie, A. C., 180, 453*n*

cromodinâmica quântica, 303

Ctesíbio, 59, 66

cubo, 31, 39, 210, 211*n*, 341, 344

Cutler, Sir John, 277

Cuvier, Georges, 330

D'Alembert, Jean, 308

Da República (Cícero), 39, 103

Dalton, John, 32, 323

Damasco, 142, 156, 158

Darwin, Charles, 47, 222, 330-1, 460*n*

Das revoluções dos corpos celestes (Copérnico), 76

De analysi per aequationes numero terminorum infinitas (Newton), 282

De motu (Galileu), 222

De Revolutionibus (Copérnico), 200-5, 234-5, 454*n*

Dear, Peter, 166, 335, 453*n*, 458*n*

dedução, 250, 256, 260, 358, 408, 437

deferentes, 124, 127-8, 133, 144, 149, 196, 208, 230

Demétrio de Falero, 56

Demócrito, 28, 32-4, 36, 70, 73-4, 97, 149, 324

densidade: da Terra versus da água, 299; Newton e, 290

derivada, 281

Descartes, René, 15, 65, 184, 247, 250, 255, 257-70, 275, 278, 280, 283, 287, 295, 307, 309, 422-3, 429, 457--8*n*

design inteligente, 71

deslocamento, 63, 361

Deus: argumento do primeiro motor sobre a existência de, 50; ciência e a liberdade de, 172; Descartes e, 257; Newton e, 192, 308; vazio e, 50

Diálogo sobre os dois principais sistemas do mundo (Galileu), 237-8, 246

Diálogos sobre duas novas ciências (Galileu), 242-7

dias da semana, 110*n*

Dicks, D. R., 449*n*, 451*n*

Dietrich de Freiburg, 169, 264

difração, 260, 279

Dinamarca, 206-07

dinastia almorávida, 155

Diofanto, 65, 145

Diógenes Laércio, 24, 70, 87, 95, 445*n*, 449*n*

Dionísio II de Siracusa, 31, 41

Dioscórides, 143

Dirac, Paul, 199, 325-6, 460*n*

Discurso sobre a luz (Al-Haitam), 149

Discurso sobre o método (Descartes), 257, 260, 268-9, 457*n*

Discurso sobre os corpos na água (Galileu), 232, 242

distância focal, 224, 402-3, 405-8, 410--1

DNA, 331

Do céu (Aristóteles), 48, 51, 95, 113, 168

dodecaedro, 32, 33, 210-1, 341, 343, 346

dominicanos, 168, 172

Donne, John, 68, 335

Drake, Stillman, 456-7n

Dreyer, J. L. E., 118

Droysen, Johann Gustav, 55

Duhem, Pierre, 134, 192, 323, 451n, 452n, 454n, 456n

Duns Scotus (Johannes Scotus Erígena ou João Escoto), 283

Dúvidas a respeito de Galeno (Al-Razi), 150

Ecfanto, 200

eclipses: de outros planetas, 129; lunares, 73, 90, 94-5, 98, 278, 367-8, 450n; solares, 24, 94-5, 98, 104, 117, 206, 367, 450n

eclíptica, 88, 105-6, 227

efeito Doppler, 279

Egito, 14, 21, 24, 28, 55-7, 96, 142, 144, 155; *ver também* Alexandria

Einstein, Albert, 27, 58, 222, 259, 280, 309, 311-4, 324, 325, 448n

elementos: alquimistas sobre, 32; Aristóteles sobre, 32, 95-7; Europa medieval e, 167; gregos sobre os quatro, 27, 31, 34; Platão sobre, 31, 41, 71; químicos, identificados, 32, 323

Elementos (Euclides), 37, 39-42, 60, 74, 78, 101, 168, 280, 290, 341

eletricidade, 311, 320-2, 333; estática, 320

eletrodinâmica quântica, 231, 327-8

eletromagnetismo, 326-8, 333

elétrons, 30, 58, 231, 303, 307, 323-4, 326-9, 331, 333

elipses, 198, 215, 217-8, 288, 374, 387, 421; focos das, 215, 388, 390; parábola e, 419

Elizabeth I, rainha da Inglaterra, 219, 320

Empédocles, 27, 31, 34, 71, 150

empirismo, 174, 256, 315

emulsões fotográficas, 231

Encke, cometa, 311

energia cinética, 250, 414, 416

energia escura, 117, 213, 329

engenharia civil, 67

Ensaiador, O (Galileu), 65, 66n, 233

enxofre, 32, 323

epiciclos, 16, 122, 126n, 133, 316; ângulos iguais e equantes e, 397; árabes e, 149, 151, 156; Copérnico e, 198, 234; Europa medieval e, 185; Kepler e, 215; modelo ptolemaico e, 123, 133, 195, 202, 216, 316; planetas interiores e exteriores e, 373; Tycho e, 208

Epicuro de Samos, 45, 73, 75

Epítome da astronomia coperniciana (Kepler), 217

Epítome do Almagesto (Regiomontanus), 185

equação de Schrödinger, 325-6

equações ao quadrado, 37

equações de Maxwell, 322

equações do terceiro grau, 148

equador celeste, 88, 92, 146

equante, 121, 123, 126-8, 130, 156, 197-8, 215, 217, 221, 316, 396, 398

equinócios, 89, 91-2, 106-7; precessão dos, 107, 146, 158, 199, 301, 305, 308

Eratóstenes, 78, 107-8, 146, 371-2

escolas catedráticas, 167, 169

esfera: volume da, 64

Esfera ardente, A (Al-Haitam), 149

esoterismo, 28

espaço-tempo, 314

Espanha, 96, 142, 144, 146, 151, 153, 155, 167-8, 236

espelhos, 60, 359-60, 425; curvos, 61, 63, 113, 276; telescópio e, 113, 276

Espiga (estrela), 106

estações, 88-9, 91, 93, 115, 146, 199

estoicos, 28, 45, 108

Estratão de Lâmpsaco, 56-7, 59, 98, 101, 183, 357, 358, 447n

estrelas: brilho das, 85, 112, 122, 226, 306, 329; catálogo estelar, 105, 122, 450n; Copérnico e, 194; distância das, 194, 208, 227; estrelas fixas, 90, 100, 102, 105, 110-2, 114-5, 117-8, 156, 194, 206, 227, 394; Galileu e, 226; Kepler e, 212; magnitude das, 122n; paralaxe anual, 102; Polar, 107; supernovas, 206-7, 214

éter, 32, 277, 287, 321-2

Euclides, 37, 39-42, 44, 52, 60-1, 78, 143, 159, 265, 338, 341-2, 343, 353, 448n

Euctêmon, 89, 91, 115, 199

Eudoxo de Cnido, 41-2, 78, 113-5, 117-21, 130, 132, 185, 451n

Europa medieval, 145-6, 165-87, 262,

Europa (lua de Júpiter), 228

Eusébio, bispo de Cesareia, 88

evolução, 47, 213, 330

excentricidade, 216-7, 220n, 389, 390, 392, 396, 419, 422

excêntrico bissectado, 127n; *ver também* equante

excêntricos, 122, 126, 128, 130, 133, 151, 185, 198, 200, 215, 218, 234, 316

experimentação: Aristóteles e, 53; Descartes e, 258, 263, 269; desenvolvimento e, 241-56; Europa medieval e, 175, 180; Galileu e, 244, 254; gregos e, 48, 53, 59, 100; hipótese e, 269; Huygens e, 249; medicina e, 67; Newton e, 275; predição e, 192

explicação, descrição vs., 134

Fantoli, A., 456n

Faraday, Michael, 321

Fátima, filha de Maomé, 142

Fédon (Platão), 31, 446n

fenícios, 34, 87

Ferdinando I, grão-duque da Toscana, 234

Fermat, Pierre de, 62, 263-4, 278, 404, 423, 425, 436

férmions, 327, 328

Filipe II, rei da Macedônia, 45

Filo de Bizâncio, 59

Filo, Lúcio Fúrio, 103

Filolau, 111, 200

Fílon de Alexandria, 93

filosofia, 23, 51, 140, 144, 151, 184, 192, 231

Finocchiaro, M. A., 456n

física: árabes e, 148; Aristóteles e, 46, 155, 169, 174; biologia e, 330; ciência moderna e, 192, 219; Europa medieval e, 169, 174, 180; Galileu e, 229; gregos e, 42; Kepler e, 219; matemática e, 43, 306; Newton e a definição de, 306

Física (Aristóteles), 42, 47-9, 131, 168

"fisiólogos", 34

Fitzgerald, Edward, 148

fluxão *ver* derivada

foco: órbitas planetárias em torno de, 89, 198, 215; *ver também* elipses, focos das

fogo: Boyle e, 254; como elemento, 26, 32, 95, 323; Lavoisier e, 323

forças: centrífuga, 284-5, 300, 307; forças fortes, 302, 326; forças fracas, 326-7; Newton e o conceito de, 291, 320

Forma do eclipse, A (Al-Haitam), 149

Formação de sombras, A (Al-Haitam), 149

Foscarini, Paolo Antonio, 233, 235

fótons, 277, 280, 310, 325, 327

Fracastoro, Girolomo, 185, 237

França, 62, 178, 180, 184, 224, 251, 257-8, 262, 269, 307, 315

franciscanos, 168, 171, 181

Frederico II, rei da Dinamarca, 207, 209

Freeman, K., 446n, 449n

frequência de onda, 346-9

Fulbert de Chartres, 167

galáxias, 116, 212, 313, 438; primeira observação das, 146; velocidade relativa e, 437

Galeno, 68, 143, 155, 168

Galileu Galilei, 144, 177, 256, 273; astrologia e, 192; Boyle e, 253; cometas e, 65n, 233, 260; conflito com a Igreja e julgamento de, 232, 242, 268; corpos em queda e, 222, 242, 254, 269, 300, 413; corpos flutuantes e, 232; Descartes e, 258; estrelas vs. planetas e, 226; geometria e, 65; Huygens e, 247; Kepler e, 223, 229;

luas de Júpiter e, 227; marés e, 236, 260; pêndulo e, 243, 248; reabilitação pela Igreja (papa João Paulo II), 239; Saturno e, 248; sistema planetário e orbital de, 104, 221, 253, 258, 268; Sol e, 231; superfície da Lua e, 225, 287, 411; telescópio e, 113, 223-30, 276, 402; Tycho e, 237; vácuo e, 251

Galison, Peter, 259n, 458n

Ganimedes (lua de Júpiter), 228

Gassendi, Pierre, 73, 293

Geminus de Rodes, 131-2, 204, 306

genética, 330n, 331

geometria: álgebra vs., 65; analítica, 65, 260-1; corpos sólidos de Platão e, 340, 342-5; esférica, 156; Galileu e, 65; gregos e, 24, 37-42, 64, 131; Newton e, 295; teorema de Pitágoras, 39, 350, 353, 412, 433; teorema de Tales, 338, 340

Geometria (Descartes), 280

Gerardo de Cremona, 168

Gibbon, Edward, 73, 75, 79, 448-9n, 452n

Gilbert, William, 219, 320

Gingerich, O., 335, 455-6n

glúons, 328-9

gnômon, 88-9, 108, 112, 115, 231

Goldstein, B. R., 454n

"Good Morrow, The" (Donne), 68

Graham, Daniel W., 450n

Grassi, Orazio, 233

gravitação, 328; Aristóteles e, 97, 355; círculo equatorial da Terra e, 200; crítica de Huygens à teoria da gravidade de Newton, 306; espaço-tempo curvo e, 313; forças do modelo-padrão e, 328, 333; Galileu e a aceleração devido à, 246, 249, 299, 413; gravidade específica, 64, 66, 147, 291, 363; Hooke e, 289; Huygens e a aceleração devido à, 249, 268; Kepler e, 219, 221; lei do inverso do quadrado, 285, 289, 296; marés e, 236, 302; massas de laboratório e, 299; movimento da Lua e, 128, 286; Newton e, 134, 249, 282-9, 294-307, 311-2, 320, 355, 441-3; órbitas planetárias e, 83, 128, 176, 194, 219, 221, 442; Oresme e, 179; oscilação do eixo da Terra e, 107; período sideral e a terceira lei de Kepler, 221; precessão da órbita da Terra e, 153; precessão dos equinócios e, 107, 301; relatividade geral e, 312-4; velocidade terminal e, 355; *ver também* corpos em queda

Grécia, 21, 24, 32, 57, 68, 143

Green, Peter, 447n

Greenblatt, Stephen, 73, 448n

Gregório IX, papa, 169

Gregório XIII, papa, 92, 205

gregos: árabes e, 139, 142-3, 146, 150, 161, 167; dóricos, 27, 34; era clássica vs. era helenística, 55-8; Europa medieval e, 139, 165, 168, 170, 181; formato esférico da Terra e, 95-7; jônicos, 23, 26-8, 31, 38, 45, 94, 98; matemática e, 37-43, 65; matéria e, 23-35; medição da Terra, do Sol e da Lua, 94-108; movimento e, 45--54; planetas e, 110-35; poesia e, 34; religião e, 70-3

Grimaldi, Francesco Maria, 279

Grosseteste, Robert, 15, 180, 453n

Guerra Púnica, Segunda, 64

Guia dos perplexos (Maimônides), 154

Guilherme IV, landgrave de Hesse Cassel, 207

Gutas, Dimitri, 143, 452n

Halley, cometa, 308, 311

Halley, Edmund, 289, 304, 308

Halo e o arco-íris, O (Al-Haitam), 149

Hankinson, R. J., 46, 335, 447n

harmonia, 346, 348

Harmonices mundi (Kepler), 220

Harriot, Thomas, 262

Hartley, L. P., 13

Hartmann, Georg, 185n

Heath, Thomas, 118, 448n, 450n, 452n

Heaviside, Oliver, 322n

Heidelberg, Universidade de, 184

Heilbron, J. L., 456n

Heisenberg, Werner, 325

helenístico, período, 55-8; estática dos fluidos e, 64; luz e, 60; tecnologia e, 59-66; *ver também* Alexandria

heliocentrismo, 104, 157, 202, 204-5, 221; *ver também* Copérnico; Sol

Henrique VII, rei da Inglaterra, 315

Henry de Hesse, 186

Heráclides, 119-20, 123, 165, 176, 200, 373

Heráclio, imperador bizantino, 141

Heráclito, 26, 28, 34, 87, 449n

Hermes (Eratóstenes), 108

Heródoto, 72-3, 88

Heron de Alexandria, 61-2, 66-7, 78, 180, 242, 263, 265, 358-60, 424

Hertz, Heinrich, 322

Hesíodo, 34, 74, 86

Heytesbury, William de, 181-2, 454n

hidrogênio, 32, 198, 323, 333

hidrostática, 58, 241-2, 248

Hipácia, 78-9

Hiparco, 15, 75, 78, 104-7, 121-3, 125, 128-9, 133, 146, 180, 185, 199, 207, 301, 316

Hipaso, 40

hipérbole, 65, 294, 296

Hipócrates, 68, 143, 150, 159, 161

Hipólito, 94

hipópede, 115

Hipóteses planetárias (Ptolomeu), 128-9, 146, 196

Hisab al-Jabr w'a-l-Muqabala (Al--Khwarizmi), 145

History of Ancient Mathematical Astronomy, A (Neugebauer), 95n, 450--1n

History of the Warfare of Science and Technology in Christendom, A (White), 202

Hitti, Philip, 143, 452n

Holanda, 224, 257

Holton, G., 460n

Homero, 26, 34, 74, 85, 86, 449n

Hooke, Robert, 253, 274, 276-7, 289, 305

Horácio, 135n

horizonte: curva da Terra e, 96; medição da Terra com, 147, 382

Horologium oscillatorium (Huygens), 248, 250

Huff, Toby, 452n

Hugo Capeta, rei da França, 167

Hulagu Khan, 156

humores, quatro, 67, 150

Hunayn ibn Ishaq, 143

Hunt, Bruce, 335, 448n

Hussein, neto de Maomé, 142

Hutchinson, John, 305-6

Huygens, Christiaan, 61, 247-50, 264, 268, 274, 277, 284, 293, 417; aceleração centrípeta e, 268, 439; aceleração devido à gravidade e, 248; constante g e aceleração, 417; força centrífuga e, 284; relógio de pêndulo e, 248; teoria ondulatória da luz e, 61, 250, 264, 434, 436; Titã (lua de Saturno) e, 248; velocidade da luz e, 437

Hven, ilha de (Dinamarca), 207, 209, 395

Hypotyposes orbium coelestium (Peucer), 205

Ibn al-Nafis, 158

Ibn al-Shatir, 156, 296n

Ibn Bajjah (Avempace), 151, 155

Ibn Rushd (Averróis), 51-2, 151-3, 155, 157, 159, 161, 170, 172

Ibn Sahl, 148, 262

Ibn Sina (Avicena), 15, 150, 156, 160, 168

Ibn Tufayl (Abubácer), 151-2, 155

icosaedro, 32, 210-1, 341, 343, 346

Idade Média, 14, 17, 50-1, 84, 103, 119, 139-40, 143, 151, 153, 163, 165-6, 184, 192, 264

Igreja anglicana, 92, 274, 305

Igreja católica, 77, 92, 165-6, 168, 179, 184, 193, 204, 230, 232-3, 237, 239--40, 242; *Índex dos livros proibidos*, 235, 239, 242, 268

Igreja ortodoxa, 92

Ilíada (Homero), 74, 449n

Império Bizantino, 141, 452n

Império Romano, 21, 55-6, 75, 79, 122, 141, 158, 165, 214

impetus, 175-8, 268; *ver também* momentum

imutabilidade, princípio da, 30, 46
incerteza, 101, 258, 298-9
Incoerência da incoerência, A (Ibn Rushd), 161
Incoerência dos filósofos, A (Al--Ghazali), 161
Índia, 14, 57, 87, 143, 145-7, 156, 262, 384
índice de refração (*n*), 261, 265, 267-8, 404, 406, 423, 428, 432
infinitesimais, 280, 290, 294, 427
Inglaterra, 163, 171, 180-1, 184, 251, 253, 255, 271, 274, 305, 315
Início das ciências, O (Al-Ghazali), 163
Inocente IV, papa, 171
Inquisição romana, 204, 232, 235, 237-8
Invenções dos filósofos (Al-Ghazali), 161
Io (lua de Júpiter), 228, 278-9, 437
Irlanda, 92, 253
Isfahan, 146, 148
islã, 15, 50, 90, 140, 142, 150-1, 153, 158, 160-4, 173, 192; ciência *versus* religião e, 158-9, 161-3, 173, 240; sunitas *versus* xiitas, 142; *ver também* árabes; muçulmanos
Itália, 26, 28, 38, 40, 79, 157, 163, 167, 170, 184, 223-4, 251, 315

Jabir ibn Hayyan, 149, 275
Japão, 146
Jardim de Epicuro, 45
Jardine, N., 454*n*
Jefferson, Thomas, 73, 256
jesuítas, 65*n*, 205, 232-3, 235, 252, 257, 279
João Paulo II, papa, 239
João XXI, papa, 171
João XXII, papa, 172

John de Dumbleton, 181-2
John de Philoponus, 176
Johnsson, Ivar, 209
Jordan, Pascual, 325
Journal des Sçavans, 250
judaísmo, 153, 162, 164
judeus, 142, 144, 153
Juliano, imperador de Roma, 75
Júpiter, 110, 216; Aristóteles e, 118; cometa Halley e, 308; conjunção de Saturno e, 206; Copérnico e, 195, 196, 197; distância do Sol, 211*n*; epiciclos e, 373; Kepler e, 210, 211*n*; luas de, 228, 278, 296, 298; Newton e, 296-8; Ptolomeu e, 124, 129, 195, 317
Justiniano, imperador de Roma, 79, 142

Keill, John, 282
Kepler, Johannes: Copérnico e, 203, 219, 221, 317; Galileu e, 223, 230; Newton e, 284, 294, 296, 300, 309; órbitas elípticas e, 89, 125, 130, 209-22, 398; regra das áreas iguais e, 290; supernova e, 214; telescópio e, 231, 276, 402, 408; Tycho e, 209, 213-7
Keynes, John Maynard, 272
Kilwardby, Robert, 171
Koyré, Alexandre, 72, 448*n*, 457*n*
Kuhn, Thomas, 52-3, 447*n*, 455-6*n*

Lactâncio, 76, 97, 234, 449*n*
Laplace, Pierre Simon, 311
Laskar, Jacques, 306*n*
latim, 58, 120, 135, 149, 165, 168, 238, 250, 257, 273, 291, 308
latitude e longitude celestial, 105

Laudan, Laurens, 269, 458*n*
Lavoisier, Antoine, 32, 322
Le Verrier, Jean Joseph, 311
Lei de Boyle, 254
Lei de Descartes, 62
Lei de Snell, 62, 262, 423
lei do inverso do quadrado da gravitação, 285-9, 296, 441
Leibniz, Gottfried Wilhelm, 282-3, 292, 307-9, 312, 459*n*
Leis (Platão), 74
leis do movimento de Newton: primeira, 293; segunda, 293, 441; terceira, 293, 295-7, 441
leis dos movimentos planetários de Kepler, 219, 221, 295-6, 310, 398; primeira, 215, 219, 295, 396; segunda, 217, 219, 296, 396-8; terceira, 220, 285-9
lentes, 113, 223-4, 232, 276, 403, 406, 408-9
Leonardo da Vinci, 256
Leucipo, 28, 70, 324
Líbia, 107, 142
Libri, Giulio, 231
Liceu (Atenas), 45-6, 56-7, 98, 107
limites, ideia moderna de, 281*n*, 295, 385
Lindberg, David, 53-4, 174, 447*n*, 453--5*n*
Linnaeus, Carl, 330
Lívio, Tito, 64
Livro das estrelas fixas (Al-Sufi), 146
Lloyd, G. E. R., 456*n*
logaritmo, 280*n*
Lorentz, Hendrik, 58
Lua: árabes e, 153, 156; Aristarco sobre o tamanho e a distância da, 365; Aristóteles sobre a, 31, 118, 206; ca-

lendário lunar, 90; círculo equatorial da Terra e, 200; Copérnico e, 198; distância da Terra, 83, 94, 97, 104, 117, 129, 298, 443; eclipse solar e, 368; eclipses da, 90, 94; fases da, 90-2, 121; formato esférico da, 97; Galileu e, 225, 411-3; gregos e, 31, 83, 87, 90, 110, 112, 115, 118; Kepler e, 296; lado brilhante da, 94; marés e, 236, 302; Newton e, 249, 286-8, 294, 296, 301, 311, 440; paralaxe e, 298, 377, 395; pitagóricos e, 111; Ptolomeu e, 122, 126, 128, 156; superfície da, 225, 287, 411; tamanho da, 94, 99, 107, 117, 365, 412; *terminator* e, 225, 411; Tycho e, 207
Lucas, Henry, 273
Lucrécio, 73
Luís XI, rei da França, 315
luminosidade, 121-2, 226; magnitude e, 122*n*
luneta, 223-6; *ver também* telescópio
Lutero, Martinho, 203, 234
luz: conceito de campo e, 311; Descartes e, 261, 263; Einstein e, 313; eletromagnetismo e, 333; energia e, 325; gregos e, 60-1; Grosseteste e, 180; Huygens e, 250, 263, 277-80; Newton e, 275, 277-80; teoria ondulatória da, 250, 278, 434, 436; velocidade da, 62, 149, 175, 263, 266, 278-9, 312, 404, 423, 425, 436--7; *ver também* óptica; reflexão; refração
Luz da Lua, A (Al-Haitam), 149
Luz das estrelas, A (Al-Haitam), 149

M31 (galáxia), 146
Macedônia, 45, 47

magnetismo, 219, 296, 311, 320-2, 333; *ver também* eletromagnetismo

magnitude das estrelas, 122*n*

Maimon, Moisés ben (Maimônides), 134, 153-5, 452*n*

Malebranche, Nicolas de, 163, 306

Maomé, 141

Maquiavel, Nicolau, 73

Marcelo, Marco Cláudio, 64, 103

marés, 12, 236-8, 260, 271, 302, 305

Maria Celeste, irmã, 239, 456*n*

marinheiros, 86-7, 93, 96

Marrocos, 142, 144, 155

Marte: brilho de, 121; Copérnico e, 195-97; distância de, 299; epiciclos e, 373; excentricidade da órbita, 216; gregos e, 115, 118, 121-4, 129; Kepler e, 210, 214, 218; movimento de Marte é o teste ideal para as teorias planetárias, 214*n*; movimento retrógrado aparente de, 124, 195; período sideral de, 220; Ptolomeu e, 124, 129, 317

Martianus Capella, 165

Martínez, Alberto, 335, 446*n*

massa, 291, 296

massa de Planck, 333

matemática: árabes e, 143-5, 150, 156, 163; babilônios e, 37; conceito de campo e, 311; Copérnico e, 205; Descartes e, 257, 270; Einstein e, 314; Europa medieval e, 167, 180-3; função na ciência, 41-3, 113, 140, 183, 192, 250; Galileu e, 221, 229; gregos e, 37-44, 60, 64-5, 74, 94, 96-101, 113, 143, 351; Kepler e, 209, 317; modelos ptolomaicos e, 112, 122; neoplatônicos e, 74; Newton e, 274, 280-2, 306; pitagóricos

e, 38-40; *ver também* álgebra; cálculo; geometria

matéria: alquimistas e, 32; Aristóteles e, 95; Newton e, 319; Platão e, 31, 35; primeiros gregos e, 24-35, 70; teoria atômica da, 323

matéria escura, 30, 328

Matthews, Michael, 54, 447*n*

Maxwell, James Clerk, 277, 321-3, 332

Mayr, Simon, 228*n*

mecânica quântica, 58, 198, 277, 309-10, 324, 325-6

Mecanismo de Anticítera, 103*n*

medicina, 51, 67-9, 150-1, 155, 158, 169, 173, 177, 193, 222

Melâncton, Filipe, 203, 205, 209

Memórias geográficas (Eratóstenes), 108

Mercúrio: Aristóteles e, 118; Copérnico e, 120, 195-6, 202; elongações e órbita de, 392; epiciclos e, 373; excentricidade da órbita, 216, 397; Kepler e, 210, 220; modelos gregos e, 115, 118, 123-5, 129, 165; movimento retrógrado aparente de, 195; Ptolomeu e, 123-5, 129, 195, 202

mercúrio (elemento químico), 32, 252-3

Mersenne, Marin, 39

Merton College (Oxford), 181, 183, 243

Merton, Robert, 315, 459*n*

Merton, Walter de, 181

mês lunar sinódico, 90*n*

Mesopotâmia, 142, 146, 149

metafísica, 46, 152, 259

Metafísica (Aristóteles), 24, 38, 117-8, 445*n*

Meteorologia (Aristóteles), 168

Meteorologia (Descartes), 264
método científico, 268, 270
Meton de Atenas, 91
Mil e uma noites, As (Al-Rashid), 143
Mileto, 23-4, 26, 28-9, 32, 57, 316
Millikan, Robert, 323
misticismo sufi, 161
Mizar (estrela), 155
modelo-padrão, 11, 44, 307, 310, 328-30, 333
modelos homocêntricos, 115
moléculas, 310, 323, 326, 331-2
momentum, 78, 176, 218, 280, 291, 293, 327; conservação do, 176, 294; *ver também impetus*
Monde, Le (Descartes), 257
Montaigne, Michel de, 73
More, Thomas, 73
Morison, Samuel Eliot, 96*n*
movimento: Aristóteles sobre, 42, 48, 78, 170, 175; Europa medieval e, 176; Galileu e o estudo experimental do, 222, 239, 242; gregos sobre, 28, 42, 48, 78, 170, 175; Huygens e, 247; Newton e as leis do, 283, 292, 302, 315; Zenão de Eleia sobre, 28
movimento browniano, 324
muçulmanos, 141, 144, 153, 160, 163; *ver também* islã
Müller, Johannes *ver* Regiomontanus
multiverso, 212-3
música, 28, 38-9, 56, 165-6, 446*n*; harmonia e, 346, 348, 349; pitagóricos e, 37-9
Mysterium cosmographicum (Kepler), 210, 214, 217-8, 221-2

natural vs. artificial, 48
navegação, 87, 107

neoplatonismo/neoplatônicos, 74, 78-9, 168
Netuno, 311
Neugebauer, O., 95
neutrinos, 30, 328
nêutrons, 302, 326, 328
Newton, 283
newton (unidade de força), 253
Newton, Isaac, 54, 65, 73, 101, 125, 144, 192, 222, 240, 256, 260, 268, 271, 330; cálculo e, 280; causa da gravidade e, 302; constante gravitacional (*G*), 297, 300; Descartes e, 269; difração e, 260; eixo da Terra, 107, 199; física celestial e terrestre unificadas por, 286, 310, 323; Galileu e, 246; Huygens e, 250; importância de, 304, 308; marés e, 302; mecânica newtoniana, 199, 292, 312; momentum e, 176; movimento da Lua e, 128; movimento e gravitação e, 134, 176, 179, 242, 282, 316; oposição às teorias de, 305; óptica e, 275, 279; órbitas planetárias e, 268, 283, 295, 304; razão das massas dos planetas e do Sol, 297; relatividade geral e, 312, 313; religião e, 305; rotação da Terra e dos planetas e, 301; telescópio refletor e, 113, 276; teoria da matéria de, 319; Tycho e, 313
Nícias, 73
Nicolau de Cusa, 184
Nicômaco, 47
Nínive, batalha de (627 d.C.), 141-2
nominalistas, 174
Nova Atlântida, A (Francis Bacon), 256
Novara, Domenico Maria, 193

Novos experimentos físico-mecânicos concernentes à elasticidade do ar (Boyle), 253

Novum organum (Bacon), 255

Numbers, R. L., 455n

números: arábicos, 145, 167; complexos, 212; irracionais, 41, 352, 354--5; racionais, 352, 354; reais, 212

nuvens, 178, 232, 233

Nuvens, As (Aristófanes), 31

observação: Aristarco e, 101; Aristóteles e, 48, 51, 95, 152, 154, 237; Copérnico e, 125, 195, 205, 210, 221; Europa medieval versus ciência natural dedutiva e, 175; experimento versus, 241; explicação e, 309, 316; físicos teóricos modernos, 132; Francis Bacon e, 256; Galileu e o heliocentrismo, 222; Grosseteste e, 180; Kepler e, 215, 221; Maimônides sobre, 154; matemática e, 43, 134; medicina versus física e, 155; modelos homocêntricos e, 120; movimentos dos planetas e, 241; Newton e, 301, 309, 311; Platão e, 93; previsão e, 192; princípios gerais e deduções combinados com, 256; Ptolomeu e, 123, 124, 130, 154; teorias gregas dos movimentos dos planetas e, 125; Tycho e a exatidão da, 207, 208

observatórios, 148, 156-8, 163, 194, 207, 209

ocasionalismo, 162, 173

Ocidente, 14, 92, 141, 143, 146, 165, 315

octaedro, 32, 210-1, 341, 343, 346

octônios, 212

Odisseia (Homero), 74, 449n

oftalmologia, 158

Oldenburg, Henry, 276

Omar, califa, 142

ondas, comprimento e velocidade de, 346

Ophiuchus, constelação de, 214

óptica, 61, 139, 150, 215, 248, 251, 260, 269, 275, 282, 319; árabes e, 148, 156; Descartes e, 261-7; eletricidade e magnetismo e, 322; Europa medieval e, 181; Francis Bacon e, 181; gregos e, 58, 60-1; Grosseteste e, 180; Huygens e, 250; Kepler e, 215; Newton e, 274, 319; *ver também* luz; reflexão; refração

Óptica (Al-Haitam), 149

Óptica (Descartes), 261

Óptica (Euclides), 60

Óptica (Newton), 280, 306n, 308, 319

Óptica (Ptolomeu), 61, 263

Opus maius (Bacon), 223

órbitas, 83, 112; circulares, 29, 198, 215, 218, 285, 289, 398, 443; elípticas, 16, 29, 127, 157, 295; tamanho das, 195, 201

Oresme, Nicole, 103, 174, 177-80, 182--4, 208, 244, 453n

Oriente, 92, 143

Órion, constelação de, 86, 226

Ørsted, Hans Christian, 320

Osiander, Andreas, 203-5, 234, 455n

Ostwald, Wilhelm, 324, 460n

Otman, califa, 142

Oto III, imperador da Alemanha, 167

ouro, 29, 64, 66, 149

Oxford, Universidade de, 174, 180-4

oxigênio, 323

Pádua, Universidade de, 177, 184, 193, 222, 229, 245

Palestina, 156

Paquistão, 142, 163

"par Tusi", 157

parábola, 65, 246, 281, 294, 296, 418-22; órbita dos cometas e, 308; trajetória dos projéteis e, 247, 418

paralaxe, 129, 194; anual, 102, 194; diurna, 206-7, 233, 286, 298, 394-6, 440; lunar, 377

paramegmata (calendários de estrelas), 86

parâmetro de impacto *b*, 265-6, 429

Paris, Universidade de, 166, 169-71, 173-7, 181

Parmênides, 28-30, 34, 46, 94-5, 450*n*

Parte óptica da astronomia, A (Kepler), 215

Partes dos animais (Aristóteles), 47

partículas elementares, 11, 30, 32, 36, 44, 59, 212, 231, 307, 310, 327, 332

pascal (unidade), 253

Pascal, Blaise, 247, 252-3

Páscoa, data da, 91-2

Pauli, Wolfgang, 325

Paulo III, papa, 76, 200

Paulo V, papa, 235

Paulo, são, 77, 449*n*

Pecham, John, 171

Pedro, o Grande, tsar da Rússia, 305

pêndulo, 243, 248-50, 301, 417

Pensamentos (Pascal), 252

período sideral, 220, 286; ano, 158; dia, 119*n*; mês lunar, 90*n*

períodos: das luas de Júpiter, 228; dos planetas, 197, 285; orbitais, 278, 298, 436-7, 440, 443

Perrin, Jean, 324

Pérsia, 28, 142-4, 148, 156, 161

Peucer, Caspar, 205-6

Peuerbach, Georg von, 184

Philosophiae Naturalis Principia Mathematica (Newton), 285*n*, 290-307

Philosophical Transactions of the Royal Society, 276, 282

pi (ϖ), 64, 364

Piaget, Jean, 175, 453*n*

Picard, Jean-Félix, 286*n*

píons, 116

Pisa, Universidade de, 177, 222, 229, 231

Pitágoras, 37, 40, 74, 104, 350

pitagóricos, 38-43, 104, 111-2, 150, 197, 346

Planck, Max, 309, 325

planetas e sistema planetário: antigo modelo mecânico dos, 103; árabes e, 146, 151, 156; Aristóteles e, 111, 114, 117, 129, 173, 186; brilho aparente e, 120, 125, 186, 227*n*; Copérnico e, 124, 130, 157, 194, 205, 210, 216, 221, 233, 240, 317; Descartes e, 258, 268; dificuldade de compreensão, 134; distâncias dos, 123, 129, 186, 220*n*, 299, 443; elongações e órbitas interiores, 392; epiciclos e, 373; Eudoxo e, 113-7; excentricidade das órbitas, 216; fases dos, 121, 186, 201, 296; formato oblato dos, 300; Galileu e, 104, 221, 240; gravitação e, 177, 442; gregos e, 71, 75, 83, 110, 197, 201; *impetus* e, 175; instabilidade dos, 306*n*; Kepler e, 209-22, 240, 295, 309, 317; Marte como teste para teorias dos, 214*n*; massa dos, 442; modelo-padrão e,

310; modelos homocêntricos, 120; movimento retrógrado aparente e, 124, 194; Newton e, 283, 289, 294, 305, 310, 312; órbitas circulares e, 125, 126, 127, 198; órbitas elípticas e, 199, 209, 317, 396; ordem dos, 197, 201, 210; percurso pelo zodíaco, 87; períodos siderais e, 220; pitagóricos e, 111; Ptolomeu e, 122--33, 146, 157, 186, 195, 216, 221, 317; relatividade geral e, 313; sistema solar, 16, 88, 103, 130, 134, 192-3, 195, 204, 211-3, 221, 228, 240-1, 279, 287, 297, 299, 306, 310--3, 317, 399, 437, 442, 454n, 459n; surgimento da explicação correta dos, 240; tamanho dos, 210, 227n, 298; tamanhos das órbitas, 220; Tycho, 208, 233, 240; velocidade das órbitas e, 111, 125, 130, 197, 217, 288, 396

Platão, 23, 28-9, 36, 41, 59, 119, 181, 192; árabes e, 143, 149, 161; Aristóteles vs., 45, 46; astronomia e, 41, 78, 92, 126, 156, 201, 329; dedução vs. observação e, 175; Europa medieval e, 165, 168, 175; Francis Bacon e, 256; Kepler e, 211, 215, 221; magnetismo e, 320; matemática e, 39-42, 258; matéria e, 31-4, 150, 340; poliedros de, 31, 33, 340; religião e, 71, 74, 77

Plêiades, 86, 226

Plotino, 74

Plutarco, 102, 200

Pneumática (Filo de Bizâncio), 59

poesia, 23, 34-6, 143, 445n

Pogson, Norman, 122n

Polar, estrela, 107

poliedros, 31, 33, 37, 41n, 210, 211-2, 221, 340, 341, 345-6

polígonos, 31, 340, 342-4, 364

Polo Norte celeste, 86-8, 90, 106-7, 110

Polônia, 193

Pope, Alexander, 314

Porfírio, 74

precessão: da órbitas aparente do Sol em torno da Terra, 153; dos equinócios, 107, 146, 158, 199, 301, 305, 308; dos peri-hélios, 305, 311

predição, 201, 302, 329

pressão atmosférica, 251-4

pressão do ar, 177, 251-4, 346

Priestley, Joseph, 32

primeiro motor, doutrina de um, 50

primeiros princípios, 51, 132, 200, 256

Princípios (Newton) *ver Philosophiae Naturalis Principia Mathematica* (Newton)

Princípios de filosofia (Descartes), 257--8, 268-9

princípios fundamentais, 213, 332

prisma, 267, 275, 277

probabilidade, ondas de, 326

probabilidade, teoria da, 252

Proclo, 78, 133, 154

projéteis, 175, 246-7, 251, 269

proporções, teoria das, 39

protestantismo, 203-4, 315

prótons, 302, 326, 328

Ptolomeu I, 55-7, 60

Ptolomeu II, 56

Ptolomeu III, 65, 107

Ptolomeu IV, 65, 108

Ptolomeu XV, 55

Ptolomeu, Cláudio, 75, 78, 112, 404; árabes e, 143, 149, 151, 156, 185, 208; Aristóteles e, 130, 152, 186,

208; Copérnico e, 195, 317; Descartes e, 258; epiciclos e, 122, 317, 373; Europa medieval e, 168, 170, 184; experimentos e, 242; Francis Bacon e, 256; Galileu e, 221, 230, 237; Kepler, 214; movimento planetário e, 78, 103, 122-31, 135, 180, 316; paralaxe lunar e, 296n, 378; refração e, 62, 112, 180, 404; rotação da Terra e, 178; Tycho e, 207, 214
pulmonar, circulação, 158

quarks, 302, 328-9, 331
quatérnions, 212
Queroneia, batalha de (338 a.C.), 45
Questiones quandam philosophicae (Newton), 273, 275
Questões naturais (Adelard de Bath), 168
química, 14, 32, 150, 213, 269, 275, 319-20, 322, 324, 326, 331, 333; alquimia vs., 149; biologia e, 331, 333; mecânica quântica e, 326
Qutb, Sayyid, 163

raciocínio a priori, 30
racionalismo, 152, 161, 315
radar de micro-ondas, 231
radiação, 324-5
rádio, ondas de, 322
radioastrônomos, 206
radioatividade, 324, 326
Ragep, F. J., 452n
raias espectrais, 437
raios cósmicos, 327
raiz quadrada, 40, 212, 295, 350, 353, 418
Raoul Glaber (Radulfus), 166
reducionismo, 332

reflexão, 60, 112, 242; lei de Heron da, 61, 263, 265, 358, 424
Reforma protestante, 191, 315
refração: árabes e, 149, 156; derivação da lei de refração com uma bola de tênis, 422; derivação da lei de refração pela teoria ondulatória da luz, 434; derivação da lei de refração pelo princípio do tempo mínimo, 424; Descartes e, 264; Fermat e, 263; Huygens e, 278; Kepler e, 215; lei da, 62, 261, 278; Newton e, 275
Regiomontanus (Johannes Müller), 184-5, 193
regra das áreas iguais, 217, 290, 396
regra dos ângulos iguais, 60-1, 263, 278, 359
Regulae solvendi sophismata (Heytesbury), 181
Régulo (estrela), 106n
Reinhold, Erasmus, 205, 214, 226
relatividade especial, teoria da, 58, 198, 199, 259n, 312
relatividade geral, teoria da, 35, 292, 311, 313-4
religião, ciência vs.: condenação medieval de Aristóteles, 168; cristianismo primitivo e, 75; Descartes e, 257; Galileu e, 233; gregos e, 70; islamismo e, 158; Kepler e, 219; literalismo bíblico e, 176-8; Newton e, 272, 274, 305; revolução científica e, 192; sistema copernicano e, 202, 219, 233
relógios: de água (clepsidra), 59, 246; de pêndulo, 243, 248; de sol, 89
Renascimento, 191, 211, 315
República, A (Platão), 34, 42, 92
retina ocular, 152, 224, 408

489

revolução científica: Copérnico e, 191--205; críticas à ideia de, 191; Descartes e, 255-70; do século XVI ao XVII, 191; Europa e, 158; experimentação e, 241-53; Francis Bacon e, 255, 270; Galileu e, 221-42; Newton como clímax da, 271-317; resultado da, 319-33; Tycho e, 206-8, 214

Rheticus, Georg Joachim, 205

Riccioli, Giovanni Battista, 235, 249--50, 279

Richer, Jean, 299

Rigel (estrela), 155

Robert Grosseteste e as origens da ciência experimental (Crombie), 180

Rodolfo II, sacro imperador romano, 209, 214

Roma, 56, 139, 141, 167, 184, 235-6

Rømer, Ole, 278-9, 437

roscas, 62

Rosen, E., 454-5n

Ross, W. D., 118

Royal Society (Londres), 272, 274, 276-7, 282-3, 290, 300, 305, 460n

Rubaiyat ver Al-Khayyam

Rushdie, Salman, 152

Rutherford, Ernest, 324

Sagradas Escrituras *ver* Bíblia

Sagredo, Giovanni Francesco, 238, 242

Salam, Abdus, 163

Salviati, Filippo, 238, 242-3, 246

sangue, circulação do, 158

Sarton, G., 447n

Saturno: anéis de, 248; Aristóteles e, 117, 119; cometa Halley e, 308; conjunção de Júpiter e, 206; Copérnico e, 195, 198; distância do

Sol, 211n; epiciclos e, 373; excentricidade da órbita, 216; Kepler e, 210, 211n, 220, 296; luas de, 248, 442; movimento retrógrado aparente de, 195; Newton e, 296-8; órbita de, 111; período sideral de, 220; Ptolomeu e, 124, 129, 195, 317

Scaligero, Júlio César, 218

Scheiner, Christoph, 232

Schrödinger, Erwin, 71, 198-9, 309, 325, 448n

Schuster, J. A., 458n

Schweber, S., 335

seção cônica, 65, 294, 296, 421; elipse e, 391; parábolas e, 420

segmentos comensuráveis e incomensuráveis, 353

seleção natural, 330, 331

seleção sexual, 330n

Seleuco, 104

Sêneca, 223

seno, 146, 261-3, 380-1, 393-5, 430; cordas e, 380; onda sinusoidal, 347

séries infinitas, 280, 284

Settle, T. B., 456n

sextante, 206

Shakespeare, William, 73

Shapin, Steven, 192, 454n, 457n, 459n

Sidereus nuncius (Galileu), 225, 227-9, 232

Siger de Brabante, 170

Silvestre II, papa, 167

simetria, 30, 116, 390

simplicidade, 196n, 198, 199, 205, 221

Simplício, 25, 78, 113-4, 119-21, 125, 131, 142, 238, 242-3, 447n, 451n

Sintaxe mecânica (Filo), 59

síntese neodarwiniana, 331

Siracusa, 31, 62-4, 66, 73, 103

Síria, 142, 156, 161

Sirius, 85, 122

Sistema do mundo, O (Newton), 295

sistema métrico, 300

sistema solar *ver* planetas e sistema planetário

sistema tychoniano, 208, 237

Smith, George, 128, 335, 451n, 457n, 459n

Snell, Willebrord, 262, 278

Sobre a arquitetura (Vitrúvio), 59

Sobre a medição da Terra (Eratóstenes), 108

Sobre a natureza (Empédocles), 27

Sobre a natureza das coisas (Lucrécio), 73

Sobre a República (Cícero) *ver Da República* (Cícero)

Sobre as formas (Demócrito), 36

Sobre as revoluções dos corpos celestes (Copérnico) *ver Das revoluções dos corpos celestes* (Copérnico)

Sobre as velocidades (Eudoxo), 114

Sobre o equilíbrio dos corpos (Arquimedes), 63

Sobre o movimento dos corpos em órbita (Newton), 290

Sobre os céus (Aristóteles) *ver Do céu* (Aristóteles)

Sobre os céus (Cleomedes), 108

Sobre os céus e a Terra (Oresme), 178

Sobre os corpos flutuantes (Arquimedes), 42, 63, 97, 241

Sobre os espelhos ardentes paraboloides (Al-Haitam), 149

Sobre os tamanhos e distâncias do Sol e da Lua (Aristarco de Samos), 98

sobretons, 349, 350

Sócrates, 23, 31, 42, 89, 92, 161

Sol: árabes e, 146, 153, 156; Aristarco sobre a distância do, 98, 107, 298, 365; Aristarco sobre as órbitas planetárias em torno do, 102, 104, 119, 186; Aristóteles e, 118; brilho do, 306, 329; campo gravitacional do, 312; círculo equatorial da Terra e, 200; Copérnico e, 89, 120, 124, 130, 165, 186, 194, 199, 221; diâmetro do, 117; distância da Terra, 83, 94, 99, 117, 129, 194, 298, 332, 365, 443; eclipses do, 24, 94-5, 98, 104, 117, 206, 367, 450n; eclíptica pelo zodíaco, 88; epiciclos e, 124, 373; equinócios e, 106; estações e, 115; Galileu e, 229-34; gregos e, 31, 74, 83, 85, 87, 110, 112, 118, 122, 130, 165, 187; Heráclides sobre órbitas planetárias em torno do, 119, 123, 165, 176, 200; horas do dia e, 89; Kepler e as órbitas elípticas em torno do, 215; manchas solares, 232-3, 235, 238; Newton e a razão de massas dos planetas e do, 297; paralaxe diurna, 298; pitagóricos e, 111; Ptolomeu e, 122-9; relógio de sol, 89; rotação do, 234; tamanho do, 83, 94, 99, 101, 108, 365; Tycho e, 208

Sólon, 24

solstícios, 89, 91, 108, 109, 371, 372-3

som, 38, 254; harmonia e ondas do, 346; velocidade do, 278, 302

Sonho de uma noite de verão (Shakespeare), 58

Sosígenes, 120-1, 186, 451n

Soto, Domingo de, 184, 454n

Spengler, Oswald, 15

Squire, J. C., 314

sucção, 59, 251

Suécia, 268

Sula, Lúcio Cornélio, 46

Suma teológica (Tomás de Aquino), 170

Swerdlow, N. M., 452*n*, 454*n*

Swineshead, Richard, 181

Syene (Grécia), 108, 372

tabelas astronômicas, 145, 148, 153, 156, 205, 209, 214

Tabelas de Toledo (Al-Zarqali), 153

Tabelas práticas (Ptolomeu), 153

Tabelas prutênicas, 205

Tabelas rodolfinas, 209, 214, 221

Tábuas afonsinas, 205

Tales, 24-5, 27, 29, 33, 36, 37, 58, 70, 87-8, 316, 329, 336, 338-9

Tamerlão *ver* Timur Leng

tangente, 147, 380

tau e theta (partículas), 116

taxonomia, 47

Teão de Alexandria, 78

Teão de Esmirna, 133

tecnologia, 12, 16, 21, 55, 59, 66, 89, 103, 163, 181, 203, 231, 447-8*n*

Teeteto, 41

telescópio: ampliação e, 407; árabes e, 158; Galileu e, 222-3, 231, 410; Kepler e, 231, 408; lente focal e, 402; Newton e o telescópio refletor, 113, 276

temperamento de escalas musicais, 350*n*

Tempier, Étienne, 171

tensão superficial, 97

teodolito, 61

Teodoro de Cirene, 40

Teodósio I, imperador romano, 75, 91

teologia, 51, 74, 151, 160, 170-1, 173, 184, 209, 252, 273-4

teorema da velocidade média, 183, 244, 385-7, 414

teorema de Pitágoras, 39, 350, 353, 412, 433

teorema de Tales, 338, 340

teoria das cordas, 36

teoria eletrofraca, 328

terminator, 225, 411

termodinâmica, 323, 332

Terra: Aristóteles sobre, 48, 76, 95, 102, 174, 186; Copérnico sobre, 120, 130, 194; densidade da, 299; distância da Lua, 94, 98-9, 102, 104, 107, 117, 365, 367, 369-71; distância das estrelas, 102; distância do Sol, 94, 98-9, 101, 107, 117, 124, 213, 365, 367, 369-71; distância dos planetas, 195; eixo de rotação da, 89, 195, 199, 373; eixo oscilante da, 107; epiciclos dos planetas e, 373; Eratóstenes sobre, 107, 371; Europa medieval e o movimento da planetas em torno da, 166, 174, 179, 186; formato achatado nos polos (oblata), 300, 307; formato da (círculo equatorial da Terra), 200; formato da (Descartes sobre), 258; formato esférico da, 76, 95-7; formato supostamente plano da (segundo os gregos), 96, 111; Galileu sobre, 236-40; gregos sobre o movimento da, 31, 102, 104, 113, 120, 123, 200; Heráclides sobre, 123; Lua como satélite da, 228, 232, 442; marés e, 236; movimento em torno do Sol, 123, 130, 187; Newton e a razão de massas do Sol e da,

298; órbita da (circular vs. elíptica), 83, 89, 125, 199; órbita da (excentricidade), 216, 396; órbita da (Kepler sobre), 210, 215; órbita da (velocidade), 89, 198; período sideral e, 220; pitagóricos sobre o movimento da, 104, 111, 197, 200; precessão da órbita (medidas de Al-Zarqali), 153; Ptolomeu sobre o movimento dos planetas em torno da, 122-6, 129, 186, 396; rotação da, 120, 146-7, 177-8, 195, 206, 208, 235-6, 300, 307, 373; tamanho da, 94, 96, 107, 108, 146, 372, 383; velocidade relativa de Júpiter e da, 279

terra (elemento), 27, 31, 33, 95, 97, 323

Tertuliano, 77

"tese de Merton", 315

Tetrabiblos (Ptolomeu), 135

tetraedro, 32, 210, 341, 343-6

Thierry de Chartres, 167, 168

Thomas, Dylan, 35

Thomson, J. J., 323, 324

Times de Londres, 313

Timeu (Platão), 31, 33, 35, 71, 120, 133, 165, 167, 320, 341, 446n

Timocáris, 106

Timur Leng (Tamerlão), 158

timúrida, dinastia, 158

Tischreden (Lutero), 203, 455n

Titã (lua de Saturno), 248, 443

Tomás de Aquino, 51, 169-72, 178

Toomer, G. J., 381n, 450-2n

torr (unidade de pressão do ar), 253

Torricelli, Evangelista, 251-4

Toynbee, Arnold, 15

Trabalhos e os dias, Os (Hesíodo), 86

traduções: árabes e, 144, 150, 167; Europa medieval e, 167, 174

transição de fase, 332

Tratado sobre a luz (Huygens), 250, 277

Tratado sobre a varíola e o sarampo, Um (Al-Razi), 150

triangulação, 197

triângulos, 33, 37, 351; equiláteros, 341, 343; retângulos isósceles, 33

trigonometria, 37, 99-100, 262, 366, 378, 380-1, 399, 429

Trópico de Câncer, 109, 372

Truques dos profetas, Os (Al-Razi), 159

Tucídides, 73, 448n

Tunísia, 142

turcos otomanos, 156

Turquia, 23

Tycho Brahe, 66n, 146, 206-9, 214, 215, 217-8, 223, 226, 230, 233, 235, 237, 238, 240, 258, 287, 313, 373, 375, 377, 395, 455n

Ulugh Beg, 157, 163

unidade astronômica (u.a.), 220, 279

unidades de medida, 40

universidades, 32, 51, 139, 169, 173, 206

universo: expansão do, 100, 116, 212, 310, 329; sistema solar visto como o universo inteiro, 212

universo de Platão, O (Vlastos), 26n

Uraniborg, observatório de, 207, 209, 214

urânio, 32

Urano, 311

Urbano VIII, papa, 236

Ursa Maior (estrela), 86-7

Ursa Menor (estrela), 87

vácuo, 170, 172-3, 177, 231, 251-3

Van Helden, A., 450n, 455n, 459n
Vaticano, 169, 229
Vega (estrela), 155
velocidade: aceleração e, 181; distância e, 281; momentum e, 291; velocidade da luz *ver* luz; velocidade terminal, 49, 182, 355, 357
Vênus, 110, 306n; Aristóteles sobre, 118; brilho aparente, 121, 186; Copérnico e, 120, 195, 198, 202; distância da Terra, 186; elongações e órbita de, 392; epiciclos e, 373; excentricidade da órbita, 216; fases de, 186, 230; Galileu e, 230, 258; gregos e, 115, 118, 125-6, 129, 165; Kepler e, 210, 220; movimento retrógrado aparente de, 195; período sideral de, 220; Ptolomeu e, 123, 126, 129, 202, 317; trânsito pelo Sol, 299
Via Láctea, 169, 226
Viète, François, 260
Vitrúvio, 59
Vlastos, Gregory, 26n
Volta, Alessandro, 320
Voltaire, 259, 271, 305, 308, 457n, 459n

Wallace, Alfred Russel, 47, 330
Watson, Richard, 269, 458n
Weinberg, Louise, 335
Weinberg, Steven, 451-2n, 455-6n, 459n
Wesley, John, 203
Westfall, R. S., 301, 454-5n, 458-9n
White, Andrew Dickson, 203, 454-5n
Whiteside, D. T., 458n
Wigner, Eugene, 43, 446n
William de Moerbeke, 170
Witten, Edward, 43
Woodruff, P., 335
Wren, Christopher, 274, 289

Xenófanes, 26, 34-5, 72, 97
xiitas, muçulmanos, 142, 160

Zealand, ilha de (Dinamarca), 207
Zenão de Cítio (o Estoico), 28
Zenão de Eleia, 28-9, 33, 46
zênite, 129, 377
zodíaco, 87-8, 90, 98, 100, 103, 107, 110-1, 114, 115, 119, 124, 128, 146, 153, 205

1ª EDIÇÃO [2015] 1 reimpressão

ESTA OBRA FOI COMPOSTA PELA SPRESS EM MINION E IMPRESSA EM OFSETE
PELA GEOGRÁFICA SOBRE PAPEL PÓLEN SOFT DA SUZANO S.A.
PARA A EDITORA SCHWARCZ EM MARÇO DE 2020

A marca FSC® é a garantia de que a madeira utilizada na fabricação do papel deste livro provém de florestas que foram gerenciadas de maneira ambientalmente correta, socialmente justa e economicamente viável, além de outras fontes de origem controlada.